de l'italien

Langues pour tous – *Collection dirigée par :*
Jean-Pierre Berman, Michel Marcheteau et Michel Savio

ITALIEN

- ❑ Pour débuter ou tout revoir :
  - **40 leçons pour parler italien** (CD)
- ❑ Pour se perfectionner et connaître l'environnement :
  - **Se perfectionner en italien** (CD)
- ❑ Pour se débrouiller rapidement :
  - **L'italien tout de suite !** (CD)
- ❑ Pour évaluer et améliorer votre niveau :
  - **200 tests pour progresser en italien**
- ❑ Pour aborder la langue spécialisée :
  - **L'italien économique et commercial**
  - **Vocabulaire de l'italien commercial**
- ❑ Pour s'aider d'ouvrages de référence :
  - **Grammaire italienne pour tous**
  - **Vocabulaire de l'italien**
- ❑ Pour prendre contact avec des œuvres en version originale :
  - **Série bilingue :**

➡ Niveaux : ☐ facile (1er cycle) ☐☐ moyen (2e cycle) ☐☐☐ avancé

Buzzati, Dino : • Nouvelles ☐☐
- **Nouvelles italiennes d'aujourd'hui ☐☐**
  V. Brancati, D. Buzzati, I. Calvino, G. Celati, A. Moravia, L. Pirandello, L. Sciascia
- **100 ans de prose italienne ☐☐☐**
  I. Svevo, E. Vittorini, T. Landolfi, etc.
- **Dix auteurs classiques italiens**

- **Série version originale**
  Primo Levi : Cinque Racconti (CD)

(CD) = Existence d'un coffret : Livre + (CD)
Attention ! Les (CD) ne peuvent être vendus séparément du livre.
➡ Le livre seul est disponible.

Autres langues disponibles dans les séries de la collection **Langues pour tous** :
ALLEMAND · ANGLAIS · AMÉRICAIN · ARABE · CHINOIS · CORÉEN · FRANÇAIS GREC · HÉBREU · ITALIEN · JAPONAIS · LATIN · NÉERLANDAIS · OCCITAN POLONAIS · PORTUGAIS · RUSSE · TCHÈQUE · TURC · VIETNAMIEN

ISBN : 978-2-266-18265-2

Le vocabulaire de l'italien

par

Jean-François Bonini
Professeur certifié d'italien

Jean-Ghislain Lepoivre
Professeur certifié d'italien

Vincent d'Orlando
Professeur agrégé d'italien
Maître de conférences
à l'université de Caen

Troisième édition, revue et corrigée

POCKET

AVANT-PROPOS

Cet ouvrage propose un vocabulaire de l'italien d'aujourd'hui réparti en quarante thèmes.

Il s'adresse au touriste, à l'homme d'affaires en voyage en Italie, au lycéen, à l'étudiant préparant un concours. Chacun trouvera dans ce livre les mots et les expressions de l'italien courant.

C'est pourquoi tous les secteurs de la langue sont représentés : langue des études, des affaires, de la culture ainsi que celle de la communication quotidienne (demander un renseignement, réserver une chambre, lire un journal...).

- La partie lexicale propose la traduction en italien de 12 000 mots. Un choix d'expressions idiomatiques complète et enrichit ce vocabulaire. Des remarques et des commentaires précisent le contexte lexical et culturel.

- Suivent quelques règles de grammaire facilitant le réemploi du vocabulaire, et des notes sur l'accentuation, la prononciation et la formation des mots. Enfin, nous proposons quelques « pistes » pour retrouver et mémoriser des mots italiens à partir du français.

- Des exercices corrigés permettent de faire le point sur les connaissances acquises.

L'ouvrage peut être utilisé de différentes manières en fonction du niveau et des intérêts de chacun. Le lecteur est invité à utiliser ce livre selon son humeur, passant librement d'un thème à l'autre ou cherchant au contraire des liens entre les chapitres.

REMARQUES DE LECTURE

- Afin d'éviter toute erreur dans l'apprentissage des mots nouveaux, l'accent tonique est indiqué dans les trois premières parties de chaque chapitre, s'il ne porte pas sur l'avant-dernière syllabe ou s'il y a risque de confusion.

- Dans la liste sont indiqués entre guillemets les mots d'origine étrangère qui ne suivent pas les règles habituelles de la prononciation italienne.

- Dans cette même partie, le genre n'apparaît que lorsqu'il est différent du français et si le doute est possible.

Tous nos remerciements à nos collègues d'italien : Éliane Deschamps-Pria, Viviana Agostini, Maria-Luisa Bourillon, Silvia Fabrizio-Costa, Anna Lisei, Michèle Mancini ainsi qu'à nos amis d'Italie pour leur aide.

TABLE DES MATIÈRES

LES LOISIRS ET LES DIVERTISSEMENTS

L'ART ET LA CULTURE

ANNEXES

1 LE TEMPS QUI PASSE

A 1 VOCABULAIRE

A. LES SAISONS, LES MOIS, LES JOURS, LES HEURES, LE CALENDRIER

automne	**l'autunno**	novembre	**novembre**
hiver	**l'inverno**	décembre	**dicembre**
printemps	**la primavera**		
été	**l'estate (f)**	lundi	**il lunedì**
		mardi	**il martedì**
automnal	**autunnale**	mercredi	**il mercoledì**
hivernal	**invernale**	jeudi	**il giovedì**
printanier	**primaverile**	vendredi	**il venerdì**
estival	**estivo**	samedi	**il sabato**
		dimanche	**la domenica**
janvier	**gennaio**		
février	**febbraio**	seconde	**il secondo**
mars	**marzo**	minute	**il minuto**
avril	**aprile**	quart d'heure	**il quarto d'ora**
mai	**maggio**	demi-heure	**la mezz'ora**
juin	**giugno**	heure	**l'ora**
juillet	**luglio**		
août	**agosto**	agenda	**l'agenda (f)**
septembre	**settembre**	almanach	**l'almanacco**
octobre	**ottobre**	calendrier	**il calendario**

B. MESURER LE TEMPS : MONTRES ET HORLOGES

aiguille	**la lancetta**	réveille-matin	**la sveglia**
bracelet	**il cinturino**	sablier	**la clessidra**
cadran	**il quadrante**	trotteuse	**la lancetta dei secondi**
chronomètre	**il cronometro**		
coucou	**il cucù**		
horloge	**l'orologio**	arrêté	**fermo**
minuterie	**la minuteria**	déréglé	**sregolato**
montre	**l'orologio**	exact	**esatto**
pendule	**la pendola**	précis	**preciso**

C. LE TEMPS QUI PASSE

an, année	**l'anno**
après-midi	**il pomeriggio**
aube	**l'alba**
aurore	**l'aurora**
avant-veille	**l'antivigilia**
avenir	**l'avvenire**
chronologie	**la cronologia**
commencement	**il principio**
crépuscule	**il crepuscolo**
cycle	**il ciclo**
date	**la data**
début	**l'inizio**
décade	**la decade**
décennie	**il decennio**
durée	**la durata**
époque	**l'epoca**
ère	**l'era**
éternité	**l'eternità**
fin	**la fine**
futur	**il futuro**
instant	**l'attimo**
jour	**il giorno**
journée	**la giornata**
lendemain	**l'indomani**
lustre	**il lustro**
matin	**la mattina**
matinée	**la mattinata**
milieu	**la metà**
millénaire	**il millennio**
mois	**il mese**
moment	**il momento**
nuit	**la notte**
passé	**il passato**
période	**il periodo**
ponctualité	**la puntualità**
postérité	**la posterità**

présent	**il presente**
saison	**la stagione**
semaine	**la settimana**
semestre	**il semestre**
siècle	**il secolo**
soir	**la sera**
soirée	**la serata**
surlendemain	**due giorni dopo**
trimestre	**il trimestre**
veille	**il giorno prima, la vigilia**
week-end	**il fine settimana**
actuel	**attuale, odierno**
annuel	**annuo, annuale**
antérieur	**anteriore**
archaïque	**arcaico**
bissextile	**bisestile**
chronologique	**cronologico**
contemporain	**contemporaneo**
courant	**corrente**
court, bref	**breve**
coutumier	**consueto**
cyclique	**ciclico**
dépassé	**superato**
diurne	**diurno**
durable	**durevole, duraturo**
écoulé	**trascorso**
éternel	**eterno**
fréquent	**frequente**
fugitif	**fugace**
habituel	**abituale**
hebdomadaire	**settimanale**
immédiat	**immediato**
imminent	**imminente**

C. LE TEMPS QUI PASSE (suite)

infini	infinito
interminable	interminabile
lointain	remoto
long	lungo
matinal	mattiniero
mensuel	mensile
nocturne	notturno
obsolète	obsoleto
passé	passato
passé, dernier	scorso
périodique	periodico
perpétuel	perpetuo
ponctuel	puntuale
postérieur	posteriore
prochain	prossimo
quotidien	quotidiano
régulier	regolare
retardé	ritardato
séculaire	secolare
semestriel	semestrale
simultané	simultaneo
subit	improvviso
successif	successivo
suivant	seguente, successivo
suranné	antiquato
transitoire	transitorio
trimestriel	trimestrale
achever	compiere
ajourner	rinviare
anticiper	anticipare
attendre	aspettare
cesser	smettere
commencer	cominciare, iniziare

conclure	concludere
continuer	continuare
se dépêcher	affrettarsi
différer	differire
durer	durare
finir	finire
passer	trascorrere
poursuivre	procedere
prévoir	prevedere
remettre	rimandare
remonter à	risalire a
renvoyer	rinviare
retarder	ritardare
se souvenir	ricordare
tarder	indugiare
temporiser	temporeggiare
terminer	terminare
actuellement	attualmente
après	dopo
après-demain	dopodomani
après quoi	dopo di che
au fur et à mesure	man mano
aujourd'hui	oggi
auparavant	prima
aussitôt	subito
autrefois	una volta
avant	prima
avant-hier	l'altro ieri
bientôt	fra poco
ce matin	stamattina
d'abord	prima, dapprima
déjà	già
demain	domani
demain matin	domattina

désormais	**ormai, oramai**
dès que	**appena**
de temps en temps	**ogni tanto**
dorénavant	**d'ora in poi**
entre-temps	**nel frattempo**
hier	**ieri**
immédiatement	**immediatamente**
jadis	**un tempo**
jamais	**mai**
jusqu'à ce que	**finché**
maintenant	**ora, adesso**
parfois	**a volte, talvolta**
pendant	**durante, per**
pendant que	**mentre**
peu à peu	**a poco a poco**
pour l'instant	**per ora**
prochainement	**prossimamente**
puis	**poi, quindi**
quand	**quando**
quelquefois	**qualche volta**
rarement	**raramente, di rado**
soudain	**all'improvviso**
souvent	**spesso**
tant que	**finché**
tard	**tardi**
toujours	**sempre**
tout à coup	**ad un tratto**
tout de suite	**subito**
tôt	**presto**

A 2 LEXIQUE EN SITUATION

che ora fai ? quelle heure as-tu ?
che ora è ? (che ore sono ?) : quelle heure est-il ?
è mezzogiorno, è mezzanotte : il est midi, il est minuit.
è l'una (è il tocco) : il est une heure.
sono le due : il est deux heures.
sono le tre e mezzo : il est trois heures et demie.
mangiamo alla mezza : nous mangeons à la demie.
sono le quattro e cinque : il est quatre heures cinq.
sono le sei meno venti : il est six heures moins vingt.
sono le sette meno un quarto : il est sept heures moins le quart.
sono le otto e un quarto : il est huit heures et quart.
sono le dieci precise (in punto) : il est dix heures juste (pile).
sono circa le undici : il est environ onze heures.
saranno le cinque : il doit être cinq heures.
il tuo orologio va indietro, mettilo avanti : ta montre retarde, avance-la.
il mio orologio è avanti : ma montre avance.

il tuo orologio è indietro, lo devi caricare : ta montre retarde, tu dois la remonter.
nel giro di un'ora : en (l'espace d') une heure.
le ore serali : les heures du soir.
l'ora di punta : l'heure de pointe.
un buco di un'ora : un trou d'une heure.
l'ora X (l'ora O) : l'heure H.
torno fra un'oretta : je reviens dans une petite heure.
finalmente ! enfin ! (à la bonne heure !)
è ora di partire : il est temps de partir.
un fuso orario : un fuseau horaire.

è morto tre anni fa : il est mort il y a trois ans.
studia l'italiano da due anni : il apprend l'italien depuis deux ans.
verrà tra (fra) una settimana : il viendra dans une semaine.
rimarrà fino a domani : il restera jusqu'à demain.
la sera della vigilia : la veille au soir.
è stato malato per cinque giorni : il a été malade pendant cinq jours.
mangiamo tre volte al giorno : on mange trois fois par jour.
il dopopranzo (il pomeriggio) è stato bellissimo : l'après-midi a été très belle.
le ore pomeridiane : les heures de l'après-midi.
l'anno scorso : l'an dernier.
l'anno prossimo : l'année prochaine.
ci vedremo a maggio : nous nous verrons en mai.

quanti ne abbiamo ? le combien sommes-nous ?
che giorno è ? quel jour sommes-nous ?
lunedì a otto : lundi en huit.
il giorno G : le jour J.
da oggi in poi : à partir d'aujourd'hui.
dall'oggi al domani : du jour au lendemain.
un giorno più, un giorno meno : à un jour près.
vivere (campare) alla giornata : vivre au jour le jour.
tenere aggiornati i propri conti : tenir ses comptes à jour.
ai miei giorni : de mon temps.
ho dormito fino a tardi : j'ai fait la grasse matinée.

lo scorrere del tempo : le temps qui passe.
non ho tempo da perdere : je n'ai pas de temps à perdre.
ne parleremo a tempo debito : on en parlera en temps voulu.
il tempo stringe (incalza) : le temps presse.
ha sempre fretta : il est toujours pressé.
arrivare in tempo (in orario) : arriver à l'heure.
essere in anticipo, in ritardo : être en avance, en retard.
non ho fatto in tempo ad avvertirlo : je n'ai pas eu le temps de le prévenir.
nel frattempo : pendant ce temps, en attendant.
il tempo libero : les loisirs.
a più tardi : à tout à l'heure.
resterò qui finché non se ne andrà : je resterai là jusqu'à ce qu'il s'en aille.
è nato nel 1950 : il est né en 1950.

A 3 REGISTRES DE LANGUE

1. Sens figuré.
in un batter d'occhio : en un rien de temps (en un clin d'œil).
ammazzare il tempo : tuer le temps.
non ce la fanno a sbarcare il lunario : ils ont du mal à joindre les deux bouts.
non vedo l'ora di partire : j'ai hâte de partir.
ieri notte ho fatto le ore piccole : la nuit dernière je suis rentré à une heure avancée.
le ore morte : les heures creuses.
essere preciso come un orologio : être réglé comme du papier à musique.
gli manca un venerdì : il lui manque une case.
finché c'è vita c'è speranza : tant qu'il y a de la vie, il y a de l'espoir.
lungo come la fame : long comme un jour sans pain.

2. Proverbes.
meglio tardi che mai : mieux vaut tard que jamais.
basta la croce di ogni giorno : à chaque jour suffit sa peine.
la notte porta consiglio : la nuit porte conseil.
il tempo è denaro : le temps c'est de l'argent.

chi ha tempo non aspetti tempo (**non rimandare a domani quel che puoi fare oggi**) : il ne faut pas remettre au lendemain ce qu'on peut faire le jour même.

3. Familier et dialectal.
Naples et le sud de l'Italie à l'origine, et aujourd'hui d'autres régions, utilisent volontiers **mo'** à la place de **ora** ou **adesso**.
ex. **mo' vengo** : j'arrive tout de suite.

4. Littéraire.
il dì : il giorno, **stamane** : stamattina, **avantieri** : ieri l'altro, **perenne** : perpetuo, **venturo** : prossimo, **serotino** : serale.

B 1 REMARQUES LEXICALES

Les siècles : l'italien a la possibilité de dire les siècles en partant de la centaine du nombre concerné (à partir du XIIIe siècle). Ainsi le XVe siècle se dira : **il Quattrocento** (1400). De même, le XIXe siècle : **l'Ottocento** (1800) et le XXe : **il Novecento** (1900). Pour le XXe siècle, par contre, on dira : **il ventunesimo secolo** ou bien **il Duemila.**

Quelques synonymes :
- **l'inizio**, **il principio**, **l'avviamento**, **l'avvio** et même un verbe substantivé, **il far**, dans l'expression littéraire **il far del giorno** : le début, le commencement du jour.
- **l'istante**, **l'attimo**, **il momento** : l'instant.

Quelques suffixes :
- **-ennio** indique la durée d'une période : **il biennio** (période de deux ans), **il quinquennio** (le quinquennat), **il settennio** (le septennat), **il decennio** (la décennie), **il millennio** (le millénaire), etc. Sur ce principe, l'italien est libre de former n'importe quelle durée : il **dodicennio** (une période de 12 ans), **il ventennio** (une période de 20 ans comme **il ventennio fascista**), etc.
- **-ata** dans **l'annata**, **la giornata**, **la nottata**, **la serata**, **la mattinata** ajoute le sens de durée au mot auquel il s'applique.
  ex. **una serata di gala** : une soirée de gala.
  passare una brutta nottata : passer une mauvaise nuit.

Attention à ne pas confondre les doublets suivants :

- **il millennio** (une période de 1000 ans) et **il millenario** (un événement qui se produit tous les 1000 ans, un anniversaire historique). Ces deux mots se traduisent par *millénaire* en français.
- **l'anno** (une année civile) et **l'annata** (terme moins fréquent qui insiste sur la durée ou sur les gains obtenus en une année).

  ex. **una buon'annata per i campi** : une bonne année pour l'agriculture.

  un'annata d'affitto : une année de loyer.
- **la fine** (la conclusion de quelque chose) et **il fine** (la fin dans le sens de but).
- *le réveil* peut être **la sveglia** (une horloge réglée pour sonner) ou **il risveglio** (le fait de se réveiller).
- **il mattino** et **la mattina** ont un sens très proche, mais **la mattina** est plus fréquent et est de rigueur dans certaines expressions comme **di prima mattina** (de bon matin) ou **il lunedì mattina** (le lundi matin).
- l'adjectif **mattutino** qui correspond au français *du matin* (matutinal) et **mattiniero** qui s'emploie pour une personne.

  ex. **la stella mattutina** : l'étoile du matin.

  è un ragazzo mattiniero : c'est un garçon matinal.

Attention au changement de genre des mots suivants :
il minuto, il secondo, la domenica, l'estate qui est féminin comme nous le rappelle le roman de Cesare Pavese (1908-1950) : *La bella estate.*

B 2 REMARQUES GRAMMATICALES

1. Adjectifs.

- dans l'expression **qualche volta** (quelquefois), le mot **volta** est singulier. C'est toujours le cas des noms communs après l'adjectif indéfini **qualche.**

  ex. **l'ho visto qualche giorno fa** : je l'ai vu il y a quelques jours.

2. Verbes.

■ emploi des temps :
l'italien peut utiliser le futur dans un sens hypothétique.
ex. **che ore saranno ?** quelle heure peut-il bien être ?
dove sarà ? où peut-il être ?

■ le verbe **stare** :
- suivi d'un gérondif, il indique une action en train de se faire.
ex. **sto studiando e Marco sta dormendo :**
je suis en train d'étudier et Marc est en train de dormir.
- suivi de **per**, il indique une action sur le point de s'accomplir.
ex. **sto per partire** : je vais partir.

3. Prépositions.

■ **dopo (di)** et **prima (di)** :
dans un contexte temporel, **dopo** (après) se construit sans préposition devant un nom et avec devant un pronom.
ex. **ti aspetto dopo cena** : je t'attends après le dîner.
è arrivato dopo di me : il est arrivé après moi.
En revanche, **prima** (avant) est toujours suivi de la préposition **di**.
ex. **non l'avevo mai visto prima di oggi** :
je ne l'avais jamais vu avant aujourd'hui.
è tornato prima di te : il est rentré avant toi.

■ devant une année, l'italien emploie un article après la préposition : **nel** (*in* + article *il*) ou **dal** (*da* + *il*).
ex. **mio figlio è nato nel 2006** : mon fils est né en 2006.
non l'ho visto dal 1998 : je ne l'ai pas vu depuis 1998.

B 3 REMARQUES PARTICULIÈRES

1. Formation de mots.

Stamattina est la contraction de **mattina** et de l'adjectif démonstratif **questa**. Sur le même principe l'italien a formé **stasera (questa sera)** et **stanotte (questa notte)**.

2. Accentuation.
Il faut bien marquer l'accent des « **parole tronche** » (mots accentués sur la dernière syllabe) comme **il cucù**, **l'eternità**, **la puntualità**, **il lunedì**, **il martedì**, etc. Ces mots sont toujours invariables.

3. D'une langue à l'autre.
Les groupes de consonnes **pt**, **ct** n'existent pratiquement pas en italien. Ils se sont simplifiés en **tt** : ainsi **settembre** (septembre), **ottobre** (octobre). Beaucoup d'autres mots italiens subissent la même transformation, comme **attore**, **atto**, **patto**, **ratto** ou **ottico**. À vous d'en trouver d'autres exemples dans le livre.

C 1 EXERCICES

A QCM : choisir la bonne réponse :

1. L'Unità italiana risale al secolo ...
   a. fa b. prossimo c. avanti d. scorso
2. L'inverno comincia in ...
   a. autunno b. gennaio c. dicembre d. stagione
3. Sono in ritardo, ho molta ...
   a. stretta b. fretta c. rapidità d. presto
4. Dante Alighieri è nato ... 1265.
   a. in b. al c. nel d. nella
5. ... devo partire, altrimenti sarò in ritardo.
   a. quando b. prima c. adesso d. odierno

B Compléter ce texte à l'aide de mots du chapitre :

In un [*1*] normale, ci sono 365 [*2*], 12 [*3*] e 52 [*4*]. In una [*5*], ci sono 24 [*6*], 1440 [*7*] e 86400 [*8*]. Per fortuna lo scorrere del [*9*] non si limita a questi calcoli troppo [*10*]. La vita di un uomo non è meccanica come la [*11*] di un orologio. Il Signor Bianchi, per esempio, non voleva [*12*] sapere l'ora. La [*13*] si alzava molto [*14*], alle 6, senza avere bisogno di una [*15*]. Non conosceva la data del [*16*] e quando morì, non sapeva nemmeno quanti [*17*] aveva. Capì solo che si era in [*18*] perché faceva molto caldo. Allora morì contento.

C **Compléter avec la préposition de temps qui convient (*da, fra, fa*) :**

1. Studia l'italiano ... sei mesi.
2. Paolo è morto due anni...
3. Arriveremo ... poco.
4. ... quanto tempo non piove?
5. L'ho visto 2 giorni ...

D **Traduire en italien :**

1. Ma montre est arrêtée, quelle heure as-tu ?
2. Il est sept heures et demie.
3. Il est une heure et quart.
4. La semaine commence demain.
5. L'été est chaud cette année. Nous avons une belle saison.

C 2 CORRIGÉS

A 1. d 2. c 3. b 4. c 5. c

B

1. anno	6. ore	11. lancetta	16. giorno
2. giorni	7. minuti	12. mai	17. anni
3. mesi	8. secondi	13. mattina	18. estate
4. settimane	9. tempo	14. presto	
5. giornata	10. precisi	15. sveglia	

C 1. da 2. fa 3. fra 4. da 5. fa

D

1. Il mio orologio è fermo, che ora fai?
2. Sono le sette e mezzo.
3. È l'una e un quarto.
4. La settimana comincia domani.
5. L'estate è calda quest'anno. Abbiamo una bella stagione.

2 LE TEMPS QU'IL FAIT

A 1 VOCABULAIRE

A. LE BEAU TEMPS : SOLEIL ET CHALEUR

accalmie	la bonaccia
anticyclone	l'anticiclone
canicule	la canicola
chaleur	il caldo
clarté	la chiarezza, il chiarore
douceur	il tepore
éclaircie	la schiarita
ensoleillement	il soleggiamento
lumière	la luce
ombre	l'ombra
rayon	il raggio
rosée	la rugiada
sécheresse	la siccità
soleil	il sole
agréable	piacevole
beau	bello, sereno
brûlant	scottante
chaud	caldo
doux	dolce, mite
éblouissant	abbagliante
ensoleillé	assolato, soleggiato
étouffant	soffocante
favorable	propizio
lourd	afoso, opprimente
ombragé	ombroso
oppressant	opprimente
radieux	radioso
sec	secco, asciutto
splendide	splendido
tiède	tiepido
torride	torrido
s'améliorer	migliorare
briller	brillare, risplendere
s'éclaircir	rischiararsi
illuminer	rischiarare
réchauffer	riscaldare
taper (soleil)	picchiare

B. LE MAUVAIS TEMPS : PLUIE ET FROID

averse	l'acquazzone
boue	il fango
bourbier	il pantano
brouillard	la nebbia
bruine	l'acquerugiola
brume	la foschia
crachin	la pioggerella
dégel	il disgelo
déluge	il diluvio
dépression	la depressione
enneigement	l'innevamento
flocon	il fiocco
frimas	la brinata
froid	il freddo

B. LE MAUVAIS TEMPS : PLUIE ET FROID (suite)

gel	il gelo	mauvais	brutto
gelée blanche	la brinata	mouillé	bagnato
giboulée	il piovasco	neigeux	nevoso
givre	la brina	pluvieux	piovoso
glace	il ghiaccio	rigoureux	rigido
goutte	la goccia	ruisselant	grondante
grêle	la grandine	transi	intirizzito
grêlon	il chicco	trempé	fradicio
grésil	il nevischio	variable	variabile
humidité	l'umidità	vif	pungente
inondation	l'inondazione		
neige	la neve	s'abriter	ripararsi
ondée	il rovescio	bruiner	piovigginare
pluie	la pioggia	engourdir	intorpidire
précipitations	le precipitazioni	s'enliser	impantanarsi
verglas	il ghiaccio	fondre	sciogliersi
		se gâter	guastarsi
boueux	fangoso	geler	gelare
brumeux	nebbioso	givrer	brinare
changeant	mutevole	grêler	grandinare
détrempé	intriso	se mouiller	bagnarsi
engourdi	intirizzito	neiger	nevicare,
enneigé	innevato		fioccare
fondu	sciolto	patauger	sguazzare
frais	fresco	pleuvoir	piovere
frisquet	frescolino	se protéger	proteggersi
froid	freddo	se refroidir	raffreddarsi
glacial	gelido	ruisseler	grondare
humide	umido	tomber à verse	scrosciare
maussade	imbronciato	se tremper	inzupparsi

C. « CONTRE VENTS ET MARÉES »

air	l'aria (f.)	blizzard	il « blizzard »
alizé	l'aliseo	bourrasque	la burrasca
bise	la tramontana	brise	la brezza

cyclone	il ciclone
éclair	il lampo
foudre	la folgore, il fulmine
grondement	il rombo
mistral	il maestrale
mousson	il monsone
orage	il temporale
ouragan	l'uragano
rafale	la raffica
sirocco	lo scirocco
souffle	l'alito
tempête	la tempesta
tonnerre	il tuono
tornade	il tornado
tourmente	la bufera
typhon	il tifone
vent	il vento
zéphir	lo zefiro

agité	mosso
calme	calmo
couvert	cupo
fort	forte
orageux	tempestoso
venteux	ventoso

s'apaiser	placarsi
bruire	stormire
se calmer	calmarsi
éclater	scoppiare
gronder	brontolare, rombare
siffler	sibilare
souffler	soffiare
tonner	tuonare
tourbillonner	turbinare
tournoyer	vorticare
venter	tirar vento

D. LE CIEL ET LES NUAGES

arc-en-ciel	l'arcobaleno
ciel	il cielo
cirro-cumulus	il cirrocumulo
cumulo-nimbus	il cumulonembo
cumulus	il cumulo
grisaille	il grigiore
nébulosité	la nebulosità
nimbo-stratus	il nembostrato
nuage	la nuvola
strato-cumulus	lo stratocumulo
trouée	lo squarcio

bleu	azzurro
bouché	coperto

dégagé	sgombro
épais, dense	fitto
gris	grigio
grisâtre	grigiastro
limpide	terso
menaçant	minaccioso
nuageux	nuvoloso

s'amonceler	ammucchiarsi, addensarsi
s'assombrir	oscurarsi
se couvrir	annuvolarsi
se dissiper	dissolversi
percer	squarciare

E. LA MÉTÉO, LE CLIMAT

baromètre	**il barometro**	variation	**la variazione**
climat	**il clima**	anticyclonique	**anticiclonico**
degré	**il grado**	aride	**arido**
front	**il fronte**	atmosphérique	**atmosferico**
hectopascal	**l'ettopascal**	continental	**continentale**
isobare	**l'isobara**	dépressionnaire	**depressionario**
météorologie	**la meteorologia**	équatorial	**equatoriale**
météorologue	**il meteorologo**	malsain	**malsano**
microclimat	**il microclima**	maritime	**marittimo**
millibar	**il millibar**	méditerranéen	**mediterraneo**
paratonnerre	**il parafulmine**	océanique	**oceanico**
perturbation	**la perturbazione**	polaire	**polare**
pluviomètre	**il pluviometro**	tempéré	**temperato**
pression	**la pressione**	tropical	**tropicale**
température	**la temperatura**		
temps	**il tempo**	annoncer	**annunciare**
thermomètre	**il termometro**	prévoir	**prevedere**

A 2 LEXIQUE EN SITUATION

che tempaccio oggi ! quel sale temps (temps de chien, de cochon, temps pourri) aujourd'hui !
un tempo da lupi : un temps à ne pas mettre un chat dehors.
da queste parti, il tempo è mutevole : le temps est changeant par ici.
il cielo si rannuvola : ça (le ciel) se couvre.
il cielo si è rasserenato : le ciel s'est découvert.
le nuvole si addensano nel cielo : les nuages s'amoncellent.
piove a catinelle, a dirotto : il pleut dru, à verse.
il tempo è da pioggia : le temps est à la pluie.
l'osservatorio meteorologico : la station météo.
il bollettino meteorologico annuncia che il maltempo interesserà tutta l'Italia : le bulletin météo annonce que le mauvais temps touchera toute l'Italie.

uno squarcio nelle nubi : une trouée dans les nuages.
sta per piovere : il va pleuvoir.
lampeggiò tutta la notte : il y eut des éclairs toute la nuit.
che bel calduccio ! quelle chaleur agréable !
soffrire il caldo : craindre la chaleur.
con quest'afa, una corrente d'aria non è spiacevole : avec cette chaleur, un courant d'air n'est pas désagréable.
si segnalano forti nevicate in montagna : on signale d'abondantes chutes de neige en montagne.
i cumuli di neve rendono la strada pericolosa : les congères rendent la route dangereuse.
un pupazzo di neve : un bonhomme de neige.
una palla di neve : une boule de neige.
nevica a larghe falde : il neige à gros flocons.
una lastra di ghiaccio : une plaque de verglas.
un nebbione (a fette) : un brouillard à couper au couteau.

A 3 REGISTRES DE LANGUE

1. Sens figuré.
piovi dal cielo ! c'est le ciel qui t'envoie !
gli son piovuti pomodori in faccia : il a reçu des tomates dans la figure.
uno scroscio di applausi : un tonnerre d'applaudissements.
si muore dal caldo : on meurt de chaud.
non fare né caldo né freddo : ne faire ni chaud ni froid.
agire alla luce del sole : agir ouvertement.
è chiaro come il sole : c'est clair comme le jour (comme de l'eau de roche).
vedere il sole a scacchi : être au trou (en prison).
dormire al fresco : dormir en prison.
sono fresco : je suis dans de beaux draps.
una tempesta in un bicchier d'acqua : une tempête dans un verre d'eau.
tempestare qualcuno di domande : harceler quelqu'un de questions.
parlare al vento : prêcher dans le désert.

un vento di fronda : un vent de révolte.
gridare ai quattro venti : crier sur tous les toits.
qual buon vento ti porta ? quel bon vent t'amène ?
parlare del bello e del brutto tempo (del più e del meno) : parler de la pluie et du beau temps.

2. Proverbes.
dopo la pioggia il sereno : après la pluie le beau temps.
chi semina vento raccoglie tempesta : qui sème le vent récolte la tempête.

3. Familier.
prendersi una bella bagnata : se faire saucer.
un freddo boia (cane) : un froid de canard.

4. Littéraire.
la procella, il fortunale : la tempête.
il nembo : la nuée.
il nuvolo, il nugolo : le nuage.
rorido di rugiada, di pioggia : humide de rosée, de pluie.

B 1 REMARQUES LEXICALES

Noms de phénomènes climatiques caractéristiques de régions italiennes :

- Venise connaît chaque année le phénomène de **l'acqua alta**, une montée des eaux de la mer qui peut atteindre plusieurs dizaines de centimètres.
- **la bora** est un vent froid du nord-est qui souffle en hiver et se rencontre près de l'Adriatique, en particulier à Trieste.
- **il libeccio** est un vent du sud-ouest, originaire d'Afrique (de Libye), qui touche la Sicile et le sud de l'Italie.
- **l'aquilone** est un vent du nord-est qui vient des montagnes de l'Apennin et rafraîchit les régions du centre de l'Italie. C'est une sorte de tramontane.

Attention au genre des mots suivants :

- **l'aria** est féminin en italien : **un'aria fresca, un'aria calda.**
- **il calore** est masculin et s'emploie moins fréquemment que **il caldo** pour désigner une sensation de chaleur.
  ex. **fa un caldo da morire** : il fait une chaleur à mourir, on meurt de chaud.
  Mais on dira « il calore » au sens figuré.
  ex. **nel calore della discussione** : dans la chaleur de la discussion.

Quelques synonymes et nuances de sens :

- **l'inondazione, l'alluvione, l'allagamento** : l'inondation.
- selon le temps, la neige peut être **fangosa** (mouillée, « de la soupe »), **farinosa** (poudreuse), **pesante** (lourde) ou **dura** (dure).
- le mot **il soleggiamento** (l'ensoleillement) est rare. L'italien lui préférera un verbe substantivé, **il soleggiare,** ou une périphrase, **la quantità** ou **la durata di sole.**

Quelques sens dérivés :

- le mot **imbronciato** (maussade) est une image empruntée au caractère humain : **un viso imbronciato** est un visage renfrogné, maussade.
- à l'origine, le mot **il chicco** (grêlon) désigne un grain ; on l'utilise pour des aliments (voir pp. 128-129).

B 2 REMARQUES GRAMMATICALES

1. Noms.

■ suffixes :

- le suffixe **-ata** de **la nevicata** et **la grandinata** indique une chute de neige ou de grêle mais aussi la quantité de neige ou de grêle qui est tombée.
- le suffixe féminin **-ella** est un diminutif dans **una pioggerella** (une petite pluie, un crachin). Sur le même principe, on trouve le masculin **un venticello** (un petit vent, une petite brise).

- genre et accord :
  Le mot **il tornado** est invariable en italien : **i tornado.**

2. Adjectifs.

- L'adjectif **bello** (beau) change de forme selon sa position par rapport au nom :
- placé après celui-ci, il s'accorde en genre et en nombre avec le sujet.
  ex. **il tempo è bello, la neve è bella, le nuvole sono belle, i lampi sono belli.**
- placé avant le nom, la terminaison de l'adjectif dépend du début du mot qui suit, sur le modèle de l'article contracté **del** (*di + il* : **del**, *di + lo* : **dello**, *di + l'* : **dell'**, *di + la* : **della**, *di + le* : **delle**, *di + i* : **dei**, *di + gli* : **degli**).
  ex. **che bel tempo !, un bello squarcio di cielo tra le nuvole, un bell'arcobaleno, una bella schiarita.**

- Remarquer l'utilisation d'un adjectif à valeur adverbiale dans les exemples suivants : **quando fa freddo ci si veste pesanti** (quand il fait froid, on s'habille chaudement), **in estate ci si veste leggeri** (en été on s'habille légèrement).

3. Verbes et auxiliaires.

- Les verbes indiquant la durée indéterminée d'un phénomène météorologique s'emploient généralement avec l'auxiliaire **essere** (être).
  ex. **è piovuto** : il a plu, **è nevicato** : il a neigé
  è grandinato : il a grêlé.
  Lorsque la durée est précisée, on utilise plutôt l'auxiliaire **avere** (avoir).
  ex. **ha piovuto per 2 ore** : il a plu pendant 2 heures.
  ha nevicato tutta la notte : il a neigé toute la nuit.

B 3 REMARQUES PARTICULIÈRES

1. Origine de mots.

L'italien, climat méditerranéen oblige, possède beaucoup de mots pour indiquer une forte chaleur : **l'afa, la cal(d)ura, la**

canicola et **il solleone**. Ces deux derniers mots ont une origine amusante.

- le nom du premier nous vient des étoiles. En effet, il fait référence à la constellation du Chien (**il cane**) qui comprend l'étoile Sirius, particulièrement brillante en plein été.
- le second est composé des mots **sole** et **Leone**, référence au soleil et à la constellation du Lion.

2. Prononciation.

Certains mots, comme **annunciare**, ont un doublet en -z, **annunziare** : **la pronunzia, la pronuncia** (la prononciation) ; **rinunciare, rinunziare** (renoncer), etc. Un Italien, selon sa région d'origine, prononcera ces mots d'une certaine façon plutôt que d'une autre. Un Vénitien ou un Bolonais privilégiera la sifflante (z). Un Romain ou un Sicilien préférera la palatale (le son « tch »).

C 1 EXERCICES

A Deviner de quel phénomène météorologique parle le poète Giovanni Pascoli (1855–1912) :

E guardai nella valle : era sparito
tutto, sommerso ! Era un grande mare piano,
grigio, senz'onde, senza lidi, unito.

B Regrouper ces mots en quatre familles de sens :

a. ***l'hiver et le froid***
b. ***le vent***
c. ***la chaleur et le beau temps***
d. ***la pluie.***

1. l'inverno
2. la siccità
3. il vento
4. il sole
5. la pioggia
6. il pupazzo di neve
7. lo scirocco
8. sereno
9. la raffica
10. l'acquerugiola
11. la brina
12. la brezza
13. afoso
14. fradicio
15. soffiare
16. la pozzanghera
17. gelido
18. caldo
19. il ghiaccio
20. bagnarsi

C Compléter ces phrases avec le mot manquant (issu du chapitre) :

1. La ... ha coperto di bianco la campagna.
2. La ... ha fatto cadere l'albero del giardino.
3. Bisogna togliere la ... che è sul parabrezza della macchina.
4. Con questo sole, il terreno bagnato si ... rapidamente.
5. Il clima dell'Alasca è ...
6. Un cielo azzurro è senza ...
7. ... (verbe) vento oggi, il mio cappello è volato via !
8. Il ... indica bel tempo per domani.

D Grammaire : compléter avec l'adjectif « bello » :

1. Gli arcobaleni sono ...
2. Un ... sole.
3. Una ... schiarita.
4. Le nuvole sono ...
5. È stato un ... acquazzone.
6. Ecco ... raggi di sole.
7. Si vedevano ... squarci di cielo tra le nuvole.

C 2·CORRIGÉS

A la nebbia (le brouillard, la brume)

B a. hiver : 1, 6, 11, 17, 19
b. vent : 3, 7, 9, 12, 15
c. chaleur : 2, 4, 8, 13, 18
d. pluie : 5, 10, 14, 16, 20

C 1. neve
2. tempesta *ou* folgore
3. brina
4. asciuga
5. rigido *ou* gelido
6. nuvole
7. tira
8. barometro *ou* bollettino meteorologico

D 1. belli 2. bel 3. bella 4. belle 5. bell' 6. bei 7. begli

3 LE MONDE ET L'UNIVERS

A 1 VOCABULAIRE

A. LIRE UNE CARTE

atlas	l'atlante	mappemonde	il mappamondo
carte	la carta,	plan	la pianta
	la mappa	planisphère	il planisfero
cartographie	la cartografia	symbole	il simbolo
détail	il particolare	table	la tavola
dimension	la dimensione		
échelle	la scala	cartographique	cartografico
géographe	il geografo	détaillé	particolareggiato
géographie	la geografia	hachuré	tratteggiato
légende	la leg(g)enda	précis	preciso

B. LA GÉOGRAPHIE (voir aussi ch. 7)

altitude	l'altitudine	golfe	il golfo
archipel	l'arcipelago	haut-fond	il bassofondo,
baie	la baia		il fondale
bras	il braccio	hémisphère	l'emisfero
canal	il canale	isthme	l'istmo
cap	il capo	île	l'isola
chaîne	la catena	latitude	la latitudine
col	il valico	littoral	il litorale
continent	il continente	localisation	la localizzazione
delta	il delta	longitude	la longitudine
dérive	la deriva	massif	il massiccio
désert	il deserto	mer	il mare
détroit	lo stretto	méridien	il meridiano
embouchure	la foce	monde	il mondo
équateur	l'equatore	mont	il monte
est	l'est	montagne	la montagna
estuaire	l'estuario	nord	il nord
fjord	il fiordo	occident	l'occidente
fleuve	il fiume	océan	l'oceano
forêt	la foresta	orient	l'oriente
globe	il globo	ouest	l'ovest

B. LA GÉOGRAPHIE (suite)

parallèle (m)	il parallelo
pays	il paese
péninsule	la penisola
plaine	la pianura
plateau	l'altopiano
pôle	il polo
profondeur	la profondità
relief	il rilievo
sommet	la cima, la vetta
sud	il sud
surface	la superficie
terre	la terra
terre ferme	la terraferma
topographie	la topografia
tropiques	i tropici
désertique	desertico
géographique	geografico
insulaire	insulare
méridional	meridionale
occidental	occidentale
oriental	orientale
septentrional	settentrionale
terrestre	terrestre

C. DÉCOUVERTE, PEUPLEMENT ET AMÉNAGEMENT DU TERRITOIRE

agglomération	l'agglomerato urbano
aire	l'area
aménagement	l'assetto
assainissement	la bonifica
assèchement	il prosciugamento
capitale	la capitale
chef-lieu	il capoluogo
circonscription	il circondario
colonisation	la colonizzazione
découverte	la scoperta
démographie	la demografia
densité	la densità
explorateur	l'esploratore
fédération	la federazione
frontière	il confine, la frontiera
globe-trotter	il giramondo
hameau	la frazione
lieu-dit	la località
navigateur	il navigatore
parc	il parco
peuplement	il popolamento
population	la popolazione
province	la provincia
région	la regione
réserve	la riserva
territoire	il territorio
urbanisation	l'inurbamento
village	il villaggio, il paese
ville	la città
voyageur	il viaggiatore
zone	la zona
frontalier	di confine
habité	abitato
indigène	indigeno
inhabité	disabitato
limitrophe	limitrofo, confinante
peuplé	popolato
territorial	territoriale
vierge	vergine

D. CONTINENTS ET PAYS (pour les régions italiennes, voir p. 343)

Afrique	**l'Africa**
Amérique	**l'America**
Asie	**l'Asia**
Europe	**l'Europa**
Océanie	**l'Oceania**

Afrique du Sud	**la Repubblica Sudafricana**
Albanie	**l'Albania**
Algérie	**l'Algeria**
Allemagne	**la Germania**
Angleterre	**l'Inghilterra**
Argentine	**l'Argentina**
Australie	**l'Australia**
Autriche	**l'Austria**
Belgique	**il Belgio**
Bosnie	**la Bosnia**
Brésil	**il Brasile**
Bulgarie	**la Bulgaria**
Canada	**il Canada**
Chili	**il Cile**
Chine	**la Cina**
Chypre	**Cipro**
Colombie	**la Colombia**
Côte d'Ivoire	**la Costa d'Avorio**
Croatie	**la Croazia**
Danemark	**la Danimarca**
Egypte	**l'Egitto**
Espagne	**la Spagna**
Estonie	**l'Estonia**
États-Unis	**gli Stati Uniti**
Ethiopie	**l'Etiopia**
Finlande	**la Finlandia**
France	**la Francia**
Grande-Bretagne	**la Gran Bretagna**
Grèce	**la Grecia**
Hongrie	**l'Ungheria**
Inde	**l'India**
Irlande	**l'Irlanda**
Israël	**Israele**
Italie	**l'Italia**
Japon	**il Giappone**
Lettonie	**la Lettonia**
Lituanie	**la Lituania**
Libye	**la Libia**
Luxembourg	**il Lussemburgo**
Malte	**Malta**
Maroc	**il Marocco**
Mexique	**il Messico**
Norvège	**la Norvegia**
Nouvelle-Zélande	**la Nuova Zelanda**
Pays-Bas	**i Paesi Bassi**
Pérou	**il Perù**
Pologne	**la Polonia**
Portugal	**il Portogallo**
Roumanie	**la Romania**
Russie	**la Russia**
Saint-Marin	**San Marino**
Serbie	**la Serbia**
Slovaquie	**la Slovacchia**
Slovénie	**la Slovenia**
Somalie	**la Somalia**
Suède	**la Svezia**
Suisse	**la Svizzera**
Syrie	**la Siria**
Tchéquie	**la Repubblica Ceca**
Tunisie	**la Tunisia**
Turquie	**la Turchia**
Vatican	**il Vaticano**

E. QUELQUES VILLES

Alger	**Algeri**
Athènes	**Atene**
Berlin	**Berlino**
Catane	**Catania**
Florence	**Firenze**
Gênes	**Genova**
Genève	**Ginevra**
La Haye	**L'Aia**
Le Caire	**Il Cairo**
Londres	**Londra**
Luxembourg	**Lussemburgo**
Lyon	**Lione**
Marseille	**Marsiglia**
Mexico	**Città del Messico**
Milan	**Milano**
Monaco	**Monaco**
Moscou	**Mosca**
Munich	**Monaco di Baviera**
Naples	**Napoli**
New York	**New York**
Nice	**Nizza**
Padoue	**Padova**
Palerme	**Palermo**
Paris	**Parigi**
Pékin	**Pechino**
Pérouse	**Perugia**
Rome	**Roma**
Strasbourg	**Strasburgo**
Tunis	**Tunisi**
Turin	**Torino**
Varsovie	**Varsavia**
Venise	**Venezia**
Vienne	**Vienna**

F. NATIONALITÉS

africain	**africano**
albanais	**albanese**
algérien	**algerino**
allemand	**tedesco**
américain	**americano**
anglais	**inglese**
arabe	**arabo**
argentin	**argentino**
arménien	**armeno**
asiatique	**asiatico**
autrichien	**austriaco**
belge	**belga**
bosniaque	**bosniaco**
brésilien	**brasiliano**
britannique	**britannico**
canadien	**canadese**
chinois	**cinese**
croate	**croato**
danois	**danese**
écossais	**scozzese**
égyptien	**egiziano**
espagnol	**spagnolo**
éthiopien	**etiope**
européen	**europeo**
finlandais	**finlandese**
flamand	**fiammingo**
français	**francese**
grec	**greco**
hollandais	**olandese**
hongrois	**ungherese**

indien	indiano
irakien	iracheno
iranien	iraniano
irlandais	irlandese
israélien	israeliano
japonais	giapponese
libanais	libanese
libyen	libico
lituanien	lituano
luxembourgeois	lussemburghese
marocain	marocchino
néo-zélandais	neozelandese
norvégien	norvegese
palestinien	palestinese
polonais	polacco
portugais	portoghese
roumain	rumeno, romeno
russe	russo
sénégalais	senegalese
serbe	serbo
slovaque	slovacco
sud-africain	sudafricano
suédois	svedese
suisse	svizzero
syrien	siriano
tchèque	ceco
tunisien	tunisino
turc	turco
ukrainien	ucraino
vietnamien	vietnamita

G. L'ESPACE ET L'ASTRONOMIE, LES PLANÈTES

anneau	l'anello
apesanteur	l'assenza di gravità
astre	l'astro
astronaute	l'astronauta
astronome	l'astronomo
astronomie	l'astronomia
astrophysicien	l'astrofisico
ciel	il cielo
comète	la cometa
constellation	la costellazione
cosmonaute	il cosmonauta
cosmos	il cosmo
croissant	la falce
demi-lune	la mezzaluna
éclipse	l'eclissi
équinoxe	l'equinozio
espace	lo spazio
étoile	la stella
fusée	il razzo
galaxie	la galassia
lancement	il lancio
lune	la luna
lunette	il cannocchiale
martien	il marziano
météorite	la meteorite
nadir	il nadir
navette	la navetta
nébuleuse	la nebulosa
nouvelle lune	il novilunio
observatoire	l'osservatorio
orbite	l'orbita
OVNI	l'UFO
pesanteur	la gravità
planète	il pianeta
pleine lune	il plenilunio
quartier de lune	il quarto di luna
révolution	la rivoluzione

G. L'ESPACE ET L'ASTRONOMIE, LES PLANÈTES (suite)

rotation	**la rotazione**	Uranus	**Urano**
satellite	**il satellite**	Vénus	**Venere**
soleil	**il sole**		
solstice	**il solstizio**		
station	**la stazione**	cosmique	**cosmico**
stratosphère	**la stratosfera**	galactique	**galattico**
système solaire	**il sistema solare**	géostationnaire	**geostazionario**
télescope	**il telescopio**	infini	**infinito**
univers	**l'universo**	intersidéral	**intersiderale**
vaisseau	**l'astronave**	interstellaire	**interstellare**
zénith	**lo zenit**	planétaire	**planetario**
		sidéral	**siderale, sidereo**
Jupiter	**Giove**	spatial	**spaziale**
Mars	**Marte**		
Mercure	**Mercurio**	alunir	**allunare**
Neptune	**Nettuno**	se mouvoir	**muoversi**
Pluton	**Plutone**	observer	**osservare**
Saturne	**Saturno**	tourner	**girare, ruotare**

H. L'ASTROLOGIE

ascendant	**l'ascendente**	horoscope	**l'oroscopo**
astrologie	**l'astrologia**	signe	**il segno**
astrologue	**l'astrologo**	zodiaque	**lo zodiaco**

Balance	**la Bilancia**	Poissons	**i Pesci**
Bélier	**l'Ariete**	Sagittaire	**il Sagittario**
Cancer	**il Cancro**	Scorpion	**lo Scorpione**
Capricorne	**il Capricorno**	Taureau	**il Toro**
Gémeaux	**i Gemelli**	Verseau	**l'Acquario**
Lion	**il Leone**	Vierge	**la Vergine**

A 2 LEXIQUE EN SITUATION

apri l'atlante a pagina 50 ! ouvre l'atlas page 50 !

il litorale adriatico è una meta turistica per molti tedeschi : le littoral (la côte) adriatique est une destination touristique pour beaucoup d'Allemands.

le regioni del Mezzogiorno italiano sono più povere di quelle del Settentrione : les régions du Sud de l'Italie sont plus pauvres que celles du Nord.

l'assetto (la pianificazione) territoriale costituisce una priorità del governo : l'aménagement du territoire constitue une priorité du gouvernement.

il sole spunta (sorge) ad est e tramonta ad ovest : le soleil se lève à l'est et se couche à l'ouest.

i mari e gli oceani ricoprono più dei due terzi del globo : les mers et les océans recouvrent plus des deux tiers du globe.

una città a livello del mare : une ville au niveau de la mer.

i paesi del terzo mondo sono economicamente sottosviluppati : les pays du tiers-monde sont économiquement sous-développés.

la Cina è il paese più popolato del mondo : la Chine est le pays le plus peuplé du monde.

il territorio statunitense è vastissimo : le territoire des Etats-Unis est très vaste.

quest'anno è andato in Inghilterra, negli Stati Uniti e in Giappone : cette année il est allé en Angleterre, aux Etats-Unis et au Japon.

il chiaro di luna : le clair de lune.

la stella cadente, la stella polare : l'étoile filante, l'étoile polaire.

l'Orsa Maggiore, l'Orsa Minore, la Via lattea : la Grande Ourse, la Petite Ourse, la Voie lactée.

la volta celeste : la voûte du ciel.

la conquista dello spazio è stata una lotta accanita tra russi e americani : la conquête de l'espace a été une lutte acharnée entre Russes et Américains.

è iniziato il conto alla rovescia : le compte à rebours a commencé.

A 3 REGISTRES DE LANGUE

1. Sens figuré.
lo porta alle stelle : il le porte aux nues.
ha veduto le stelle : il a vu trente-six chandelles.
sono alle stelle : je suis aux anges.
essere nato sotto una buona (cattiva) stella : être né sous une bonne (mauvaise) étoile.
vivere nel mondo della luna : être dans les nuages.
predicare al deserto : prêcher dans le désert.
ho un mondo di cose da fare : j'ai un tas de choses à faire.
siamo in un mare di guai : nous sommes dans le pétrin.
mi piace un mondo : cela me plaît beaucoup.
mi ha mandato a quel paese : il m'a envoyé promener.
è un astro del cinema : c'est une étoile (une vedette) du cinéma.

2. Proverbes.
tutto il mondo è paese : les hommes sont les mêmes partout.
paese che vai, usanze che trovi : à chaque pays ses coutumes.
tutte le strade portano a Roma : tous les chemins mènent à Rome.

3. Littéraire.
il creato pour **il mondo** (allusion à la création divine), **l'occaso** pour **il tramonto** (le coucher de soleil) ou **l'occidente** (l'ouest).
finitimo pour **limitrofo**, **gallico** pour **francese**, **alemanno** pour **tedesco**, **italico** pour **italiano**, **siculo** pour **siciliano**, **oriundo** pour **originario**.
ex. **è oriundo americano** : il est originaire d' Amérique.

B 1 REMARQUES LEXICALES

Quelques noms renvoyant à des **spécificités géographiques italiennes** :
Il mare Tirreno, Adriatico, Mediterraneo, Ionio (la mer Tyrrhénienne, Adriatique, Méditerranée, Ionienne), **il Tevere**

(le Tibre), **l'Arno, il Po, il Tavoliere delle Puglie** (le Plateau des Pouilles), **la pianura padana** (la plaine du Pô), **le paludi pontine** (les marais pontins, dans le Latium), **la Maremma toscana** (la Maremme toscane ; voir aussi p. 89).

Un Français parle de son pays à un Italien :

- quelques régions : **l'Alsazia, la Bretagna, la Corsica, la Normandia, la Provenza** (l'Alsace, la Bretagne, la Corse, la Normandie, la Provence).
- quelques massifs montagneux : **le Alpi, i Pirenei, il Giura, i Vosgi, il Massiccio Centrale** (les Alpes, les Pyrénées, le Jura, les Vosges, le Massif Central).
- quelques fleuves : **la Senna, la Loira, il Rodano, il Reno** (la Seine, la Loire, le Rhône, le Rhin).

Attention aux mots suivants :

- **la sfera** (la sphère) devient masculin lorsqu'il entre dans la formation d'un mot : **l'emisfero, il planisfero**. De même **la luna** se transforme en **lunio** dans **il plenilunio** (la pleine lune) et **il novilunio** (la nouvelle lune).

Attention à ne pas confondre :

- **tedesco** (allemand, adjectif ou nom de nationalité) et **la Germania** (l'Allemagne).
- **veneto** (vénitien de la région de la Vénétie) et **veneziano** (vénitien de la ville de Venise).
- **il Messico** (le Mexique) et **Città del Messico** (Mexico).
- **Monaco di Baviera** (Munich) et **Monaco** (Monaco).
- **israeliano** (israélien), **israelita** (israélite), **ebreo** (juif).
- **tutto il mondo** (le monde entier) et **tutti** ou **tutta la gente** (tout le monde, l'ensemble des gens).

  ex. **ha viaggiato in tutto il mondo** : il a voyagé dans le monde entier.

  lo sanno tutti : tout le monde le sait.

Quelques synonymes :
- **il valico, il passo, il colle** : le col de montagne.
  ex. **un valico alpino** : un col alpin.
  il passo del Sempione : le col du Simplon.
  il colle della Maddalena : le col de la Madeleine.
- **l'agglomerato (urbano), il centro abitato, la conurbazione** : l'agglomération.
  ex. **la conurbazione parigina** : l'agglomération parisienne.

Un **anglicisme** : UFO (Unidentified Flying Object) qui a donné le mot **l'ufologia** (l'étude des phénomènes extra-terrestres).

La majuscule : son utilisation devant les noms de nationalité n'est pas obligatoire en italien, contrairement au français.
ex. **i francesi, gli americani, le italiane.**

Attention au genre de ces mots : il limite, il mappamondo, il mare, la ou **il meteorite, la valle** (la vallée, mais aussi le val), **il pianeta** (la planète) à ne pas confondre avec **la pianeta** (la chasuble).

B 2 REMARQUES GRAMMATICALES

1. Pluriels particuliers de noms et d'adjectifs.
- le mot **la superficie** a deux pluriels possibles : **le superficie** ou **le superfici** (voir pluriel des mots en **-ie**, p. 256).
- **la città greca, le città greche ; il dio greco, gli dei greci** (les dieux grecs) ; **il ministro belga, i ministri belgi** (pour les pluriels des mots en **-co, -go**, voir p. 295).

2. Verbes.
- **atterrare** et **allunare** sont du 1er groupe en italien.
- verbes substantivés : **il sorgere, lo spuntare del sole** (le lever du soleil), **il calare del sole** (le coucher du soleil), **il far del giorno, della notte** (le lever du jour, la tombée de la nuit) et aussi **col passare del tempo, le cose cambiano** : avec le temps (qui passe), les choses changent.

- pronom des verbes réfléchis : il se place après le verbe quand celui-ci est à l'infinitif.
  ex. **l'astronomo ha visto i corpi celesti muoversi intorno al sole** : l'astronome a vu les corps célestes tourner (se mouvoir) autour du soleil.
  è più facile orientarsi con una carta : il est plus facile de s'orienter avec une carte.

  Le pronom personnel se place avant le verbe quand celui-ci est conjugué.
  ex. **la luna si muove intorno alla terra, mi oriento con la carta.**

B 3 REMARQUES PARTICULIÈRES

1. Accentuation.

Mots se terminant par **-ia** : leur accentuation est souvent délicate en italien. C'est particulièrement vrai pour les noms propres de pays qu'il convient d'apprendre au cas par cas :

- sont accentués sur le « **i** » final (entre autres) : **l'Albania, l'Algeria, la Bulgaria, la Romania, la Tunisia, la Turchia, l'Ungheria.**
- sont accentués sur la voyelle de la syllabe précédant le « **i** » (entre autres) : **l'Italia, la Francia, l'Asia, l'Australia, la Croazia, la Finlandia, la Germania, la Grecia, l'India, la Iugoslavia, la Norvegia, la Polonia, la Russia, la Scozia, la Serbia, la Svezia.**

2. D'une langue à l'autre.

- beaucoup de mots français se terminant par *-ude* ont leur équivalent en **-udine** en italien : **latitudine** (latitude), **altitudine** (altitude), **longitudine** (longitude) pour reprendre des mots du chapitre, mais aussi **abitudine** (habitude), etc.
- le suffixe français *-scope* (qui signifie *voir*) devient **-scopio** dans presque tous les cas : **telescopio, microscopio, periscopio, magnetoscopio** ou **camescopio**, mais **-scopo** dans **oroscopo.**

C 1 EXERCICES

A Qui suis-je ? Retrouver le pays à partir des indications données :

1. Tra me e un paese a forma di stivale (lo stivale : *la botte*) si trova un mare quasi chiuso nel quale vengono molti turisti olandesi. Sono piccolo e il mio nome ha 7 lettere.
2. Molti paesi sviluppati temono la mia potenza economica. Sono un' isola con più di 100 milioni di abitanti.
3. Sono famoso per i miei fiori, i miei formaggi e i miei mulini a vento.
4. Siamo due paesi piccolissimi. Ogni anno molti turisti vengono a visitarci ma per questo bisogna andare in Italia.

B Compléter ce texte en utilisant des mots du chapitre :

Mio fratello è un vero [*1*]. Ha visitato i cinque [*2*] e sui muri della sua camera ha messo le [*3*] dei paesi che conosce già. Ha attraversato gli [*4*], è salito sulle [*5*] ed è perfino andato nel [*6*] ! Però che caldo vi ha trovato e quanta sabbia ! Per scegliere una destinazione, punta col dito a caso sul suo [*7*]. Dice che nell' [*8*] Sud il cielo è diverso e che è difficile riconoscere le [*9*]. Tuttavia rimane un luogo dove non andrà mai perché non gli piacciono gli orsi bianchi che corrono sulla banchisa : il [*10*] Nord.

C Traduire en italien :

1. Il est plus facile de s'orienter avec une carte ou un plan.
2. Il y a 500 ans, Christophe Colomb découvrait l'Amérique.
3. La superficie de la France est supérieure à celle de l'Italie.
4. En été, les Allemands sont presque plus nombreux en Italie qu'en Allemagne.
5. Il était aux anges après avoir vu une étoile filante dans son télescope.

C 2 CORRIGÉS

A
1. l'Albania
2. il Giappone
3. l'Olanda
4. San Marino e il Vaticano.

B
1. giramondo
2. continenti
3. carte
4. oceani
5. montagne
6. deserto
7. mappamondo
8. emisfero
9. stelle *ou* costellazioni
10. polo

C
1. È più facile orientarsi con una carta o una pianta.
2. 500 anni fa, Cristoforo Colombo scopriva l'America.
3. La superficie della Francia è superiore a quella dell'Italia.
4. D'estate (in estate), i tedeschi sono quasi più numerosi in Italia che in Germania.
5. Era alle stelle dopo aver visto una stella cadente (filante) nel suo telescopio.

4 LES TRANSPORTS

A 1 VOCABULAIRE

A. LES VÉHICULES À 4 ROUES ET LEURS CONDUCTEURS

automobile	**l'automobile**
automobiliste	**l'automobilista**
berline	**la berlina**
break	**la familiare**
cabriolet	**il « cabriolet »**
camion	**il camion**
camionnette	**il camioncino**
camionneur	**il camionista**
car	**il pullman**
chauffeur	**l'autista**
chauffeur de taxi	**il tassista**
conducteur	**il conducente**
coupé	**il « coupé »**
fourgonnette	**il furgoncino**
hors-série	**la fuoriserie**
minibus	**il pulmino**
modèle	**il modello**
poids lourd	**l'automezzo pesante**
quatre-quatre	**il fuoristrada**
remorque	**il rimorchio**
série	**la serie**
véhicule	**il veicolo, il mezzo**
version	**la versione**
voiture	**la macchina**

B. LA VOITURE : HABITACLE, EXTÉRIEUR, ÉCLAIRAGE

accessoire	**l'accessorio**
accoudoir	**l'appoggiagomiti**
aile	**il parafango**
alarme	**l'allarme** (m)
allume-cigares	**l'accendisigaro**
antibrouillards	**gli antinebbia**
appuie-tête	**l'appoggiatesta**
boîte à gants	**il vano portaoggetti**
caisse	**la scocca**
capot	**il cofano**
capote	**la cappotta**
carrosserie	**la carrozzeria**
ceinture de sécurité	**la cintura di sicurezza**
châssis	**il telaio**
chauffage	**il riscaldamento**
clé	**la chiavetta**
clignotant	**il lampeggiatore**
climatisation	**la climatizzazione**
coffre	**il bagagliaio**
commande	**il comando**
compte-tours	**il contagiri**
compteur (km)	**il contachilometri**
compteur (vitesse)	**il tachimetro**
confort	**il comfort, la comodità**
dégivreur	**lo sbrinatore**
désembuage	**l'antiappanante**
enjoliveur	**il coprimozzo**
équipement	**la dotazione**
essuie-glace	**il tergicristallo**
finitions	**le rifiniture**
galerie	**il portabagagli**
habitacle	**l'abitacolo**
jante	**il cerchio**

klaxon	il clacson
lave-glace	il tergilava-cristallo
lève-vitre	l'alzacristallo
levier (vitesses)	la leva
maniabilité	la maneggevolezza
manivelle	la manovella
marche arrière	la marcia indietro
option	l'« optional » (m)
pare-brise	il parabrezza
pare-chocs	il paraurti
pédale	il pedale
phare	il faro, il fanale
place	il posto
plage arrière	il ripiano posteriore
plaque	la targa
pneu	la gomma, lo pneumatico
portière	la portiera, lo sportello
réservoir	il serbatoio
rétroviseur	il retrovisore
roue	la ruota
siège	il sedile
siège auto	il seggiolino auto
tableau de bord	il cruscotto
verrouillage	la chiusura
vitre, glace	il finestrino
volant	il volante
voyant, témoin	la spia

clignotant	lampeggiante
confortable	confortevole
décapotable	decappottabile
équipé	accessoriato
immatriculé	targato
métallisé	metallizzato
neuf, nouveau	nuovo
ouvrant	apribile
spacieux	spazioso
teinté	colorato

C. MOTEUR ET PIÈCES

accélérateur	l'acceleratore
allumage	l'accensione
alternateur	l'alternatore
amortisseur	l'ammortizzatore
batterie	la batteria
bielle	la biella
boîte de vitesses	il cambio
bougie	la candela
carburateur	il carburatore
cardan	il cardano
carter	il carter, la coppa
catalyseur	il catalizzatore
centimètre cube	il centimetro cubo
contact	l'accensione
courroie	la cinghia
cylindrée	la cilindrata
démarreur	il motorino d'avviamento
direction	lo sterzo
direction assistée	il servosterzo
durit	la guarnizione
embrayage	la frizione
essieu	l'asse
fiabilité	l'affidabilità
filtre	il filtro
frein (à main)	il freno (a mano)
injection	l'iniezione
moteur	il motore

C. MOTEUR ET PIÈCES (suite)

motorisation	**la motorizzazione**
point mort	**la (marcia) folle**
pot d'échappement	**la marmitta**
puissance	**la potenza**
radiateur	**il radiatore**
régime	**il regime**
reprise	**la ripresa**
rodage	**il rodaggio**
soupape	**la valvola**
starter	**lo starter**
suspension	**la sospensione**
vitesse	**la marcia**
automatique	**automatico**
électronique	**elettronico**
encrassé	**sporco**
grippé	**grippato**
noyé	**ingolfato**
poussif	**asmatico**
puissant	**potente**
caler	**fermarsi**
démarrer	**mettere in moto**
éteindre	**spegnere**

D. ENTRETIEN ET RÉPARATIONS

ampoule	**la lampadina**
antigel	**l'antigelo**
bidon	**il bidone**
carburant	**il carburante**
consommation	**il consumo**
cric	**il cric**
dépannage	**la riparazione**
dépanneuse	**il carro attrezzi**
diesel	**il « diesel »**
entretien	**la manutenzione**
essence	**la benzina**
garage	**il « garage »**
garagiste	**il garagista**
gazole	**il gasolio**
huile	**l'olio**
jauge	**l'indicatore di livello**
mécanicien	**il meccanico**
panne	**il guasto**
plein	**il pieno**
pompe à essence	**il distributore**
pompiste	**il benzinaio**
pression (pneu)	**la pressione**
réparation	**la riparazione**
révision	**la revisione**
roue de secours	**la ruota di scorta**
station-service	**la stazione di servizio**
super	**la super**
vidange	**il cambio dell'olio**
gonflé	**gonfio, gonfiato**
rechapé	**rigenerato**
révisé	**revisionato**
contrôler	**controllare**
réparer	**riparare**
réviser	**revisionare**

E. LA ROUTE ET LA CIRCULATION

autoroute	**l'autostrada**
bas-côté	**la banchina**
bifurcation	**il bivio**
borne	**la pietra miliare**
bouchon	**l'ingorgo**
bretelle d'accès	**la bretella**
carrefour	**il crocevia**
cassis	**la cunetta**
chaussée	**la carreggiata**
circulation	**il traffico**
clous	**le strisce**
couloir d'autobus	**la corsia preferenziale**
déviation	**la deviazione**
dos d'âne	**il dosso**
échangeur	**lo svincolo**
embranchement	**l'incrocio**
file	**la fila**
grand-route	**la strada maestra**
intersection	**l'intersezione**
itinéraire	**l'itinerario**
lacet	**il tornante**
nid-de-poule	**la buca (stradale)**
péage	**il pedaggio**
périphérique	**la tangenziale**
raccourci	**la scorciatoia**
rond-point	**la rotonda**
route	**la strada**
terre-plein	**lo spartitraffico**
tournant	**la svolta**
trajet	**il percorso**
virage	**la curva**
voie	**la corsia**
voie rapide	**la superstrada**
dégagé	**sgombro**
dense, chargé	**fitto**
fluide	**scorrevole**
glissant	**sdrucciolevole**
kilométrique	**chilometrico**

F. CONDUIRE

accident	**l'incidente**
accrochage	**lo scontro**
alcotest	**l'alcotest**
allure	**l'andatura**
amende	**la multa**
appel de phares	**il lampeggiamento**
arrêt	**la sosta**
assurance	**l'assicurazione**
auto-école	**la scuola guida**
auto-stop	**l'autostop**
carambolage	**la carambola**
chauffard	**il pirata della strada**
choc	**l'urto**
code de la route	**il codice stradale**
conduite	**la guida**
dépassement	**il sorpasso**
disque	**il disco**
feu (rouge)	**il semaforo**
gardien de parking	**il posteggiatore**
ligne (continue)	**la striscia (continua)**
limitation	**il limite**
panneau	**il cartello**
parcmètre	**il parchimetro**
parking	**il parcheggio**

F. CONDUIRE (suite)

permis	**la patente**	circuler	**circolare**
priorité	**la precedenza**	conduire	**guidare**
radar	**l'autovelox**	dépasser	**superare**
sens	**il senso**	déraper	**sbandare**
signalisation	**la segnaletica**	doubler	**sorpassare**
stationnement	**la sosta**	emboutir	**ammaccare**
stop	**lo stop**	faire un tonneau	**cappottare**
télescopage	**il tamponamento**	foncer	**correre, filare**
tête-à-queue	**il testa-coda**	freiner	**frenare**
vignette	**il bollo di circolazione**	se garer	**parcheggiare**
		heurter	**urtare**
visibilité	**la visibilità**	klaxonner	**suonare il clacson**
vitesse	**la velocità**	passer (vitesse)	**ingranare (marcia)**
		patiner	**slittare**
cabossé	**ammaccato**	se rabattre	**portarsi**
dangereux	**pericoloso**	ralentir	**rallentare**
inexpérimenté	**inesperto**	reculer	**indietreggiare**
interdit	**vietato**	renverser	**investire**
		se renverser	**ribaltarsi**
accélérer	**accelerare**	rétrograder	**scalare**
avancer	**andare avanti**	rouler	**andare, correre**
braquer	**sterzare**	stationner	**sostare**

G. LES 2 ROUES

antivol	**l'antifurto**	garde-boue	**il parafango**
béquille	**il cavalletto**	guidon	**il manubrio**
bicyclette	**la bicicletta**	jante	**il cerchione**
boyaux	**i tubolari**	mobylette	**il motorino**
braquet	**la moltiplica**	motard	**il motociclista**
cadre	**il telaio**	moto	**la moto**
casque	**il casco**	patin	**la ganascia**
chaîne	**la catena**	pédale	**il pedale**
chambre à air	**la camera d'aria**	piste cyclable	**la pista ciclabile**
crevaison	**la foratura**	pneu	**la gomma**
cycliste	**il ciclista**	poignée	**la manopola**
dérailleur	**il cambio**	pompe	**la pompa**
frein	**il freno**	porte-bagages	**il portabagagli**

rayon	**il raggio**
roue	**la ruota**
scooter	**lo « scooter »**
selle	**la sella, il sellino**
side-car	**il « sidecar »**
sonnette	**il campanello**
tandem	**il tandem**
triporteur	**il triciclo**
vélo	**la bici**
V.T.T.	**la « mountain bike »**
crevé	**bucato**
dégonflé, à plat	**sgonfio**
gonflé	**gonfio**
voilé	**deformato**
débrider	**sciogliere, truccare**
démonter	**smontare**
graisser	**lubrificare**
pédaler	**pedalare**

H. LE TRAIN ET LA GARE

aller	**l'andata**
arrivée	**l'arrivo**
banquette	**il sedile**
billet	**il biglietto**
buffet	**il bar-ristorante**
chariot à bagages	**il carrello portabagagli**
chef de gare	**il capostazione**
chemin de fer	**la ferrovia**
cheminot	**il ferroviere**
compartiment	**lo scompartimento**
consigne	**il deposito bagagli**
contrôleur	**il controllore**
correspondance	**la coincidenza**
couchette	**la cuccetta**
départ	**la partenza**
direct	**il diretto**
express	**il direttissimo**
filet à bagages	**la reticella**
garde-barrière	**il casellante**
gare	**la stazione**
guichet	**la biglietteria**
haut-parleur	**l'altoparlante**
indicateur	**l'orario**
locomotive	**la locomotiva**
micheline	**la littorina**
omnibus	**l'accelerato**
passage à niveau	**il passaggio a livello**
passage souterrain	**il sottopassaggio**
passerelle	**il soprapassaggio**
place	**il posto**
porteur	**il facchino**
portière	**lo sportello**
quai	**la banchina**
rail	**la rotaia**
rapide	**il rapido**
réservation	**la prenotazione**
retard	**il ritardo**
retour	**il ritorno**
salle d'attente	**la sala d'aspetto**
signal d'alarme	**il segnale d'allarme**
supplément	**il supplemento**
terminus	**il capolinea**

H. LE TRAIN ET LA GARE (suite)

train	**il treno**	bondé	**affollato**
tunnel	**la galleria**	libre	**libero**
viaduc	**il viadotto**	occupé	**occupato**
voie	**il binario**	périmé	**scaduto**
voie de garage	**il binario morto**	valable	**valido**
voiture	**la carrozza**		
wagon	**il vagone**	s'arrêter	**fermarsi**
wagon-lit	**la carrozza letto**	arriver	**arrivare**
wagon-restaurant	**la carrozza**	composter	**convalidare**
	ristorante	partir	**partire**

I. L'AVION ET L'AÉROPORT

aéroport	**l'aeroporto**	hôtesse de l'air	**la hostess**
aiguilleur	**il controllore**	hublot	**l'oblò**
du ciel	**di volo**	jet	**il « jet »**
aile	**l'ala**	ligne	**la linea**
altitude	**la quota**	manche à balai	**la leva**
appareil	**l'apparecchio**		**di comando**
atterrissage	**l'atterraggio**	navigation	**la navigazione**
avion	**l'aereo**	parachute	**il paracadute**
cabine	**la cabina**	passager	**il passeggero**
carlingue	**la carlinga**	passerelle	**la passerella**
commandant	**il comandante**	pilotage	**il pilotaggio**
de bord	**pilota**	pilote	**il pilota**
compagnie	**la compagnia**	pirate de l'air	**il dirottatore**
contrôleur	**il controllore**	piste	**la pista**
aérien	**di volo**	plafond	**la quota**
débarquement	**lo sbarco**		**di tangenza**
décollage	**il decollo**	radar	**il radar**
descente	**la discesa**	réacteur	**il reattore**
détournement	**il dirottamento**	réseau	**la rete**
embarquement	**l'imbarco**	salle d'embarque-	**la sala**
équipage	**l'equipaggio**	ment	**d'imbarco**
escale	**lo scalo**	steward	**lo « steward »**
hélice	**l'elica**		

tapis roulant	**il nastro trasportatore**	atterrir	**atterrare**
tour de contrôle	**la torre di controllo**	décoller	**decollare**
train d'atterrissage	**il carrello d'atterraggio**	descendre	**scendere**
trou d'air	**il vuoto d'aria**	détourner	**dirottare**
vol	**il volo**	monter	**salire**
		planer	**librarsi**
		se redresser	**raddrizzarsi**
		survoler	**sorvolare**
		voler	**volare**

A 2 LEXIQUE EN SITUATION

prezzo chiavi in mano : prix clés en main.
una macchina di seconda mano (usata) : une voiture d'occasion.
una macchina rifinita male : une voiture dont la finition laisse à désirer.
far benzina, fare il pieno : prendre de l'essence, faire le plein.
rimanere senza benzina : être en panne d'essence (panne sèche).
siamo rimasti in panna : nous sommes tombés en panne.
ha comprato l'ultimo modello superaccessoriato : il a acheté le dernier modèle suréquipé.
questa macchina ha un'ottima tenuta di strada : cette voiture a une excellente tenue de route.
non correre così !, rischi il ritiro della patente : ne va pas si vite!, tu risques le retrait de permis.
ha dato una sterzata per evitare il cane : il a donné un coup de volant pour éviter le chien.
una constatazione amichevole : un constat à l'amiable.
si è fermato sulla corsia di emergenza : il s'est arrêté sur la bande d'arrêt d'urgence.
fare dietrofront, tornare indietro : faire demi-tour.
divieto di conversione a U : interdiction de faire demi-tour.
una curva a U (a gomito) : un virage en épingle à cheveux.
chiedere un passaggio : faire de l'auto-stop.
dare un passaggio a qualcuno : transporter quelqu'un en voiture, prendre un auto-stoppeur.

puoi parcheggiare, è una zona blu (una zona disco) : tu peux te garer, c'est une zone bleue (une zone à disque).
puoi metterti a sinistra, è un senso unico : tu peux rouler à gauche, c'est un sens unique.
non ha visto il divieto di sosta : il n'a pas vu le panneau d'interdiction de stationner.
ho perso il libretto di circolazione : j'ai perdu ma carte grise.
i ragazzi siedono dietro e i genitori davanti : les enfants s'assoient à l'arrière et les parents à l'avant.
il pedone è stato investito da una macchina : le piéton a été renversé par une voiture.
viene dalla destra, ha la precedenza : il vient de droite, il a la priorité.
una carta stradale : une carte routière.

un biglietto di andata : un billet simple.
un biglietto di andata e ritorno : un billet aller et retour.
arrivare in anticipo per non perdere il treno : arriver en avance pour ne pas rater le train.
viaggiare in prima, in seconda classe : voyager en première, en deuxième classe.
ho dovuto viaggiare in piedi : j'ai dû faire le voyage debout.
il treno per Napoli è in partenza al binario 7 : le train pour Naples va partir voie 7.
allacciare la cintura al decollo : attacher la ceinture au décollage.
l'aereo perde quota : l'avion perd de l'altitude.

A 3 REGISTRES DE LANGUE

1. Sens figuré.

prendere una curva su due ruote (prendere una curva sparato) : prendre un virage sur les chapeaux de roue.
una partenza sgommante : un départ sur les chapeaux de roue.
di gran carriera : à toute allure.
un automobilista fantasma ha imboccato l'autostrada contromano : un automobiliste fou (un chauffard) a pris l'autoroute à contresens.

seguire a ruota : suivre de près, coller aux basques.
partire in quarta : partir en quatrième vitesse.
andare fuori strada : sortir du droit chemin.

2. Proverbe.
chi va piano va sano e va lontano, chi va forte va alla morte : qui veut voyager loin ménage sa monture.

3. Familier.
Un chauffard italien s'appelle **un pirata della strada** ou **un automobilastro** et son véhicule est dit **un'auto pirata.**
Una bagnarola, un macinino, un ferrovecchio, un catenaccio désignent un tacot, une vieille bagnole.
Un très gros camion (un mastodonte) est dit **un bisonte della strada.**
Les routiers sont appelés **i tiristi** (il tirista), mot issu du sigle TIR (Trasporti Internazionali Rapidi su Strada).

B 1 REMARQUES LEXICALES

Quelques particularités des transports en Italie :
- les différents types de routes sont : **l'autostrada** (l'autoroute), **la superstrada** (la 4 voies), **la statale** (la nationale), **la provinciale** (la départementale), **la comunale** (le chemin vicinal).
- les trois couleurs du feu rouge (**il semaforo**) sont **il rosso** (le rouge), **il giallo** (l'orange, que l'Italien voit jaune) et **il verde** (le vert).
- quelques véhicules italiens caractéristiques : **la vespa** (le scooter, en vogue depuis les années 50, littéralement « la guêpe »), **l'ape** (tricycle à moteur avec remorque incorporée utilisé pour le transport de marchandises, littéralement « l'abeille »), **la Cinquecento** (la Fiat 500, la voiture populaire par excellence). **L'utilitaria** est le nom générique pour désigner les voitures de petite cylindrée.
- quelques types de camions : **il camion** ou **l'autocarro** (le camion), **l'autoarticolato** ou **l'autosnodato** (le semi-remorque),

l'autocisterna ou **l'autobotte** (le camion-citerne), **la bisarca** (un camion transportant des voitures).

- la société des chemins de fer italiens est la **FS** ou **FFSS** (le Ferrovie dello Stato) ; **l'IC, l'ETR, il Pendolino** sont des trains très rapides.

Les feux des voitures :
le luci di soccorso : les feux de détresse.
gli abbaglianti : les feux de route.
gli anabbaglianti : les codes.
le luci d'arresto : les « stop ».
le luci di sosta : les feux de stationnement.
le luci di posizione : les veilleuses.

Quelques synonymes :
la familiare, la « station wagon », la giardiniera : le break.
il clacson, la tromba, l'avvisatore : le klaxon.
suonare il clacson, strombettare : klaxonner.
il posteggiatore, il guardamacchine : le gardien de parking.
la marcia indietro, la retromarcia : la marche arrière.
il « garage », l'autorimessa, l'autofficina : le garage.
la dotazione, l'equipaggiamento, l'allestimento : l'équipement.
il crocevia, l'incrocio, il crocicchio : le carrefour, le croisement.
l'ingorgo, l'intasamento, l'imbottigliamento : le bouchon, l'embouteillage.

Attention à ne pas confondre :

- **l'autocarro** (le camion) et **l'autobus** ou **il pullman**.
- **la marcia** (la vitesse que l'on passe) et **la velocità** (la vitesse, l'allure).
- **il pedaggio** (le péage) et **il casello** (le poste, l'endroit où l'on s'acquitte du péage).

Attention au changement de préposition :
il filtro dell'aria, dell'olio (le filtre à air, à huile).

B 2 REMARQUES GRAMMATICALES

Adjectifs.
L'adjectif verbal :
pour certains verbes, l'italien possède deux formes pour différencier une action et son résultat (une seule en français).

ex. **ho gonfiato la gomma, adesso è gonfia** : j'ai gonflé le pneu, maintenant il est gonflé.

Contrairement au français, le participe passé ne se confond pas avec l'adjectif. Sur le même principe, il existe les couples **sgonfiato, sgonfio** (dégonflé) ; **caricato, carico** (chargé) ; **fermato, fermo** (arrêté) ; **guastato, guasto** (abîmé) ; **logorato, logoro** (usé), etc.

C 1 EXERCICES

A **Choisir le bon moyen de transport** :

1. Per potere andare da Roma a New York molto rapidamente.
2. Per viaggiare in Italia senza patente, fermandosi in molte cittadine.
3. Per essere visto da tutti e andare a prendere la ragazza (sa petite amie) a casa sua, come nei film di Bolognini.
4. Per circolare senza inquinare (polluer) e facendo sport.
5. Per guidare anche nel deserto o sui sentieri di campagna.

B **Adjectif verbal ou participe ? Compléter ces phrases en vous aidant des verbes à l'infinitif (dans le désordre) :**
vuotare, fermare, gonfiare, caricare.

1. Ho … la gomma con la pompa e adesso è …
2. Ho … il bagagliaio e la macchina è proprio …
3. Si è … sulla corsia di emergenza e adesso la sua Fiat è …
4. Il facchino ha … lo scompartimento e la reticella è …

C Traduire en italien :

1. Après la naissance de son troisième enfant, il a revendu sa petite voiture et a acheté un break d'occasion.
2. Il est très dangereux de doubler dans un tournant.
3. Mon réservoir est vide, je dois faire le plein au prochain distributeur.
4. Il ne faut pas mettre le point mort dans une descente.
5. Il a pris une place dans le rapide à réservation obligatoire.

C 2 CORRIGÉS

A
1. l'aereo
2. il treno accelerato (il locale)
3. lo scooter ou il motorino
4. la bicicletta
5. il fuoristrada.

B
1. gonfiato, gonfia
2. caricato, carica
3. fermato, ferma
4. vuotato, vuota.

C
1. Dopo la nascita del terzo figlio, ha rivenduto la sua utilitaria e ha comprato una familiare di seconda mano (usata).
2. È molto pericoloso sorpassare in curva.
3. Il mio serbatoio è vuoto, devo fare il pieno nel prossimo distributore.
4. Non bisogna mettere la macchina in folle in una discesa.
5. Ha preso un posto nel rapido a prenotazione obbligatoria.

5 LA VILLE

A 1 VOCABULAIRE

A. LA VILLE : QUARTIERS, RUES ET LIEUX DE PROMENADE

allée	**il viale**
angle	**l'angolo**
arcades	**i portici, il porticato**
arrondissement	**il circondario**
artère	**l'arteria**
avenue	**il viale**
banlieue	**la periferia**
bidonville	**la baraccopoli**
bouche d'égout	**il tombino**
boulevard	**il corso**
boulevard extérieur	**la circonvallazione**
caniveau	**la cunetta**
ceinture	**il raccordo anulare**
centre	**il centro (storico)**
chantier	**il cantiere**
cité (H.L.M.)	**la borgata**
contre-allée	**il controviale**
environs	**i dintorni**
espaces verts	**le zone verdi**
esplanade	**il piazzale**
faubourg	**il borgo, il suburbio**
fontaine	**la fontana**
habitant	**l'abitante**
impasse	**il vicolo cieco**
infrastructure	**l'infrastruttura**
jardin public	**il giardino pubblico**
jet d'eau	**lo zampillo**
lampadaire	**il lampione**
mobilier urbain	**l'arredo urbano**
monument	**il monumento**
murailles	**le mura**
parc	**il parco**
parking à vélos	**la rastrelliera**
passant	**il passante**
pavé	**il lastricato**
piéton	**il pedone**
place	**la piazza**
plan	**la pianta**
plan d'urbanisme	**il piano regolatore**
pont	**il ponte**
poteau	**il palo**
quai d'un fleuve	**il lungofiume**
quartier	**il quartiere**
rempart	**il bastione**
réverbère	**il lampione**
rue	**la via, la strada**
ruelle	**il vicolo, la viuzza**
trottoir	**il marciapiede**
urbanisme	**l'urbanistica**
ville	**la città**
zone industrielle	**la zona industriale**
zone piétonne	**l'isola pedonale**
calme	**quieto, calmo**
communal	**comunale, cittadino**
fortifié	**fortificato**
fréquenté	**frequentato**
malfamé	**malfamato**
pittoresque	**pittoresco**
résidentiel	**residenziale**
urbain	**urbano**

A. LA VILLE : QUARTIERS, RUES ET LIEUX DE PROMENADE (suite)

croiser	**incontrare**	s'étendre	**estendersi**
déboucher (sur)	**sboccare (in)**	longer	**costeggiare**
s'engager	**immettersi (in)**	rejoindre	**raggiungere**

B. HABITATIONS ET ÉDIFICES

baraque	**la baracca**	immeuble	**il palazzo, lo stabile**
bâtiment	**il casamento**		
bâtisse	**il casermone**	lotissement	**il lotto**
bicoque	**la bicocca**	maison	**la casa**
bloc, îlot	**l'isolato**	manoir	**il maniero**
cabane	**la capanna**	mansarde	**la mansarda**
château	**il castello**	masure	**la casupola**
construction	**il fabbricato**	palais	**il palazzo**
édifice	**l'edificio**	pâté de maisons	**il caseggiato**
gratte-ciel	**il grattacielo**	pavillon	**il villino**
habitation	**l'abitazione**	propriété	**la proprietà**
H.L.M.	**la casa popolare**	résidence	**il « residence »**
hôtel particulier	**il palazzo privato**	taudis	**il tugurio**
		villa	**la villa**

C. LES IMMEUBLES : PARTIES COMMUNES ET COPROPRIÉTÉ

ascenseur	**l'ascensore**	domicile	**il domicilio**
baie vitrée	**la vetrata**	échafaudage	**l'impalcatura**
balcon	**il balcone**	enceinte	**il recinto**
balustrade	**la balaustra**	entrée	**l'ingresso**
charges	**le spese condominiali**	entresol	**l'ammezzato**
		escalier	**la scala, le scale**
cheminée	**il comignolo**	étage	**il piano**
clôture	**la recinzione**	extérieur	**l'esterno**
concierge	**il portinaio**	façade	**la facciata**
copropriété	**il condominio**	faîte	**il colmo**
cour	**il cortile**	fenêtre	**la finestra**
coursive	**il ballatoio**	fronton	**il frontone**
digicode	**il codice digitato**	garde-fou	**la spalletta**

girouette	il segnavento
gond	il cardine, il ganghero
gouttière	la grondaia, la doccia
grille	il cancello
hall	la « hall »
heurtoir	il picchiotto
intérieur	l'interno
interphone	il citofono
jardin	il giardino
loge	la portineria
lucarne	l'abbaino
marche	lo scalino, il gradino
monte-charge	il montacarichi
mur	il muro
palier	il pianerottolo
palissade	lo steccato
parapet	il parapetto
paratonnerre	il parafulmine
parties communes	le dipendenze
perron	la scalinata
persienne	la persiana
plaque	la targa
porche	l'atrio, l'androne
portail	il portone
porte	la porta, l'uscio
rampe	la ringhiera
ravalement	il restauro
rebord, appui	il davanzale
revêtement	l'intonaco
rez-de-chaussée	il pianterreno
seuil	la soglia
soupirail	lo spiraglio
sous-sol	lo scantinato

terrain	il terreno
terrasse	il terrazzo
toit	il tetto
trappe	la botola
vasistas	il vasistas
véranda	la veranda
vide-ordures	lo scarico
vitre	il vetro
voisin	il vicino
voisinage	il vicinato
volet	l'imposta, lo scuro

abandonné	abbandonato
bourgeois	signorile
coquet	grazioso
cossu	ricco
délabré	rovinato
de standing	di lusso
détruit	distrutto
en ruine	in rovina
habité	abitato
reconstruit	ricostruito
réhabilité	riattato
rénové	ammodernato, rinnovato
sordide	squallido, sordido

construire	costruire
démolir	demolire
s'écrouler	crollare
édifier	edificare
élever	innalzare
lotir	lottizzare
raser	radere
rénover	rinnovare

D. S'ORIENTER, EXPRIMER UNE POSITION

abords	**le vicinanze**
alentours	**i dintorni**
déplacement	**lo spostamento**
direction	**la direzione**
distance	**la distanza**
droite	**la destra**
éloignement	**la lontananza**
emplacement	**l'ubicazione**
gauche	**la sinistra**
parages	**i paraggi**
position	**la posizione**
proximité	**la vicinanza**
renseignement	**l'informazione**
adjacent	**adiacente**
avoisinant	**attiguo**
distant	**distante**
éloigné	**lontano**
prochain	**prossimo**
proche	**vicino**
aller	**andare**
s'approcher	**avvicinarsi**
s'arrêter	**fermarsi**
avancer	**andare avanti**
chercher	**cercare**
continuer	**proseguire**
dépasser	**oltrepassare**
se diriger	**dirigersi, avviarsi**
s'éloigner	**allontanarsi**
s'engager	**imboccare**
faire un tour	**andare in giro**
flâner	**andare a zonzo**
indiquer	**indicare**
marcher	**camminare**
parcourir	**percorrere**
partir	**partire**
se perdre	**perdersi**
se promener	**passeggiare**
se rendre	**recarsi**
tourner	**girare**
traverser	**attraversare**
venir	**venire**
à	**a**
à côté de	**vicino a, accanto a**
à l'écart	**in disparte**
à proximité	**in prossimità**
à travers	**attraverso**
au bout de	**in capo a**
au-delà de	**oltre**
au-dessus de	**sopra**
au fond de	**in fondo a**
au loin	**in lontananza**
au milieu de	**in mezzo a**
autour de	**attorno a, intorno a**
dans	**in**
de (provenance)	**da**
de ce côté	**da questa parte**
dedans	**dentro**
dehors, hors	**fuori**
derrière	**dietro**
devant	**davanti a**
en arrière	**indietro**
en bas	**giù**
en face de, face à	**di fronte a**
en haut de	**in cima a**
en retrait	**indietro**
entre	**tra, fra**
jusqu'à	**fino a**
ici	**qui, qua**

là	là, lì	par ici	di qui, di qua
là-bas	laggiù	partout	dappertutto
là-haut	lassù	plus loin	oltre, più in là
le long de	lungo	près de	presso, vicino a
loin	lontano	quelque part	da qualche parte
n'importe où	dovunque	sous, dessous	sotto
nulle part	da nessuna parte	sur	su, sopra
où	dove	tout droit	sempre diritto
par (passage)	da, per	vers	verso

A 2 LEXIQUE EN SITUATION

davanti a casa sua c'è una scuola : devant chez lui il y a une école.

vendesi casa con giardino centro città : à vendre maison avec jardin en centre ville.

i loro appartamenti distano pochi metri : leurs appartements sont distants de quelques mètres.

una scala a chiocciola : un escalier en colimaçon.

accidenti ! abita all'ultimo piano e l'ascensore è guasto : zut ! il habite au dernier étage et l'ascenseur est en dérangement.

un palazzo di lusso : un immeuble de standing.

le case popolari sono spesso in periferia : les H.L.M. sont souvent en banlieue.

abita un villino fuori mano : il habite un pavillon en dehors de la ville.

ci sono certi tuguri da queste parti ! il y a de ces taudis dans le coin !

una casa pericolante : une maison qui menace de s'écrouler.

si è trasferito in un quartiere residenziale : il a déménagé dans un quartier résidentiel.

area edificabile : terrain à bâtir.

i costruttori edili hanno sfrattato gli inquilini del caseggiato : les promoteurs ont expulsé les locataires du pâté de maisons.

l'industria edile è in crisi : l'industrie du bâtiment est en crise.

i senzatetto : les sans-logis, les sans domicile fixe.

le piace molto passeggiare sul lungopò : elle aime beaucoup se promener sur les quais du Pô (le long du Pô).

il governo ha deciso di sviluppare la politica della casa : le gouvernement a décidé de développer la politique de l'habitat.

tutti i giorni, i pendolari vanno dal loro quartiere dormitorio fino al centro direzionale : tous les jours, les banlieusards vont de leur ville-dortoir au quartier des affaires.

viene da Bologna e parte per Ferrara : il vient de Bologne et il part pour Ferrare.

camminare lungo il marciapiede : marcher le long (au bord) du trottoir.

per andare in piazza Garibaldi, occorre prendere la prima a sinistra, arrivati all'incrocio girare a destra, proseguire fino al semaforo e andare sempre diritto : pour aller place Garibaldi, il faut prendre la première à gauche, une fois arrivé au croisement tourner à droite, continuer jusqu'au feu et aller toujours tout droit.

le città si visitano meglio a piedi che in macchina : on visite mieux les villes à pied qu'en voiture.

ha sbagliato strada, deve tornare indietro : vous vous êtes trompé de route, vous devez faire demi-tour.

quando lo vedo, scantono : quand je le vois, je change de trottoir (littéralement : je tourne à l'angle de la rue).

dove sei diretto ? où vas-tu ? dans quelle direction vas-tu ?

vogliamo andare ? on y va ?

A 3 REGISTRES DE LANGUE

1. Sens figuré.

essere con le spalle al muro : être le dos au mur.

anche i muri hanno orecchi : les murs ont des oreilles.

prendere una cantonata : commettre une bévue, faire une gaffe.

non gridarlo dalla finestra ! ne le crie pas sur tous les toits !

non si giudica qualcuno dalla facciata : il ne faut pas se fier aux apparences.

il peggior passo è quello dell'uscio : il n'y a que le premier pas qui coûte.

mandare avanti la baracca (avere la casa sulle spalle) : faire bouillir la marmite.
fare castelli in aria : construire des châteaux en Espagne.
tirarsi indietro : se dérober.

2. Proverbe.
il mondo è fatto a scale, chi le scende e chi le sale : dans la vie il y a des hauts et des bas.

3. Familier et dialectal.
Dove sta di casa ? est une façon familière pour demander : **dove abita ?**
À Rome, **un borgataro** est un habitant d'un quartier pauvre de la ville. Ce peut être un voyou (**un ragazzo di vita**, comme les appelait l'écrivain Pasolini).

4. Néologismes.
Les Italiens nomment **rapallizzazione** une certaine politique d'urbanisme inconsidérée et incontrôlée qui dénature un site pour des profits immobiliers immédiats, en particulier dans les endroits touristiques. Le nom, qui a donné le verbe **rapallizzare**, vient de la ville de Rapallo, en Ligurie, qui fut une des premières victimes de la spéculation immobilière.

5. Littéraire.
Lungi, antistante, ove, ovunque sont respectivement les équivalents littéraires de **lontano, di fronte, dove** et **dovunque**.

B 1 REMARQUES LEXICALES

Pour des **termes architecturaux** plus précis, se rapporter au ch. 38.

Quelques spécificités régionales :

- selon les régions et les villes d'Italie, les quartiers ont des dénominations différentes. Ainsi, comme synonymes de **il quartiere**, nom générique, on trouve **il rione, la contrada** (en Toscane), **la borgata** (à Rome), **il borgo, il suburio** et, avec une connotation négative, **la suburra.**
- **la piazza** (la place) est parfois appelée **il largo** (petite place) ou **il piazzale** (en général assez grande). A Venise on trouve **il campo** et **il campiello.**
- à Venise, la rue est dite **la calle.**

Quelques synonymes :

- **il tugurio, la catapecchia, la topaia, la stamberga, lo stambugio** désignent un taudis. A Naples, **il basso** est un logement modeste au niveau de la rue, caractéristique des quartiers du centre.
- **la scala, le scale, la scalinata, la gradinata** sont différentes façons de désigner un escalier.
- **il portinaio, il portiere, il custode** sont les concierges ou les gardiens d'immeuble.
- **lo scantinato, il seminterrato, il sottosuolo** désignent le sous-sol d'un bâtiment.
- **il segnavento, la banderuola, la girandola** : la girouette.
- **andare a zonzo, gironzolare, bighellonare, passeggiare, andare a spasso** : flâner, se promener.

Attention à ne pas confondre :

- **il fabbricato** (l'immeuble construit, le bâtiment) et **l'edilizia** (la construction, l'industrie du bâtiment).
- **il camino** (la cheminée intérieure), **il comignolo** (la partie extérieure) et **il fumaiolo** (la cheminée de navire ou d'usine).

- **la gabbia dell'ascensore** (la cage d'ascenseur) et **la tromba delle scale** (la cage d'escalier).
- **andare a piedi** (aller à pied) et **essere in piedi** (être debout).

Attention aux faux amis :
su (sur) n'est pas **sotto** (sous).
ex. **il libro è sul tavolo e il gatto è sotto la poltrona** : le livre est sur la table et le chat est sous le fauteuil.

Quelques nuances de sens :
- **la via** est généralement plus petite que **la strada** et s'emploie toujours quand on indique une adresse citadine.
  ex. **abita in via Mazzini, numero 12** : il habite 12 rue Mazzini.
  Sans précision toponymique, on pourra utiliser **la strada.**
  ex. **il balcone dà sulla strada** : le balcon donne sur la rue.

- les deux locutions **in mezzo a** et **nel mezzo di** (au milieu de) ont un emploi un peu différent : **nel mezzo di** exprime une localisation plus précise, alors que **in mezzo a** est plus générique.
  ex. **è seduto nel mezzo della panchina** : il est assis au milieu (au centre) du banc.
  era perduto in mezzo alla foresta : il était égaré au milieu de (dans) la forêt.

- **un palazzo** est un immeuble (ou même un palais)
  una palazzina est une résidence de standing ou un hôtel particulier.

B 2 REMARQUES GRAMMATICALES

1. Noms.

■ pluriel particulier :

Attention à ne pas confondre les deux pluriels de **il muro** : **le mura** et **i muri**. Le premier, en **-a** et au féminin, a le sens collectif des murs d'une ville (les murailles, l'enceinte).

ex. **le mura della città medievale** : les murs de la ville médiévale.

Le second, régulier, s'emploie habituellement pour désigner les murs d'une maison.

ex. **i muri della casa sono bianchi** : les murs de la maison sont blancs (sur cette règle du double pluriel voir aussi p. 166).

2. Verbes.

■ **andare** (aller) et **venire** (venir) sont deux verbes irréguliers.

- au présent :
vado, vai, va, andiamo, andate, vanno.
vengo, vieni, viene, veniamo, venite, vengono.
- au futur :
andrò, andrai, andrà, andremo, andrete, andranno.
verrò, verrai, verrà, verremo, verrete, verranno.
- de plus, **venire** est irrégulier au passé simple : **io venni** (pour la formation des autres personnes, voir règle p. 382).

3. Adverbes.

■ attention à l'adverbe à valeur relative **dove** (où) qui ne peut s'employer en italien que dans un contexte spatial et jamais dans un contexte temporel. Dans ce dernier cas, à la différence du français, l'italien utilise **in cui**.

ex. **la città dove è nato** : la ville où il est né.

il giorno in cui l'ho incontrato : le jour où je l'ai rencontré.

4. Prépositions.

■ la préposition **in** (dans) :

• elle se contracte devant un article défini : *in* + *il* : **nel**, *in* + *lo* : **nello**, *in* + *l'* : **nell'**, *in* + *la* : **nella**, *in* + *i* : **nei**, *in* + *gli* : **negli**, *in* + *le* : **nelle.**

■ différences d'emploi de prépositions dans les locutions spatiales :

• **de** en français, **a** en italien : à côté de : **accanto a, vicino a** ; au bout de : **in fondo a, in capo a** ; autour de : **intorno a** ; en haut de : **in cima a, in alto a** ; en face de : **di fronte a.**

• **de** en français, **da** en italien : loin de : **lontano da** (**da** exprime toujours un éloignement ou une provenance).

• **de** en français, pas de préposition en italien : le long de : **lungo** ; près de : **presso** (on trouve aussi **presso a** ou **presso di** devant un pronom) ; hors de : **fuori** (**abita fuori città**, mais on trouve aussi **fuori di** ou **fuori da** au sens figuré : **è fuori di sé, è fuori dai gangheri** : il est hors de lui).

• pas de préposition en français, préposition en italien : derrière : **dietro a** ou **dietro** seul mais **dietro di** devant un pronom (è **dietro all'albero, è dietro l'albero** mais **è dietro di me**). Sur le même principe **su** et **sotto** (**sulla tavola** mais **su di lui, sotto la sedia** mais **sotto di me**).

B 3 REMARQUES PARTICULIÈRES

Origine de mots.

• **casermone** (grande bâtisse, barre d'immeuble, cité) vient de **la caserma** qui signifie la caserne.

• **urbano, urbanismo** viennent du mot latin *urbe*, la ville (pensons à la bénédiction papale *urbi et orbi* adressée à la ville et au monde).

C 1 EXERCICES

A Trouver le mot qui correspond à la définition :

1. È utile quando si abita all'ultimo piano di un grattacielo.
2. Permette di prendere il sole senza uscire di casa.
3. Serve d'appoggio agli anziani quando scendono le scale.
4. Un personaggio in via d'estinzione che è molto importante nei palazzi.
5. Un alloggio squallido e vecchio.

B Regrouper ces mots en 3 familles par affinités de sens :

1. il viale	5. indietro	9. la borgata
2. la destra	6. i portici	10. il centro
3. la periferia	7. il piazzale	11. diritto
4. il rione	8. la direzione	12. il corso.

C Compléter ces phrases au présent ou au futur avec les verbes *andare* ou *venire* choisis en fonction du contexte.

1. Dimmi Paolo, dove … adesso ? (tu).
2. (Noi) … al cinema domani, (voi) … con noi ?
3. (Io) … in Inghilterra quest'anno.
4. Aspettatemi, … subito !
5. Francesco … se ne avrà voglia.

D Traduire en italien :

1. Pour aller Place Vittorio Emanuele, continuer jusqu'au bout de la rue et tourner à droite.
2. C'est la maison où il est né, le jour où son père est mort.
3. L'école est en face du parc.
4. Je n'ai vu nulle part une ville aussi belle.
5. Tu restes ici ou tu viens avec moi là-bas ?

C 2 CORRIGÉS

A
1. l'ascensore
2. il balcone *ou* il terrazzo
3. la ringhiera
4. il portinaio (la portinaia) *ou* il portiere (la portiera)
5. il tugurio (ou synon., *voir* B1).

B
1 : les lieux de passage ou de promenade : 1, 6, 7, 12.
2 : les parties d'une ville : 3, 4, 9, 10.
3 : se déplacer dans la ville : 2, 5, 8, 11.

C
1. vai
2. andremo, verrete
3. vado ou andrò
4. vengo
5. verrà *ou* andrà.

D
1. Per andare in Piazza Vittorio Emanuele, proseguire fino in fondo alla via e girare a destra.
2. È la casa dove è nato, il giorno in cui è morto suo padre (gli è morto il padre).
3. La scuola è di fronte al parco.
4. Non ho visto da nessuna parte una città così bella.
5. Resti (rimani) qui o vieni con me laggiù ?

6 LES SERVICES DE LA VILLE

A 1 VOCABULAIRE

A. LES COMMERCES

agence	**l'agenzia**	herboristerie	**l'erboristeria**
armurerie	**l'armeria**	horlogerie	**l'orologeria**
bazar	**l'emporio**	hypermarché	**l'ipermercato**
bijouterie	**la gioielleria**	imprimerie	**la stamperia**
blanchisserie	**la lavanderia**	kiosque à journaux	**l'edicola (f)**
boucherie	**la macelleria**		
boulangerie	**la panetteria**	librairie	**la libreria**
boutique	**la bottega, il negozio**	librairie-papeterie	**la cartolibreria**
		magasin	**il negozio**
cave à vins	**l'enoteca**	maroquinerie	**la pelletteria**
centre commercial	**il centro commerciale**	mercerie	**la merceria**
		papeterie	**la cartoleria**
chapellerie	**la cappelleria**	parfumerie	**la profumeria**
charcuterie	**la salumeria**	pâtisserie	**la pasticceria**
confiserie	**la confetteria**	pharmacie	**la farmacia**
cordonnerie	**la calzoleria**	poissonnerie	**la pescheria**
coutellerie	**la coltelleria**	pressing	**il lavasecco**
crémerie	**la latteria**	quincaillerie	**la ferramenta**
détaillant	**il dettagliante**	rôtisserie	**la rosticceria**
épicerie	**la drogheria**	supermarché	**il supermercato**
grand magasin	**il grande magazzino**	tabac	**la tabaccheria**
		teinturerie	**la tintoria**

B. UN MAGASIN

arrière-boutique	**il retrobottega**	escalator	**la scala mobile**
balance	**la bilancia**	étiquette	**l'etichetta, il cartellino**
caisse	**la cassa**		
comptoir	**il bancone, il banco**	fermeture	**la chiusura**
		mannequin	**il manichino**
devanture	**la vetrina**	ouverture	**l'apertura**
écriteau	**il cartello**	présentoir	**l'espositore**
enseigne	**l'insegna**	rayon	**il reparto**
entrée	**l'ingresso**	rideau de fer	**la saracinesca**

sortie	**l'uscita**	débiter (vendre)	**smerciare**
vitrine	**la vetrina**	disposer	**disporre**
		étalager	**mettere in mostra**
commercial	**commerciale**		
fermé	**chiuso**	exposer	**esporre**
ouvert	**aperto**	gérer	**gestire**
spécialisé	**specializzato**	présenter	**presentare**

C. LES ACHATS

achat	**l'acquisto**	modèle	**il modello**
acheteur	**il compratore**	nouveauté	**la novità**
article	**l'articolo**	objet	**l'oggetto**
cabas	**la sporta**	pacotille	**la paccottiglia**
caddie	**il carrello**	paiement	**il pagamento**
cadeau	**il regalo**	prix	**il prezzo**
choix	**la scelta**	produit	**il prodotto**
client	**il cliente**	promotion	**la promozione**
courses	**la spesa**	provisions	**le provviste**
dépense	**la spesa**	qualité	**la qualità**
échantillon	**il campione**	rebut	**lo scarto**
étui	**l'astuccio**	reçu	**la ricevuta**
ficelle	**lo spago**	réduction, remise	**lo sconto**
garantie	**la garanzia**	sac à provisions	**la borsa (della spesa)**
liquidation	**la liquidazione**		
livraison	**la consegna**	sachet	**il sacchetto**
location	**il noleggio**	soldes	**i saldi**
marchandise	**la merce**	ticket	**lo scontrino**
marque	**la marca**	vente	**la vendita**

D. COMBIEN EN VOULEZ-VOUS ?

boîte	**la scatola**	mètre	**il metro**
bouteille	**la bottiglia**	paquet	**il pacco**
carton	**il cartone**	poids	**il peso**
gramme	**il grammo**	pot	**il barattolo**
kilo	**il chilo**	tablette	**la tavoletta**
litre	**il litro**	tranche	**la fetta**

D. COMBIEN EN VOULEZ-VOUS ? (suite)

accessible	**accessibile**	s'élever à	**ammontare a**
bon marché	**economico**	emballer	**imballare**
cher	**caro**	empaqueter	**impacchettare**
coûteux	**costoso**	envelopper	**incartare**
gratuit	**gratuito,**	essayer	**provare**
	gratis	liquider	**liquidare**
modique	**modico**	livrer	**consegnare**
promotionnel	**promozionale**	louer	**noleggiare**
		marchander	**contrattare**
acheter	**comprare**	offrir	**regalare**
brader, solder	**svendere**	payer	**pagare**
choisir	**scegliere**	peser	**pesare**
coûter	**costare**	prendre	**prendere**
dépenser	**spendere**	rembourser	**rimborsare**
échanger	**cambiare**	vendre	**vendere**

E. LES GENS EN VILLE

bousculade	**il pigia pigia**	queue	**la fila, la coda**
cohue	**la ressa, la calca**		
foule	**la folla**	entrer	**entrare**
gens	**la gente**	flâner	**bighellonare**
monde	**la gente**	pousser	**spingere**
multitude	**la moltitudine**	sortir	**uscire**
passant	**il passante**	tirer	**tirare**

F. LES TRANSPORTS URBAINS

abonnement	**l'abbonamento**	funiculaire	**la funicolare**
abribus	**la tettoia**	ligne d'autobus	**l'autolinea**
arrêt	**la fermata**	métro	**la metropolitana,**
autobus	**l'autobus**		**il metrò**
carnet	**il blocchetto**	parcours	**il percorso**
carte	**la tessera**	passager	**il passeggero**
course	**la corsa**	réseau urbain	**la rete urbana**
dépôt	**il deposito**	tarif	**la tariffa**

taxi	**il taxi, il tassì**	public	**pubblico**
taximètre	**il tassametro**		
terminus	**il capolinea**	s'arrêter	**fermarsi**
ticket	**il biglietto**	attendre	**aspettare**
tramway	**il tram**	composter	**convalidare**
trolleybus	**il filobus**	s'entasser	**stiparsi**
		oblitérer	**obliterare, timbrare**
bondé	**pieno zeppo, strapieno**	rater	**perdere**

G. DIVERS SERVICES

asile de nuit	**il dormitorio civico**	halle	**il mercato coperto**
		Halles	**i Mercati Generali**
bibliothèque	**la biblioteca**		
cimetière	**il cimitero**	hôpital	**l'ospedale**
citadin	**il cittadino**	mairie	**il comune**
commissariat	**il commissariato**	marché	**il mercato**
éclairage	**l'illuminazione** (f)	ordures	**le immondizie**
école	**la scuola**	piscine	**la piscina**
fourrière	**il deposito municipale**	poste	**la posta**
		tribunal	**il tribunale**

A 2 LEXIQUE EN SITUATION

si va per negozi : on va faire les magasins.
andiamo a fare la spesa : nous allons faire les courses.
i negozi sono affollatissimi : les magasins sont pleins de monde (bondés).
la gente si affolla intorno alle casse : les gens se pressent autour des caisses.
spendere uno sproposito : dépenser une fortune.
oggi non voglio badare a spese : aujourd'hui je ne veux pas regarder à la dépense.
si deve fare la fila ? il faut faire la queue ?
buongiorno… (mi) dica : bonjour… vous désirez ?
me ne dia un paio : donnez-m'en deux.

un barattolo (un vasetto) di marmellata, una scatola di pomodori pelati : un pot de confiture, une boîte de tomates pelées.
un fustino di detersivo : un baril de lessive.
una lattina di birra : une boîte de bière.
vuoto a rendere, a perdere : emballage consigné, perdu.
il codice a barre : le code barres.
quant'è ?, quanto viene ? c'est combien ?
quanto fa ? ça fait combien ?
sono 6 euro e 50 : ça fait 6 euros 50.
un sacchetto di plastica : un sac plastique.
la carta d'imballaggio : le papier d'emballage.
è per fare un regalo, me lo può incartare ? c'est pour faire un cadeau, vous pouvez me l'emballer ?
la carta fedeltà : la carte de fidélité.
un certificato di garanzia : un bon de garantie.
un apparecchio in garanzia : un appareil sous garantie.
da consumarsi entro il 6-2-99 : à consommer avant le 6-2-99.
la data di scadenza : la date limite de vente.
leggere le modalità d'uso : lire le mode d'emploi.
mi dispiace, non si cambiano i dischi : je suis désolé, les disques ne sont pas repris.

un punto vendita : un point de vente.
il reparto mobili, abbigliamento (confezioni), alimentari : le rayon ameublement, vêtements, alimentation.
questi libri vanno a ruba : ces livres se vendent comme des petits pains.
è merce (è roba) andante : c'est de la marchandise de second choix.
sta sempre a tirare sul prezzo ! il faut toujours qu'il marchande !
mi fa uno sconto ? vous me faites un prix ?
non posso vendere sottocosto, signora : je ne peux pas vendre à perte, madame.
Le ho fatto un prezzo di favore : je vous ai fait un prix d'ami.
l'ho comprato a saldo : je l'ai acheté en solde.
gestisce un negozio in via Condotti : il tient un magasin rue Condotti.

mi può cambiare cinquanta euro ? pouvez-vous me faire de la monnaie sur cinquante euros ?

il chiosco dei fiori : le kiosque à fleurs.
il mercato delle pulci : le marché aux puces.
il mercato del pesce, del bestiame : le marché aux poissons, aux bestiaux.
un mercato all'aperto : un marché en plein air.
un mercato coperto : un marché couvert.
il servizio della nettezza urbana : le service de la voirie.
la stazione delle autolinee : la gare routière.
una linea metropolitana : une ligne de métro.
a che ora passa l'ultimo metrò ? à quelle heure passe le dernier métro ?
rincorrere il tram : courir après le tram.
la gente sale sul tram : les gens montent dans le tram.
ho perso il bus : j'ai raté mon bus.
fermata prenotata : arrêt demandé.
fermata obbligatoria, a richiesta, provvisoria : arrêt obligatoire, facultatif, provisoire.
capolinea, si scende ! terminus, tout le monde descend !

A 3 REGISTRES DE LANGUE

1. Sens figuré.
gliene hanno detto un sacco e una sporta : on lui en a dit de toutes les couleurs.
costi quel che costi : coûte que coûte.

2. Proverbe.
chi rompe paga (e i cocci sono suoi) : qui casse paye (et emporte les débris).

3. Un terme plus recherché.
L'**avventore** peut être employé pour désigner le client d'un magasin ou d'un lieu public, comme un bar.
ex. **gli avventori facevano ressa davanti al banco** : les clients se bousculaient devant le comptoir.

4. Régionalismes.
En Toscane, **la pizzicheria** est l'épicerie et **la mesticheria** est la droguerie, le magasin de couleurs.

5. Néologismes.
Il negozio di fai da te (le magasin de bricolage) prend le pas sur le magasin traditionnel, **la ferramenta** (**il negozio di ferramenta**).
Una jeanseria : un magasin ou l'on vend des jeans, **una giocheria** : un magasin de jouets.

B 1 REMARQUES LEXICALES

Les magasins :

- pour nommer certains magasins il faut préciser leur spécialité.
  ex. **un negozio di (generi) alimentari, di frutta e verdura, di calzature, di biancheria, di casalinghi, di anticaglie, di antiquariato** : un magasin d'alimentation, de fruits et légumes, de chaussures, de blanc, d'articles ménagers, de bric-à-brac, d'antiquités.
- dans le langage courant, plus souvent qu'en français, on préfère évoquer le nom du vendeur (voir métiers p. 324).
  ex. **passo dall'ottico, dal fruttivendolo, dal giornalaio, dal tabaccaio, dal salumiere** : je passe chez l'opticien, le marchand de légumes, le vendeur de journaux, au tabac, à la charcuterie.
- **il panificio** et **il forno** sont d'autres mots pour désigner une boulangerie.
- **la sartoria** désigne l'atelier de couture, le magasin du couturier, ou la haute couture (ex. **la sartoria italiana** : la haute couture italienne).
- **la copisteria** est un bureau de dactylographie où l'on peut faire taper des textes, photocopier des documents…
- **la legatoria** : l'atelier de reliure.
- **uno spaccio** est un magasin de vente au détail.
  ex. **uno spaccio di tabacchi** : un bureau de tabac.

Ce terme désigne aussi la vente elle-même.

ex. **macelleria, spaccio di carni fresche** : boucherie, vente de viande fraîche.

- sur les vieilles enseignes de tabacs, on peut lire : **sali e tabacchi**. Le sel étant autrefois un monopole d'État, on le trouvait exclusivement dans ces magasins.
- **la bancarella** est l'éventaire des marchands ambulants sur les marchés et dans la rue, et en particulier celui du bouquiniste (**il bancarellista**).

  ex. **ho comprato questo libro a una bancarella** : j'ai acheté ce livre chez un bouquiniste.
- certains magasins de luxe (vêtements, parfumerie) peuvent être appelés **una boutique** en italien.

Achats et clients :

- l'expression imagée « faire du lèche-vitrine » n'a pas d'équivalent en italien. On peut traduire par **guardare le vetrine**.
- avant de sortir d'un magasin, il faut toujours vérifier que l'on emporte bien son ticket (**lo scontrino**). Chaque magasin est en effet équipé d'une caisse enregistreuse (**un registratore di cassa**) qui permet les contrôles de la part du fisc. Le client ne pouvant présenter une preuve d'achat à **la guardia di finanza** (policier affecté au domaine des finances publiques) qui l'arrête dans la rue, se voit infliger une amende, comme le commerçant qui a oublié d'enregistrer l'achat.

Présentation des produits, vente au détail :

- **una confezione** est un terme générique pour désigner tout produit préemballé, boîte, pot…

  ex. **una confezione di albicocche allo sciroppo** : un pot d'abricots au sirop.
- on préfère dire **un etto** (cent grammes) plutôt que **cento grammi**.

  ex. **un etto di olive** : cent grammes d'olives.
- la charcuterie s'achète généralement au poids et non par nombre de tranches.

  ex. **vorrei due etti di prosciutto cotto** : je voudrais deux cents grammes de jambon (cuit).

Attention aux faux amis :

- **il negozio** : le magasin, **il magazzino** : l'entrepôt.
- le commerce (dans le sens de « fonds de commerce ») : **il negozio**, et non pas **il commercio.**
  ex. **aprire un negozio** : ouvrir un commerce.
  il commercio e l'industria : le commerce et l'industrie.
- **la chincaglieria** est un magasin de bibelots (**i ninnoli**) de mauvaise qualité, ainsi que la marchandise qui y est vendue. Il ne faut donc pas confondre avec **la ferramenta** : la quincaillerie.
- **una drogheria** est une épicerie (et non une droguerie). C'était autrefois un magasin où l'on vendait des produits d'importation (**generi coloniali**) comme les épices, le cacao, le café. La droguerie française, en revanche, n'a d'équivalent qu'en Toscane : **la mesticheria.**
- certains magasins diffèrent de l'Italie à la France. Dans une **latteria**, par exemple, on trouve des produits laitiers mais aussi des pâtes, un peu de charcuterie, des boissons. **L'enoteca** vend des vins, mais on peut souvent y boire un verre en mangeant quelque chose (charcuterie, fromage).

Parlons d'argent (voir aussi p. 356) :

- le mot français « monnaie » recouvre plusieurs acceptions. Voici, au fil d'exemples, comment choisir parmi : **gli spiccioli, il resto, la moneta.**
  ex. vous avez de la monnaie ? **ha spiccioli ?**
  Monsieur, vous oubliez votre monnaie : **Signore, dimentica il resto.**
  de la fausse monnaie : **moneta falsa.**
- **una moneta** : une pièce.
  ex. **ha una moneta da cento lire ?** vous avez une pièce de cent lires ?

« Les gens » et « la gente » :

- avant de traduire l'un par l'autre, il faut toujours chercher s'il n'y a pas un terme plus approprié.
  ex. tous les gens sont arrivés : **sono arrivati tutti.**
  c'era molta gente : il y avait beaucoup de monde.

- attention ! **la gente** est un mot féminin singulier.
  ex. **la gente non vuole essere imbrogliata** : les gens ne veulent pas se faire avoir.

Plusieurs traductions pour le même mot :
- **il cittadino** : le citadin ou l'habitant d'une ville (ex. **i cittadini di Taranto** : les habitants de Tarente) mais aussi : le citoyen (ex. **sono cittadino francese** : je suis citoyen français).
- la fourrière : **il deposito per le macchine** (pour les voitures) et **il canile municipale** (pour les chiens).
- louer : **noleggiare** (pour une voiture, une bicyclette, un poste de télévision), **affittare** (pour une maison).
- **la corsa** s'applique aux taxis (« la course ») et à tous les véhicules de transports publics.
  ex. **ho perso l'ultima corsa del tram** : j'ai manqué le dernier tram.
- l'autobus est **l'autobus, il bus** (en ville), **la corriera** (l'autocar, pour les liaisons régulières entre villes ou villages) ou **il pullman** (le car de tourisme).

L'albergo diurno est un établissement où un voyageur peut trouver des toilettes, des douches, un coiffeur... mais où l'on ne dort pas.

B 2 REMARQUES GRAMMATICALES

1. Pronoms.

■ traduction de « on » :
- l'indéfini « on » est sujet en français, pas en italien où il s'apparente au pronom réfléchi italien **si** (**si** + verbe + sujet réel).
  ex. **si spende molto denaro** : on dépense beaucoup d'argent (mot à mot, « beaucoup d'argent se dépense »).
  Il faut donc accorder le verbe au sujet réel, lorsque celui-ci est au pluriel. C'est là une source d'erreurs pour le Français qui voudrait traduire mot à mot.
  ex. on peut essayer les vêtements ? **si possono provare i vestiti ?**

Dans le cas d'un verbe pronominal, **ci si** : on se (ex. **ci si prepara a uscire** : on se prépare à sortir), à ne pas confondre avec « on y » (ex. **ci si vende di tutto** : on y vend de tout).

• autres tournures possibles : la forme passive (ex. **con questo caldo sono stati venduti litri e litri di bibite** : avec cette chaleur on a vendu des litres et des litres de boissons), la troisième personne du pluriel (ex. **qui non parlano francese** : ici on ne parle pas le français), **la gente** (ex. **la gente non mi capisce** : on ne me comprend pas).

2. Verbes.

■ choix de l'auxiliaire aux temps composés :
costare se conjugue avec l'auxiliaire **essere.**
ex. **questa collana mi è costata un occhio della testa** : ce collier m'a coûté les yeux de la tête.

■ participes passés irréguliers :
esposto (esporre), scelto (scegliere), speso (spendere), spinto (spingere), preso (prendere).

B 3 REMARQUES PARTICULIÈRES

D'une langue à l'autre.
De nombreux noms de magasins sont caractérisés par le suffixe **-eria.** On peut ajouter aux mots de la liste, entre autres : **la gelateria** (le glacier), **la frutteria** (la fruiterie), **la pellicceria** (le magasin de fourrures).

C 1 EXERCICES

A Compléter le texte en choisissant parmi les dix mots proposés :

1. *spese*	3. *dal*	5. *reparto*	7. *carrello*	9. *barattoli*
2. *cartelli*	4. *merci*	6. *costose*	8. *cassa*	10. *folla.*

Entro nel supermercato, mi dirigo verso il … alimentari. Quanta gente ! Spingendo il … cammino tra la … Oggi non bado a … , compro le … più …, seguendo con lo sguardo i … che indicano i prezzi. Compro anche tre … di pesche sciroppate. Arrivo alla … Oddio ! ho dimenticato il portafoglio … tabaccaio !

B Devinette : Un commerçant a affiché près de sa caisse :

> **Già sofferente per la crisi economica,**
> **Stroncato dal dolore dell'IVA (*la TVA*),**
> **Improvvisamente è deceduto lo ….**
> **Ad evitare il rinnovarsi del dolore per la sua scomparsa, si prega di non nominarlo.**

Sur un modèle de faire-part, il annonce avec humour la disparition de … quoi ?
(Un indice : il s'agit naturellement d'argent !)

C Traduire en français :

1. Passa dal salumiere e compra tre etti di prosciutto. Non dimenticare di prendere il giornale all'edicola !
2. Lavanderia AURORA ad acqua, a secco, a gettoni. Calzoleria DA PINO, duplicazione chiavi.

D Traduire en italien :

Après avoir raté mon bus, j'ai cherché un taxi. Aucun ne s'est arrêté. Je n'ai pas pu monter dans deux autres autobus qui étaient bondés. J'ai dû marcher jusqu'à l'arrêt suivant. Voilà pourquoi j'ai une heure de retard !

C 2 CORRIGÉS

A 5. 7. 10. 1. 4. 6. 2. 9. 8. 3.

B lo sconto.

C 1. Passe à la charcuterie et achète trois cents grammes de jambon. N'oublie pas de prendre le journal au kiosque !
2. Blanchisserie (pressing) AURORA, lavage, nettoyage à sec, laverie automatique.
Cordonnerie DA PINO, reproduction de clés.

D Dopo aver perso l'autobus, ho cercato un tassì. Nessuno si è fermato. Non sono riuscito a salire su altri due autobus che erano strapieni (pieni zeppi). Ho dovuto camminare fino alla fermata successiva. Ecco perché ho un'ora di ritardo !

7 LES PAYSAGES

A 1 VOCABULAIRE

A. DÉCRIRE UN PAYSAGE

arrière-pays	**l'entroterra**	champêtre	**campestre**
bois	**il bosco**	clairsemé	**rado**
bruyère	**la brughiera**	désolé	**squallido,**
caillou	**il sasso**		**desolato**
campagne	**la campagna**	étendu	**esteso, vasto**
chemin	**il sentiero**	forestier	**forestale,**
clairière	**la radura**		**boschivo**
désert	**il deserto**	illimité	**illimitato**
endroit	**il posto, il luogo**	immense	**immenso**
étendue	**la distesa**	large	**largo**
forêt	**la foresta**	long	**lungo**
garrigue	**la gariga**	nu	**nudo, brullo**
horizon	**l'orizzonte**	panoramique	**panoramico**
immensité	**l'immensità**	parsemé	**cosparso**
jungle	**la giungla**	plat	**piatto, piano**
lieu	**il luogo**	profond	**profondo**
limite	**il limite**	situé	**situato, posto**
lisière	**il margine**	souterrain	**sotterraneo**
maquis	**la macchia**	vaste	**vasto**
oasis	**l'oasi**		
panorama	**il panorama**	s'avancer	**protendersi**
paysage	**il paesaggio**	border	**fiancheggiare**
pierre	**la pietra**	couvrir	**coprire**
piste	**la pista**	s'élargir	**allargarsi**
poussière	**la polvere**	entourer	**circondare,**
prairie	**la prateria**		**cingere**
pré	**il prato**	s'estomper	**sfumare**
savane	**la savana**	s'étendre	**stendersi**
sentier	**il sentiero**	limiter	**limitare**
sous-bois	**il sottobosco**	longer	**costeggiare**
steppe	**la steppa**	se profiler	**profilarsi**
toundra	**la tundra**	se rétrécir	**restringersi**
		se trouver	**trovarsi**
boisé	**boscoso, boschivo**	verdoyer	**verdeggiare**

B. LA MONTAGNE

abîme	**l'abisso**
aiguille	**la guglia**
anfractuosité	**l'anfratto**
arête	**il crinale**
canyon	**il « cañon »**
caverne	**la caverna**
cavité	**la cavità**
colline	**la collina**
contrefort	**il contrafforte**
corniche	**la cornice**
coteau	**il poggio**
cratère	**il cratere**
crête	**la cresta**
crevasse	**il crepaccio**
défilé	**la stretta**
éperon	**lo sperone**
escarpement	**il dirupo**
faille	**la faglia**
flanc	**il fianco**
glacier	**il ghiacciaio**
gorge	**la gola**
gouffre	**il baratro**
grotte	**la grotta**
massif	**il massiccio**
montagne	**la montagna, il monte**
névé	**il nevato**
paroi	**la parete**
pente	**il pendio**
pic, piton	**il picco**
précipice	**il precipizio**
ravin	**il burrone**
rocher	**la roccia**
saillie	**la sporgenza**

sommet	**la cima, la vetta**
stalactite	**la stalattite**
stalagmite	**la stalagmite**
surplomb	**lo strapiombo**
vallée	**la valle, la vallata**
vallon	**il vallone**
versant	**il versante**
vide	**il vuoto**
volcan	**il vulcano**
abrupt	**dirupato**
accidenté	**accidentato**
crevassé	**crepato**
culminant	**culminante**
élevé	**elevato**
encaissé	**incassato**
enneigé	**innevato**
escarpé	**scosceso**
haut	**alto**
hérissé	**irto**
infranchissable	**invalicabile**
raide	**ripido**
vallonné	**ondulato, collinoso**
se découper sur	**stagliarsi in**
dominer	**dominare, sovrastare, incombere**
se dresser	**ergersi**
surplomber	**strapiombare su**

C. LES COURS D'EAU

berge	**la sponda**	rivière	**il fiume**
boue	**il fango**	ruisseau	**il ruscello**
cascade	**la cascata**	source	**la sorgente,**
cataracte	**la cateratta**		**la fonte**
chute d'eau	**la cascata**	torrent	**il torrente**
courant	**la corrente**	vase	**la melma**
cours d'eau	**il corso d'acqua**		
étang	**lo stagno**	fluvial	**fluviale**
flaque	**la pozzanghera**	limpide	**limpido**
fleuve	**il fiume**	torrentiel	**torrentizio**
geyser	**il « geyser »**	trouble	**torbido**
grève	**il greto**		
gué	**il guado**	arroser	**bagnare**
lac	**il lago**	bouillonner	**ribollire**
limon	**il limo**	couler	**scorrere**
lit	**il letto**	grossir	**ingrossare**
marais	**l'acquitrino**	jaillir	**scaturire,**
mare	**lo stagno**		**sgorgare**
marécage	**la palude**	se jeter dans	**sfociare in,**
méandre	**il meandro**		**gettarsi in**
rive	**la riva,**	ondoyer	**ondeggiare**
	la sponda	serpenter	**serpeggiare**

D. LA MER ET LES CÔTES

atoll	**l'atollo**	grève	**la spiaggia**
corail	**il corallo**	île	**l'isola**
côte	**la costa**	îlot	**l'isolotto**
crique	**la cala**	lagune	**la laguna**
dune	**la duna**	lande	**la landa**
écueil	**lo scoglio**	mer	**il mare**
écume	**la schiuma**	océan	**l'oceano**
falaise	**la scogliera**	plage	**la spiaggia**
galet	**il ciottolo**	presqu'île	**la penisola**

D. LA MER ET LES CÔTES (suite)

promontoire	**il promontorio**	vague	**l'onda**
rade	**la rada**		
récif	**la scogliera**	découpé	**frastagliato**
rivage	**la riva, la costa**	marin	**marino**
sable	**la sabbia**	sous-marin	**sottomarino**

E. SE DÉPLACER (quelques verbes de mouvement)

s'accrocher à	**aggrapparsi a**	grimper à	**arrampicarsi su**
atteindre	**giungere a, raggiungere**	lâcher	**mollare**
		marcher	**camminare**
avancer péniblement	**arrancare**	monter	**salire**
		parcourir	**percorrere**
buter sur	**inciampare in**	passer à gué	**guadare**
courir	**correre**	se relever	**rialzarsi**
se déplacer	**spostarsi**	saisir	**afferrare**
descendre	**scendere**	tenir	**tenere**
glisser	**scivolare**	tomber	**cadere**
gravir	**inerpicarsi su**	traverser	**attraversare**

A 2 LEXIQUE EN SITUATION

da un'altura si scorge il mare in lontananza : d'une hauteur on aperçoit la mer dans le lointain.
dal monte incombente sul mare si vedono i pescatori chini sulle reti : de la montagne dominant la mer, on voit les pêcheurs courbés sur leurs filets.
rocce a strapiombo sul mare : des rochers qui surplombent la mer.
una spiaggia ciottolosa : une plage de galets.
la linea dell'orizzonte : la ligne d'horizon.

una pianura sconfinata : une plaine sans fin.
la valle era cinta da alte montagne : la vallée était entourée de hautes montagnes.

le montagne si stagliano nel cielo : les montagnes se découpent sur le ciel.
sulle pendici del vulcano : sur les flancs du volcan.
una casa alle falde del Vesuvio : une maison au pied du Vésuve.
un casale a mezza costa del poggio : un hameau à flanc de coteau.
un paese nel fondovalle : un village au fond de la vallée.
a monte e a valle della città : en amont et en aval de la ville.
un pendio scosceso : une pente escarpée.
un lungo tratto pianeggiante in capo al quale finisce il sentiero: un long passage plat au bout duquel finit le sentier.
ho visto una volpe in fondo alla strada : j'ai vu un renard au bout du chemin.
i prati circostanti erano cosparsi di fiori : les prés tout autour étaient parsemés de fleurs.
un filo d'acqua scorre tra le pietre : un filet d'eau coule entre les pierres.
il viottolo si infilava nel bosco : le sentier s'enfonçait dans le bois.
giungono al limitare (ai margini) di una foresta : ils arrivent à la lisière d'une forêt.
nel profondo della foresta : au plus profond de la forêt.
in aperta campagna : en plein champ (en rase campagne).
si incamminano : ils se mettent en route.
abbiamo tagliato attraverso i campi : nous avons coupé à travers champs.
ho inciampato in una pietra : j'ai trébuché sur une pierre.
ci spostiamo a fatica tra la vegetazione : nous nous déplaçons avec difficulté à travers la végétation.
un crepaccio profondo 50 metri : une crevasse d'une profondeur de 50 mètres.

A 3 REGISTRES DE LANGUE

1. Sens figuré.

sei su una brutta china : tu es sur la mauvaise pente.
il progetto è andato a monte : le projet est tombé à l'eau.

eppure ci aveva promesso mare e monti : et pourtant il nous avait promis monts et merveilles.
si è dato alla macchia : il a pris le maquis.
lo so da fonte sicura : je le tiens de source sûre.
un'oasi di pace : un îlot de paix.
siamo sull'orlo del baratro : nous sommes au bord du gouffre.
un racconto da far piangere i sassi : un récit à fendre le cœur.
il sangue scorreva a fiumi : le sang coulait à flots.
un fiume di pianto : un torrent de larmes.
va da sè : cela coule de source.

2. Proverbes.
i piccoli ruscelli fanno i grandi fiumi : les petits ruisseaux font les grandes rivières.
pietra mossa non fa muschio : pierre qui roule n'amasse pas mousse.

3. Littéraire.
la china : la pente, **la selva** : la forêt, **il rivo** : le ruisseau, **la sorgiva** : la source, **il limo** : la boue, **la proda** : le rivage, **la rena** : le sable.
eccelso : très élevé, **nitido** : limpide, **sito** : situé.

B 1 REMARQUES LEXICALES

Explication de quelques termes :

- **un colle** est une petite colline.
  ex. **una decina di case aggrappate a un colle** : une dizaine de maisons accrochées à une colline.
  i sette colli storici di Roma sono l'Aventino, il Campidoglio, il Palatino, il Quirinale, il Viminale, l'Esquilino, il Celio : les sept collines historiques de Rome sont l'Aventin, le Capitole, le Palatin, le Quirinal, le Viminal, l'Esquilin, le Caelius.
- **la bassa** (sous-entendu : **pianura**) désigne les parties de la plaine du Pô les moins élevées.
  ex. **la bassa parmense** : la basse plaine dans la région de Parme.

- **la maremma** est une zone littorale de marais. Ce terme désigne en particulier une région côtière de la Toscane méridionale : **la Maremma toscana.**
- **un lido** : une plage, peut aussi désigner une station balnéaire, ce qui explique le nom de localités comme Lido di Ostia. C'est aussi le nom, dans la région de Venise, des îlots qui séparent la lagune de la pleine mer (i Lidi di Venezia).
- **la marina** : le bord de mer (d'où le nom de certaines localités marines comme Marina di Pisa).
- **una scogliera** est un ensemble de rochers. Ce terme traduit le français « falaise ».
  ex. **una scogliera a picco sul mare** : une falaise à pic sur la mer.
  La falesia est un mot technique, mais on le trouve aussi.
  ex. **una falesia con uno strapiombo pauroso** : une falaise d'à-pic impressionnant.
- **il bagnasciuga** (la ligne de flottaison d'un bateau) est parfois employé pour « la ligne de brisement des vagues » (**la battigia**), cette ligne sur laquelle Mussolini souhaitait voir, alors qu'ils venaient de débarquer en Sicile en 1943, les soldats alliés foudroyés (« discorso del bagnasciuga »).
- **un ciottolo** : un galet et par extension tout caillou.
  ex. **un sentiero cosparso di ciottoli** : un sentier parsemé de cailloux.

Nuances de sens :

- **una spelonca** est une caverne (**una caverna**) profonde et inquiétante et, au sens figuré, un taudis.
- pour traduire le français « le rocher », l'italien dispose de : **la roccia** (terme générique), **il masso** (bloc de pierre), **il macigno** (gros bloc de pierre), **la rupe** (rocher élevé et abrupt), **lo scoglio** (rocher dans ou au bord de l'eau).
  ex. **due turisti furono investiti da un masso** : deux touristes furent renversés par un rocher.

Plusieurs traductions pour le même mot français :

- la bruyère : **la brughiera** (l'étendue de bruyère), **l'erica** (la plante).

- à pic : **a picco, a proposito.**
  ex. **una parete a picco** : une paroi à pic.
  capiti a proposito : tu tombes à pic.
- le français « bord », selon les cas, se traduit différemment. Voici quelques exemples non restrictifs :
  ex. **l'orlo del bicchiere** : le bord du verre.
  si ferma sul ciglio (sul bordo) della strada : il s'arrête sur le bord de la route.
  i labbri di una tazza : les bords d'une tasse.
  la sponda (la riva) del fiume : le bord du fleuve.
  urtò la testa sulla sponda del letto : il cogna sa tête sur le bord du lit.
  la falda (la tesa) del cappello : le bord du chapeau.

Attention aux prépositions employées dans les expressions **in mezzo a** (au milieu de), **in riva a** (au bord de), **in cima a** (au sommet de), **in fondo a** (au fond de).
ex. **in riva al mare** : au bord de la mer.
in fondo allo stagno : au fond de l'étang.

Faux amis :
- le même mot, **il fiume** désigne « le fleuve » et « la rivière ».
- **il fiume** : la rivière, risque d'être confondu avec **la riviera,** qui est une portion de côte, le long de la mer.
- attention au genre des mots : **il mare** (masculin), **la sabbia** et **la corrente** (féminin).
  ex. **il mare Mediterraneo, il mar Egeo.**

B 2 REMARQUES GRAMMATICALES

1. Noms.

- exemples de mots à suffixes qui sont passés dans le lexique : **il viottolo** (le sentier), **il rigagnolo** (le petit ruisseau). Ce sont des dérivés de **via** et **rivo.**
- exemples d'emplois de suffixes diminutifs : **un laghetto** (un petit lac ou une pièce d'eau), **un monticello** (un monticule).

2. Verbes.

- le participe présent :
  l'italien emploie peu le participe présent comme forme verbale. Il lui préfère une subordonnée relative.
  ex. un éperon rocheux s'avançant dans la mer : **uno sperone roccioso che si protende nel mare.**
  Mais il ne faut pas le négliger car de nombreux participes présents sont devenus des adjectifs à part entière.
  Pour le former, il suffit de rajouter au radical du verbe **-ante** pour les verbes en **-are**, et **-ente** pour les autres : **verdeggiante, ondeggiante, dominante, strapiombante, sovrastante, incombente, ribollente.**
  ex. **la minaccia incombente del vulcano sempre in attività** : la menace constante du volcan toujours en activité.

- remarques sur certains verbes :
  - contrairement au français, **scaturire, sgorgare, scorrere, ingrossare** (lorsqu'il est intransitif) prennent l'auxiliaire essere aux temps composés.
    ex. **il fiume era ingrossato** : la rivière avait grossi.
  - les verbes pronominaux prennent aussi l'auxiliaire **essere.**
    ex. **mi sono arrampicato in cima alla collina** : j'ai grimpé au sommet de la colline.
  - participes passés irréguliers :
    cinto (cingere), **scorso** (scorrere), **coperto** (coprire), **erto** (ergersi), **steso** (stendersi), **ristretto** (restringersi), **proteso** (protendersi), **sceso** (scendere), **giunto** (giungere).

B 3 REMARQUES PARTICULIÈRES

D'une langue à l'autre.

De nombreux mots qui figurent dans la liste ont un adjectif dérivé en **-oso** : **pietroso** (pierreux), **polveroso** (poussiéreux), **roccioso** (rocheux), **montuoso** ou **montagnoso** (montagneux), **melmoso** (vaseux), **fangoso** (boueux), **paludoso** ou **acquitrinoso** (marécageux).

C 1 EXERCICES

A Choisir la bonne réponse :

1. lì scorre … dalle acque limpide.
   a. una riviera b. uno stagno c. un ruscello
2. sono … di pace in mezzo alla guerra.
   a. oasis b. oase c. oasi
3. una roccia che strapiomba … mare.
   a. il b. sul c. dal

B Compléter à l'aide des locutions suivantes, en rajoutant l'article défini si nécessaire : *in cima a, in fondo a, sulla sponda di, ai margini di* :

1. Era seduto … letto.
2. Salirono … una montagna.
3. La casa si trova … un viale alberato.
4. Vivono … società.

C Traduire en français :

[La mia isola] ha varie spiagge dalla sabbia chiara e delicata, e altre rive più piccole, coperte di ciottoli e conchiglie e nascoste fra grandi scogliere. Fra quelle rocce torreggianti (torreggiante : *abrupt*), che sovrastano l'acqua, fanno il nido i gabbiani… (da *L'Isola di Arturo* di Elsa Morante).

D Traduire en italien :

1. Il grimpe à un arbre.
2. Les eaux du fleuve jaillissent au sommet de la montagne.
3. Un petit ruisseau coulait comme un serpent parmi les cailloux.

C 2 CORRIGÉS

A 1.c, 2.c, 3.b.

B
1. sulla sponda del letto
2. in cima a una montagna
3. in fondo a un viale
4. ai margini della società.

C [Mon île] a plusieurs plages au sable clair et fin, et d'autres rives plus petites, couvertes de galets et de coquillages et cachées parmi de grandes falaises. Dans ces rochers abrupts, qui surplombent l'eau, les mouettes font leur nid…

D
1. Si arrampica su un albero.
2. Le acque del fiume scaturiscono in cima alla montagna.
3. Un rigagnolo scorreva come un serpente in mezzo ai (tra i) ciottoli.

8 L'AGRICULTURE

A 1 VOCABULAIRE

A. LE TRAVAIL ET LA VIE À LA CAMPAGNE

agriculteur	**l'agricoltore**	paysan	**il contadino**
agriculture	**l'agricoltura**	pépiniériste	**il vivaista**
bûcheron	**il boscaiolo**	prime, aide	**il sussidio**
coopérative	**la cooperativa**	propriétaire	**il proprietario, l'agrario**
cultivateur	**il coltivatore**		
exode (rural)	**l'esodo**	propriété	**la proprietà**
exploitation	**l'azienda**	remembrement	**la ricomposizione fondiaria**
fermage	**l'affitto**		
fermier	**il fattore**	rendement	**la resa**
horticulteur	**l'orticoltore**	saisonnier	**lo stagionale**
métayage	**la mezzadria**	stocks	**le scorte**
métayer	**il mezzadro**	superficie	**la superficie**
meunier	**il mugnaio**	vendangeur	**il vendemmiatore**
morcellement	**la parcellizzazione**	vigneron	**il vignaiolo**
ouvrier agricole	**il bracciante**		

B. LA FERME, LES BÂTIMENTS AGRICOLES

aire	**l'aia**	fiasque	**il fiasco**
basse-cour	**il cortile**	grange	**il granaio**
bâton	**il bastone**	grenier	**il granaio**
bonbonne	**la damigiana**	hangar	**il capannone**
bûche	**il ceppo, il ciocco**	jarre	**la giara**
		meule	**la macina**
cabane	**la capanna**	moulin	**il mulino**
cellier	**la tinaia**	pressoir	**il frantoio**
citerne	**la cisterna**	puits	**il pozzo**
cuve	**il tino**	remise	**la rimessa**
échelle	**la scala**	seau	**il secchio**
fenil	**il fienile**	silo	**il silo**
ferme	**la fattoria**	tonneau	**la botte**

C. LES INSTRUMENTS DE TRAVAIL

bêche	la vanga
binette	il sarchio
bineuse	la sarchiatrice
brouette	la carriola
chariot	il carro
charrue	l'aratro
débroussailleuse	il decespugliatore
épandeur	lo spandiconcime
faucheuse	la falciatrice
faucille	la falce
faux	la falce fienaia
fourche	la forca
hache, cognée	la scure
hachette	l'accetta
herse	l'erpice (m)
houe	la zappa
machine	la macchina
manche	il manico
moissonneuse	la mietitrice
moissonneuse-batteuse	la mietitrebbia
moissonneuse-lieuse	la mietilegatrice
motoculteur	il motocoltivatore
outil	l'attrezzo
pelle	la pala
pierre à aiguiser	la cote
plantoir	il piantatoio
pompe	la pompa
presse à fourrage	il pressaforaggio
pressoir	il torchio
pulvérisateur	l'irroratrice (f)
râteau	il rastrello
robot-cueilleur	il raccoglitore automatico
rouleau	il rullo
sarcloir	il sarchio
sécateur	le cesoie
semoir	la seminatrice
serpe	la roncola
soc	il vomere
tracteur	il trattore
tronçonneuse	la motosega

D. LES CHAMPS ET LES CULTURES (voir plantes, p. 121)

balle	la balla
botte	il fascio
cageot	la cassetta
cépage	il vitigno
champ	il campo
chaume	la stoppia
compost	il terricciato
cueillette	la raccolta
culture	la coltura, la coltivazione
défrichage	il dissodamento
désherbant	il diserbante
échalas	il palo
engrais	il concime
ensilage	l'insilamento
épandage	l'emendamento
épouvantail	lo spaventapasseri
espalier	la spalliera
fagot	la fascina
fenaison	la fienagione
foin	il fieno
fonds	il fondo

D. LES CHAMPS ET LES CULTURES (suite)

friche	**la sodaglia**
fumage	**la concimazione**
fumier	**il letame**
gaule	**il bacchio**
gerbe	**il covone**
greffe	**l'innesto**
insecticide	**l'insetticida**
irrigation	**l'irrigazione**
jachère	**il maggese**
labour	**l'aratura**
marais salant	**la salina**
marc	**la vinaccia**
mauvaise herbe	**l'erbaccia**
moisson	**la mietitura**
motte	**la zolla**
moût	**il mosto**
parcelle	**la particella**
pépinière	**il vivaio**
pesticide	**il pesticida**
plant	**la piantina**
plantation	**la piantagione**
primeurs	**le primizie**
rangée	**il filare**
récolte	**la raccolta**
rizière	**la risaia**
sac	**il sacco**
sarclage	**la sarchiatura**
sarment	**il tralcio**
semailles	**la semina**
semence	**il seme**
serre	**la serra**
sillon	**il solco**
tas	**il mucchio**
terrain	**il terreno**
terre	**la terra**
terreau	**il terriccio**
trou	**la buca**
tuteur	**il tutore**
vendanges	**la vendemmia**
verger	**il frutteto**
vignoble	**la vigna**

agraire	**agrario**
agricole	**agricolo**
arable	**arabile**
fertile	**fertile**
potager	**ortivo**
rural	**rurale**
rustique	**rustico**
stérile	**sterile, infecondo**
viticole	**viticolo**

arracher	**strappare**
arroser	**innaffiare**
bêcher	**vangare**
biner	**sarchiare**
charger	**caricare**
creuser	**scavare**
cueillir	**cogliere**
cultiver	**coltivare**
décharger	**scaricare**
défricher	**dissodare**
délier	**slegare**
déraciner	**sradicare**
désherber	**diserbare**
distiller	**distillare**
drainer	**prosciugare**
ébarber	**sbarbettare**
écraser	**schiacciare**
élaguer, émonder	**sfrondare**
ensemencer	**seminare**
ensiler	**insilare**

entasser	ammucchiare
épandre	spargere
exploiter	sfruttare
faucher	falciare
fertiliser	fertilizzare
fumer, engraisser	concimare
gauler	bacchiare
glaner	spigolare
greffer	innestare
herser	erpicare
irriguer	irrigare
labourer	arare
lier	legare
mettre en bouteille	imbottigliare
mettre en tonneau	imbottare
moissonner	mietere
planter	piantare
puiser	attingere
ramasser	raccogliere
ratisser	rastrellare
récolter	raccogliere
rendre	rendere
répandre	spargere
sécher	(far) seccare
sélectionner	selezionare
semer	seminare
soufrer	solforare
sulfater	ramare
tailler	potare
traiter	trattare
transplanter	trapiantare
vendanger	vendemmiare

E. L'ÉLEVAGE (voir animaux, p. 107)

abattoir	il macello
abreuvoir	l'abbeveratoio
alpage	l'alpeggio
apiculteur	l'apicoltore
auge	il trogolo
berger	il pastore
bergerie	l'ovile (m)
bétail	il bestiame
bride	la briglia
clapier	la conigliera
collier	il collare
couveuse	l'incubatrice
cravache	lo scudiscio
croisement	l'incrocio
écurie	la scuderia
élevage	l'allevamento
éleveur	l'allevatore
enclos	il recinto
étable	la stalla
étrier	la staffa
étrille	la striglia
fouet	la frusta
fourrage	il foraggio
harnais	i finimenti
herbage	il pascolo
hivernage	lo svernamento
insémination	l'inseminazione
laisse	il guinzaglio
licou	la cavezza
litière	la lettiera
manège	il maneggio
mangeoire	la mangiatoia
mors	il morso
muselière	la museruola
niche	la cuccia
parc	l'addiaccio

E. L'ÉLEVAGE (suite)

pâtée	**il pastone**
pigeonnier	**la piccionaia**
porcherie	**il porcile**
poulailler	**il pollaio**
purin	**il colaticcio**
râtelier	**la rastrelliera**
reproduction	**la riproduzione**
ruche	**l'alveare (m), l'arnia**
saillie	**la monta**
selle	**la sella**
tondeur	**il tosatore**
tonte	**la tosatura**
tourteau	**il panello**
traite	**la mungitura**
transhumance	**la transumanza**
trayeuse	**la mungitrice**
troupeau	**il gregge, la mandria**
volaille	**il pollame**
volière	**la voliera**
bovin	**bovino**
chevalin	**equino**
ovin	**ovino**
porcin	**suino**
atteler	**attaccare**
engraisser	**ingrassare**
fouetter	**frustare**
garder	**custodire**
gaver	**ingozzare**
harnacher	**bardare**
hiverner	**(fare) svernare**
panser	**strigliare**
plumer	**spennare**
tondre	**tosare**
traire	**mungere**

F. LE JARDIN

allée	**il viale**
arrosoir	**l'annaffiatoio**
bosquet	**il boschetto**
bouquet	**il mazzo**
buisson	**il cespuglio**
gazon	**il prato**
gravier	**la ghiaia**
grille	**il cancello**
haie	**la siepe**
jardin	**il giardino**
jardinage	**il giardinaggio**
jardinier	**il giardiniere**
maraîcher	**l'ortolano**
palissade	**lo steccato**
parterre	**l'ai(u)ola**
pelouse	**l'erba**
potager	**l'orto**
tondeuse à gazon	**il tosaerba**
tonnelle	**la pergola**
treille	**il pergolato**

G. QUELQUES UNITÉS DE MESURE

are	**l'ara (f)**	litre	**il litro**
centiare	**la centiara**	quintal	**il quintale**
décalitre	**il decalitro**	stère	**lo stero**
hectare	**l'ettaro**	tonne	**la tonnellata**
hectolitre	**l'ettolitro**		

A 2 LEXIQUE EN SITUATION

i fabbricati rurali : les bâtiments agricoles.
i piccoli coltivatori : les petits exploitants.
un patrimonio terriero : un patrimoine terrien.
le colture intensive, estensive : les cultures intensives, extensives.
coltivazioni a terrazze : des cultures en terrasses.
tenere un terreno a maggese (a riposo) : laisser un terrain en jachère.
un campo incolto : un champ en friche.
l'avvicendamento delle colture : l'assolement.
rivoltare la terra : retourner la terre.
i canaletti d'irrigazione : les rigoles d'irrigation.
i concimi chimici : les engrais chimiques.
la resa per ettaro : le rendement à l'hectare.
le piante da foraggio : les plantes fourragères.
un terreno piantato ad alberi da frutto : un terrain planté d'arbres fruitiers.
una spalliera di fichidindia : une haie de figuiers de Barbarie.
un filare di lattughe : un rang de laitues.
un cespo (un piede) d'insalata : un pied de salade.
il tubo per annaffiare : le tuyau d'arrosage.
torchiare l'uva : presser le raisin.
pigiare l'uva : fouler le raisin.
spillare il vino : tirer le vin.
frangere le olive : pressurer les olives.
un cavallo da tiro, da soma : un cheval de trait, de somme.
condurre le mucche al pascolo : mener les vaches au pré.

governare il bestiame : s'occuper du bétail.
si tengono le mandrie a svernare nelle stalle : on fait hiverner (on hiverne) les troupeaux dans les étables.
spandere i liquami in un campo : puriner un champ.
bestiame grosso, minuto : gros, petit bétail.
un capo di bestiame : une tête de bétail.
il bestiame da macello : les animaux de boucherie.
scuoiare un coniglio : écorcher un lapin.
un pollo ruspante : un poulet fermier.
un pollo d'allevamento : un poulet d'élevage.
uova, burro di fattoria : des œufs, du beurre fermiers.
la sala di mungitura : la salle de traite.
fare la raccolta del latte : collecter le lait.
il latte è pastorizzato nelle centrali del latte : le lait est pasteurisé dans les centrales laitières.
le produzioni zootecniche e ortofrutticole : les productions animales et de fruits et légumes.
i prodotti lattiero-caseari : les produits laitiers.
le eccedenze agricole : les excédents agricoles.
il sostegno comunitario ha incentivato i contadini a produrre di più e ha generato enormi surplus : le soutien de la communauté européenne a incité les paysans à produire plus et a engendré d'énormes surplus.
i sussidi per la produzione di semi oleosi : les subventions pour la production d'oléagineux.
le quote latte : les quotas laitiers.
la PAC (Politica Agricola Comunitaria) : la PAC (Politique Agricole Commune).
lo scudo verde : l'écu vert.

A 3 REGISTRES DE LANGUE

1. <u>Sens figuré</u>.
è come cercare un ago in un pagliaio : autant chercher une aiguille dans une botte de foin.
non è farina del suo sacco : ce n'est pas de son cru.

darsi la zappa sui piedi : donner des bâtons (des verges) pour se faire battre.
mettere il carro davanti ai buoi : mettre la charrue avant les bœufs.
piantala ! ça suffit !, boucle-la ! (selon le contexte).
ha piantato la sua ragazza : il a laissé tomber sa petite amie.
attingere a più pozzi : manger à tous les râteliers.
menare il can per l'aia : tourner autour du pot.
allentare le briglie : lâcher la bride.
a briglia sciolta : à bride abattue.
tornare all'ovile : rentrer au bercail.

2. **Proverbes**.
non bisogna fare d'ogni erba un fascio : il ne faut pas mélanger les torchons et les serviettes.
la farina del diavolo va tutta in crusca : bien mal acquis ne profite jamais.

3. **Familier**.
terrone (dérivé de **la terra**) est un terme péjoratif pour désigner l'habitant du Sud. Ce dernier répond à l'insulte en appelant l'habitant du nord de l'Italie, **polentone** (« mangeur de polenta »). Quant à **Terronia**, c'est le pays imaginaire dont sont originaires les « **terroni** » !
cafone, mot méridional pour désigner un paysan, a pris dans toute l'Italie le sens négatif de « plouc » et au sens figuré « mufle ».

4. **Littéraire**.
il villano : le paysan. Ce terme a pris le sens négatif de « rustre ».

5. **Héritage du passé**.
il buttero, comme nos gardians camarguais, est un gardien à cheval de troupeaux de chevaux, bœufs ou buffles (par exemple dans la Maremma toscana ; voir p. 89).

B 1 REMARQUES LEXICALES

Traduction des mots « l'exploitation » et « exploiter » :

- **l'azienda agricola** désigne l'entreprise agricole.
  ex. **le dimensioni delle aziende sono aumentate** : la taille des exploitations s'est accrue.
- **la conduzione** se réfère au mode d'administration d'une propriété.
  ex. **la conduzione di certi poderi è di tipo capitalistico** : l'exploitation de certains domaines est de type capitaliste.
  Le verbe correspondant est **condurre.**
  ex. **certi terreni sono ancora condotti a mezzadria** : certaines terres sont encore exploitées en métayage.
- **lo sfruttamento**, terme formé sur **frutto** (fruit), est lié à l'idée de profit.
  ex. **lo sfruttamento di un pezzo di terra** : l'exploitation d'un lopin de terre.
  Le verbe correspondant est **sfruttare.**
  ex. **sfruttare un terreno** : exploiter un terrain.

Vocabulaire lié aux différents types d'exploitations :

- la terre peut être cultivée par un agriculteur propriétaire (**un coltivatore diretto**) et sa famille.
- certains propriétaires ne travaillent pas eux-mêmes la terre mais confient cette tâche à des salariés agricoles (**i salariati agricoli**).
- d'autres louent leurs biens en échange d'un loyer (**un affitto**) à un fermier.
- autrefois étaient établis des contrats agricoles (**contratti agrari**) comme le colonage (**la colonia**, mot accentué sur le « i ») ou le métayage (**la mezzadria**) entre le propriétaire et un fermier (**un colono, un mezzadro**).

La propriété terrienne :

- **la fattoria** est le terme générique pour la ferme.
- **il podere** est une ferme où travaille une seule famille.
- **una tenuta** est un vaste domaine regroupant de nombreux **« poderi »**.

La ferme :

- le mot « ferme » peut donc être traduit par **la fattoria, il podere**, mais aussi par **la masseria.**
- **la casa colonica** désigne plus précisément la maison du fermier.
- **la cascina** est une ferme où l'on élève des vaches et où l'on produit des laitages.

Champs et récoltes :

- **la marcita**, dans la plaine du Pô, est un champ inondé destiné à la culture de plantes fourragères.
- **la coltura promiscua** est un type de polyculture intensive. Dans un même champ se côtoient céréales, plantes fourragères, légumes, arbres fruitiers, vigne.
- **il seminato** désigne le terrain ensemencé.
- **un fascio** est un ensemble d'objets liés. On traduira par « une botte » (ex. **un fascio di paglia**), « une gerbe » (ex. **un fascio di rose**).

Élevage :

- **il mangime** : les aliments pour animaux. Il existe un terme plus précis pour la volaille : **il becchime.**
- attention ! l'avoine peut être : **l'avena** (la céréale) ou **la biada** (terme générique pour toute céréale que l'on donne comme aliment aux animaux).

Transformation des produits :

- le latin *caseus* a donné un mot que l'on entend dans certaines régions, **il cacio** (le fromage), et l'adjectif **caseario** (fromager). **Un caseificio** est une fromagerie.
- **la lavorazione** : le travail. Ce mot, contrairement à **il lavoro**, rend l'idée d'un processus d'élaboration, de traitement et de transformation. On parlera alors de **la lavorazione del latte** dans une laiterie (**una latteria**).
- les produits obtenus nécessitent parfois un temps de maturation. Ils sont conservés dans certaines conditions, pendant un certain temps. On parle alors de **stagionatura.**
  ex. **la stagionatura del formaggio** : l'affinage du fromage.
  la stagionatura del vino : le vieillissement du vin.

Plusieurs traductions pour le même mot français :

- atteler : **attaccare** (il cavallo), **aggiogare** (il bue).
- arracher : **raccogliere** (le patate), **estirpare** (le erbacce), **sradicare** (un albero).
- la moisson : **la mietitura** (le travail), **le messi** (les céréales moissonnées).
- la meule : **la mola** sert à aiguiser, **la macina** est la meule du moulin. Ne pas confondre avec **il pagliaio** : la meule de paille.
- le grenier : **il granaio** (où l'on entrepose le blé), **la soffitta** (l'étage supérieur d'une maison).
- la basse-cour (le lieu) : **il cortile.** Pour les animaux, il faut préciser : **gli animali (da cortile), il pollame,** etc.
- **la vigna (il vigneto)** est le terrain où pousse la vigne. En revanche, la plante se dit **la vite.**
  ex. **ha due ettari di vigna** : il a deux hectares de vigne.

B 2 REMARQUES GRAMMATICALES

1. Noms.

- exemples de féminin :
  la contadina, la fattoressa, l'apicoltrice.

- pluriel :
  les masculins en **-a** font **-i** au pluriel.
  ex. **gli insetticidi, i pesticidi.**

2. Verbes.

Exemples de participes passés irréguliers :
colto (cogliere), attinto (attingere), munto (mungere).

B 3 REMARQUES PARTICULIÈRES

1. Origine de mots.

- **Un latifondo** : un latifundium, est une grande propriété dont l'exploitation est de type extensif et archaïque (contraire : **il microfondo**). Ce terme vient de deux mots latins : *latus* (vasto) et *fundus* (podere).
  Un latifondista est un grand propriétaire terrien.

2. **D'une langue à l'autre.**

- les mots suivants peuvent être réunis pour une meilleure mémorisation : **l'orticoltura** (l'horticulture), **la viticoltura** (la viticulture), **l'olivicoltura** (l'oléiculture), **la cerealicoltura** (la culture de céréales), **la bieticoltura** (la culture betteravière), **la sericoltura** ou **la bachicoltura** (la sériciculture).

- le suffixe **-izzazione** (voir prononciation, p. 383) correspond au français *-isation* : **la pastorizzazione, la modernizzazione, la meccanizzazione, la specializzazione.**

C 1 EXERCICES

A Trouver l'intrus :

1. la spalliera, la vendemmia, la mietitura.
2. la mezzadria, la colonia, la sodaglia.
3. il covone, il fascio, la mola.
4. potare, ingozzare, innestare.

B Grammaire : transformer au passé composé :

1. Mungo le mucche.
2. Gli stagionali raccolgono le patate.
3. La donna attinge l'acqua al pozzo.

C Traduire en italien :

1. Il était métayer sur les terres d'un riche propriétaire terrien.
2. Avec sa charrue attelée à son tracteur, le laboureur trace les sillons.
3. Ils ont tout déraciné et ils ont planté la vigne.
4. Le système de la culture en espalier permet une bonne exposition au soleil et une récolte mécanique des fruits.
5. Des engrais chimiques, des insecticides et des désherbants sont aujourd'hui employés en agriculture.

C 2 CORRIGÉS

A 1. la spalliera
2. la sodaglia
3. la mola
4. ingozzare.

B 1. Ho munto le mucche.
2. Gli stagionali hanno raccolto le patate.
3. La donna ha attinto l'acqua al pozzo.

C 1. Era (faceva il) mezzadro sulle terre di un ricco proprietario terriero.
2. Con l'aratro attaccato al trattore, l'aratore traccia i solchi.
3. Hanno sradicato tutto e hanno piantato la vite.
4. Il sistema della coltivazione a spalliera permette (consente) una buona esposizione al sole e una raccolta meccanica dei frutti.
5. Concimi chimici, insetticidi e diserbanti sono oggi usati in agricoltura.

A 1 VOCABULAIRE

A. LES ESPÈCES ANIMALES

animal	l'animale	fauve	la belva
batracien	l'anfibio	insecte	l'insetto
bête	la bestia	mammifère	il mammifero
cétacé	il cetaceo	mollusque	il mollusco
crustacé	il crostaceo	oiseau	l'uccello
espèce	la specie	poisson	il pesce
exemplaire	l'esemplare	race	la razza
faune	la fauna	reptile	il rettile
félin	il felino	rongeur	il roditore

B. LES MAMMIFÈRES

agneau	l'agnello	chien	il cane
âne	l'asino	chienne	la cagna
antilope	l'antilope	chimpanzé	lo scimpanzè
baleine	la balena	chiot	il cucciolo
belette	la donnola	cochon, porc	il maiale,
bélier	il montone		il porco
biche	la cerva	cochon d'Inde	la cavia
blaireau	il tasso	daim	il daino
bœuf	il bue	dauphin	il delfino
bouc	il caprone,	dromadaire	il dromedario
	il becco	écureuil	lo scoiattolo
bouquetin	lo stambecco	élan	l'alce
buffle	il bufalo	éléphant	l'elefante
cachalot	il capodoglio	fennec	il fennec
castor	il castoro	fouine	la faina
cerf	il cervo	fourmilier	il formichiere
chameau	il cammello	gazelle	la gazzella
chamois	il camoscio	génisse	la giovenca
chat	il gatto	girafe	la giraffa
chauve-souris	il pipistrello	gorille	il gorilla
cheval	il cavallo	guépard	il ghepardo
chèvre	la capra	hamster	il criceto
chevreuil	il capriolo	hérisson	il riccio

B. LES MAMMIFÈRES (suite)

hermine	**l'ermellino**	renard	**la volpe**
hippopotame	**l'ippopotamo**	renne	**la renna**
hyène	**la iena**	rhinocéros	**il rinoceronte**
jument	**la giumenta**	sanglier	**il cinghiale**
kangourou	**il canguro**	serval	**il servalo,**
lama	**il lama**		**il gattopardo**
lapin	**il coniglio**	singe	**la scimmia**
léopard	**il leopardo**	souris	**il topo, il sorcio**
lièvre	**la lepre**	tapir	**il tapiro**
lion	**il leone**	taupe	**la talpa**
loir	**il ghiro**	taureau	**il toro**
loup	**il lupo**	tigre	**la tigre**
loutre	**la lontra**	truie	**la scrofa**
lynx	**la lince**	vache	**la mucca,**
macaque	**il macaco**		**la vacca**
marmotte	**la marmotta**	veau	**il vitello**
morse	**il tricheco**	vison	**il visone**
mouton	**la pecora**	zèbre	**la zebra**
mulet	**il mulo**	zébu	**lo zebù**
musaraigne	**il toporagno**		
ocelot	**l'ozelot**	s'abreuver	**abbeverarsi**
ornithorynque	**l'ornitorinco**	s'accoupler	**accoppiarsi**
orque	**l'orca**	bondir	**balzare**
otarie	**l'otaria**	brouter	**brucare**
ouistiti	**il uistitì**	se cabrer	**impennarsi**
ours	**l'orso**	dévorer	**divorare**
panda	**il panda**	s'emballer	**imbizzarrirsi**
panthère	**la pantera**	flairer	**fiutare**
phoque	**la foca**	galoper	**galoppare**
poney	**il « pony »**	griffer	**graffiare**
porc-épic	**l'istrice**	grignoter	**rosicchiare**
poulain	**il puledro**	hiberner	**ibernare,**
puma	**il puma**		**svernare**
putois	**la puzzola**	mettre bas	**figliare**
rat	**il ratto, il topo**	mordre	**mordere**
raton laveur	**il procione**	se nourrir	**cibarsi, nutrirsi**

paître	pascolare	ronronner	fare le fusa
se pelotonner	acciambellarsi	ruminer	ruminare
ronger	rodere	trotter	trottare

C. LES OISEAUX

aigle	l'aquila (f)	hirondelle	la rondine
albatros	l'albatro	macareux	il pulcinella di mare
alouette	l'allodola		
autruche	lo struzzo	martin-pêcheur	il martin pescatore
bécasse	la beccaccia		
buse	la poiana	merle	il merlo
caille	la quaglia	mésange	la cincia
canard	l'anatra (f)	milan	il nibbio
canard sauvage	il germano	moineau	il passero
canari	il canarino	mouette	il gabbiano
chapon	il cappone	oie	l'oca
chardonneret	il cardellino	paon	il pavone
chouette	la civetta	pélican	il pellicano
cigogne	la cicogna	perdrix	la pernice
colibri	il colibrì	perroquet	il pappagallo
colombe	la colomba	perruche	la cocorita
coq	il gallo	pie	la gazza
corbeau	il corvo	pigeon	il piccione
corneille	la cornacchia	pingouin	il pinguino
coucou	il cuculo	pinson	il fringuello
cygne	il cigno	pintade	la faraona
dindon	il tacchino	pivert	il picchio verde
étourneau	lo storno	poule	la gallina
faisan	il fagiano	poulet	il pollo
faucon	il falco	poussin	il pulcino
fauvette	la silvia	rossignol	l'usignolo
flamant	il fenicottero	rouge-gorge	il pettirosso
goéland	il gabbiano	sterne	la sterna
grive	il tordo	toucan	il tucano
grue	la gru	tourterelle	la tortora
héron	l'airone	vanneau	la pavoncella
hibou	il gufo	vautour	l'avvoltoio

C. LES OISEAUX (suite)

couver	**covare**	planer	**planare, librarsi**
s'envoler	**prendere il volo**	pondre	**fare le uova**
nidifier	**nidificare**	se poser	**posarsi**
se percher	**appollaiarsi**	voler	**volare**

D. LES REPTILES ET LES BATRACIENS

alligator	**l'alligatore**	iguane	**l'iguana** (f)
boa	**il boa**	lézard	**la lucertola**
caïman	**il caimano**	python	**il pitone**
caméléon	**il camaleonte**	rainette	**la raganella**
cobra	**il cobra**	serpent	**il serpente**
couleuvre	**la biscia**	têtard	**il girino**
crapaud	**il rospo**	tortue	**la tartaruga**
crocodile	**il coccodrillo**	vipère	**la vipera**
crotale	**il crotalo**		
gecko	**il geco**	ramper	**strisciare**
grenouille	**la rana**	siffler	**sibilare**

E. LES POISSONS

anchois	**l'acciuga** (f)	mérou	**la cernia**
anguille	**l'anguilla**	morue	**il merluzzo**
bar, loup	**la spigola**	murène	**la murena**
baudroie	**la rana pescatrice**	raie	**la razza**
		rascasse	**lo scorfano**
brochet	**il luccio**	requin	**il pescecane**
congre	**il grongo**	rouget	**la triglia**
daurade	**l'orata**	roussette	**il gattuccio**
espadon	**il pesce spada**	sardine	**la sardina**
esturgeon	**lo storione**	saumon	**il salmone**
goujon	**il ghiozzo**	sole	**la sogliola**
hareng	**l'aringa** (f)	tanche	**la tinca**
maquereau	**lo sgombro**	thon	**il tonno**
merlan	**il merlango**	truite	**la trota**
merlu, colin	**il nasello**	turbot	**il rombo**

frayer	**deporre le uova,**	frétiller	**guizzare**
	fecondare le uova	nager	**nuotare**

F. LES INVERTÉBRÉS : MOLLUSQUES, CRUSTACÉS, INSECTES, VERS…

abeille	**l'ape**	moucheron	**il moscerino**
araignée	**il ragno**	moule	**la cozza**
araignée de mer	**la grancevola**	moustique	**la zanzara**
bourdon	**il calabrone**	mygale	**la migale**
cafard	**lo scarafaggio**	oursin	**il riccio di mare**
calmar	**il calamaro**	palourde	**la vongola**
chenille	**il bruco**	papillon	**la farfalla**
cigale	**la cicala**	perce-oreille	**la forbicina**
coccinelle	**la coccinella**	pieuvre	**la piovra**
crabe	**il granchio**	pou	**il pidocchio**
crevette	**il gamberetto**	poulpe	**il polpo**
écrevisse	**il gambero**	puce	**la pulce**
	(di fiume)	puceron	**l'afide**
éponge	**la spugna**	punaise	**la cimice**
escargot	**la chiocciola**	sangsue	**la sanguisuga,**
fourmi	**la formica**		**la mignatta**
frelon	**il calabrone**	sauterelle	**la cavalletta**
grillon	**il grillo**	scarabée	**lo scarabeo**
guêpe	**la vespa**	scorpion	**lo scorpione**
homard	**il gambero,**	seiche	**la seppia**
	l'astice	taon	**il tafano**
huître	**l'ostrica**	tarentule	**la tarantola**
langoustine	**lo scampo**	termite	**la termite**
libellule	**la libellula**	tique	**la zecca**
limace	**la lumaca**	ver	**il verme**
luciole	**la lucciola**		
mante religieuse	**la mantide religiosa**	bourdonner	**ronzare**
		butiner	**bottinare**
méduse	**la medusa**	grouiller	**brulicare**
mille-pattes	**il millepiedi**	piquer	**pungere,**
mite	**la tarma**		**mordere**
mouche	**la mosca**	tisser	**tessere**

G. DÉCRIRE UN ANIMAL

aiguillon	l'aculeo	gueule	la bocca
aile	l'ala	huppe	il ciuffo
antenne	l'antenna	moustaches	i baffi
arête	la spina	museau	il muso
bave	la bava	nageoire	la pinna
bec	il becco	ouïes	le branchie
branchie	la branchia	patte	la zampa
carapace	il carapace	pelage	il pelame
coquillage	la conchiglia	pince	la pinza
corne	il corno	pis	la mammella
crinière	la criniera	plumage	il piumaggio
croc	il dente, la zanna	plume	la penna,
dard	il pungiglione		la piuma
défenses	le zanne	poil	il pelo
duvet	la lanugine	queue	la coda
écaille	la squama,	robe	il mantello
	la scaglia	sabot	lo zoccolo
fanon	il fanone	serres	gli artigli
griffe	l'unghia,	tentacule	il tentacolo
	l'artiglio	toison	il vello
groin	il grugno	trompe	la proboscide

H. LA VIE ANIMALE

cocon	il bozzolo	migration	la migrazione
couvaison	la cova	morsure	il morso
cri, chant	il verso	mue	la muta
essaim	lo sciame	nichée	la nidiata
femelle	la femmina	nid	il nido
flair	il fiuto	œuf	l'uovo
fourmilière	il formicaio	piqûre	la puntura,
guêpier	il vespaio		la morsicatura
larve	la larva	portée	la figliata
mâle	il maschio	prédateur	il predatore
métamorphose	la metamorfosi	proie	la preda
meute	la muta	reproduction	la riproduzione

rut	**la fregola**	amphibie	**anfibio**
tanière	**la tana, il covo**	carnivore	**carnivoro**
		domestique	**domestico**
terrier	**la tana**	grégaire	**gregario**
toile d'araignée	**la ragnatela**	herbivore	**erbivoro**
troupeau	**il branco**	migrateur	**migratore**
venin	**il veleno**	rapace	**rapace**
volée	**lo stormo**	sauvage	**selvatico**

I. LES CRIS DES ANIMAUX

aboyer	**abbaiare, latrare**	grogner (cochon)	**grugnire**
barrir	**barrire**	hennir	**nitrire**
bêler	**belare**	hurler	**urlare, ululare**
braire	**ragliare**		
bramer	**bramire**	jacasser	**stridere**
caqueter	**schiamazzare**	japper	**guaire**
coasser	**gracidare**	miauler	**miagolare**
croasser	**gracchiare**	mugir	**muggire**
gazouiller	**cinguettare**	piailler, pépier	**pigolare**
glousser	**chiocciare**	roucouler	**tubare**
grogner (chien)	**ringhiare**	rugir	**ruggire**

A 2 LEXIQUE EN SITUATION

un cane da punta (da ferma) : un chien d'arrêt.

il cagnolino ha accolto il padrone scodinzolando : le petit chien a accueilli son maître en remuant la queue.

a cuccia ! couché !

micio, micio ! minet, minet !

una giacca imbottita di piume d'oca : une veste fourrée de duvet d'oie.

il falco spiega le ali e spicca il volo : le faucon déploie ses ailes et s'envole.

il merlo era volato via : le merle s'était envolé.

il nibbio è un uccello da preda : le milan est un oiseau de proie.

la cicogna è un uccello di passo : la cigogne est un oiseau migrateur.

i lupi si avventano sul bue : les loups se jettent sur le bœuf.

la tigre azzanna una zampa : le tigre saisit une patte entre ses crocs.

il serpente dagli occhiali, il serpente a sonagli : le serpent à lunettes, le serpent à sonnettes.

le larve si nutrono di pappa reale : les larves se nourrissent de gelée royale.

il ragno tesse la sua tela : l'araignée tisse sa toile.

un nugolo di cavallette : un nuage de sauterelles.

mi ha morso una pulce : j'ai été piqué par une puce.

ossi di seppia : des os de seiche.

A 3 REGISTRES DE LANGUE

1. Sens figuré.

sono (in) quattro gatti : il n'y a que quatre pelés et un tondu.

gatta ci cova ! il y a anguille sous roche !

ho altre gatte da pelare : j'ai d'autres chats à fouetter.

quando gli asini voleranno : quand les poules auront des dents.

il capro espiatorio : le bouc émissaire.

sono una massa di pecoroni : ce sont des moutons de Panurge.

ho la pelle d'oca : j'ai la chair de poule.

è bagnato come un pulcino : il est trempé jusqu'aux os.

ci ha rimesso le penne : il y a laissé des plumes.

non fare la civetta ! ne fais pas la coquette !

una sua frase mi ha messo una pulce nell'orecchio : une de ses phrases m'a mis la puce à l'oreille.

si è ficcato in un bel vespaio : il s'est fourré dans de beaux draps.

sono restato con un pugno di mosche in mano : je me suis retrouvé Gros-Jean comme devant.

mi ha fatto vedere i sorci verdi : il m'en a fait voir de toutes les couleurs.

non sapevano più che pesci prendere : ils ne savaient plus à quel saint se vouer.

non ha né capo né coda : ça n'a ni queue ni tête.
andare in bestia : se mettre en colère.

2. Proverbes.

di notte tutti i gatti sono bigi : la nuit tous les chats sont gris.
tanto va la gatta al lardo che ci lascia lo zampino : tant va la cruche à l'eau qu'à la fin elle se casse.
meglio un uovo oggi che una gallina domani : un tiens vaut mieux que deux tu l'auras.
meglio un giorno da leone che cent'anni da pecora : il vaut mieux vivre un jour comme un lion qu'un siècle comme un mouton.

3. Familier.

in bocca al lupo ! (crepi il lupo) ! bonne chance !
era bestiale ! c'était génial !
chiudi il becco ! ferme-la !
un corno ! des clous !
è un coniglio : c'est une poule mouillée.
che merlo ! quel pigeon (quelle poire) !

4. Vulgaire.

in culo alla balena ! bonne chance !
una troia (synonyme de « scrofa ») : une putain
un porco : un salaud.
adesso ti spacco il muso : je vais te casser la gueule.

5. Littéraire.

il bove : le bœuf, **la fiera** : le fauve.

6. Termes spécifiques.

un pastore tedesco : un berger allemand, **un (cane) lupo** : un chien-loup, **un barbone** : un caniche, **un bassotto** : un basset, **un alano** : un danois, **un dalmata** : un dalmatien, **un bulldog** : un bouledogue, **un boxer** : un boxer.
un gatto d'angora : un chat angora, **persiano** : persan, **siamese** : siamois, **soriano** : de gouttière.

B 1 REMARQUES LEXICALES

Traduction du mot « troupeau » :
On emploie **un gregge**, en général, pour des moutons ou des chèvres (**un gregge di pecore**). **Una mandria** (plus rarement **un armento**) est plutôt réservé aux gros animaux (**una mandria di bovini, di elefanti**).
Un branco est un groupe important d'animaux en liberté. On traduira par « troupeau » (**un branco di cervi**) ou « bande » (**un branco di lupi**, et au figuré : **un branco d'imbecilli**).

Explication de quelques termes :
- **la chioccia** est la poule quand elle couve et élève ses poussins. On peut appeler ainsi une mère qui couve trop ses enfants (une mère poule).
- on emploie **il baco** (le ver) pour certaines larves d'insectes (**il baco da seta** : le ver à soie), ou pour de petits vers comme ceux que l'on trouve dans les fruits.
- **il tarlo** (le ver) est un insecte qui ronge le bois. Cette précision permet de comprendre l'expression figurée **essere roso dal tarlo della gelosia** : être rongé par la jalousie.

Synonymes :
- la pince d'un crustacé : **la pinza** ou **la chela.**
- le bec d'un rapace : **il becco** ou **il rostro.**
- la gueule d'un animal féroce : **la bocca** ou **le fauci.**

Plusieurs traductions pour le même mot français :
- le bœuf : **il bue**, la viande de bœuf : **il manzo.**
- ruminer : **ruminare** et, au figuré : **rimuginare.**
  ex. **sta sempre a rimuginare le stesse cose** : il rumine toujours les mêmes choses.
- l'arête : **la spina. La lisca** est plutôt employée pour l'arête centrale du poisson.
- la morue : **il merluzzo.** La chair de ce poisson devient **lo stoccafisso** (en français, le stockfisch) lorsqu'elle est séchée au soleil et **il baccalà** quand elle est conservée dans le sel.

Plusieurs traductions pour le même mot italien :

- sous le terme **la vongola** (dans certaines régions l'**arsella**) se cachent « la palourde », « la coque », « la clovisse ».
  Que contiennent donc les fameux « spaghetti alle vongole » ?
- **il cucciolo** : le chiot, permet aussi de désigner les petits d'autres animaux.
  ex. **la lupa allatta i suoi cuccioli** : la louve allaite ses petits.
- **lo sterco** est un terme générique à traduire selon les cas par « fiente », « crottin », « bouse », « crotte »…

Et lorsque l'on parle d'animaux…

- **chicchirichì, miao, cip cip, bau bau, qua qua, bee** ! cocorico, miaou, cui-cui, oua-oua, coin-coin, bê !
- attention au mot à mot.
  ex. chouette alors ! **che bello !**
  je donne ma langue au chat : **mi arrendo.**
- quelques animaux célèbres : **Paperino** (Donald), **Paperone** (Picsou), **Topolino** (Mickey), **Zanna Bianca** (Croc Blanc).
- nos chers disparus : **il dinosauro** (le dinosaure), **il diplodoco** (le diplodocus), **il mammut** (le mammouth).

B 2 REMARQUES GRAMMATICALES

1. Noms.

■ suffixes :

- les suffixes **-acchiotto, -otto, -ino, -etto, -occolo** permettent de former le nom des petits.
  ex. **il lupacchiotto** (le louveteau), **l'orsacchiotto** (l'ourson), **l'aquilotto** (l'aiglon), **il leoncino** (le lionceau), **il porcellino** (le porcelet), **il capretto** (le chevreau), **l'anatroccolo** (le caneton).

- le suffixe **-ata** (voir aussi pp. 17 et 27) introduit le sens de « un coup de ».
  ex. **una zampata** (un coup de patte), **una graffiata** (un coup de griffe).

■ genre : exemples d'animaux au féminin :
• il y a parfois une simple différence de genre entre le mâle et la femelle : **la gatta** (la chatte), **la bufala** (la bufflonne), **la lupa** (la louve), **la cerva** (la biche).
• certains féminins sont en **-essa** : **la leonessa** (la lionne).
• dans d'autres cas, et si le contexte l'exige, il faut préciser : **la scimmia femmina** (la guenon), **la tigre femmina** (la tigresse), **l'oca femmina** (l'oie).
Et pour le mâle : **l'oca maschio** (le jars), etc.

■ pluriel :
• **il corno** fait au pluriel **le corna (le corna del toro).**
Ce mot désigne aussi un instrument de musique, « le cor ». Dans ce cas, on emploie le pluriel masculin **i corni (i corni da caccia** : les cors de chasse).
• pluriels irréguliers :
l'uovo, le uova ; l'ala, le ali ; il bue, i buoi.
• mots invariables :
il boa, il cobra, il gorilla, il lama, il panda, il puma, la specie (pour les mots en -ie, voir p. 256).

2. Verbes.
■ participes passés irréguliers :
morso (mordere), punto (pungere), roso (rodere).
■ verbes se conjuguant comme **tossire** (voir p. 181) :
barrire, imbizzarirsi, nitrire, muggire, ruggire, grugnire.
ex. **i porci grugniscono.**

B 3 REMARQUES PARTICULIÈRES

D'une langue à l'autre.
• on peut associer, pour mieux les retenir, une série de cris qui ont en commun leur terminaison en **-ato** (issus de verbes du 1er groupe), ou **-ito** (verbes du 3e groupe) : **il latrato** (l'aboiement), **l'ululato** (le hurlement), **il belato** (le bêlement), **il ruggito** (le rugissement), **il grugnito** (le grognement), **il nitrito** (le hennissement), **il barrito** (le barrissement).

- le suffixe -io caractérise d'autres cris : **il cinguettio** (le gazouillis), **il miagolio** (le miaulement), **il ronzio** (le bourdonnement). (Voir aussi p. 191.)
- autres exemples de cris : **il tubare** (le roucoulement), **il raglio** (le braiement).

C 1 EXERCICES

A De quel animal s'agit-il ?

1. il cavalluccio marino
2. la stella marina
3. il pesce spada
4. il pesce gatto
5. il pesce volante
6. il pesce martello
7. l'uccello mosca
8. l'orsetto lavatore
9. il porcellino d'India
10. la volpe del deserto.

B Traduire les expressions après les avoir complétées à l'aide des mots suivants : *un tordo, un'acciuga, un pesce, un uccellino, un mulo* (employé deux fois), *una talpa*.

1. ostinato come …
2. grasso come …
3. muto come …
4. miope come …
5. magro come …
6. mangiare come …
7. sgobbare come …

C Former quatre familles de trois mots.

1. lo zoccolo
2. il cardellino
3. fare le fusa
4. l'elefante
5. il cavallo
6. la proboscide
7. il soriano
8. barrire
9. il becco
10. cinguettare
11. nitrire
12. i baffi

D Traduire en italien.

1. Ce souvenir me donne la chair de poule.
2. Un aigle noir s'envole et, les ailes déployées, plane au-dessus des montagnes.
3. Je n'aime pas le bœuf, je ne mange pas de viande.
4. L'abeille possède une trompe rétractile (**retrattile**), de courtes antennes, des ailes transparentes et un dard.

C 2 CORRIGÉS

A
1. l'hippocampe
2. l'étoile de mer
3. l'espadon
4. le poisson-chat
5. le poisson volant
6. le requin marteau
7. l'oiseau-mouche
8. le raton laveur
9. le cochon d'Inde
10. le fennec

B
1. **un mulo** : têtu comme une mule
2. **un tordo** : gras comme une caille
3. **un pesce** : muet comme une carpe
4. **una talpa** : myope comme une taupe
5. **un'acciuga** : maigre comme un clou
6. **un uccellino** : avoir un appétit d'oiseau
7. **un mulo** : travailler (trimer) comme un bœuf.

C 1.5.11, 2.9.10, 3.7.12, 4.6.8.

D
1. Questo ricordo mi fa venir la pelle d'oca (mi fa accapponare la pelle).
2. Un'aquila nera spicca (prende) il volo e con le ali spiegate, si libra sopra le montagne.
3. Non mi piace il manzo, non mangio carne.
4. L'ape possiede una proboscide retrattile, antenne corte, ali trasparenti e un pungiglione.

10 LES VÉGÉTAUX

A 1 VOCABULAIRE

A. LES LÉGUMES ET LES CHAMPIGNONS

artichaut	**il carciofo**	légume	**l'ortaggio**
asperge	**l'asparago**	lentille	**la lenticchia**
aubergine	**la melanzana**	mâche	**la dolcetta**
batavia	**la lattuga crespa**	navet	**il navone**
betterave	**la barbabietola**	oseille	**l'acetosa**
blette	**la bietola (da costa)**	petit pois	**il pisello**
		pissenlit	**il dente di leone**
brocoli	**il broccolo**	poireau	**il porro**
carotte	**la carota**	pois chiche	**il cece**
céleri	**il sedano**	poivron	**il peperone**
cèpe	**il porcino**	pomme de terre	**la patata**
champignon	**il fungo**	radis	**il ravanello**
chicorée	**la cicoria**	rave	**la rapa**
chou	**il cavolo**	romaine	**la lattuga romana**
chou-fleur	**il cavolfiore**	roquette	**la rucola**
concombre	**il cetriolo**	salade	**l'insalata**
courge	**la zucca**	salsifis	**la scorzobianca**
courgette	**la zucchina**	scarole	**la scarola**
cresson	**il crescione**	soja	**la soia**
endive	**l'indivia belga**	tomate	**il pomodoro**
épinard	**lo spinacio**	tomate cerise	**il pomodoro ciliegino**
fève	**la fava**		
haricot	**il fagiolo**	trévise	**il radicchio**
haricot vert	**il fagiolino**	truffe	**il tartufo**
laitue	**la lattuga**		

B. LES CÉRÉALES

avoine	**l'avena**	millet	**il miglio**
blé	**il grano**	orge	**l'orzo**
céréale	**il cereale**	riz	**il riso**
froment	**il frumento**	sarrasin	**il grano saraceno**
maïs	**il granturco**	seigle	**la segale**

C. LES PLANTES AROMATIQUES ET LES CONDIMENTS

ail	**l'aglio**	marjolaine	**la maggiorana**
anis	**l'anice**	menthe	**la menta**
basilic	**il basilico**	moutarde	**la senape**
cannelle	**la cannella**	noix muscade	**la noce moscata**
câpre	**il cappero**	oignon	**la cipolla**
cerfeuil	**il cerfoglio**	origan	**l'origano**
ciboulette	**l'erba cipollina**	persil	**il prezzemolo**
coriandre	**il coriandolo**	piment	**il peperoncino**
cornichon	**il cetriolino**	poivre	**il pepe**
cumin	**il cumino**	romarin	**il rosmarino**
échalote	**lo scalogno**	safran	**lo zafferano**
estragon	**il dragoncello**	sauge	**la salvia**
fenouil	**il finocchio**	thym	**il timo**
gingembre	**lo zenzero**	vanille	**la vaniglia**

D. LES FRUITS (voir p. 128 : les arbres fruitiers), LES GRAINES

abricot	**l'albicocca** (f)	figue	**il fico**
amande	**la mandorla**	figue de Barbarie	**il ficodindia**
ananas	**l'ananas**	fraise	**la fragola**
avocat	**l'avocado**	framboise	**il lampone**
banane	**la banana**	gland	**la ghianda**
bergamote	**il bergamotto**	grenade	**la melagrana**
brugnon	**la nocepesca**	groseille	**il ribes**
cacahuète	**l'arachide**	kiwi	**il kiwi**
cacao	**il cacao**	mandarine	**il mandarino**
café	**il caffè**	mangue	**il mango**
caroube	**la carruba**	marron	**il marrone**
cassis	**il ribes nero**	melon	**il melone**
cédrat	**il cedro**	mirabelle	**la mirabella**
cerise	**la ciliegia**	mûre	**la mora**
châtaigne	**la castagna**	myrtille	**il mirtillo**
citron	**il limone**	nèfle	**la nespola**
clémentine	**il mandarancio**	noisette	**la nocciola**
coing	**la (mela) cotogna**	noix	**la noce**
datte	**il dattero**	noix de coco	**la noce di cocco**

olive	**l'oliva, l'uliva**
orange	**l'arancia**
pamplemousse	**il pompelmo**
pastèque	**il cocomero**
pêche	**la pesca**
pignon	**il pinolo**
pistache	**il pistacchio**
poire	**la pera**
pomme	**la mela**
pomme de pin	**la pigna**
prune	**la susina, la prugna**
raisin	**l'uva (f)**
tamarin	**il tamarindo**
tomate	**il pomodoro**

E. LES ARBRES ET LE BOIS

acacia	**l'acacia (f)**
acajou	**il mogano**
arbre	**l'albero**
aulne	**l'ontano**
balsa	**la balsa**
bois	**il legno**
bouleau	**la betulla**
cèdre	**il cedro**
charme	**il carpine**
chêne	**la quercia**
conifère	**la conifera**
cyprès	**il cipresso**
ébène	**l'ebano**
érable	**l'acero**
frêne	**il frassino**
genévrier	**il ginepro**
hêtre	**il faggio**
hibiscus	**l'ibisco**
if	**il tasso**
laurier	**l'alloro**
marronnier	**l'ippocastano**
mélèze	**il larice**
merisier	**il ciliegio**
mûrier	**il gelso**
orme	**l'olmo**
palmier	**la palma**
peuplier	**il pioppo**
pin	**il pino**
platane	**il platano**
rouvre	**il rovere**
sapin	**l'abete**
santal	**il sandalo**
saule	**il salice**
tilleul	**il tiglio**

F. LES FLEURS

anémone	**l'anemone (m)**
azalée	**l'azalea**
bleuet	**il fiordaliso**
camélia	**la camelia**
campanule	**la campanula**
chrysanthème	**il crisantemo**
colchique	**il colchico**
coquelicot	**il papavero**
dahlia	**la dalia**
edelweiss	**la stella alpina**
églantine	**la rosa canina**
géranium	**il geranio**
giroflée	**la violacciocca**
glaïeul	**il gladiolo**

F. LES FLEURS (suite)

hortensia	l'ortensia (f)
iris	il giaggiolo
jacinthe	il giacinto
jasmin	il gelsomino
jonquille	la giunchiglia
lilas	il lilla
lis	il giglio
marguerite	la margherita
mimosa	la mimosa
muguet	il mughetto
myosotis	il non ti scordar di me
narcisse	il narciso
nénuphar	il nenufaro
nymphéa	la ninfea
œillet	il garofano
pâquerette	la pratolina
pavot	il papavero
pensée	la viola del pensiero
pervenche	la pervinca
pivoine	la peonia
primevère	la primula
renoncule	il ranuncolo
rose	la rosa
tournesol	il girasole
tulipe	il tulipano
violette	la viola mammola

G. PLANTES ET ARBUSTES

agave	l'agave (f)
ajonc	il ginestrone
algue	l'alga
arbrisseau	l'arboscello
arbuste	l'arbusto
aubépine	il biancospino
bambou	il bambù
bougainvillier	la buganvillea
bruyère	l'erica
cactus	il cactus
camomille	la camomilla
chanvre	la canapa
chardon	il cardo
chèvrefeuille	il caprifoglio
chiendent	la gramigna
colza	la colza
coton	il cotone
fougère	la felce
genêt	la ginestra
glycine	il glicine
gui	il vischio
herbe	l'erba
houblon	il luppolo
houx	l'agrifoglio
jonc	il giunco
laurier rose	l'oleandro
lavande	la lavanda
liane	la liana
lichen	il lichene
lin	il lino
lierre	l'edera (f)
luzerne	l'erba medica
mousse	il muschio
ortie	l'ortica
osier	il vinco
rhubarbe	il rabarbaro

ronce	il rovo
roseau	la canna
rosier	il rosaio
sureau	il sambuco
thé	il tè
trèfle	il trifoglio
troène	il ligustro
vigne	la vite

H. DESCRIPTION

baie	la bacca
bogue	il riccio
bourgeon	la gemma
bouton	il bocciolo
branche	il ramo
brindille	lo stecco, lo sterpo
broussaille	la sterpaglia
buisson	il cespuglio
cep	il ceppo
coquille	il guscio
cosse	il baccello
écorce	la corteccia
épi	la spiga
épine	la spina
étamine	lo stame
feuillage	il fogliame
feuille	la foglia
fleur	il fiore
fruit	il frutto
grain	il chicco
graine	il seme
grappe	il grappolo
hampe	lo stelo
liège	il sughero
noyau	il nocciolo
palme	la palma
peau	la buccia
pépin	il seme
pétale	il petalo
pistil	il pistillo
plante	la pianta
pollen	il polline
pousse	il germoglio
pulpe	la polpa
racine	la radice
rameau	il ramoscello
rejeton	il pollone
résine	la resina
sève	la linfa
son	la crusca
souche	il ceppo
tige	lo stelo
touffe	il ciuffo
tronc	il tronco
verdure	il verde

broussailleux	cespuglioso
caduc	caduco
comestible	commestibile
dense	denso, fitto
enchevêtré	intricato
épineux	spinoso
feuillu	frondoso
grimpant	rampicante
inextricable	inestricabile
luxuriant	lussureggiante
mûr	maturo
noueux	nodoso
persistant	perenne
pourri	marcio
précoce	precoce
sauvage	selvatico
tardif	tardivo

H. DESCRIPTION (suite)

touffu	**folto, fitto**	faner	**appassire**
végétal	**vegetale**	fleurir	**fiorire**
vénéneux	**velenoso**	germer	**germogliare**
véreux	**bacato**	jaunir	**ingiallire**
vert	**acerbo**	lever	**spuntare**
vivace	**vivace**	mûrir	**maturare**
		pourrir	**marcire**
bourgeonner	**germogliare**	pousser	**crescere**
éclore	**sbocciare**	se ramifier	**ramificarsi**
s'enraciner	**attecchire**	tomber	**cadere**

A 2 LEXIQUE EN SITUATION

gli aghi di pino : les aiguilles de pin.
un fuoco di sterpi : un feu de brindilles.
un salice piangente : un saule pleureur.
il gambo, le nervature della foglia : la tige, les nervures de la feuille.
un cespuglio d'ortensie : un massif d'hortensias.
quel bulbo ha già messo le radici (si è abbarbicato) : ce bulbe a déjà pris racine.
i cereali spuntano nel campo : les céréales commencent à pousser dans le champ.
nel fitto (nel folto) di un bosco : au plus profond d'un bois.
un filo d'erba : un brin d'herbe.
un quadrifoglio : un trèfle à quatre feuilles.
la canna da zucchero : la canne à sucre.
i cavolini di Bruxelles : les choux de Bruxelles.
le patate novelle : les pommes de terre nouvelles.
un fungo mangereccio : un champignon comestible.
i funghi prataioli coltivati : les champignons de Paris.
un albero da frutto : un arbre fruitier.
il gambo (il picciolo) della ciliegia : la queue de la cerise.
un casco di banane : un régime de bananes.
l'uva passa (l'uvetta) : les raisins secs.
la prugna secca : le pruneau.
un chiodo di garofano : un clou de girofle.

A 3 REGISTRES DE LANGUE

1. Sens figuré.
veniamo al nocciolo (al sodo) : venons-en au fait.
saltare di palo in frasca : passer du coq-à-l'âne.
essere pieno di frasche : être plein de lubies.
essere sulle spine : être sur des charbons ardents.
se aspetto ancora metto radici : si j'attends encore, je prends racine.
quest'idea è ben radicata nella mente della gente : cette idée est bien enracinée dans l'esprit des gens.
è di scorza dura : il a la peau dure.
il fior fiore di ... : la fine fleur de...
sei rosso come un peperone : tu es rouge comme une pivoine.

2. Proverbes.
quando la pera è matura casca da sè : tout vient à point à qui sait attendre.
dal frutto si conosce l'albero : c'est au fruit qu'on connaît l'arbre.
l'erba del vicino è sempre più verde : l'herbe est toujours plus verte dans le champ du voisin.
se sono rose fioriranno : qui vivra verra.

3. Familier.
capitare a fagiolo : tomber à pic.
non vale un fico (un cavolo) : ça ne vaut pas un clou.
cavolo ! (capperi !) : mince alors !
che fusto ! quel beau garçon !
che broccolo ! quel débile !

4. Vulgaire.
non me ne frega un cavolo : je n'en ai rien à foutre.
fatti i cavoli tuoi ! occupe-toi de tes oignons !

5. Littéraire.
il lauro : le laurier, **la verzura** : la verdure, **lo stelo** : le tronc, **fronzuto** : feuillu.

B 1 REMARQUES LEXICALES

Le fruit et l'arbre :

- certains arbres portent le même nom que leur fruit, mais au masculin.
  ex. **il banano** : le bananier, **la banana** : la banane.
  De même : **il ciliegio, l'albicocco, l'arancio, il pesco, il pero, il melo, il susino** (plus employé que **il prugno**), **il mandorlo, il nocciolo, il noce, l'olivo, il nocepesco, il carrubo, il castagno, il (melo) cotogno, il melograno, il nespolo.**
- d'autres arbres portent le même nom que leur fruit.
  ex. **il dattero** : la datte ou le dattier.
  De même : **il limone, il fico, il ficodindia, il mandarino, il pompelmo, il bergamotto, l'avocado, il cacao, il caffè, il cedro, il mandarancio, il mango, il pistacchio, il tamarindo.**
- il faut préciser lorsque le contexte l'impose.
  ex. **una pianta di limoni** : un citronnier.

Les fruits :

- le pluriel de **il frutto** est **i frutti.**
  ex. **la mela e la pera sono frutti.**
  La frutta est un terme collectif qui désigne les fruits dans l'alimentation ou le dessert.
  ex. **la frutta è in tavola** : les fruits sont servis.

Traduction du mot « légume » :

- l'italien **il legume** désigne exclusivement les fruits des plantes légumineuses (petits pois, lentilles, pois chiches, fèves, haricots). Au sens large on emploie **l'ortaggio** ou **la verdura.**
  ex. **l'insalata e le carote sono ortaggi.**
  un negozio di frutta e verdura : magasin de fruits et légumes.

Plusieurs traductions pour le même mot français :

- l'écorce : **la corteccia,** pour un arbre et **la buccia** ou **la scorza,** pour un fruit comme le citron ou l'orange.
  D'où les termes **una scorza, una scorzetta** : un zeste.
- le terme le plus fréquent pour traduire « un grain » est **un chicco.**

ex. **un chicco di grano, di caffè, d'uva** : un grain de blé, de café, de raisin.

Mais on dit **un grano di pepe** (un grain de poivre).

- un épi : **una spiga** (pour le blé), **una panocchia** (pour le maïs).

Plusieurs traductions pour le même mot italien :

- **la pianta** a les deux sens de « plante » et « arbre ».
  ex. **una pianta da frutto** : un arbre fruitier.
- **alberato** se traduit différemment selon le contexte.
  ex. **un viale alberato** : une allée bordée d'arbres.
  un campo alberato : un champ planté d'arbres.
- **la zucca** peut désigner le potiron (qui a aujourd'hui supplanté la citrouille sur nos tables), la citrouille ou la courge.

Synonymes :

- **il fusto** (**il tronco**), **il gambo** (**lo stelo**), **avvizzire** (**appassire**), **diramarsi** (**ramificarsi**).
- les cacahuètes : **le arachidi** ou **le noccioline americane**. Les cacahuètes de l'apéritif sont **le noccioline**.
- la pastèque : **il cocomero, l'anguria, il melone rosso.**

Explication de quelques mots :

- **uno spicchio** peut désigner un quartier d'orange (ou autre agrume), et tout ce qui a cette forme.
  ex. **uno spicchio d'aglio** : une gousse d'ail.
  uno spicchio di mela : un morceau de pomme.
- **la frasca** ou **la fronda** (plus littéraire) est une petite branche d'arbre avec ses feuilles.
  ex. **dormirono su un letto di frasche** : ils dormirent sur un lit de branchages.
  Au pluriel, **le fronde** est synonyme de **il fogliame.**
  ex. **guardò attraverso le fronde** : il regarda à travers le feuillage.
- **il vinco** (l'osier) est le nom de l'arbuste. Le rameau d'osier que l'on tresse s'appelle **il vimine.**
  ex. **un cesto di vimini** : un panier en osier.

Attention !

- aux accents de **il nòcciolo** : le noyau et **il nocciòlo** : le noisetier.
- il faut se méfier des expressions familières imagées qui n'ont pas d'équivalent direct en italien.
  ex. je suis venu pour des prunes : **sono venuto per niente.**
  il sucre les fraises : **ha le mani che tremano.**
  toujours les mêmes salades ! **sempre le solite balle !**

Changement de genre :

- **il fiore, il cereale, l'anemone, il glicine** sont des mots masculins.
- **la conifera, la colza, la soia, l'acacia, la camelia, la dalia, l'ortensia, la mimosa, l'agave** sont féminins.

B 2 REMARQUES GRAMMATICALES

1. Noms.

- pluriel des mots en **-gia** et **-cia** :
- le « i » disparaît lorsque le « c » ou le « g » sont précédés d'une consonne et il persiste s'ils sont précédés d'une voyelle.
  ex. **le querce, le arance, le cortecce, le bucce.**
  le ciliegie, le acacie.
- si le « i » est accentué, il est conservé au pluriel.
  ex. **le nostalgie** (les nostalgies).
- **l'avocado, il lilla** sont invariables. De même tous les mots finissant par une consonne (**il ribes, l'ananas**).
- le pluriel le plus courant de **pomodoro** est **pomodori**, celui de **ficodindia** est **fichidindia.**

2. Verbes.

- verbes se conjuguant comme **tossire** (voir p. 181) :
  appassire, attecchire, fiorire, marcire, ingiallire.
  ex. **i papaveri fioriscono nei campi.**
- verbes qui prennent l'auxiliaire **essere** aux temps composés :
  appassire, fiorire, maturare, marcire, sbocciare, crescere.
  ex. **i funghi sono cresciuti** : les champignons ont poussé.

B 3 REMARQUES PARTICULIÈRES

D'une langue à l'autre.

- le suffixe **-eto** signifie « un lieu planté de ».
  ex. **l'aranceto** (l'orangeraie), **il bananeto** (la bananeraie), **il roseto** (la roseraie), **il castagneto** (la châtaigneraie), **il vigneto** (le vignoble), **il frutteto** (le verger), **il querceto** (la chênaie).
- mais **la pineta** : la pinède.

C 1 EXERCICES

A Trouver le fruit (les mots manquants sont au pluriel) :

1. Sul pero ci sono … 2. C'era un albicocco carico (*chargé*) di … 3. I merli mangiano … sul ciliegio. 4. …, sul mango, sono ancora acerbi. 5. Colgo … sul mandarino.

B Lire à haute voix en plaçant correctement l'accent :

1. il nocciolo della pesca 2. il larice è una conifera 3. la menta selvatica 4. il latte di mandorla 5. un tulipano rosso 6. un albero dai rami intricati 7. il burro di cacao 8. cavolo ! 9. un bel grappolo d'uva 10. un abete.

C Traduire en français :

Le agavi sono piante grasse originarie dell'America che hanno una particolarità : per fiorire, devono arrivare a 5, 20 anni e a volte molto di più, dopodiché fanno un fiore composto di uno stelo molto lungo (anche tre metri), da cui si dipartono ramificazioni con fiori gialli i quali seccano e mettono i semi. Poi anche lo stelo secca e la pianta muore.

D Traduire en italien :

1. Comme dessert, on nous apporta une corbeille (**una cesta**) remplie de figues fraîches, de noix, de pommes et d'oranges.
2. À cause de la chaleur, les fleurs ont fané.
3. Dans le sous-bois, l'herbe poussait haute et verte en touffes épaisses.

C 2 CORRIGÉS

A
1. pere
2. albicocche
3. ciliegie
4. i manghi
5. mandarini.

B
1. il nocciolo della pesca
2. il larice è una conifera
3. la menta selvatica
4. il latte di mandorla
5. un tulipano rosso
6. un albero dai rami intricati
7. il burro di cacao
8. cavolo !
9. un bel grappolo d'uva
10. un abete.

C Les agaves sont des plantes grasses originaires d'Amérique qui ont une particularité : pour fleurir, ils doivent attendre 5, 20 ans et parfois beaucoup plus, après quoi ils font une fleur composée d'une hampe très longue (jusqu'à trois mètres) d'où partent des ramifications à fleurs jaunes qui sèchent et donnent des graines. Puis, la hampe sèche aussi et la plante meurt.

D
1. Come frutta, ci portarono una cesta piena di fichi freschi, di noci, di mele e di arance.
2. A causa (per colpa) del caldo i fiori sono appassiti.
3. Nel sottobosco, l'erba cresceva alta e verde a ciuffi folti.

11 LES MATIÈRES ET LES ÉNERGIES

A 1 VOCABULAIRE

A. LES MINÉRAUX, LES MÉTAUX

acier	l'acciaio
aimant	la calamita
albâtre	l'alabastro
aluminium	l'alluminio
amiante	l'amianto
anthracite	l'antracite (f)
ardoise	l'ardesia
argent	l'argento
argile	l'argilla, la creta
bronze	il bronzo
calcaire	il calcare
charbon	il carbone
chrome	il cromo
craie	il gesso
cristal	il cristallo
cuivre	il rame
étain	lo stagno
fer	il ferro
fer blanc	la latta
fonte	la ghisa
glaise	la creta
granit	il granito
grès	l'arenaria
gypse	il gesso
houille	il carbone fossile
laiton	l'ottone
lave	la lava
lignite	la lignite
magnésium	il magnesio
marbre	il marmo
marne	la marna
mercure	il mercurio
minerai, minéral	il minerale
nickel	il nichel, il nichelio
obsidienne	l'ossidiana
or	l'oro
phosphore	il fosforo
pierre	la pietra, il sasso
pierre ponce	la pomice
platine	il platino
plomb	il piombo
porphyre	il porfido
potasse	la potassa
radium	il radio
roche	la roccia
sable	la sabbia
salpêtre	il salnitro
schiste	lo scisto
silex	la selce
silice	il silice
soufre	lo zolfo
tourbe	la torba
travertin	il travertino
tuf	il tufo
uranium	l'uranio
vert-de-gris	il verderame
zinc	lo zinco

B. MATIÈRES PRÉCIEUSES ET PIERRES FINES

agate	**l'agata**	opale	**l'opale**
aigue-marine	**l'acquamarina**	perle	**la perla**
ambre	**l'ambra**	pierre précieuse	**la gemma**
améthyste	**l'ametista**	rubis	**il rubino**
camée	**il cammeo**	saphir	**lo zaffiro**
carat	**il carato**	topaze	**il topazio**
châton	**il castone**	turquoise	**la turchese**
corail	**il corallo**		
diamant	**il diamante**	éclaté	**scheggiato**
émeraude	**lo smeraldo**	étincelant	**sfavillante**
gangue	**la ganga**	précieux	**prezioso**
grenat	**il granato**	scintillant	**scintillante**
ivoire	**l'avorio**		
jade	**la giada**	frapper	**coniare**
jaspe	**il diaspro**	polir	**levigare**
lapis-lazuli	**il lapislazzuli**	sertir	**incastonare, legare**
nacre	**la madreperla**	tailler, facetter	**sfaccettare**

C. AUTRES MATIÈRES

acajou	**il mogano**	émail	**lo smalto**
aggloméré	**l'agglomerato**	faïence	**la maiolica**
béton	**il cemento armato**	fibre	**la fibra**
		glu	**la pania, il vischio**
bois	**il legno, la legna**	goudron	**il catrame**
brique	**il mattone**	latex	**il latice**
caoutchouc	**il caucciù, la gomma**	mastic	**il mastice**
		papier	**la carta**
carton	**il cartone**	plastique	**la plastica**
cellophane	**il cellofan**	plâtre	**il gesso**
céramique	**la ceramica**	polyester	**il poliestere**
chaux	**la calce**	polystyrène	**il polistirolo**
ciment	**il cemento**	porcelaine	**la porcellana**
colle	**la colla**	rotin	**il giunco d'India**
contre-plaqué	**il compensato**	stuc	**lo stucco**
ébène	**l'ebano**	verre	**il vetro**

D. LES MINES ET LES CARRIÈRES

abattage	**l'abbattimento**
boisage	**l'armatura**
boulon d'ancrage	**il bullone**
boulonnage	**il bullonaggio**
carottage	**il carotaggio**
carrier	**il cavapietre**
carrière	**la cava, la pietraia**
chaos	**il caos**
couche	**lo strato**
creusement	**lo scavo**
déblai	**lo sterro**
détonateur	**il detonatore**
dynamite	**la dinamite**
exhaure	**l'eduzione**
explosif	**l'esplosivo**
extraction	**l'estrazione**
érosion	**l'erosione**
filon	**il filone**
fonçage	**l'escavazione**
forage	**la trivellazione**
foreuse	**la trivellatrice**
fosse	**il pozzo**
front	**il fronte di taglio**
galerie	**il cunicolo**
grisou	**il grisù**
havage	**il taglio orizzontale**
haveuse	**la tagliatrice**
marteau-piqueur	**la perforatrice**
minage	**il minare**
mine	**la miniera**
mineur	**il minatore**
moise	**la traversa, il tirante**
percement	**il traforo**
pic	**il piccone**
plastic	**il plastico**
pompe	**la pompa**
poussière	**la polvere**
puits	**il pozzo**
saline	**la salina**
sous-sol	**il sottosuolo**
soutènement	**il sostegno**
tourbière	**la torbiera**
trépan	**la trivella**
tunnel	**la galleria, il tunnel**
tunnelier, taupe	**la talpa**
veine	**la vena**

argileux	**argilloso**
aurifère	**aurifero**
calcaire	**calcareo**
carbonifère, houiller	**carbonifero**
ferreux	**ferroso**
fossile	**fossile**
granitique	**granitico**
grenu	**granelloso**
marmoréen	**marmoreo**
métallique	**metallico**
métallurgique	**metallurgico**
métamorphique	**metamorfico**
minier	**minerario**
pétrifié	**pietrificato**
réfractaire	**refrattario**
sédimentaire	**sedimentario**
souterrain	**sotterraneo**
veiné	**venato**

D. LES MINES ET LES CARRIÈRES (suite)

creuser	**scavare**	forer	**(per)forare, trivellare**
cribler, tamiser	**setacciare, vagliare**	prospecter	**esplorare**
éroder	**erodere**	purger	**spurgare**
étayer	**puntellare**	repérer, trouver	**individuare**
exploiter	**sfruttare**	sonder	**sondare**
extraire	**estrarre**		
faire sauter	**fare saltare, brillare**		

E. LA SIDÉRURGIE ET LA MÉTALLURGIE

alliage	**la lega**	rouille	**la ruggine**
chaudière	**la caldaia**	scorie	**la scoria**
chaudronnier	**il calderaio**	sidérurgie	**la siderurgia**
coke	**il « coke »**	soudure	**la saldatura**
coulée	**la colata**	tôle	**la lamiera**
ferraille	**il rottame**		
fil	**il filo**	allier	**legare**
fonderie	**la fonderia**	fondre	**fondere**
fraiseuse	**la fresatrice**	forger	**fucinare, forgiare**
haut-fourneau	**l'altoforno**	laminer	**laminare**
lingot	**il lingotto**	s'oxyder	**ossidarsi**
mâchefer	**il rosticcio**	rouiller	**arrugginire**
métal	**il metallo**	souder	**saldare**
métallurgie	**la metallurgia**	tréfiler	**trafilare**
presse	**la pressa**	tremper	**temp(e)rare**

F. LE PÉTROLE (voir aussi p. 46)

baril	**il barile**	gaz	**il gas**
brut	**il greggio, il grezzo**	gazoduc	**il metanodotto, il gasdotto**
citerne	**la cisterna**	gisement	**il giacimento**
conduite	**la condotta**	méthane	**il metano**
derrick	**la torre, il derrick**	naphte	**la nafta**
		oléoduc	**l'oleodotto**
forage	**la perforazione**	pétrochimie	**la petrolchimica**
fuel, mazout	**la nafta**	pétrole	**il petrolio**

pétrolier	la petroliera	raffinage	la raffinazione
pipeline	la « pipeline »	raffinerie	la raffineria
plateforme	la piattaforma	tanker	la cisterna
prospecteur	il prospettore	terminal	il « terminal »

G. L'ÉLECTRICITÉ CLASSIQUE, NUCLÉAIRE, ALTERNATIVE

alternateur	l'alternatore	fission	la fissione
ampérage	l'amperaggio	fusible	il fusibile
ampère	l'« ampère »	fusion	la fusione
ampoule	la lampadina	générateur	il generatore
aqueduc	l'acquedotto	géothermie	la geotermia
atome	l'atomo	interrupteur	l'interruttore
barrage	lo sbarramento,	kilowatt-heure	il chilowattora
	la diga	lumière	la luce
biogaz	il biogas	miroir solaire	il pannello solare
biomasse	la biomassa	neutron	il neutrone
câble	il cavo	noyau	il nucleo
cellule	la cellula	panne	il guasto
centrale	la centrale	poteau	il palo
chaleur	il calore	prise de courant	la presa, la spina
chute d'eau	la cascata	pylône	il traliccio
circuit	il circuito	radiation	la radiazione
clapet	la valvola	rayon laser	il raggio laser
compteur	il contatore	rayonnement	l'irradiazione
coupure	l'interruzione	réacteur	il reattore
courant	la corrente	réaction	la reazione
court-circuit	il corto circuito	semi-conducteur	il semiconduttore
débit	la portata	tension	la tensione
décharge	la scarica	transistor	il transistor
éclairage	l'illuminazione (f)	turbine-pompe	la turbina pompa
électricité	l'elettricità	valve	la valvola
électrode	l'elettrodo	vanne	la paratoia,
électrolyse	l'elettrolisi		la cateratta
électron	l'elettrone	volt	il volt
éolienne	l'aeromotore	voltage	il voltaggio
fiche électrique	la spina	watt	il watt
filament	il filamento	combustible	combustibile

G. L'ÉLECTRICITÉ CLASSIQUE, NUCLÉAIRE, ALTERNATIVE (suite)

électrique	**elettrico**	isolant	**isolante**
électrogène	**elettrogeno**	nucléaire	**nucleare**
électromagnétique	**elettromagnetico**	photo-électrique	**fotoelettrico**
éolien	**eolico**	radioactif	**radioattivo**
hydraulique	**idraulico**	solaire	**solare**
hydrique	**idrico**	synthétique	**sintetico**
incandescent	**incandescente**	thermonucléaire	**termonucleare**

A 2 LEXIQUE EN SITUATION

l'età della pietra scheggiata o periodo paleolitico : l'âge de la pierre taillée ou période paléolithique.
l'età della pietra levigata o periodo neolitico : l'âge de la pierre polie ou période néolithique.
le case trogloditiche di Matera : les maisons troglodytiques de Matera (ville de la Basilicate).
una casa in pietra da taglio : une maison en pierre de taille.
un vecchio muro in pietrame a secco : un vieux mur en pierres sèches.
i tagliapietre del Medioevo edificarono le cattedrali : les tailleurs de pierres du Moyen Âge édifièrent les cathédrales.
una fabbrica di laterizi : une briqueterie.
il materiale laterizio : le matériau en brique (en terre cuite).
il tufo è una pietra vulcanica porosa usata in edilizia : le tuf est une pierre volcanique poreuse utilisée dans le bâtiment.
quel sotterraneo è stato scavato dall'uomo : ce souterrain a été creusé de main d'homme.
l'oro si trova in grani, in pepite, in pagliuzze : l'or se trouve en graines, en pépites ou en paillettes.
la febbre dell'oro : la ruée vers l'or.

a Murano, nella laguna veneta, si possono veder lavorare i maestri vetrai : à Murano, dans la lagune vénitienne, on peut voir travailler les souffleurs de verre (les maîtres-verriers).

un camino di mattoni refrattari : une cheminée en briques réfractaires.

il fabbisogno energetico potrebbe aumentare : les besoins en énergie pourraient augmenter.

la fonte energetica : la source d'énergie.

il nocciolo del reattore è protetto dalla schermatura dello scudo termico : le cœur du réacteur est protégé par le blindage du bouclier thermique.

è saltata la corrente, dovremo far luce con la candela : la lumière a sauté, on va devoir s'éclairer à la bougie.

un guasto elettrico ci ha lasciati nel buio : une panne de courant nous a plongés dans l'obscurité.

la luce è scarsa qui, accendi la lampadina ! ça manque de lumière ici, allume la lampe !

la lampadina è fulminata : l'ampoule est grillée.

A 3 REGISTRES DE LANGUE

1. Sens figuré.

una pietra d'inciampo : une pierre d'achoppement.

una memoria di ferro : une mémoire d'éléphant.

una salute ferrea : une santé de fer.

l'imputato ha un alibi di ferro : l'accusé a un alibi en béton, en or.

quel bambino ha l'argento vivo addosso : cet enfant, c'est du vif-argent.

sogni d'oro ! fais de beaux rêves !

procedeva coi piedi di piombo : il y allait mollo, très prudemment.

sei un troglodita ! sei un cavernicolo ! tu es primitif ! (**i cavernicoli** : les hommes des cavernes).

hai una perla di marito ! ton mari est une perle !

non aggiungere legna al fuoco ! ne jette pas d'huile sur le feu !

2. Proverbes.

non è tutt'oro quel che luccica : tout ce qui brille n'est pas d'or.

le ore del mattino hanno l'oro in bocca : le monde appartient à ceux qui se lèvent tôt.
bisogna battere il ferro finché è caldo : il faut battre le fer tant qu'il est chaud.

3. Mots du passé.
suo nonno faceva il maniscalco : son grand-père était maréchal-ferrant.
il fabbro : le forgeron, **il mantice** : le soufflet, **l'incudine** : l'enclume, **la fucina** : la forge.
il caruso était, au XIXe siècle, un enfant qui travaillait dans les mines (en français : le galibot).

B 1 REMARQUES LEXICALES

Sigles des grandes entreprises énergétiques d'Etat :
l'ENEL : Ente Nazionale Energia Elettrica (elettricità).
l'ENI : Ente Nazionale Idrocarburi (petrolio e metano).
l'ANIC : Azienda Nazionale Idrogenazione Carburanti.
l'AGIP : Azienda Generale Italiana Petroli.
la SNAM : Società Nazionale Metanodotti.

Quelques synonymes :
- au sens propre, **il traforo** signifie « le percement ». Dans les grands chantiers, **traforare, perforare, trivellare** ont des sens très proches.
  ex. **il trivellamento (traforamento) del tunnel sotto la Manica** : le percement du tunnel sous la Manche.
  Par extension de sens, **il traforo** est synonyme de **la galleria**.
  ex. **il traforo del Monte Bianco** : le tunnel du Mont Blanc.
- pour désigner les travailleurs de la métallurgie et de la sidérurgie, on dit : **i metallurgici, i siderurgici**. Leur statut étant identique à celui du secteur mécanique, ils sont tous **metalmeccanici**.

Quelques nuances de sens :

- le bois se traduit presque toujours par **il legno.**
  ex. **un pezzo di legno** : un morceau de bois.
  legno da costruzione : du bois de construction.
  La forme féminine s'utilise plus rarement et exclusivement pour désigner le bois à brûler.
  ex. **ho spaccato la legna** : j'ai cassé du bois.
  la legna da ardere : le bois de chauffage, à brûler.
- **il gesso** désigne le gypse mais aussi le plâtre. **Il pezzo di gesso** (le bâton de craie) permet d'écrire au tableau noir (on dit aussi : **il gessetto**). Mais **il gesso** désigne également la craie minérale (ex. **una cava di gesso** : une carrière de craie).
- le verbe **legare** (lier, associer) est un verbe de la métallurgie et signifie « allier ». Ce verbe et ses dérivés ont pris de multiples sens.
  ex. **per avere l'acciaio, si lega il ferro al carbonio** : pour avoir de l'acier, on allie le fer au carbone.
  l'orefice aretino lega un gioiello : l'orfèvre arétin sertit un bijou.
  l'ottone è una lega : le laiton est un alliage.
  un acciaio di buona lega : un acier de bon aloi.

Quelques dérivés :

- **la calce** a deux mots dérivés : **il calcestruzzo** (le béton) et **il calcinaccio** (le plâtras, les gravats).
- **la latta** a donné **la lattina** : le récipient, le bidon, la boîte en fer-blanc, la cannette.

Attention à ne pas confondre :

- **il rame** (le cuivre), **il ramo** (la branche).
- **la latta** (le fer-blanc), **il latte** (le lait).
- l'adjectif **petroliere** ne doit pas être confondu avec **la petroliera** : le pétrolier (navire) qui est au féminin comme **la nave** (le navire).

Remarquer l'homonymie de stagno : étain, étang, et étanche.

B 2 REMARQUES GRAMMATICALES

Verbes.

- voici quelques participes passés irréguliers : **eroso (erodere)**, **fuso (fondere)**.
- **produrre** fait au présent de l'indicatif : **produco, produci, produce, produciamo, producete, producono**. Il fait au futur : **produrrò**, et au participe passé : **prodotto.**

B 3 REMARQUES PARTICULIÈRES

1. Origine de mots.

- le mot français « la faïence » (que les Italiens appellent **la ceramica** ou, lorsqu'elle est fine, **la maiolica**) vient de **Faenza**, ville de Romagne, grand centre de production d'objets en céramique.
- **i nuraghi** (les nouragues) de Sardaigne sont des villages, des cabanes, et des forteresses mégalithiques (**megalitiche**). **Nuraghe** est un mot sarde qui signifie le mur, la muraille.

2. D'une langue à l'autre.

- en français, de nombreux métaux et produits chimiques ont un nom issu du neutre latin : radium, aluminium, cadmium, etc. L'italien utilise dans ce cas le suffixe atone **-io** : **il radio, l'alluminio, il cadmio, il magnesio, il silicio, l'uranio.**
- le suffixe grec **-(i)fero** signifie en minéralogie : « qui contient » : **aurifero** (aurifère), **petrolifero** (pétrolifère), **ramifero** (cuivreux), **cuprifero** (cuprifère), **argentifero** (argentifère), **corallifero** (corallifère), **marmifero** (marmifère) etc. Ces adjectifs ont l'accent *sdrucciolo* (voir p. 406).
- les suffixes **-oso** et **-ico** servent à former des adjectifs : **catramoso** (goudronneux), **granitoso** (graniteux), **rugginoso** (rouillé), **lavico** (de lave), etc.

3. Accentuation.
Les adjectifs qui se terminent par **-eo** : **calcareo** (calcaire), **marmoreo** (marmoréen), **argenteo** (en argent), **perlaceo**, **madreperlaceo** (nacré), ont tous l'accent *sdrucciolo* sauf **aureo** (en or) qui est *bisdrucciolo*.

C 1 EXERCICES

A. Compléter le texte suivant avec les villes qui conviennent : Arezzo, Faenza, Matera, Murano, Carrara

1. La lavorazione del vetro ha il suo centro a … .
2. …, in Toscana, è una capitale mondiale dell'oreficeria.
3. La produzione di oggetti di marmo si fa a … .
4. La ceramica romagnola proviene da … .
5. In Basilicata, … è famosa per le sue case trogloditiche.

B Traduire en français :

1. Governa il paese con pugno di ferro.
2. C'è elettricità nell'aria.
3. Ottimi metallurgici, i sardi antichi fecero statuine votive bronzee chiamate « bronzetti ».
4. I giacimenti metalliferi di Toscana e dell'isola d'Elba furono sfruttati dagli etruschi.

C Traduire en italien :

1. On trouve de nombreux fossiles dans cette couche calcaire.
2. Le prospecteur a repéré un filon aurifère.
3. On doit faire sauter ce rocher à la dynamite.
4. Le gisement se trouve plus bas, sous l'argile.
5. Des pipelines acheminent le pétrole du port à la raffinerie.

C 2 CORRIGÉS

A 1. Murano 2. Arezzo 3. Carrara 4. Faenza 5. Matera.

B 1. Il gouverne le pays d'une main de fer.
2. Il y a de l'électricité dans l'air.
3. Excellents métallurgistes, les Sardes antiques firent des petites statues votives en bronze qu'on appelle *bronzetti*.
4. Les gisements métallifères de la Toscane et de l'île d'Elbe furent exploités par les Etrusques.

C 1. Si trovano molti fossili in questo strato calcareo.
2. Il prospettore ha individuato un filone aurifero.
3. Si deve far saltare questa roccia con la dinamite.
4. Il giacimento si trova più giù, sotto la creta.
5. Delle condotte (delle pipeline) trasportano il petrolio dal porto alla raffineria.

12 MONDE MENACÉ, MONDE PROTÉGÉ

A 1 VOCABULAIRE

A. LES NUISANCES ET LES DÉSASTRES ÉCOLOGIQUES

acidité	**l'acidità**
bétonnage	**la cementizzazione**
bruit	**il rumore**
déboisement	**il diboscamento**
décharge	**la discarica**
déchets	**i residui**
déforestation	**la deforestazione**
dégradation	**il degrado**
déjections	**le deiezioni, le feci**
dépôt	**il deposito**
dérogation	**la deroga**
désertification	**la desertificazione**
détritus	**i detriti**
dioxide de soufre	**l'ossido di zolfo**
dioxine	**la diossina**
eaux usées	**le acque di scolo**
écoulement	**lo smaltimento**
gaspillage	**lo spreco**
gaz carbonique	**l'anidride carbonica**
gaz d'échappement	**i gas di scarico**
immondices	**le immondizie**
infiltration	**l'infiltrazione**
nitratation	**la nitratazione**
nitrate	**il nitrato**
nuisance	**la nocività**
ordures	**i rifiuti**
oxyde	**l'ossido**
oxygène	**l'ossigeno**
pollution	**l'inquinamento**
pourriture	**il marciume**

puanteur	**il puzzo, il lezzo**
rejets	**i reflui**
résidus	**i residui, le scorie**
risque	**il rischio**
smog	**lo smog**
vapeur	**il vapore**
abusif	**abusivo**
acide	**acido**
anormal	**anormale, anomalo**
biodégradable	**biodegradabile**
corrosif	**corrosivo**
inflammable	**infiammabile**
inquiétant	**inquietante**
nocif	**nocivo**
polluant	**inquinante**
pollué	**inquinato**
sauvage	**selvaggio**
toxique	**tossico**
bétonner	**cementizzare**
déboiser	**diboscare, disboscare**
empoisonner	**avvelenare**
inonder	**inondare, allagare**
menacer	**minacciare**
polluer	**inquinare**
pourrir	**marcire**
puer	**puzzare**
rejeter	**scaricare**

B. LA PROTECTION DE L'ENVIRONNEMENT

collecteur	**il collettore**
digue	**la diga, l'argine (m)**
écologie	**l'ecologia**
écologiste	**l'ambientalista**
écosystème	**l'ecosistema**
égout	**la fogna, la fognatura**
environnement	**l'ambiente**
non-constructibilité	**l'inedificabilità**
planification	**la pianificazione**
protection	**la protezione**
puisard	**il pozzo di scarico**
reboisement	**il rimboschimento**
récupération	**il recupero**
recyclage	**il riciclo**
régénération	**la rigenerazione**
sauvegarde	**la salvaguardia**
station d'épuration	**il depuratore**
stockage	**lo stoccaggio**
vigilance	**la vigilanza**
dépolluer	**disinquinare**
protéger	**proteggere**
purifier	**depurare**
reboiser	**rimboschire**
recycler, retraiter	**riciclare**
sauvegarder	**salvaguardare**

C. LES CATASTROPHES, LES CATACLYSMES

accident	**l'incidente**
avalanche	**la valanga, la slavina**
boue	**il fango, la melma**
calamité	**la calamità**
cataclysme	**il cataclisma**
catastrophe	**la catastrofe**
cendre	**la cenere**
collision	**la collisione**
coulée	**la colata**
cratère	**il cratere**
crevasse	**la crepa**
danger	**il pericolo**
débris	**i frantumi**
décombres	**le macerie**
déraillement	**il deviamento**
désastre	**il disastro**
destruction	**la distruzione**
dévastation	**la devastazione**
disparus	**i dispersi, gli scomparsi**
dommages	**i danni**
éboulement	**lo smottamento**
écroulement	**il crollo**
épave	**il relitto, i resti**
épicentre	**l'epicentro**
épidémie	**l'epidemia**
éruption	**l'eruzione**
explosion	**lo scoppio, l'esplosione**
famine	**la carestia, la fame**
fatalité	**la fatalità**
feu	**il fuoco**
fuite d'eau	**la perdita d'acqua**
fuite de gaz	**la fuga di gas**
glissement de terrain	**la frana**

incendie	**l'incendio**
inondation	**l'alluvione, l'inondazione**
lave	**la lava**
malheur	**la sciagura, la disgrazia**
massacre	**lo scempio, la strage**
naufrage	**il naufragio**
naufragé	**il naufrago**
pillage	**il saccheggio**
pillard	**il predone**
raz-de-marée	**il maremoto**
ruine	**la rovina**
sécheresse	**la siccità**
secousse	**la scossa**
séisme	**il sisma**
sinistre	**il sinistro**
tremblement de terre	**il terremoto**
victime	**la vittima**
voie d'eau	**la falla**
volcan	**il vulcano**
atroce	**atroce**
calciné	**calcinato**
carbonisé	**carbonizzato**
désolé	**desolato, squallido**
détruit	**rovinato**
dévasté	**devastato**
épouvantable	**spaventoso**
horrible	**orribile**
menaçant ruine	**pericolante**
sinistré	**sinistrato**
sismique	**sismico**
tellurique	**tellurico**
terrible	**terribile**

terrifiant	**agghiacciante**
torrentiel	**torrenziale, torrentizio**
abandonner	**abbandonare**
se briser	**spezzarsi**
brûler	**bruciare**
casser	**rompere**
déborder	**straripare**
détruire	**distruggere, rovinare**
dérailler	**deragliare**
disloquer	**sconquassare**
ébranler	**scrollare**
s'échouer	**incagliarsi**
s'écouler	**scorrere, defluire**
écraser	**schiacciare**
s'encastrer	**incastrarsi**
endommager	**danneggiare**
engloutir	**inghiottire**
éventrer	**sventrare, squarciare**
exploser, éclater	**scoppiare, esplodere**
faire naufrage	**naufragare**
se fracasser	**fracassarsi, schiantarsi**
joncher	**cospargere**
périr	**perire**
se répandre	**dilagare**
saccager, piller	**saccheggiare**
secouer	**scuotere**
sombrer, couler	**affondare**
souffler (bombe)	**spazzare via**
tomber	**cadere**
voler en éclats	**andare in frantumi**

D. LES SECOURS ET L'ÉTAT D'URGENCE (voir aussi ch. 174)

aide	**l'aiuto**	sirène	**la sirena**
alarme, alerte	**l'allarme (m)**	volontaire	**il volontario**
camp de toile	**la tendopoli**	humanitaire	**umanitario**
évacuation	**lo sfollamento**	indemne	**incolume, indenne**
Génie civil	**il Genio civile**		
pompier	**il vigile del fuoco, il pompiere**	survivant	**superstite**
		circonscrire	**circoscrivere**
pont aérien	**il ponte aereo**	déblayer	**sgombrare, spianare**
radeau	**la zattera**		
recherche	**la ricerca**	évacuer	**sfollare, evacuare**
réfugié	**il profugo**		
repérage	**l'avvistamento**	quadriller	**rastrellare**
rescapé	**il superstite**	rapatrier	**rimpatriare**
sauvetage	**il salvataggio**	rationner	**razionare**
sauveteur	**il soccorritore**	rechercher	**(ri)cercare**
sécurité, sûreté	**la sicurezza**	se réfugier	**rifugiarsi, ripararsi**
secours	**il soccorso**	secourir	**soccorrere**
signal	**il segnale**	survivre	**sopravvivere**

E. LA MORT

agonie	**l'agonia**	défunt	**il defunto**
cadavre	**il cadavere**	dépouille	**la salma**
catafalque	**il catafalco**	deuil	**il lutto**
caveau	**la tomba**	ensevelissement	**il seppellimento**
cercueil, bière	**la bara**	enterrement	**la sepoltura**
cimetière	**il camposanto, il cimitero**	épitaphe	**l'epitaffio**
		faire-part	**la partecipazione**
condoléances	**le condoglianze**	fosse	**la fossa**
corbillard	**il carro funebre**	fossoyeur	**il becchino**
crémation	**la cremazione**	funérailles	**il funerale**
croque-mort	**il beccamorto**	incinération	**l'incinerazione**
décès	**il decesso**	inhumation	**l'inumazione**

linceul	**il lenzuolo**
morgue	**l'obitorio**
mort (f)	**la morte**
mort (m)	**il morto**
niche funéraire	**il loculo**
obsèques	**le esequie**
pierre tombale	**la lapide**
pompes funèbres	**le pompe funebri**
sépulture	**la sepoltura, il sepolcro**
suicide	**il suicidio**
tombe, tombeau	**la tomba**
urne cinéraire	**l'urna cineraria**
agonisant	**agonizzante**

funèbre	**funebre**
funéraire	**funerario**
moribond	**moribondo**
mortuaire	**mortuario**
mourant	**morente**
décéder	**decedere**
ensevelir	**seppellire**
s'éteindre	**spegnersi, estinguersi**
incinérer	**incinerare, cremare**
mourir	**morire**
râler	**rantolare**
se suicider	**suicidarsi**
tuer	**uccidere**

A 2 LEXIQUE EN SITUATION

l'inverno è stato secco e la primavera non è stata così piovosa da rialzare il livello delle falde freatiche : l'hiver a été sec et le printemps n'a pas été assez pluvieux pour relever le niveau des nappes phréatiques.

ogni estate, numerosi incendi devastano le foreste (le selve) mediterranee : chaque été, de nombreux incendies dévastent les forêts méditerranéennes.

dalla cima dei colli, i vigili della protezione civile sorvegliano la zona circostante : du haut des collines, les veilleurs de la protection civile surveillent la contrée environnante.

tre aerei cisterna si sono alternati per spegnere l'incendio che era scoppiato nella macchia : trois canadairs se sont relayés pour éteindre l'incendie qui s'était déclaré dans le maquis.

allarme per la mucillagine nell'Adriatico : alerte aux algues vertes dans l'Adriatique.

i fanghi rossi inquinano il Mediterraneo : les boues rouges polluent la Méditerranée.

l'abusivismo edilizio : la construction abusive.

la cementizzazione (cementificazione) del litorale : le bétonnage du littoral.

se non si impiantano depuratori efficaci in ogni città litoranea, la costa diventerà invivibile entro dieci anni : si on n'installe pas des stations d'épuration efficaces dans chaque ville du littoral, la côte deviendra invivable avant dix ans.

gli affluenti fanno da ricettori per scarichi industriali e fanghi tossici : les affluents servent de récepteurs aux rejets industriels et aux boues toxiques.

le scorie radioattive : les déchets radioactifs.

il disastro di Cernobyl ha rinforzato la militanza e il peso politico degli antinucleari : le désastre de Tchernobyl a renforcé le militantisme et le poids politique des anti-nucléaires.

l'assistenza umanitaria : l'aide humanitaire.

lo stato d'emergenza : l'état d'urgence.

il piano d'emergenza : le plan d'urgence (le plan ORSEC).

lo spettro della fame si aggira sul pianeta : le spectre de la famine rôde sur la planète.

le specie in estinzione : les espèces menacées.

aiuto ! au secours !

attenti ! caduta sassi (massi) : attention ! chute de pierres.

un sisma del quinto grado nella scala Richter : un séisme de force 5 sur l'échelle de Richter.

alcuni anni dopo il terremoto, famiglie non hanno ancora avuto una nuova sistemazione e vivono sempre in condizioni precarie : plusieurs années après le tremblement de terre, des familles n'ont pas encore été relogées, et vivent toujours dans des conditions précaires.

questo terribile deragliamento ha provocato la morte di una quarantina di passeggeri : ce terrible déraillement a coûté la vie à une quarantaine de passagers.

l'aereo è precipitato in mare : l'avion s'est abîmé en mer.

non si deplora nessuna vittima : on ne déplore aucune victime.

i passeggeri sono stati ritrovati sani e salvi : les passagers ont été retrouvés sains et saufs.

lanciare un S.O.S. : lancer un S.O.S.

la petroliera sventrata continua a spandere il suo carico nel mare : le pétrolier éventré continue de répandre son chargement dans la mer.

è stato in punto di morte : il a failli mourir.
è in punto di morte (è moribondo) : il est moribond.
è morto di morte prematura : il est mort prématurément.
sono andato al funerale : je suis allé à l'enterrement.

A 3 REGISTRES DE LANGUE

1. Sens figuré.
la benzina ecologica : l'essence sans plomb.
ha un dente avvelenato con me : il a une dent contre moi.
gli sciacalli : les pillards (la presse emploie cette expression aujourd'hui comme synonyme de **i predoni**).
tirare il calzino : casser sa pipe.
il poveraccio ha fatto una morte da topo (la fine del topo) : le pauvre homme est mort écrasé (**topo** : *rat*).
sono stanco morto : je suis mort de fatigue.
questo romanzo mi è piaciuto da morire : ce roman m'a énormément plu.

2. Proverbes.
l'acqua cheta rovina i ponti : il n'est pire eau que l'eau qui dort.
non tutti i mali vengono per nuocere : à quelque chose, malheur est bon.
le disgrazie non vengono mai sole : un malheur n'arrive jamais seul.

3. Néologismes.
il filonucleare : le partisan du nucléaire civil.
il catastrofista, il catastrofismo pour **l'allarmista** (l'alarmiste) et **l'allarmismo** (l'alarmisme).
atossico : non toxique (plus « écologique » que **innocuo** qui signifie inoffensif).
l'effetto serra : l'effet de serre.
preservare la fascia d'ozono : préserver la couche d'ozone.

B 1 REMARQUES LEXICALES

L'activité tellurique en Italie :
La péninsule italienne est une terre de formation récente (apparue au tertiaire) sujette à une importante activité volcanique. Parmi les volcans actifs, il y a **il Vulcano et lo Stromboli** qui sont dans les îles Lipari, **l'Etna** en Sicile (dernière éruption en 1986) et **il Vesuvio** (le Vésuve) situé dans le Golfe de Naples (dernière éruption en 1944), qui fut responsable de la destruction des cités romaines de **Pompei** et **Ercolano** (Herculanum) en l'an 79 après J.-C. Terre de contact des plaques tectoniques de l'Europe et de l'Afrique, l'Italie est également soumise à de fréquents séismes (récemment, par exemple, en 1976 dans le Frioul et en 1984 dans les Abruzzes).

Attention aux nuances de sens :

- **l'infortunio** et **l'incidente** désignent des accidents de nature différente.
  L'infortunio désigne l'accident individuel et corporel.
  ex. **è successo stamattina un infortunio sul cantiere** : il y a eu ce matin un accident sur le chantier.
  un infortunio del lavoro : un accident du travail.
  L'incidente suppose des dégats matériels.
  ex. **un incidente stradale** : un accident de la route.
  Un accident particulièrement grave est dit : **una disgrazia.**
- pour un incident, on dira : **un incidente, un fatto, un avvenimento.**
- il ne faut pas confondre **incidente** et **accidente**, qui a un sens faible en italien.
  ex. **accidenti** ! zut !
- **il veleno** a deux sens : le venin ou le poison.

Mots et expressions idiomatiques :

- à partir de **terremoto** et de **alluvione**, l'italien a formé deux adjectifs.
  ex. **la zona terremotata** : la zone du séisme.
  la regione alluvionata : la région frappée par l'inondation.
  Ces deux adjectifs sont couramment substantivés.

I terremotati désignent les victimes du tremblement de terre et **gli alluvionati** les victimes de l'inondation.

- le bruit se traduit **il rumore**, mais lorsqu'on veut signifier la nuisance sonore on peut dire **la rumorosità**.
  ex. **in città, si soffre spesso della nocività del rumore** (**della rumorosità**) : en ville on souffre souvent de la nuisance du bruit.

Quelques synonymes :

- selon le contexte, il y a deux traductions pour **i rifiuti** : les déchets, les ordures.
  ex. **bisogna riciclare i rifiuti** : il faut recycler les déchets (industriels), il faut recycler les ordures (ménagères).
- les écologistes utilisent couramment les synonymes suivants : **lo scarto, le sostanze residue, le scorie, gli scarichi, le sostanze di rifiuto** (les déchets industriels).
- pour traduire « le gaspillage » on dispose de : **lo spreco, il dispendio, lo sperpero, lo scialacquo, lo sciupo.**
- les voitures hors d'usage sont envoyées chez le casseur, ou recycleur de véhicules : **lo sfasciacarrozze, il rottamatore di veicoli dimessi. La rottamazione**, c'est la mise à la ferraille.

Remarques sur la mort :

L'annuncio mortuario est un avis de faire-part que la famille et les amis du défunt font placarder sur les murs de la ville. La famille du défunt envoie également les faire-part et peut faire publier dans le journal une annonce nécrologique (**un necrologio, una necrologia**).

ex. **confortato dall'affetto dei suoi cari, si è spento Renato Castri. Ne danno il doloroso annuncio la moglie Liliana, il figlio Enrico con la moglie Irene, e i nipoti Giacomo, Renata e Paola.**

Parfois, ces annonces mortuaires, sur un ton extrêmement lyrique, rappellent toutes les qualités du défunt : **la sua nobiltà** (noblesse), **la sua rara onestà** (honnêteté), **la sua vita dedicata** (dédiée) **con immenso amore alla sua famiglia**, etc.

- le linceul est appelé communément **il lenzuolo funebre**, plus rarement **il sudario** (le suaire). Le linceul du Christ (saint suaire) se dit : **la sacra sindone.**

Attention à ne pas confondre :
- **il salvataggio** (le sauvetage), **la salvezza** (le salut).
- **l'emergenza** (l'urgence), **l'emergere** (l'émergence).
- **la morte** (la mort), **la morta** (la morte).
- **il suicidio** (le suicide), **il suicida** (le suicidé).

Attention au genre du mot **l'ambiente.**
C'est un mot masculin en italien qui peut signifier selon le contexte *le milieu*, *l'environnement*, et dans un film *le décor*. Pour traduire *l'ambiance* on utilise **l'atmosfera.**

B 2 REMARQUES GRAMMATICALES

Verbes.
- **morire** fait à l'indicatif présent : **muoio, muori, muore, moriamo, morite, muoiono** ; au futur : **morirò** ou **morrò** ; au participe passé : **morto.**
- **precipitare, affondare, perire** et **esplodere** s'emploient aux temps composés avec l'auxiliaire **essere.**
  ex. **sono periti in mare** : ils ont péri en mer.
  la macchina è esplosa : l'auto a explosé.
- **defluire, inghiottire** et **perire** se conjuguent comme **tossire** (voir p. 181).
- **distruggere** fait au participe passé **distrutto** et au passé simple **distrussi.**
- **cospargere** fait au participe passé **cosparso.**

B 3 REMARQUES PARTICULIÈRES

1. Origine de mot.
Depuis les années 80, les plaques signalétiques à l'entrée de nombreuses localités portent la mention : **comune denuclearizzato** (commune antinucléaire : « dénucléarisée »). Ce label exprime une délibération du conseil municipal contre l'armement nu-

cléaire et contre la guerre en général. Cette attitude antinucléaire devait se confirmer lors du vote majoritaire au référendum des 8 et 9 novembre 1987 qui décida l'arrêt de la construction et la fermeture de toutes les centrales nucléaires en Italie.

2. Accentuation.
Attention au déplacement des accents dans les mots dérivés suivants : **naufragare, il naufragio, il naufrago.**

C 1 EXERCICES

A Trouver les verbes dérivés des noms suivants :

1. il danno
2. la distruzione
3. il disperso
4. il salvataggio
5. la protezione
6. l'avvistamento.

B Traduire en français :

1. Lo zolfo e l'azoto del combustibile si combinano con l'ossigeno e l'azoto dell'aria per formare gli ossidi di zolfo e di azoto, i due principali responsabili dell'inquinamento.
2. L'amministrazione provinciale ha, da poco, ultimato un collettore circumlacuale (qui fait le tour du lac).
3. I reflui saranno trattati in un depuratore moderno.

C Traduire en italien :

1. Un raz-de-marée détruisit Messine en 1908.
2. Les victimes du séisme ont été évacuées vers un camp de toile.
3. Cet immeuble menace de s'écrouler.
4. Le camping a été dévasté par un glissement de terrain.
5. Un fleuve de lave descend le long des pentes de l'Etna.
6. Des volontaires aident les pompiers à déblayer les décombres.
7. Le navire a coulé après avoir heurté un récif.

C 2 CORRIGÉS

A
1. danneggiare
2. distruggere
3. disperdersi
4. salvare
5. proteggere
6. avvistare

B
1. Le soufre et l'azote du combustible se mélangent à l'oxygène et à l'azote de l'air pour former les dioxydes de soufre et d'azote, les deux principaux responsables de la pollution.
2. L'administration départementale a, depuis peu, fini d'installer un collecteur qui fait le tour du lac.
3. Les rejets industriels seront traités dans une station d'épuration moderne.

C
1. Un maremoto distrusse Messina nel 1908.
2. I terremotati sono stati evacuati verso una tendopoli.
3. Questo caseggiato è pericolante.
4. Il campeggio è stato devastato da una frana.
5. Un fiume di lava scende lungo le pendici dell'Etna.
6. Volontari aiutano i pompieri a sgombrare le macerie.
7. La nave è affondata dopo aver urtato uno scoglio.

13 LE CORPS HUMAIN

A 1 VOCABULAIRE

A. L'ÊTRE HUMAIN

être	**l'essere**	féminin	**femminile**
femme	**la donna**	humain	**umano**
homme	**l'uomo**	masculin	**maschile**

B. LA TÊTE

bouche	**la bocca**	aquilin	**aquilino**
cou	**il collo**	basané	**bruno, scuro**
dent	**il dente**	busqué	**arcuato**
figure	**la faccia**	camus	**camuso**
fossette	**la fossetta**	carré	**quadrato**
front	**la fronte**	cerné	**cerchiato**
grain de beauté	**il neo**	charnu	**carnoso**
joue	**la guancia,**	chassieux	**cisposo**
	la gota	clair	**chiaro**
lèvre	**il labbro**	creux	**incavato,**
menton	**il mento**		**infossato**
narine	**la narice**	crochu	**adunco**
nez	**il naso**	décharné	**scarno**
nuque	**la nuca**	droit	**dritto**
œil	**l'occhio**	écrasé	**schiacciato**
oreille	**l'orecchio,**	émacié	**emaciato,**
	l'orecchia		**macilento**
paupière	**la palpebra**	épaté	**schiacciato**
peau	**la pelle**	fin	**sottile, fine**
pommette	**lo zigomo**	flasque	**floscio, flaccido**
ride	**la ruga**	hâve	**smunto**
tache de rousseur	**la lentiggine**	joufflu	**paffuto**
tempe	**la tempia**	ovale	**ovale**
tête	**la testa, il capo**	pointu	**appuntito**
traits	**i lineamenti,**	ridé	**rugoso**
	i tratti	rond	**tondo**
visage	**il viso, il volto**	saillant	**sporgente**
		tordu	**storto**
anguleux	**spigoloso**	vitreux	**vitreo**

C. LES CHEVEUX, LA BARBE, LES POILS

barbe	la barba	brun	bruno, moro
barbiche, bouc	il pizzo	châtain	castano
boucle	il ricciolo	chauve	calvo
calvitie	la calvizie	crêpu	crespo
chevelure	la capigliatura	ébouriffé	arruffato
cheveu	il capello	frisé	ricciuto,
cil	il ciglio		riccio
duvet	la peluria	glabre	glabro
frange	la frangetta	grisonnant	brizzolato
mèche	la ciocca	hérissé	irto
moustache	i baffi	hirsute	ispido
pattes	le basette	imberbe	imberbe
poil	il pelo	lisse	liscio
sourcil	il sopracciglio	moustachu	baffuto
		poilu	peloso
barbu	barbuto	raide	dritto
blond	biondo	roux	rosso
bouclé	riccioluto	velu	villoso

D. LES EXPRESSIONS DU VISAGE, LA MINE

bâillement	lo sbadiglio	hagard	stravolto
grimace	la smorfia	hâlé	abbronzato
mine	la cera	mat	bruno
pâleur	il pallore	pâle	pallido
profil	il profilo	souriant	sorridente
regard	lo sguardo		
ricanement	il (sog)ghigno	bâiller	sbadigliare
rictus	il ghigno	grimacer	fare smorfie
rire	il riso	pâlir	impallidire
sourire	il sorriso	pleurer	piangere
teint	la carnagione,	ricaner	(sog)ghignare
	il colorito	rire	ridere
		rougir	arrossire
blême	livido	sourire	sorridere

E. LE TRONC

aine	l'inguine (m)	hanche	l'anca
aisselle	l'ascella	nombril	l'ombelico
buste	il busto	poitrine	il petto
derrière	il sedere	sein	il seno
dos	la schiena	sexe	il sesso
épaule	la spalla	taille	la vita
fesse	la natica	torse	il torso
flanc, côté	il fianco	ventre	la pancia

F. LES MEMBRES

annulaire	l'anulare	membre	il membro
auriculaire	il mignolo	mollet	il polpaccio
avant-bras	l'avambraccio	muscle	il muscolo
bras	il braccio	ongle	l'unghia (f)
cheville	la caviglia	orteil	il dito del piede
coude	il gomito	paume	il palmo
cuisse	la coscia	pied	il piede
doigt	il dito	plante	la pianta
gros orteil	l'alluce	poignet	il polso
index	l'indice	poing	il pugno
jambe	la gamba	pouce	il pollice
main	la mano	talon	il calcagno
médius	il medio		

G. L'ASPECT GÉNÉRAL

air	l'aria (f)	port, allure	il portamento
aspect	l'aspetto	silhouette	la sagoma
attitude	l'atteggiamento	taille	la statura
beauté	la bellezza	tic	il tic
comportement	il comportamento		
contenance	il contegno	agile, souple	agile
corps	il corpo	alerte	arzillo
démarche	l'andatura	bancal	sbilenco
geste	il gesto	beau	bello
laideur	la bruttezza	bedonnant	panciuto
pas	il passo	boiteux	zoppo
physique	il fisico	bossu	gobbo

G. L'ASPECT GÉNÉRAL (suite)

cambré	**arcuato**	maigrichon	**mingherlino**
claudicant	**claudicante**	menu	**minuto**
corpulent, fort	**corpulento**	mince	**sottile, snello**
dégingandé	**dinoccolato**	musclé	**muscoloso**
déhanché	**sciancato**	petit	**piccolo, basso**
difforme	**deforme**	replet	**grassoccio**
élancé	**slanciato, snello**	robuste, fort	**robusto**
fluet	**smilzo**	squelettique	**scheletrico**
frêle	**esile**	svelte	**svelto, snello**
gauche,	**goffo**	trapu	**tarchiato**
maladroit		vif	**vivace**
gracieux	**grazioso,**	vigoureux	**vigoroso**
	aggraziato	voûté, courbé	**curvo**
gracile	**gracile**		
grand	**alto**	grandir	**crescere**
gras	**grasso, pingue**	grossir	**ingrassare**
gros	**grosso**	maigrir	**dimagrire**
joli	**carino**	respirer	**respirare**
laid, vilain	**brutto**	ressembler	**(as)somigliare**
maigre	**magro**	vivre	**vivere**

H. LE CORPS EN MOUVEMENT (voir aussi p. 86)

s'agenouiller	**inginocchiarsi**	s'étendre	**sdraiarsi**
s'allonger	**stendersi**	s'étirer	**stirarsi**
s'asseoir	**sedere, sedersi**	gesticuler	**gesticolare**
se baisser	**chinarsi**	se lever	**alzarsi**
se blottir	**accovacciarsi**	marcher	**camminare**
boiter	**zoppicare**	se pelotonner	**raggomitolarsi**
bouger,	**muoversi**	se pencher	**sporgersi**
se mouvoir		se redresser	**rizzarsi**
se courber	**curvarsi,**	se retourner	**voltarsi, volgersi**
	piegarsi	souffler	**soffiare**
se dandiner	**ancheggiare**	tourner	**voltare, girare**

A 2 LEXIQUE EN SITUATION

sono neri di capelli e di occhi : ils sont bruns et ils ont les yeux noirs.
una capigliatura sale e pepe : une chevelure poivre et sel.
sopracciglia folte : d'épais sourcils.
una barba alla Cavour : une barbe en collier.
orecchie a sventola : des oreilles décollées (en feuille de chou).
un nasino all'insù : un petit nez retroussé.
una donna formosa : une femme bien en chair.
uno spilungone : une grande perche (un grand échalas).
camminava a capo chino, a occhi chiusi, a bocca aperta, a piedi nudi (scalzo) : il marchait la tête basse, les yeux fermés, la bouche ouverte, pieds nus.
stavano a braccetto : ils étaient bras dessus, bras dessous.
era seduto con le gambe accavallate : il était assis les jambes croisées.
era piantato a gambe larghe in mezzo alla strada : il était planté au milieu de la route, les jambes écartées.
stava in piedi : il était debout.
a piè zoppo : à cloche-pied.
fa capolino, dà un'occhiata nella stanza : il montre le bout de son nez, il donne un coup d'œil dans la pièce.
allarga le braccia : il ouvre les bras.
mi porge la mano : il me tend la main.
mi stringe la mano : il me serre la main.
fuggono a gambe levate : ils s'enfuient à toutes jambes.
ci facciamo largo a gomitate : nous jouons des coudes.
mi ha pestato il piede : il m'a marché sur le pied.
fa di testa sua : il n'en fait qu'à sa tête.
si oscura in viso : son visage s'assombrit.
scoppia a piangere : il éclate en sanglots.
aggrottare le ciglia : froncer les sourcils.
spalancare (sgranare) gli occhi : écarquiller les yeux.
mi guarda con gli occhi sbarrati (mi sbarra gli occhi in faccia) : il me regarde les yeux écarquillés.
mi guarda con aria stupita : il me regarde d'un air étonné.

« non ce la faccio » dice stringendosi nelle spalle : « je n'y arrive pas », dit-il en haussant les épaules.
la ragazza infastidita scrolla le spalle : la fille irritée hausse les épaules.
si preparano a menare le mani : ils se préparent à se battre.
sono venuti alle mani : ils en sont venus aux mains.
è un uomo manesco : c'est un homme qui a la main leste.

A 3 REGISTRES DE LANGUE

1. Sens figuré.
ha un diavolo per capello : il est de très mauvais poil.
il vecchio rideva sotto i baffi : le vieillard riait dans sa barbe.
in un batter d'occhio : en un clin d'œil.
mi hai tolto la parola di bocca : j'allais le dire.
gli ho tappato la bocca : je lui ai cloué le bec.
ha fatto bella figura : il a fait bonne impression.
che brutta figura ho fatto ! de quoi j'ai eu l'air !
hai il pollice verde : tu as la main verte.
una signora alla mano : une dame sans façons.
mi dai una mano ? tu me donnes un coup de main ?
sono legato mani e piedi : je suis pieds et poings liés.
ha la polizia alle calcagna : il a la police à ses trousses.
il tallone d'Achille : le talon d'Achille.
è tutto pelle e ossa : il n'a que la peau sur les os.
non stare lì impalato : ne reste pas là planté comme un piquet.
ci stai sempre tra i piedi : tu viens toujours te fourrer dans nos jambes.

2. Proverbes.
scherzi di mano, scherzi da villano : jeu de mains, jeu de vilains.
chi va con lo zoppo impara a zoppicare : hantez les boiteux, vous clocherez.

3. Familier.
la zazzera : la tignasse, **un capellone** : un beatnik.
giù le zampe ! bas les pattes !

è una sagoma ! quel type (surprenant) !
togliti (levati) dai piedi ! débarrasse le plancher !
le chiappe : les fesses.
hai messo su pancia : tu as pris du ventre.
metti su ciccia : tu fais du lard, **un ciccione** : un gros lard. Cicciolino, autre dérivé de **la ciccia** (le gras) est un mot du langage affectif qu'une mère, par exemple, peut dire à son enfant.
il pisellino (langage enfantin) : le zizi.

4. Vulgaire.

Il cazzo, la fica désignent respectivement le sexe de l'homme et celui de la femme. Mais **cazzo** est devenu un mot de base dans le langage familier. On peut l'entendre plusieurs fois dans la même phrase où, ayant perdu son sens premier, il sert à ponctuer, à insister, à exprimer une émotion, une exclamation.

ex. **fa come cazzo ti pare** ! eh bien, t'as qu'à faire comme tu veux !
ma che cazzo vuoi ? mais qu'est-ce que tu veux ?
cazzo ! bon sang ! (merde !, la vache !)

Incazzarsi (se mettre en colère) est un verbe dérivé.
Le palle : les couilles.
ex. **non rompere le palle** ! casse pas les couilles !

5. Littéraire.

le sembianze : l'aspect, **le luci** : les yeux, **il crine** : les cheveux, **la chioma** : la chevelure, **le fedine** : les favoris, **canuto** : chenu, **incanutire** : blanchir.

6. Néologismes.

una manista, dans le monde de la publicité, est un mannequin employé pour ses mains, **una gambista** pour ses jambes.
figo ou **fico** (n. ou adj.) désigne un garçon beau et à la mode.
ex. **è fighissimo** : il est super-beau.

B 1 REMARQUES LEXICALES

Traductions différentes selon le sens ou le contexte :

- **un pugno** : un poing, un coup de poing, une poignée.
  ex. **mi ha dato un pugno** : il m'a donné un coup de poing.
  un pugno di sabbia : une poignée de sable.
- **la vita** : la taille, la vie.
- en traduisant « la taille », il ne faut pas confondre **la vita** et **la statura (l'altezza).**
  ex. une taille de guêpe : **una vita (un vitino) di vespa.**
  un homme de taille moyenne : **un uomo di statura media.**
- vilain : **brutto** (laid) ou **cattivo** (méchant).
  ex. tu as été très vilain : **sei stato molto cattivo.**

Remarques sur quelques expressions :

- dans de nombreux cas, l'italien emploie **le spalle** pour « le dos ».
  ex. elle me tournait le dos : **(lei) mi voltava le spalle.**
  il est photographié de dos : **è fotografato di spalle.**
- **strizzare l'occhio, fare l'occhiolino, ammiccare a qualcuno** traduisent le français « faire un clin d'œil à quelqu'un ». Dans la seconde expression, le diminutif **-ino** introduit une nuance de complicité. La troisième a un sens large. Elle peut décrire un clignement d'œil ou tout autre signe d'entente, comme un pincement de lèvres, un mouvement de la tête…
- l'expression **in gamba**, très employée dans le langage parlé, qualifie une personne dont on apprécie les qualités (en français : bien, valable, fort…)
  ex. **un professore in gamba** : un bon professeur.

Attention aux faux amis !

- **la figura** qui désigne l'aspect physique d'une personne ne doit pas être confondue avec **la faccia.**
  ex. **ha una figura atletica** : il a un corps d'athlète.
- de même, **abbracciare** : embrasser (prendre dans ses bras) et **baciare, dare un bacio** : embrasser (donner un baiser).

LE CORPS HUMAIN

Problèmes de traduction :

- **la nocca** désigne l'articulation d'un doigt, en général celle du milieu.
  ex. **battè le nocche sul tavolo** : il frappa des doigts sur la table.
- **il polpastrello** est la partie charnue du bout du doigt.
- à l'adjectif **mancino** : gaucher, on préfère souvent des périphrases comme **scrive con la sinistra**...
  Destrimano, pour « droitier » est très rarement employé.
- **affacciarsi**, dérivé de **la faccia**, signifie : se présenter à la vue, paraître.
  ex. **una donna affacciata alla finestra** : une femme à sa fenêtre.

Positions du corps :

- les adverbes suivants, caractérisés par leur terminaison en **-oni**, désignent une position : **ginocchioni** (à genoux), **bocconi** (à plat ventre), **carponi** (à quatre pattes), **a cavalcioni** (à califourchon), **penzoloni** (pendant, ballant), **(a) tentoni** (à tâtons).
  ex. **era seduto su una sedia, con le gambe penzoloni** : il était assis sur une chaise, les jambes pendantes.
  cammina (a) tentoni : il marche à tâtons.
- **supino** : sur le dos. Contrairement aux mots précédents, c'est un adjectif.
  ex. **stavano supini a guardare le stelle** : ils étaient allongés sur le dos et regardaient les étoiles.

Quelques nuances de sens :

- **una ruga** : une ride, **una grinza** : une ride profonde.
- **una ciocca** : une mèche, **il ciuffo** : la mèche qui retombe sur le front.
- **grasso** : gras, **pingue** : bien gras.
- **pallido** : pâle, **smorto** : très pâle.
- **sogghignare** ou **ghignare** s'emploient pour une grimace ironique, alors que **sghignazzare** désigne plutôt un rire moqueur.

B 2 REMARQUES GRAMMATICALES

1. Noms.

■ pluriels irréguliers :

• la mano, **le mani** ; l'uomo, **gli uomini.**

• il riso, **le risa.**

ex. **uno scoppio di risa** : un éclat de rire.

■ double pluriel (voir aussi p. 181) :

• le pluriel des mots masculins **il braccio, il membro, il ciglio, il dito, il sopracciglio, il labbro, il calcagno, il ginocchio** est féminin en **-a.**

ex. **alzare le braccia** : lever les bras.
aveva lunghe ciglia : elle avait de longs cils.
parla a fior di labbra : il parle du bout des lèvres.
ha perso due dita : il a perdu deux doigts.
le membra del corpo : les membres du corps.

Ces noms ont aussi un pluriel régulier en **-i.** On l'emploie en général lorsqu'il y a décalage par rapport au sens premier.

ex. **due bracci di mare** : deux bras de mer.
i cigli della strada : les bords de la route.
i labbri di una ferita : les lèvres d'une blessure.
i membri di un partito : les membres d'un parti.

• il faut toutefois remarquer que **le dita** est employé dans presque tous les cas, et que les nuances entre les deux pluriels de **calcagno** et **ginocchio** sont parfois difficiles à saisir.

• attention ! **l'avambraccio** fait au pluriel **gli avambracci.**

■ suffixes :

• les suffixes en italien sont très fréquents. Parmi les plus courants, **-ino, -etto** sont des diminutifs, **-one** un augmentatif, **-accio, -astro** donnent un sens péjoratif. D'autres introduisent des nuances supplémentaires comme les diminutifs mélioratifs **-ello, -uccio, -olino** ou les augmentatifs mélioratifs **-occio, -otto.** Des combinaisons sont possibles (ex. **-otto + -ello : -ottello**).

ex. **un omino** : un petit homme, **un omone** : un gros homme, **una donnina** : un petit bout de femme, **un donnone** : une grosse femme, **grassottello** : potelé, **grassoccio** : grassouillet, **magrolino** : maigrelet.

2. Verbes.

- participes passés irréguliers :
  sporto (**sporgersi**), **mosso** (**muovere**), **volto** (**volgersi**), **vissuto** (**vivere**).
- choix de l'auxiliaire :
  - les verbes qui indiquent le passage d'un état à un autre, comme **ingrassare**, **dimagrire**, **arrossire**, **incanutire**, prennent aux formes composées l'auxiliaire **essere**.
  - **vivere** peut prendre les deux auxiliaires : on emploie en général **essere** lorsque ce verbe est intransitif.
    ex. **è vissuto a Roma, ha vissuto una vita solitaria.**
- verbes se conjuguant comme **tossire** (voir p. 181) :
  arrossire, impallidire, dimagrire.

3. Prépositions.

La préposition **da** peut être employée pour mettre en relief un élément dans une description (en français « à »).

ex. **una ragazza dai capelli corti e scuri** : une jeune fille aux cheveux courts et foncés.

B 3 REMARQUES PARTICULIÈRES

1. Prononciation.

Attention à l'orthographe, donc à la prononciation, de la **persona** qui ne prend qu'un « n », ainsi que tous les mots dérivés comme : **il personaggio** (le personnage), **personale** (personnel), **personificare, impersonare** (personnifier)...

2. D'une langue à l'autre.

- les sons pl–, bl–, cl–, fl–, gl– en début de mot ont généralement évolué, du latin en italien, vers une palatalisation des consonnes initiales, en **pi, bi, chi, fi, ghi** (ex. **la pianta, il fianco, biondo**).
  Bien lire les mots suivants : **piatto** (plat), **pieno** (plein), **piuttosto** (plutôt), **bianco** (blanc), **chiaro** (clair), **la fiamma** (la flamme), **il ghiaccio** (la glace).

- les noms en -**ezza** suivants correspondent à des adjectifs qui figurent dans la liste : **l'altezza** (la taille), **la grassezza** ou **la grossezza** (la grosseur), **la magrezza** (la maigreur), **la snellezza** (la minceur)…

C 1 EXERCICES

A Compléter les phrases suivantes :

1. Per me, due … di whisky. 2. Suonano il piano a quattro … 3. Vuole sempre ficcare il … negli affari degli altri. 4. Hai rischiato la tua … 5. Sono rimasto a … aperta. 6. Mi ha detto questa bugia senza batter … (*sans sourciller*). 7. Vorrei parlarti a quattro …

B Choisir les mots qui conviennent :

1. Camminava … piedi nudi.
   a. () b. coi c. a
2. una donna … figura slanciata e elegante.
   a. dalla b. alla c. con la
3. Non credevo … miei occhi.
   a. i b. ai c. nei
4. È tornato … mani vuote.
   a. a b. () c. le

C Traduire en français :

Era alta, magra, aveva soltanto un seno fermo e vigoroso da bruna – eppure non era più giovane –, era pallida come se avesse sempre addosso la malaria, e su quel pallore due occhi grandi così, e delle labbra fresche e rosse, che vi mangiavano. (da *La Lupa* di Giovanni Verga)

D Traduire en italien :

1. Un visage rond, deux yeux bleus en amande, un regard d'enfant, Giulietta a soixante-douze ans.
2. Il avait un ventre en forme de ballon, un nez épaté et une longue barbe pointue. Il était rouge et jovial. Debout, les bras ballants, il soufflait.

C 2 CORRIGÉS

A 1. dita 2. mani 3. naso 4. pelle 5. bocca 6. ciglio 7. occhi.

B 1.c 2.a 3.b 4.a.

C Elle était grande, maigre, elle avait seulement une poitrine ferme et vigoureuse de brune – et pourtant elle n'était plus jeune –, elle était pâle comme si elle avait toujours la malaria, et sur cette pâleur, deux yeux grands comme ça, et des lèvres fraîches et rouges, qui vous mangeaient.

D 1. Un viso tondo, due occhi azzurri a mandorla, uno sguardo da bambina, Giulietta ha settantadue anni.
2. Aveva una pancia a pallone, un naso schiacciato e una lunga barba appuntita. Era rosso (in viso) e gioviale. In piedi, con le braccia penzoloni, soffiava.

14 LE CORPS HUMAIN

A 1 VOCABULAIRE

A. L'ORGANISME

abdomen	**l'addome**
amygdale	**la tonsilla**
anus	**l'ano**
aorte	**l'aorta**
appendice	**l'appendice**
artère	**l'arteria**
bassin	**il bacino**
bronche	**il bronco**
bulbe	**il bulbo**
cartilage	**la cartilagine**
cerveau	**il cervello**
cœur	**il cuore**
côlon	**il colon**
cornée	**la cornea**
dent	**il dente**
dentition	**la dentizione**
diaphragme	**il diaframma**
estomac	**lo stomaco**
foie	**il fegato**
fontanelle	**la fontanella**
gencive	**la gengiva**
glande	**la ghiandola**
glotte	**la glottide**
gorge	**la gola**
intestin	**l'intestino**
iris	**l'iride (f)**
langue	**la lingua**
larynx	**la laringe**
ligament	**il legamento**
luette	**l'ugola**
membre	**il membro, l'arto**
moelle épinière	**il midollo spinale**
muscle	**il muscolo**
nerf	**il nervo**
œsophage	**l'esofago**
organisme	**l'organismo**
palais	**il palato**
pancréas	**il pancreas**
papille	**la papilla**
pore	**il poro**
pouls	**il polso**
poumon	**il polmone**
pupille	**la pupilla**
pylore	**il piloro**
rate	**la milza**
rectum	**il retto**
rein	**il rene**
sang	**il sangue**
sein	**il seno**
sphincter	**lo sfintere**
système	**il sistema**
tendon	**il tendine**
thorax	**il torace**
trachée	**la trachea**
uretère	**l'uretere**
urètre	**l'uretra**
veine	**la vena**
ventre	**il ventre**
vessie	**la vescica**
vésicule biliaire	**la cistifellea**
viscères	**le viscere, i visceri**
abdominal	**addominale**
artériel	**arterioso**

cardiaque	**cardiaco**	musculaire	**muscolare**
coronarien	**coronarico**	sanguin	**sanguigno**
dentaire	**dentario, dentale**	veineux	**venoso**

B. LES OS

clavicule	**la clavicola**	radius	**il radio**
colonne	**la colonna**	rotule	**la rotula**
côte	**la costola**	squelette	**lo scheletro**
crâne	**il cranio**	sternum	**lo sterno**
cubitus	**il cubito**	tarse	**il tarso**
fémur	**il femore**	tibia	**la tibia**
humérus	**l'omero**	vertèbre	**la vertebra**
mâchoire	**la mascella**		
métatarse	**il metatarso**	osseux	**osseo**
omoplate	**la scapola**	vertébral	**vertebrale**
os	**l'osso**		
péroné	**il perone, la fibula**		

C. LES SÉCRÉTIONS ET MANIFESTATIONS DU CORPS

bile	**la bile**	selles	**le feci**
cérumen	**il cerume**	suc	**il succo**
excréments	**gli escrementi**	sueur	**il sudore**
larme	**la lacrima, la lagrima**	urine	**l'orina, l'urina**
morve	**il moccio**	gargouiller	**brontolare**
pet	**la scorreggia**	péter	**scoreggiare**
rot	**il rutto**	roter, éructer	**ruttare, eruttare**
salive	**la saliva**	suer	**sudare**
sécrétion	**la secrezione**	uriner	**orinare**

D. LA PROCRÉATION ET LA CONTRACEPTION

accouchement	**il parto**	fausse couche	**l'aborto spontaneo**
avortement	**l'aborto**		
coït	**il coito**	fœtus	**il feto**
contraception	**la contraccezione**	frigidité	**la frigidità**
diaphragme	**il diaframma**	gène	**il gene**
embryon	**l'embrione**	grossesse	**la gravidanza**

D. LA PROCRÉATION ET LA CONTRACEPTION (suite)

impuissance	**l'impotenza**	sperme	**lo sperma**
ménopause	**la menopausa**	stérilet	**la spirale**
menstruations	**il mestruo**	testicule	**il testicolo**
ovaire	**l'ovaia, l'ovario**	utérus	**l'utero**
ovule	**l'ovulo**	vagin	**la vagina**
pénis	**il pene**		
pilule	**la pillola**	génital	**genitale**
préservatif	**il preservativo**	utérin	**uterino**
procréation	**la procreazione**		
règles	**le regole**	accoucher	**partorire**
spermatozoïde	**lo spermatozoo**	avorter	**abortire**

E. LES MALADIES

anémie	**l'anemia**	myopathie	**la miopatia**
angine	**l'angina**	oreillons	**gli orecchioni**
asthme	**l'asma (f)**	otite	**l'otite**
bronchite	**la bronchite**	paludisme	**il paludismo**
cancer	**il cancro**	peste	**la peste**
choléra	**il colera**	rage	**la rabbia**
dépression	**l'esaurimento nervoso**	rhumatisme	**il reumatismo, il reuma**
diabète	**il diabete**	rhume	**il raffreddore**
épilepsie	**l'epilessia**	roséole, rubéole	**la rosolia**
gale	**la scabbia**		
goutte	**la gotta**	rougeole	**il morbillo**
grippe	**l'influenza**	scarlatine	**la scarlattina**
impétigo	**l'impetigine**	sclérose	**la sclerosi**
infarctus	**l'infarto**	sida	**l'aids**
jaunisse	**l'itterizia**	syphilis	**la sifilide**
lèpre	**la lebbra**	tachycardie	**la tachicardia**
leucémie	**la leucemia**	teigne	**la tigna**
lumbago	**la lombaggine**	tétanos	**il tetano**
maladie	**la malattia, il morbo**	tuberculose	**la tubercolosi**
		typhoïde	**la tifoide**
malaria	**la malaria**	typhus	**il tifo**
mort	**la morte**	ulcère	**l'ulcera (f)**

urticaire	**l'orticaria**
varicelle	**la varicella**
variole	**il vaiolo**

F. TROUBLES ET SYMPTÔMES

abcès	**l'ascesso**
acné	**l'acne**
aigreur	**l'acidità**
allergie	**l'allergia**
amaigrissement	**il dimagrimento**
ampoule	**la bolla**
anorexie	**l'anoressia**
attaque	**l'attacco, il colpo**
bacille	**il bacillo**
boulimie	**la bulimia**
bouton	**il brufolo, la pustola**
brûlure	**il bruciore**
cloque	**la vescica**
colique	**la colica**
coma	**il coma**
constipation	**la stitichezza, la stipsi**
contagion	**il contagio**
crise	**la crisi**
crise cardiaque	**il collasso**
dégénérescence	**la degenerazione**
délire	**il delirio**
diarrhée	**la diarrea**
douleur	**il dolore**
embolie	**l'embolia**
engelure	**il gelone**
épidémie	**l'epidemia**
éruption	**l'eruzione, l'esantema (m)**
escarre	**l'escara**
éternuement	**lo starnuto**
fièvre	**la febbre**
folie	**la pazzia, la follia**
frisson	**il brivido**
furoncle	**il foruncolo**
ganglion	**il ganglio**
glaucome	**il glaucoma**
goître	**il gozzo**
grosseur	**il grossore**
hémorragie, saignement	**l'emorragia**
hémorroïdes	**le emorroidi**
hernie	**l'ernia**
hoquet	**il singhiozzo**
incontinence	**l'incontinenza**
infection	**l'infezione**
inflammation	**l'infiammazione**
insomnie	**l'insonnia**
irritation	**l'irritazione**
kyste	**la cisti**
léthargie	**il letargo**
malaise	**il malessere, il malore**
métastase	**la metastasi**
microbe	**il microbo**
migraine	**l'emicrania**
nausée	**la nausea**
névralgie	**la nevralgia**
obésité	**l'obesità**
œdème	**l'edema**
orgelet	**l'orzaiolo**
palpitation	**la palpitazione**
panaris	**il patereccio**
pandémie	**la pandemia**
paralysie	**la paralisi**

F. TROUBLES ET SYMPTÔMES (suite)

parasite	**il parassita**	vomissement	**il vomito**
phlegmon	**il flemmone**		
prurit	**il prurito**	démanger	**prudere,**
pus	**il pus**		**pizzicare**
salmonelle	**la salmonella**	dormir	**dormire**
souffrance	**la sofferenza**	empirer	**peggiorare**
symptôme	**il sintomo**	éternuer	**starnutire**
température	**la temperatura**	étouffer	**soffocare**
ténia	**la tenia**	s'évanouir	**svenire**
torpeur	**il torpore**	se gratter	**grattarsi**
torticolis	**il torcicollo**	maigrir	**dimagrire**
toux	**la tosse**	mourir	**morire**
tremblement	**il tremito,**	râler	**rantolare**
	il tremore	se rétablir	**rimettersi**
trouble	**il disturbo**	se réveiller	**svegliarsi**
tumeur	**il tumore**	saigner	**sanguinare**
verrue	**la verruca**	souffrir	**soffrire, patire**
vertige	**le vertigini**	tomber malade	**ammalarsi**
virus	**il virus**	tousser	**tossire**

G. LES ACCIDENTS CORPORELS

accident	**l'infortunio**	empoisonne-	**l'avvelenamento**
blessure	**la ferita**	ment	
bleu	**il livido**	entorse	**la storta**
bosse	**il bernoccolo**	foulure	**la slogatura**
choc	**lo « shock »**	fracture	**la frattura**
coupure	**il taglio**	gangrène	**la cancrena**
croûte	**la crosta**	lésion	**la lesione**
déboîtement	**la slogatura**	luxation	**la lussazione**
déchirure	**lo strappo**	œil au beurre	**l'occhio pesto**
ecchymose	**l'ecchimosi**	noir	
écorchure	**l'ustione**	plaie	**la piaga**
électrocution	**la folgorazione**	traumatisme	**il trauma**

H. LES SOINS MÉDICAUX

ablation	**l'ablazione**
absorption	**l'ingestione**
acuponcture	**l'agopuntura**
ampoule	**la fiala**
amputation	**l'amputazione**
analyse	**l'analisi**
anesthésie	**l'anestesia**
antibiotique	**l'antibiotico**
attelle	**la stecca**
bandage	**la fasciatura**
bande	**la fascia, la benda**
béquilles	**le stampelle, le grucce**
bistouri, scalpel	**il bisturi**
bouche-à-bouche	**il bocca-bocca**
cachet, comprimé	**il « cachet », la compressa**
cicatrice	**la cicatrice**
civière	**la barella, la portantina**
compresse	**la compressa**
consolidation	**la consolidazione**
convalescence	**la convalescenza**
diagnostic	**la diagnosi**
diète, régime	**la dieta**
échographie	**l'ecografia**
frottis	**lo striscio**
garrot	**il laccio**
gaze	**la garza**
goutte-à-goutte	**la perfusione**
gouttes	**le gocce**
gouttière	**la doccia**
greffe	**il trapianto**
guérison	**la guarigione**
homéopathie	**l'omeopatia**
injection	**l'iniezione**
lavement	**l'enteroclisma**
laxatif	**il lassativo**
médecine	**la medicina**
médicament	**il farmaco, la medicina**
minerve	**il collare ortopedico**
ordonnance	**la ricetta**
pansement	**la fasciatura**
perfusion	**la perfusione**
pilule	**la pillola**
piqûre	**la puntura**
plâtre	**l'ingessatura, il gesso**
pommade	**la pomata**
pronostic	**la prognosi**
prothèse	**la protesi**
radiographie	**la radiografia**
réanimation	**la rianimazione**
rechute	**la ricaduta**
saignée	**il salasso**
santé	**la salute**
scanner	**lo scanner**
seringue	**la siringa**
sirop	**lo sciroppo**
soin, cure	**la cura**
somnifère	**il sonnifero**
sonde	**la sonda**
sparadrap	**il cerotto**
stéthoscope	**lo stetoscopio**
suppositoire	**la supposta**
tampon	**il batuffolo**
thermomètre	**il termometro**
traitement	**il trattamento**
transfusion	**la trasfusione**

H. LES SOINS MÉDICAUX (suite)

urinal	**l'orinale**	malin	**maligno**
vaccin	**il vaccino**	maniaque	**maniaco,**
			maniacale
affaibli	**indebolito**	médical	**medico**
aigu	**acuto**	morbide	**morboso**
alité	**degente**	mortel	**mortale**
anesthésiant	**anestetico**	mutilé	**mutilato**
asthmatique	**asmatico**	psychiatrique	**psichiatrico**
bénin	**benigno**	purulent	**purulento**
blessé	**ferito**	rompu, cassé	**rotto**
comateux	**comatoso**	sain	**sano**
constipé	**stitico,**	sanglant	**sanguinante**
	costipato	séropositif	**sieropositivo**
contagieux	**contagioso**		
convalescent	**convalescente**	s'aggraver	**aggravarsi**
dilaté	**dilatato**	aller bien	**star bene**
diminué	**menomato,**	aller mal	**star male**
	minorato	s'améliorer	**migliorare**
douloureux	**doloroso,**	amputer	**amputare**
	dolorante	anesthésier	**anestetizzare**
enceinte	**incinta, gravida**	ausculter	**auscultare**
enrhumé	**raffreddato**	badigeonner	**pennellare**
faible	**debole**	se cicatriser	**cicatrizzarsi**
fébrile	**febbrile**	consolider	**consolidare**
fiévreux	**febbricitante**	consulter	**consultare**
fou	**pazzo, matto,**	cureter	**raschiare**
	folle	se déboîter	**slogarsi**
gonflé	**gonfio**	désinfecter	**disinfettare**
handicapé	**(h)andicappato**	examiner	**esaminare**
hospitalisé	**ricoverato**	se fracturer	**fratturarsi**
infectieux	**infettivo**	greffer	**trapiantare**
infirme	**infermo**	guérir	**guarire**
invalide	**invalido**	hospitaliser	**ricoverare**
lancinant	**lancinante,**	inciser	**incidere**
	a fitte	infecter	**infettare**
malade	**malato**	injecter	**iniettare**
maladif	**malaticcio**	s'intoxiquer	**intossicarsi**

masser	**massaggiare**
opérer	**operare**
palper	**palpeggiare**
panser	**fasciare, bendare**
plâtrer	**ingessare**
prescrire	**prescrivere**
radiographier	**radiografare**
recoudre	**ricucire, suturare**
se ressouder	**risaldarsi**
sauver	**salvare**
soigner	**curare**
soulager	**alleviare, sollevare**
trépaner	**trapanare**
vacciner	**vaccinare**

I. LE MONDE MÉDICAL

ambulance	**l'ambulanza**
anesthésiste	**l'anestesista**
brancardier	**il barelliere**
cardiologue	**il cardiologo**
chef de service	**il primario**
chirurgien	**il chirurgo**
clinique	**il policlinico**
consultation	**la consultazione**
corps médical	**il corpo sanitario**
dentiste	**il dentista**
dispensaire	**l'ambulatorio**
docteur	**il dottore**
gynécologue	**il ginecologo**
hôpital	**l'ospedale**
infirmerie	**l'infermeria**
infirmier	**l'infermiere**
infirmière	**l'infermiera**
interne	**l'interno**
médecin	**il medico**
neurologue	**il neurologo**
obstétricien	**l'ostetrico**
oculiste	**l'oculista**
patient	**il paziente**
pharmacien	**il farmacista**
psychanalyste	**lo psicanalista**
psychiatre	**lo psichiatra**
sage-femme	**l'ostetrica**
salle d'accouchement	**la sala parto**
salle d'opération	**la sala operatoria**
visite	**la visita**

A 2 LEXIQUE EN SITUATION

ha battuto la testa nella caduta, gli hanno fatto due punti di sutura : il s'est cogné la tête en tombant, on lui a fait deux points de suture.

mi gira la testa : j'ai la tête qui tourne.

ha perso i sensi : il a tourné de l'œil.

è svenuto : il s'est évanoui.

ha ripreso i sensi : il est revenu à lui.

quasi quasi, mi rompevo l'osso del collo : j'ai failli me casser le cou.
mi duole il polso, forse ho una tendinite : j'ai mal au poignet, j'ai peut-être une tendinite.
avere il braccio al collo : avoir le bras en écharpe.

come stai ? comment vas-tu ?
non sta tanto bene, anzi sta molto male : il ne va pas très bien, il va même très mal.
hai una brutta cera : tu as mauvaise mine.
non è così grave, non se ne faccia una malattia ! ce n'est pas si grave, n'en faites pas une maladie !
mi sento un po' giù ! je me sens un peu fatigué !
mi sento un po' febbricitante da due giorni : je me sens un peu fiévreux depuis deux jours.
l'individuazione d'una malattia : le dépistage d'une maladie.
il medico ha prescritto al paziente una serie di esami : le médecin a prescrit au patient une série d'examens.
fare l'iniezione di richiamo (il richiamo) : fare la piqûre de rappel (le rappel).
fare un prelievo di sangue : faire une prise de sang.
si presenti a digiuno ! présentez-vous à jeun !
mi ha dato tre giorni di congedo : il m'a donné trois jours d'arrêt de travail.
ha dovuto mettersi in (congedo di) malattia : il a dû se mettre en congé de maladie.
ho un'intossicazione : j'ai une crise de foie.
copriti, se no ti raffreddi ! couvre-toi, sinon tu vas t'enrhumer !
eccì ! salute ! atchoum ! à tes (vos) souhaits !
avere un accesso di tosse : avoir une quinte de toux.
la pressione è un po' alta : la tension est un peu forte.
fare i fanghi : aller en cure thermale, prendre des bains de boue.

A 3 REGISTRES DE LANGUE

1. Sens figuré.
il mal francese : le mal napolitain (la syphilis).
i denti del giudizio : les dents de sagesse.

avere del fegato : avoir du cran.
avere l'ugola d'oro : avoir une voix d'or.
mangiarsi il fegato : rager, être dans une rage folle.
riversare la propria bile : décharger sa bile.
dissanguarsi (rovinarsi) : se saigner aux quatre veines.
farsi cattivo sangue : se faire du mauvais sang.

2. Proverbes.
c'è **rimedio a tutto fuorché alla morte** : contre la mort point de remède.
a mali estremi, estremi rimedi : aux grands maux, les grands remèdes.
chi ha la sanità, è ricco e non lo sa : tant qu'on a la santé, tout va.

3. Familier.
fare la cacca (la popò) : faire caca.
fare la pipì : faire pipi.
avere la bua : avoir bobo.

4. Vulgaire.
il budello (pluriel : **le budella**) : le boyau.
pisciare : pisser ; **cacare** : chier.
On dira plutôt : **orinare** (uriner) et **andare di corpo** (aller à la selle).

5. Littéraire.
un toccasana : une panacée.
la cute (la pelle) : la peau.
l'ultimo respiro : le dernier souffle, le dernier soupir.

6. Mots du passé.
il guaritore : le guérisseur.
il medicone : le rebouteux.

7. Néologisme.
un baby down : un enfant mongolien (pour : **un bimbo mongoloide**).

B 1 REMARQUES LEXICALES

Les organes :

- **l'apparato** (l'appareil) et **il sistema** (le système) ont un sens spécifique en anatomie. On dit **l'apparato digerente, circolatorio** (l'appareil digestif, circulatoire). On dit **il sistema scheletrico, muscolare, nervoso, riproduttore** (le système squelettique, musculaire, nerveux, reproducteur).
- **il colon** a un synonyme : **l'intestino crasso** (le gros intestin). **L'intestino tenue** désigne l'intestin grêle.

Notes sur le monde médical :

- **la salute** a un synonyme d'usage administratif : **la sanità** (il **Ministero della Sanità** : le Ministère de la Santé).
- **il bisturi** a un synonyme : **il coltello anatomico.** Les instruments du chirurgien sont appelés **i ferri.**
- **il barelliere** désigne à la fois l'ambulancier et le brancardier. De même, **il soccorritore** traduira selon le contexte le sauveteur et le secouriste. **Una crocerossina** est une infirmière de la Croix-Rouge.
- les médecins, dans leur très grande majorité, sont conventionnés (**i medici mutuati**) avec les organismes mutualistes (**le mutue**), par exemple : l'**INPS**, la Sécurité Sociale italienne (**l'Istituto Nazionale di Previdenza Sociale**).
- dans chaque commune, il existe un corps de médecins municipaux (**i medici condotti**) et de sages-femmes municipales (**le ostetriche condotte**) qui ont la responsabilité des tâches administratives et officielles de la santé publique.
- **il medico libero professionista** : le médecin libéral.
- **l'ospedale psichiatrico** remplace désormais le mot vieilli **il manicomio** (l'asile d'aliénés), qui est encore très employé dans des expressions.

  ex. **che manicomio** ! quelle maison de fous !
  roba da manicomio ! c'est une histoire de fous !

Informations utiles à connaître.

- **Guardia medica (festiva o notturna)** : Médecins de garde (les jours fériés ou de nuit).
- **Socc.Pubbl.Emerg.** (abréviation de : **Soccorso Pubblico di Emergenza**) : Service des urgences.

- **il Pronto Soccorso** : le Service d'urgence, le SAMU.
- **la farmacia di turno** : la pharmacie de garde.
- l'U.S.L. (**l'Unità Sanitaria Locale**) est le Centre local de Santé publique.

Attention à ne pas confondre :
- on achète **una costata** chez le boucher mais en anatomie on dit **una costola** (dans les deux cas, on traduit par « une côte »).
- **gli arti** (les membres), **le arti** (les arts).
- **l'ascesso** (l'abcès), **l'accesso** (la quinte).

Un synonyme :
- **il cranio** (le crâne), **il teschio** : le crâne anatomique (ou la tête de mort).

Attention au changement de genre :
- on remarque que **il dente** est un mot masculin, ainsi que **l'incisivo, il canino, il molare** (l'incisive, la canine, la molaire). En revanche, un dentier est en italien : **una dentiera.**

B 2 REMARQUES GRAMMATICALES

1. Noms.

■ pluriels particuliers :
- **il medico** fait au pluriel : **i medici.**
- **il chirurgo** a deux pluriels : **i chirurghi, i chirurgi** (pour le pluriel des mots en **-co** et **-go**, voir p. 295).
- **l'osso** a deux pluriels : **le ossa, gli ossi.** Pour désigner un ensemble, on dit : **le ossa (del corpo, della mano).** Dans les autres cas, on utilise la forme masculine (voir aussi p. 166).
  ex. **due ossi della gamba** : deux os de la jambe.
  il cane seppellisce ossi : le chien enterre des os.

2. Verbes.

■ **tossire** est un verbe du 3e groupe qui a une conjugaison particulière :
- au présent de l'indicatif : **tossisco, tossisci, tossisce, tossiamo, tossite, tossiscono.**

- le groupe **-isc-** se retrouve aussi au présent du subjonctif (**che io tossisca**) et à l'impératif (**tossisci !**).
  Toute une famille de verbes se conjuguent sur ce modèle : dans ce chapitre, **dimagrire** et **guarire**.
  ex. **voglio che guarisca presto** : je veux qu'il guérisse vite.
- **soffrire** a comme participe passé **sofferto.**

B 3 REMARQUES PARTICULIÈRES

Formation de mots.

- les nombreux préfixes et suffixes grecs ou latins qui servent à former les mots du vocabulaire médical et scientifique sont, en italien, très proches du français. Par exemple, le suffixe **-ite**, qui permet de nommer les maladies, se retrouve dans : **l'appendicite, la cistite, la peritonite, l'epatite, la poliomielite.**
  Mais parfois, le passage d'une langue à l'autre n'est pas automatique : **la pleurite** (la pleurésie), **la polmonite** (la pneumonie), **la tonsillite** (l'amygdalite).
- le spécialiste (**lo specialista**) peut ressembler au mot français : **il dentista** (le dentiste), **il neurologo** (le neurologue), **l'urologo** (l'urologue), **il pediatra** (le pédiatre), **lo psichiatra** (le psychiatre). Mais parfois les suffixes sont différents :
  ex. **l'otorinolaringoiatra** (l'oto-rhino-laryngologiste).
  l'odontoiatra (l'odontologiste).
- en règle générale, le suffixe **-ia**, placé après la dernière consonne, donne la spécialité : **la neurologia, la pediatria, l'odontoiatria, la podologia, la cardiologia, la chirurgia, la ginecologia, l'urologia, la geriatria.**

C 1 EXERCICES

A Regrouper par deux les mots suivants :

1. il cerotto	5. i ferri	9. la garza
2. la visita	6. la ricetta	10. prudere
3. il legamento	7. disinfettare	11. incidere
4. l'orticaria	8. il tendine	12. la piaga.

B **Traduire en français :**
In ospedale. « Nove ricoverati, dieci con me. Mi han guardato entrare, mi hanno scrutato mentre uscivo dalla barella per passare nel letto, in quell'attimo hanno controllato braccia e gambe, ventre e schiena, per scoprire se porto una garza, una fasciatura, se perdo sangue. Niente, ho solo questo cerotto al naso. Dunque il mio male è lì. Che male sarà ? Perché son ricoverato ? » (da *La malattia chiamata uomo* di Ferdinando Camon).

C **Traduire en italien :**
1. As-tu pris ta température ? 2. J'ai mal à l'estomac. 3. Prends un cachet ! 4. Est-ce que ta migraine est passée ? 5. La tête me tourne. 6. Je ne me sens pas bien. 7. Je souffre terriblement. 8. Il s'est évanoui. 9. Je vais vous faire une piqûre. 10. Le pronostic est réservé.

C 2 CORRIGÉS

A 1.9 2.6 3.8 4.10 5.11 7.12.

B À l'hôpital. « Neuf malades, dix avec moi. Ils m'ont regardé entrer, m'ont scruté pendant que je m'extrayais de la civière pour passer dans le lit, et à cet instant ils ont contrôlé mes bras et mes jambes, mon ventre et mon dos, pour savoir si je porte une gaze, un bandage (un pansement), si je perds du sang. Rien, j'ai seulement ce sparadrap sur le nez. Mon mal est donc là. Quel mal est-ce donc ? Pourquoi suis-je hospitalisé ? »

C 1. Ti sei misurata la febbre ? 2. Ho mal di stomaco (mi duole lo stomaco). 3. Prendi una compressa (un cachet) ! 4. Ti è passata l'emicrania ? 5. Mi gira la testa. 6. Non mi sento bene. 7. Soffro terribilmente. 8. È svenuto. 9. Adesso Le faccio un'iniezione. 10. La prognosi è riservata.

15 LES SENS

A 1 VOCABULAIRE

A. LES CINQ SENS

goût	**il gusto**	olfactif	**olfattivo**
odorat	**l'odorato**	tactile	**tattile**
ouïe	**l'udito**	visuel	**visivo**
sens	**il senso**		
toucher	**il tatto**	entendre	**sentire, udire**
vue	**la vista**	goûter	**assaggiare**
		sentir	**sentire, odorare**
auditif	**uditivo**	toucher	**toccare**
gustatif	**gustativo**	voir	**vedere**

B. L'OUÏE

bruit	**il rumore**	grave	**grave**
chahut	**il baccano**	imperceptible	**impercettibile**
clameur	**il clamore**	léger	**lieve, leggero**
écho	**l'eco (f *ou* m)**	perçant	**acuto**
fracas	**il fragore,**	silencieux	**silenzioso**
	il fracasso	strident	**stridente,**
remue-ménage	**la confusione,**		**stridulo**
	il tramestio		
silence	**il silenzio**	bruire	**frusciare**
son	**il suono**	carillonner	**scampanare**
sonnerie	**lo squillo**	crépiter	**crepitare**
tapage	**il chiasso**	écouter	**ascoltare**
tintamarre	**il frastuono**	faire tic tac	**ticchettare**
tohu-bohu	**il trambusto**	grincer	**cigolare**
vacarme	**il baccano**	percevoir	**percepire,**
vrombissement	**il rombo**		**avvertire**
		résonner	**risuonare,**
aigu	**acuto**		**echeggiare**
assourdissant	**assordante**	retentir (sonnerie)	**squillare**
confus	**confuso**	tinter	**tintinnare**
étouffé	**attutito**	tonner	**rimbombare**
faible	**fioco**	vrombir	**rombare**

C. LE GOÛT

acidité	l'asprezza	dégoûtant	disgustoso
amertume	l'amarezza	écœurant	nauseante
âpreté	l'asprezza	fade	insipido,
fadeur	l'insipidezza,		scipito
	la scipitezza	fruité	fruttato
saveur	il sapore	pimenté	piccante
		poivré	pepato
acidulé	acidulo	salé	salato
aigre	agro, acre	savoureux	saporito
aigre-doux	agrodolce	sucré	dolce
amer	amaro		
âpre	aspro, acerbo	savourer	assaporare

D. L'ODORAT

arôme	l'aroma	odorant	odoroso
odeur	l'odore (m)	pestilentiel	pestilenziale
parfum	il profumo	puant	puzzolente
puanteur	il puzzo, la puzza		
		se dégager	sprigionarsi
aromatique	aromatico	enivrer	inebriare
capiteux	inebriante	exhaler	esalare, emanare
fétide	fetido	humer	annusare
fort	forte	parfumer	profumare
inodore	inodoro	puer	puzzare
musqué	muschiato	répandre	diffondere,
nauséabond	nauseabondo		spandere

E. LA VUE

éclat	la luminosità	obscurité	l'oscurità, il buio
hallucination	l'allucinazione	reflet	il riflesso
illusion	l'illusione	regard	lo sguardo
lueur	il chiarore	vision	la visione
lumière	la luce		
mirage	il miraggio	ambré	ambrato

E. LA VUE (suite)

clair	**chiaro**	aveugler	**accecare**
diaphane	**diafano**	briller	**brillare**
flou	**sfocato**	considérer	**considerare**
invisible	**invisibile**	dévisager	**fissare**
irisé	**iridato**	distinguer	**distinguere**
luisant	**lucente**	éblouir	**abbagliare**
opaque	**opaco**	entrevoir	**intravedere**
sombre	**scuro**	étinceler	**luccicare**
translucide	**traslucido**	lorgner	**sbirciare**
transparent	**trasparente**	observer	**osservare**
trouble	**torbido**	regarder	**guardare**
voyant	**vistoso**	remarquer	**notare**
		ressortir	**spiccare**
apercevoir	**scorgere**	scintiller	**scintillare**

F. LE TOUCHER

douceur	**la dolcezza, la morbidezza**	lisse	**liscio**
		moelleux	**soffice**
dureté	**la durezza**	mou	**molle**
rugosité	**la rugosità**	rêche	**ruvido**
tiédeur	**la tiepidezza**	rugueux	**rugoso**
		soyeux	**setoso, di seta**
chaud	**caldo**	tiède	**tiepido**
doux	**morbido, dolce**		
dur	**duro**	palper	**palpare**
froid	**freddo**	tâter	**tastare**
glacé	**gelido, gelato**	tâtonner	**brancolare**

G. HANDICAPS ET CORRECTIONS

appareil auditif	**l'apparecchio uditivo**	cécité	**la cecità**
audiophone	**l'uditofono**	cornet acoustique	**il cornetto acustico**

lentilles	**le lenti (a contatto)**
lorgnon	**l'occhialetto**
loupe	**la lente (d'ingrandimento)**
lunettes	**gli occhiali**
monocle	**il monocolo**
mutisme	**il mutismo**
myopie	**la miopia**
presbytie	**la presbiopia**
prothèse	**la protesi**
strabisme	**lo strabismo**
surdité	**la sordità**

astigmate	**astigmatico**
aveugle	**cieco, orbo**
bègue	**balbuziente**
borgne	**monocolo**
daltonien	**daltonico**
hypermétrope	**ipermetrope**
muet	**muto**
myope	**miope**
presbyte	**presbite**
sourd	**sordo**
devenir aveugle	**accecare**
devenir sourd	**assordare**
loucher	**essere strabico**

A 2 LEXIQUE EN SITUATION

senta Signora ! écoutez Madame !
lascia stare, fa il sordo ! laisse tomber, il fait la sourde oreille.
facevano confusione : ils faisaient du bruit.
sono stati multati per schiamazzi notturni : ils ont eu une amende pour tapage nocturne.
il linguaggio dei gesti : le langage gestuel.

il caffè, lo bevo amaro : mon café, je le bois sans sucre.
un alcol dal sapore amaro : un alcool au goût amer.
una pera zuccherina : une poire sucrée.
un vino abboccato (un vino amabile) : un vin moelleux.
questa polenta, la mangio di gusto : cette polenta, je la mange volontiers (avec plaisir).

un odore di marcio, di chiuso, di muffa (di stantio) : une odeur de pourri, de renfermé, de moisi.
fra tutti questi profumi spicca quello del gelsomino : parmi tous ces parfums, c'est celui du jasmin qui ressort.
c'è puzza di fritto : ça sent (ça pue) la friture.

la guarda di sottecchi : il la regarde à la dérobée.

lo squadra dall'alto in basso : il l'examine de haut en bas.
con la coda dell'occhio : du coin de l'œil.
sbirciano (occhieggiano) una bella ragazza : ils lorgnent une belle fille.
non crede ai suoi occhi : il n'en croit pas ses yeux.
è un'illusione ottica : c'est une illusion d'optique.
ci vediamo stasera : à ce soir.
non si è fatto vedere : on ne l'a pas vu.
ma guarda un po' chi si vede ! tiens, voilà un revenant !
non ho niente a che vedere con questa gente : je n'ai rien à voir avec ces gens.
non dà a vedere che è interessato : il ne laisse pas voir qu'il est intéressé.
camminiamo nel buio : nous marchons dans le noir.
a perdita d'occhio : à perte de vue.
ho dieci decimi : j'ai dix dixièmes.
inforcare gli occhiali : mettre ses lunettes.
i non vedenti : les non-voyants (les cannes blanches).

A 3 REGISTRES DE LANGUE

1. Sens figuré.
ha la puzza sotto il naso : il fait le dégoûté.
ho avuto naso : j'ai eu le nez creux.
a occhio e croce (a lume di naso) sono le nove e mezzo : à vue de nez il est neuf heures et demie.
non vedi più in là del tuo naso : tu ne vois pas plus loin que le bout de ton nez.
è una cosa mai vista : cela ne s'est jamais vu.
dare botte da orbi : frapper comme un sourd.
sono tutt'orecchi : je suis tout ouïe.
è sordo come una campana : il est sourd comme un pot.
quell'articolo ha fatto molto chiasso : cet article a fait beaucoup de bruit.
colori chiassosi : des couleurs criardes.
una barzelletta di pessimo gusto : une histoire (drôle) de très mauvais goût.
a chi tocca ? tocca a me : c'est à qui ? c'est à moi.

mi sento a pezzi : je suis à bout.
non me la sento di prendere una decisione ora : je ne me sens pas en état de prendre une décision maintenant.

2. Proverbes.
non c'è peggior sordo di chi non vuole sentire : il n'est pire sourd que celui qui ne veut pas entendre.
in terra di ciechi, chi ha un occhio è un signore : au royaume des aveugles, les borgnes sont rois.
tutti i gusti sono gusti : tous les goûts sont dans la nature.

3. Familier.
un fracassone : un tapageur.
che casino ! (che cagnara !) : quel boucan ! Le mot **il casino** (le bordel) est employé ici au sens figuré.

4. Littéraire.
il sentore : la senteur, **l'olezzo** : le parfum, **olezzare** : sentir bon, **maleolente** : malodorant.
un pandemonio : un grand vacarme, une grande pagaille.
orbo : abandonné, seul.

B 1 REMARQUES LEXICALES

Ambiguïtés d'un sens à l'autre :

- le verbe **sentire** est plus fréquent que le français « sentir ».
  ex. **sento un dolore** : je ressens une douleur.
  sento freddo : j'ai froid.
  Il est associé comme en français à l'odorat, mais aussi à l'ouïe, au toucher et au goût.
  ex. **ho sentito un rumore** : j'ai entendu un bruit.
  senti com'è morbido quest'asciugamano, lavato con «X» ! touche comme elle est douce, cette serviette lavée avec «X» !
  sentiamo questo caffè ! goûtons ce café !
- le verbe **sapere (di)** est lié au sens du goût et à celui de l'odorat.
  ex. **questa carne non sa di nulla** : cette viande n'a aucun goût.
  il tuo maglione sa di sigaretta : ton pull sent la cigarette.

- l'adjectif **dolce** évoque le toucher (**dolce** : doux) mais on lui préfère les adjectifs **morbido** ou **soffice.**
  ex. **un gatto dai peli morbidi** : un chat aux poils doux.
  Il est aussi lié au sens du goût (**dolce** : sucré).
  ex. **questo caffè è troppo dolce** : ce café est trop sucré.
- **morbido** (doux, mou, moelleux), peut aussi qualifier un son ou une forme, introduisant dans la phrase une notion de douceur quel que soit le sens concerné.
  ex. **un paesaggio di montagne scoscese e di morbide colline** : un paysage de montagnes abruptes et de douces collines.
- le mot « parfum » est lié au sens de l'odorat et à celui du goût, contrairement à l'italien **profumo** qui ne concerne que l'odorat.
  ex. une glace à deux parfums, mûre et framboise : **un gelato a due gusti, mora e lampone.**
  un yaourt (parfumé) à la fraise : **uno iogurt al gusto di fragola.**

Traductions différentes selon les cas :

- **il senso** : le sens ou le sentiment.
  ex. **provo un senso di tristezza** : j'éprouve un sentiment de tristesse.
- « sentir », lorsqu'il signifie « dégager une odeur », ne doit pas être traduit par **sentire.**
  ex. ça sent bon : **c'è un buon odore.**
  ça sent le café : **c'è odore di caffè.**
  il sent mauvais : **puzza (manda cattivo odore).**
  il sent bon : **manda un buon odore.**
- goûter : **assaggiare** (goûter un mets, un vin) ou **fare merenda** (prendre son goûter).

Explication de quelques termes :

- **un amaro** est une liqueur à base d'herbes au goût amer.
  un amaretto, en pâtisserie, est un macaron.
- **il tanfo** désigne une odeur de moisi, de renfermé ou tout simplement une mauvaise odeur.
  ex. **le scale erano invase da un tanfo di sudore** : une odeur de sueur avait envahi les escaliers.
  On emploie aussi **il fetore** et **il lezzo** pour une forte

puanteur (une infection).

- **la fragranza** est un parfum intense et agréable.
  Une publicité à l'entrée des bars annonce : **Qui trovi la fragranza delle brioche e della pasticceria D** (ici vous trouverez le parfum des brioches et de la pâtisserie D.).
- **un tonfo** désigne un bruit sourd.
  ex. **il tonfo di un secchio nel pozzo** : le bruit sourd d'un seau dans le puits.
- **origliare** : écouter en cachette.
  ex. **l'ho pescato che origliava alla porta** : je l'ai surpris en train d'écouter à la porte.
  Dans le même ordre d'idées, **il gardone** (**il voyeur**) : le voyeur.

B 2 REMARQUES GRAMMATICALES

1. Noms.
Genre :

- **l'eco** est féminin ou masculin au singulier, mais il n'a qu'un pluriel : **gli echi**.
- **odore** est un nom masculin (voir mots en -**ore** p. 205).

2. Verbes.
Exemples de participes présents utilisés comme adjectifs : **accecante** (aveuglant), **brillante** (brillant), **abbagliante** (éblouissant), **luccicante** ou **scintillante** (étincelant), **inebriante** (grisant).

B 3 REMARQUES PARTICULIÈRES

D'une langue à l'autre.

- certains bruits ont en commun le suffixe -io. Ils désignent en général un bruit prolongé.
  Voici quelques exemples : **il fruscio delle foglie** (le bruissement des feuilles), **il cigolio delle ruote di un carro** (le grincement des roues d'une charrette), **il crepitio del fuoco** (le crépitement du feu), **il ticchettio del metronomo** (le tic-tac du métronome), **un tintinnio di catene** (un tintement de chaînes), **lo scampanio** (le carillonnement).

- le même suffixe permet d'enrichir le lexique du domaine du visible. Il inscrit à l'intérieur du mot une notion de continuité ou de renouvellement comme dans : **il luccichio della superficie del lago** (le miroitement de la surface du lac), **lo scintillio delle stelle** (le scintillement des étoiles).

C 1 EXERCICES

A **Trouver le mot qui correspond le mieux :**

1. Mentre dormivo a terra sognavo un letto …
2. Poco zucchero per me, il caffè troppo … non mi piace.
3. Vorrei uno yogurt al … di ananas.

B **Deviner le sens des expressions *si vede che*, *occhio a*, *guarda caso*, en traduisant les phrases :**

1. Le luci sono spente, si vede che sta dormendo.
2. Occhio allo scalino !
3. È sparito, guarda caso, proprio nel momento in cui arrivava lei !

C **Compléter les phrases à l'aide des mots suivants :**

a. *di vista*
b. *dalla nascita*
c. *da un occhio solo*
d. *con i miei occhi*
e. *con lo sguardo*
f. *da sole*

1. Non hai occhiali … ?
2. Tutti seguivano la pallina da tennis …
3. È muto …
4. Ci vede …
5. L'ho visto …
6. Qual'è il tuo punto … ?

D **Traduire en italien.**

1. On nous servit un gâteau moelleux couvert d'une crème savoureuse au chocolat amer.
2. Un soleil éblouissant brillait dans le ciel. Elle avait une peau douce et ambrée, des cheveux parfumés. « Je n'ai pas le courage de continuer à marcher sous ce soleil », dit-elle.

C 2 CORRIGÉS

A 1. morbido 2. dolce 3. gusto.

B 1. Les lumières sont éteintes, cela veut dire qu'il dort.
2. Attention à la marche !
3. Il a disparu, comme par hasard, juste au moment où elle arrivait !

C 1.f 2.e 3.b 4.c 5.d 6.a.

D 1. Ci servirono un dolce soffice coperto di una crema saporita al cioccolato amaro.
2. Un sole abbagliante brillava (risplendeva) nel cielo. Lei aveva una pelle morbida e ambrata, capelli profumati. « Non me la sento di continuare a camminare sotto questo sole », disse.

16 L'HOMME

A 1 VOCABULAIRE

A. L'ESPRIT

âme	l'anima
avis	il parere
but	lo scopo
caprice	il capriccio
choix	la scelta
conscience	la coscienza
conviction	la convinzione
décision	la decisione
désir	il desiderio
devoir	il dovere
doute	il dubbio
envie	la voglia
erreur	l'errore (m)
esprit	lo spirito
folie	la pazzia, la follia
génie	il genio
habitude	l'abitudine
humeur	l'umore (m)
humour	l'umorismo
idéal	l'ideale
idée	l'idea
imagination	la fantasia
inconscient	l'inconscio
intelligence	l'intelligenza
intention	l'intenzione
intuition	l'intuizione, l'intuito
ironie	l'ironia
liberté	la libertà
manie	la mania
mémoire	la memoria
mentalité	la mentalità
moral	il morale
notion	la nozione
opinion	l'opinione
pensée	il pensiero
perception	la percezione
perspicacité	la perspicacia
préjugé	il pregiudizio
psychologie	la psicologia
raison	la ragione
refus	il rifiuto
scrupule	lo scrupolo
souci	la preoccupazione
soupçon	il sospetto
souvenir	il ricordo
volonté	la volontà
absorbé	assorto
borné	ottuso
certain	certo
conscient	cosciente, conscio
crétin	cretino
fou	pazzo, matto
idiot	idiota
imbécile	imbecille, scemo
inconscient	incosciente
ingénieux	ingegnoso
intelligent	intelligente
libre	libero
logique	logico
objectif	obiettivo
pensif	pensoso
perplexe	perplesso
sensé	assennato, sensato

sot	**sciocco**	douter	**dubitare**
stupide	**stupido**	fasciner	**affascinare**
subjectif	**soggettivo**	imaginer	**immaginare**
sûr	**sicuro**	méditer	**meditare**
		obséder	**ossessionare**
accepter	**accettare**	penser	**pensare**
admettre	**ammettere**	percevoir	**percepire**
changer d'avis	**ripensarci**	raisonner	**ragionare**
choisir	**scegliere**	se rappeler	**ricordar(si)**
comprendre	**capire**	se raviser	**cambiar idea**
concevoir	**concepire**	réfléchir	**riflettere**
connaître	**conoscere**	refuser	**rifiutare**
convaincre	**convincere**	savoir	**sapere**
décider	**decidere**	se souvenir	**ricordar(si)**
désirer	**desiderare**	se tromper	**sbagliare**
devoir	**dovere**	vouloir	**volere**

B. LE CARACTÈRE, QUALITÉS, DÉFAUTS

bonté	**la bontà**	patience	**la pazienza**
caractère	**il carattere**	qualité	**la qualità**
courage	**il coraggio**	sérieux	**la serietà**
défaut	**il difetto**	suffisance	**il sussiego**
dignité	**la dignità**	tempérament	**il temperamento**
discrétion	**la discrezione**	tolérance	**la tolleranza**
effronterie	**la sfacciataggine**	vertu	**la virtù**
entêtement	**la testardaggine**	vice	**il vizio**
honnêteté	**l'onestà**		
humilité	**l'umiltà**	ambitieux	**ambizioso**
fidélité	**la fedeltà**	anxieux	**ansioso**
lâcheté	**la viltà**	arrogant	**arrogante**
méchanceté	**la cattiveria**	avare	**avaro**
mérite	**il merito**	avisé	**accorto**
mœurs	**i costumi**	bienveillant	**benevolo**
morgue	**la tracotanza**	bon	**buono**
nature	**l'indole**	calme	**calmo**
nervosité	**il nervosismo**	craintif	**timoroso**
orgueil	**l'orgoglio**	cruel	**crudele**
paresse	**la pigrizia**	curieux	**curioso**

B. LE CARACTÈRE, QUALITÉS, DÉFAUTS (suite)

difficile	difficile
digne	degno
discret	discreto
distrait	distratto
doux	dolce, mite
effronté	sfacciato, sfrontato
égoïste	egoista
empressé	premuroso
étourdi	sbadato
extraverti	estroverso
faible	debole
fier	fiero, superbo
fin	fine
fort	forte
franc	franco, schietto
fruste	rozzo
généreux	generoso
gentil	gentile
hardi	ardito
hautain	altero, altezzoso
honnête	onesto
humble	umile
hypocrite	ipocrita
indolent	indolente
infidèle	infedele
insouciant	spensierato
intolérant	intollerante
introverti	introverso
jaloux	geloso
lâche	vile, vigliacco
loyal	leale
malhonnête	disonesto
malin	furbo
mauvais	malvagio
méchant	cattivo
menteur	bugiardo
naïf, ingénu	ingenuo
nerveux	nervoso
optimiste	ottimista
ordonné	ordinato
paresseux	pigro
patient	paziente
pervers	perverso
pessimiste	pessimista
peureux	pauroso
pingre	taccagno, tirchio
pointilleux	pignolo
possessif	possessivo
prudent	prudente, cauto
pudique	pudico
renfermé	chiuso
renfrogné	accigliato
réservé	riservato
rusé	scaltro, astuto
sensible	sensibile
sérieux	serio
serviable	servizievole
sincère	sincero
susceptible	suscettibile, permaloso
téméraire	temerario
tendre	tenero
têtu	testardo, cocciuto
timide	timido
vantard	sbruffone
vicieux	vizioso
vif	vispo, vivace
bouder	tenere il broncio
décourager	scoraggiare

désobéir	disubbidire	s'obstiner	ostinarsi
énerver	innervosire	oser	osare
flatter	lusingare	tolérer	tollerare
mentir	mentire	se vanter	vantarsi
obéir	ubbidire		

C. LES SENTIMENTS

affection	l'affetto	peur	la paura
ami	l'amico	plaisir	il piacere
amitié	l'amicizia	rancune	il rancore
amour	l'amore	regret	il rimpianto
angoisse	l'angoscia	répugnance	la ripugnanza
bonheur	la felicità	respect	il rispetto
colère	la collera	satisfaction	la soddisfazione
confiance	la fiducia	sentiment	il sentimento
crainte	il timore	surprise	la sorpresa
déception	la delusione		
dégoût	lo schifo	affectueux	affettuoso
émotion	l'emozione	antipathique	antipatico
ennui	la noia	confiant	fiducioso
envie	l'invidia	content	contento
espoir	la speranza	dégoûtant	schifoso
estime	la stima	ému	commosso,
étonnement	la meraviglia		emozionato
frayeur	lo spavento	enjoué	gaio
gaieté	l'allegria	ennuyeux	noioso
haine	l'odio	enthousiaste	entusiasta
hargne	l'astio	gai	allegro
honte	la vergogna	heureux	felice
indignation	l'indignazione	indifférent	indifferente
inquiétude	l'inquietudine	joyeux	allegro,
jalousie	la gelosia		lieto
joie	la gioia	malheureux	infelice
malheur	l'infelicità (f)	mécontent	scontento
méfiance	la diffidenza	méfiant	diffidente
mélancolie	la malinconia	mélancolique	malinconico
mépris	il disprezzo	satisfait	soddisfatto
nostalgie	la nostalgia	sombre	cupo

C. LES SENTIMENTS (suite)

soucieux, inquiet	preoccupato	s'ennuyer	annoiarsi
		envier	invidiare
stupéfait	stupefatto, sbalordito	éprouver	provare
		espérer	sperare
sympathique	simpatico	étonner	stupire
triste	triste	se fâcher	arrabbiarsi
		fatiguer	stancare
admirer	ammirare	haïr	odiare
aimer	amare, voler bene	indigner	indignare
		s'inquiéter	preoccuparsi
apprécier	apprezzare	se méfier de	diffidare di
attendrir	intenerire	mépriser	disprezzare
attirer	attirare	passionner	appassionare
bouleverser	sconvolgere	plaire	piacere
convoiter	desiderare	regretter	rimpiangere
craindre	temere	se repentir	pentirsi
décevoir	deludere	satisfaire	soddisfare
dégoûter	fare schifo	séduire	sedurre
effrayer	spaventare	supporter	sopportare
émouvoir	commuovere	surprendre	sorprendere
s'emporter	andare in collera	vexer	offendere

D. SENTIMENTS ET RELATIONS AMOUREUSES
(voir aussi p. 248 : le couple)

amant	l'amante	étreinte	l'abbraccio
âme sœur	l'anima gemella	fantasme	il fantasma
attirance	l'attrattiva	flirt	il filarino
baiser	il bacio	homosexualité	l'omosessualità
caresse	la carezza	intrigue	la tresca
charme	il fascino	liaison	la relazione
chasteté	la castità	maîtresse	l'amante
coureur de jupons	il donnaiolo	ménage à trois	il triangolo
		orgasme	l'orgasmo
désir	il desiderio	orgie	l'orgia
don Juan	il dongiovanni	passion	la passione

petit ami	**il ragazzo**	sexuel	**sessuale**
séducteur	**il seduttore**	vierge	**vergine**
sexualité	**la sessualità**		
virginité	**la verginità**	caliner	**coccolare**
		caresser	**accarezzare**
amoureux	**innamorato**	courtiser	**corteggiare**
chaste	**casto**	embrasser	**baciare**
érotique	**erotico**	enlacer	**abbracciare**
frigide	**frigido**	s'enticher de	**infatuarsi di**
impuissant	**impotente**	s'éprendre de	**innamorarsi di**
partagé	**corrisposto**	flirter	**filare, amoreggiare**
platonique	**platonico**	jouir	**godere**
sensuel	**sensuale**	tromper	**tradire**

A 2 LEXIQUE EN SITUATION

non preoccuparti, ci penso io ! ne t'inquiète pas, je m'en occupe !
a pensarci bene… : après réflexion…
era soprappensiero : il était perdu dans ses pensées.
secondo il mio modesto parere : à mon humble avis.
i pareri sono discordi : les avis sont partagés.
condivido il tuo parere : je partage ton avis.
mi viene in mente una storiella : il me vient à l'esprit une anecdote.
fare lo spiritoso (dello spirito) : faire de l'esprit.
ha perso il senno : il a perdu l'esprit.
nel suo intimo sa di avere torto : au fond de lui-même il sait qu'il a tort.
mi ha aperto l'animo : il m'a ouvert son cœur.
mi sa che non arriveremo prima della notte : j'ai l'impression que nous n'arriverons pas avant la nuit.
mi risulta che abbia lasciato Roma tre anni fa : à ma connaissance, il a quitté Rome il y a trois ans.

mi dispiace ! désolé !
dico sul serio : je parle sérieusement.

non mi fido : je n'ai pas confiance.
vergognatevi ! vous n'avez pas honte ?
è di pessimo umore : il est d'une humeur noire.
le vado a genio : je lui plais (elle m'a à la bonne).
mi fa tenerezza : c'est attendrissant.
fra triste e allegro : mi-triste mi-gai.
fa il furbacchione : il fait le malin.
sono giù di morale (di giri, di corda) : j'ai le moral à zéro (j'ai le cafard).
abbiamo riso di cuore : nous avons ri de bon cœur.
su ragazzi, allegri ! allons les enfants, un peu de bonne humeur !
sono stufo di aspettare : j'en ai assez d'attendre.
pazienza ! tant pis !
a che pro ? à quoi bon ?
mi fa venire il nervoso : ça me porte sur les nerfs.
va in collera per un nonnulla : il se met en colère pour un rien.
mio padre è arrabbiato : mon père est en colère.
ce l'hanno con me : ils m'en veulent.
con mia grande sorpresa : à ma grande surprise.
dare sfogo all'entusiasmo : donner libre cours à son enthousiasme.
c'è poco da star allegri : il n'y a pas de quoi se réjouir.
c'è poco da scegliere : il n'y a pas le choix.
si fa presto a giudicare : il est facile de juger.
non faccio per vantarmi, ma... : ce n'est pas pour me vanter, mais...
montare in superbia : devenir fier, se donner des airs.

si era innamorato perdutamente di lei : il était tombé éperdument amoureux d'elle.
prendere una cotta per... : tomber amoureux de...
filano in (di) perfetto amore : ils filent le parfait amour.
si frequentano : ils sortent ensemble.
fare l'amore : faire l'amour.
andare a letto con qualcuno : coucher avec quelqu'un.

A 3 REGISTRES DE LANGUE

1. Sens figuré.
roba da pazzi ! c'est de la folie !
è una cosa pazzesca ! c'est fou !
avere una spina nel cuore : avoir un poids sur le cœur.
oh ! ma che ti salta in mente ? oh ! mais qu'est-ce qui te vient à l'esprit ?
il colpo di fulmine : le coup de foudre.

2. Proverbes.
le bugie hanno le gambe corte : le menteur ne va pas loin.
la prudenza non è mai troppa : on n'est jamais trop prudent.
finché c'è vita, c'è speranza : tant qu'il y a de la vie, il y a de l'espoir.
nei pericoli si vede chi d'amico ha vera fede : c'est dans le besoin qu'on reconnaît ses amis.
meglio essere invidiati che compatiti : il vaut mieux faire envie que pitié.

3. Familier.
infischiarsene : s'en ficher. Les verbes **fregarsene** et **sbattersene** sont plus forts ou plus agressifs et peuvent être vulgaires (s'en foutre).
ex. **me ne infischio** : je m'en fiche.
chi se ne frega ! qu'est-ce qu'on en a à foutre !
che te ne frega ? qu'est-ce que ça peut te foutre ?
una seccatura : un embêtement, une contrariété.
non sono balle : c'est pas des bobards.
la fifa : la trouille, la frousse.
è un gran testone ! il n'en fait qu'à sa tête !

un moroso : un petit ami.
fare il filo a qualcuno : draguer quelqu'un (courtiser).
rimorchiare : draguer, attirer chez soi.
un cornuto (un becco) : un cocu.
fa le corna al ragazzo : elle cocufie son petit ami.
un'ammucchiata : une partouze.

4. Vulgaire.
incazzarsi : se mettre en colère.
sbattersene il cazzo (le palle...) : s'en contrefoutre.
scopare, chiavare : baiser.

5. Littéraire.
il corruccio : le courroux, **corrucciato** : courroucé, **l'ira** : la colère, **adirato** : en colère, **l'accidia** : la paresse, **la menzogna** : le mensonge, **lo sdegno** : le dédain, **la speme** : l'espoir, **caparbio** : têtu, **attonito** : stupéfait, **pago** : satisfait, **ardire** : oser, **bramare** : convoiter.
l'amplesso : l'étreinte. Ce terme est aujourd'hui employé pour l'acte amoureux.
ardere d'amore : brûler d'amour.
il cicisbeo : le galant, l'amoureux (c'était au XVIIIe siècle le sigisbée, le chevalier servant d'une dame).

B 1 REMARQUES LEXICALES

Traduction du français « aimer » :
- au sens fort, on emploie **amare** (ex. il l'aime mais ne le lui dit pas : **l'ama però non glielo dice**), ou bien **voler bene** (ex. j'aime Carlo, c'est un ami sincère : **voglio bene a Carlo, è un amico sincero**).
- le verbe **piacere** s'emploie pour exprimer des goûts.
  ex. tu aimes la musique ? **ti piace la musica ?**
  On peut répondre **sì, mi piace la musica** ou, pour insister, **sì, amo la musica.**

Plusieurs traductions pour le même mot français :
- l'envie : **l'invidia,** l'envie de : **la voglia di.**
  ex. un regard plein d'envie : **uno sguardo pieno d'invidia.**
  j'ai envie de dormir : **ho voglia di dormire.**
- jaloux : **geloso** ou, lorsque la jalousie ne s'applique pas directement à une personne, **invidioso.**
  ex. **è geloso di suo fratello** : il est jaloux de son frère.
  un bambino invidioso dei giocattoli del fratello : un enfant jaloux des jouets de son frère.

- **fiero** et **superbo** traduisent le français « fier », mais **superbo** a en général un sens négatif.
  ex. **puoi essere fiero di te** : tu peux être fier de toi.
  non andare superbo ! : ne fais pas le fier !
- étonné : **sorpreso, meravigliato** et, au sens fort, **stupito.** Les noms et verbes correspondants sont **la sorpresa** et **sorprendere, la meraviglia** et **meravigliare, lo stupore** et **stupire.**
  ex. **mi guardò meravigliato** : il me regarda étonné.
  fui stupito da una battuta così cattiva da parte sua : je fus étonné par une réplique si méchante de sa part.
- regretter : **rimpiangere, rammaricarsi, pentirsi, dispiacere, rincrescere...**
  ex. il regrette les beaux jours de l'été : **rimpiange i bei giorni dell'estate.**
  il regrette ce qu'il a dit : **si rammarica di ciò che ha detto.**
  tu le regretteras ! **te ne pentirai !**
  je regrette qu'il ne veuille pas : **mi dispiace che non voglia** (plus fort : **mi rincresce**).

Plusieurs traductions pour le même mot italien :
- **il pensiero** : la pensée, mais aussi parfois « le souci ».
  ex. **è l'ultimo dei miei pensieri** : c'est le cadet de mes soucis.
- **la fantasia** : l'imagination, ou bien, la fantaisie.
  C'est un synonyme de **l'immaginazione.** Il désigne tout particulièrement l'imagination inventive, celle qui sait reproduire ou élaborer des images.
  ex. **il pittore Arcimboldo non era privo di fantasia** : le peintre Arcimboldo ne manquait pas d'imagination.
- un emploi particulier de l'adjectif **discreto** (discret) permet de porter un jugement de valeur sur quelque chose.
  ex. **un prezzo discreto** : un prix raisonnable.
  un pranzo discreto : un repas convenable (plutôt bon).

Attention !
- **senza dubbio** : sans aucun doute. C'est l'adverbe **probabilmente** qui correspond au français « sans doute ».
  ex. **verrà senza dubbio** : il viendra sans aucun doute.

- ne pas confondre **triste** (triste) et **tristo** (mauvais, méchant) qui est un mot rare ou littéraire.
ex. **è un tristo individuo** : c'est un triste individu.

B 2 REMARQUES GRAMMATICALES

1. Verbes.

■ l'indicatif et le subjonctif :
l'indicatif, dans la subordonnée, sert généralement à exprimer ce qui est tenu pour vrai ou affirmé comme tel.
ex. **sono convinto che mente** : j'ai la conviction qu'il ment.
Le subjonctif s'emploie lorsqu'apparaît une nuance supplémentaire (distance par rapport à l'énoncé, doute, espoir, volonté, opinion…).
ex. **non dico che menta** : je ne dis pas qu'il ment.
credo che parta alle otto : je crois qu'il part à huit heures.
Le subjonctif est donc plus employé en italien qu'en français. Il permet d'enrichir l'énoncé de nuances supplémentaires. Prenons l'exemple : « Que dit-il ? Il dit que Stefano est venu. »
En employant dans ce cas l'indicatif : **dice che Stefano è venuto**, celui qui parle signifie qu'il répète ce qu'il a entendu ou qu'il accepte l'affirmation **Stefano è venuto**. Avec le subjonctif : **dice che Stefano sia venuto**, le locuteur peut introduire une notion de doute ou refuser de prendre position.
Attention à la concordance des temps obligatoire en italien.
ex. il veut que tu viennes : **vuole che tu venga**.
il voulait que tu viennes : **voleva che tu venissi**.

■ précautions à prendre lorsqu'on emploie **piacere** pour « aimer » :
- pour traduire « Stefania aime le chocolat » on devra dire mot à mot, « le chocolat plaît à Stefania » (**a Stefania piace il cioccolato**).
- nous aimons ces villages : **ci piacciono quei paesi** (mot à mot « ces villages nous plaisent »)
- **piacere** prend aux temps composés l'auxiliaire **essere.**
ex. **ti è piaciuta la sua casa** ? tu as aimé sa maison ?

- quelques participes passés irréguliers :
  convinto (convincere), **commosso** (commuovere), **deciso** (decidere), **deluso** (deludere), **scelto** (scegliere), **sconvolto** (sconvolgere), **soddisfatto** (soddisfare), **sorpreso** (sorprendere), **sedotto** (sedurre), **offeso** (offendere).

- verbes se conjuguant comme **tossire** (voir p. 181) :
  capire, concepire, innervosire, stupire, ardire, percepire, tradire, intenerire.

2. Adverbes.
Pour former l'adverbe à partir de l'adjectif, il suffit de mettre ce dernier au féminin et d'y ajouter **-mente.**
ex. **affettuoso, affettuosamente** ; **triste, tristemente.**
Cette règle connaît une exception : **violento, violentemente** (violemment).
Attention ! les adjectifs en -**le** ou -**re** perdent le -**e** final.
ex. **gentile, gentilmente** ; **particolare, particolarmente** (particulièrement).

B 3 REMARQUES PARTICULIÈRES

1. Prononciation.
Il faut être attentif à l'orthographe (et donc à la prononciation) de **l'immagine** qui prend deux « m », comme tous les mots de même racine : **l'immaginazione** (l'imagination), **immaginario** (imaginaire), **immaginare** (imaginer), **immaginoso** (imaginatif, imagé).

2. D'une langue à l'autre.
- toute une série de noms ont en commun leur terminaison en **-ore**, et correspondent à des mots français en *-eur* : **il rancore** (la rancœur), **lo stupore** (la stupeur), **il rigore** (la rigueur), **il candore** (la candeur), **il languore** (la langueur), **l'ardore** (l'ardeur), **l'orrore** (l'horreur), **il favore** (la faveur)... Ils sont masculins en italien.
  Mais tous les noms en *-eur* n'ont pas un équivalent en **-ore** (ex. la profondeur : **la profondità**, la lenteur : **la lentezza**).

- les noms en **-ezza** suivants correspondent à des adjectifs qui figurent dans la liste : **la sciocchezza** (la sottise), **la franchezza** (la franchise), **la certezza** (la certitude), **la spensieratezza** (l'insouciance), **la tenerezza** (la tendresse), **la timidezza** (la timidité), **la gentilezza** (la gentillesse), **la scaltrezza** (la ruse).

- bien lire les deux séries d'adjectifs (en **-abile** ou **-ibile**, et **-evole**) :
- **invidiabile** (enviable), **intollerabile** (intolérable), **insopportabile** (insupportable), **credibile** (crédible), **discutibile** (discutable).
- **piacevole** (agréable), **spiacevole** (désagréable), **ragionevole** (raisonnable), **favorevole** (favorable), **spregevole** (méprisable).

C 1 EXERCICES

A Choisir le verbe qui convient :

1. Spero che tu non … quando mi parli.
   a. menta b. menti c. mentissi
2. Non voglio che (lei)… rancore.
   a. provasse b. provi c. prova
3. Sa che non … parlare.
   a. deve b. debba c. dovesse
4. Credevamo che non … nulla.
   a. sapessero b. sanno c. sappiano

B Traduire les expressions après les avoir complétées à l'aide des mots : *scopo, noia, indole, paura, mite.*

1. tremare dalla …
2. morire dalla …
3. Sono d'… generosa.
4. È … come un agnello.
5. A che … ?

C Traduire les adverbes suivants :

1. humblement
2. ingénieusement
3. prudemment
4. cruellement
5. sérieusement
6. loyalement.

D Traduire en italien :

1. Je ne partage pas ses opinions mais je les respecte car il parle intelligemment.
2. Moi j'aime les gens gais et simples (**alla mano**). Je hais les personnes qui sont envieuses ou méchantes.
3. Il espère que tu comprends, il veut que tu acceptes ses excuses. Il s'est trompé, il se méfiait de toi.
4. Sandra n'a pas aimé mes amies.

C 2 CORRIGÉS

A 1.a 2.b 3.a 4.a.

B
1. **paura** : trembler de peur
2. **noia** : mourir d'ennui (**paura** : mourir de peur)
3. **indole** : je suis généreux de nature
4. **mite** : il est doux comme un agneau
5. **scopo** : dans quel but ?

C
1. umilmente
2. ingegnosamente
3. prudentemente
4. crudelmente
5. seriamente
6. lealmente.

D
1. Non condivido le sue opinioni ma le rispetto perché parla intelligentemente.
2. A me piace la gente allegra e alla mano. Odio le persone che sono invidiose o cattive.
3. Spera che tu capisca, vuole che accetti le sue scuse. Ha sbagliato, diffidava di te.
4. Le mie amiche non sono piaciute a Sandra.

17 LA NOURRITURE

A 1 VOCABULAIRE

A. LES REPAS

aliment	**l'alimento**	nourriture	**il cibo**
amuse-gueule	**lo stuzzichino**	petit déjeuner	**la (prima) colazione**
casse-croûte	**lo spuntino**		
déjeuner	**il pranzo**	pique-nique	**il picnic**
dessert	**la frutta**	plat	**il piatto, la portata**
dîner, souper	**la cena**		
en-cas	**lo spuntino**	repas	**il pasto**
entrée	**il primo**	restes	**gli avanzi**
entremets	**il piatto di mezzo**	sandwich	**il panino (imbottito)**
garniture	**il contorno**		
goûter	**la merenda**		
hors-d'œuvre	**l'antipasto**	déjeuner	**pranzare**
mets	**la vivanda, la pietanza**	dîner	**cenare**
		goûter	**fare merenda**

B. LES HORS-D'ŒUVRE, LES EN-CAS, LES SANDWICHES

baguette	**il filoncino (di pane)**	miche	**la pagnotta**
		mie	**la mollica**
beurre	**il burro**	miette	**la briciola**
biscotte	**la fetta biscottata**	morceau	**il pezzo**
		mortadelle	**la mortadella**
canapé	**la tartina**	pain	**il pane**
caviar	**il caviale**	pain de mie	**il pancarrè**
charcuterie	**i salumi**	parmesan	**il parmigiano**
chips	**le patatine**	pâté	**il « pâté »**
croque-monsieur	**il « toast »**	petit pain	**il panino**
croûte	**la crosta**	portion	**la porzione**
fromage	**il formaggio**	quignon	**il tozzo**
gruyère	**il groviera, lo svizzero**	rondelle	**la fettina**
		saucisson	**il salame**
jambon	**il prosciutto**	tartine	**la fetta di pane**
margarine	**la margarina**	toast	**il pane tostato**
mayonnaise	**la maionese**	tranche	**la fetta**

C. LE « PRIMO » ET LES ENTRÉES

bouillon	**il brodo**	salade	**l'insalata**
croûton	**il crostino**	soufflé	**il « soufflé »**
mousse	**la « mousse »,**	soupe	**la minestra,**
	la spuma		**la zuppa**
pâtes	**la pasta**	velouté	**la crema**
potage	**la minestra**		

D. LE PLAT PRINCIPAL (VIANDE, POISSON, ŒUFS) ET SA GARNITURE

abats	**le frattaglie**	jus	**il sugo**
béchamel	**la besciamella**	lard	**il lardo**
bifteck	**la bistecca**	œuf	**l'uovo**
bœuf (viande)	**il manzo**	omelette	**la frittata**
boulette	**la polpetta**	paupiette	**l'involtino**
brochette	**lo spiedino**	poisson	**il pesce**
côte	**la costata,**	pot-au-feu	**il lesso**
	la braciola	purée	**il purè**
côtelette	**la cotoletta**	râble	**la lombata**
daube	**lo stufato**	ragoût	**lo spezzatino**
entrecôte	**la costata**	rôti	**l'arrosto**
escalope	**la scaloppina**	sauce	**la salsa**
farce	**il ripieno**	saucisse	**la salsiccia**
fricassée	**la fricassea**	saucisse de	**il « würstel »**
frites	**le patatine fritte**	Strasbourg	
gibier	**la cacciagione**	tripes	**la trippa**
gigot	**il cosciotto**	viande	**la carne**

E. LES DESSERTS ET LES SUCRERIES

beignet	**la frittella**	chocolat	**il cioccolato**
biscuit	**il biscotto**	chou à la crème	**il bignè**
bonbon	**la caramella**	compote	**la composta**
brioche	**la « brioche »**	confiture	**la marmellata**
cake	**il panfrutto**	cornet	**il cono**
caramel	**il caramello**	crème	**la crema**
chantilly	**la panna**	crêpe	**la « crêpe »**
chewing-gum	**la gomma da**	croissant	**il cornetto**
	masticare	édulcorant	**il dolcificante**

E. LES DESSERTS ET LES SUCRERIES (suite)

flan	**il « crème caramel »**	nougat	**il torrone**
		pain d'épice	**il panpepato**
fruits	**la frutta**	sorbet	**il gelato, il sorbetto**
gâteau	**il dolce, la pasta**		
glace	**il gelato**	sucette	**il lecca-lecca**
laitage	**il latticin(i)o**	sucre	**lo zucchero**
massepain	**il marzapane**	tarte	**la torta**
miel	**il miele**	tartelette	**la tortina**
mille-feuille	**il millefoglie**	yaourt	**lo yogurt**

F. MANGER

appétit	**l'appetito**	gras	**grasso**
bouchée	**il boccone**	indigeste	**indigesto**
dégustation	**l'assaggio**	insatiable	**insaziabile**
faim	**la fame**	insuffisant	**scarso**
gourmet	**il buongustaio**	juteux	**succoso**
gros mangeur	**il mangione**	léger	**leggero**
régime	**la dieta**	lourd	**pesante**
		mauvais	**cattivo**
affamé	**affamato**	nourrissant	**nutriente**
allégé	**leggero, dietetico**	relevé	**piccante**
appétissant	**appetitoso**	repu, rassasié	**sazio**
bon	**buono**	sec	**secco**
copieux	**abbondante**	succulent	**succulento**
délicieux	**delizioso**	tendre	**tenero**
digeste	**digeribile**	trop cuit	**scotto**
dur	**duro**	végétarien	**vegetariano**
équilibré	**equilibrato**		
excellent	**eccellente, ottimo**	apprécier	**apprezzare**
exquis	**squisito, prelibato**	avaler	**mandare giù, inghiottire**
frugal	**frugale**		
gastronomique	**gastronomico**	chipoter	**mangiucchiare**
glacé	**ghiacciato**	déguster	**degustare**
goulu	**ingordo**	dévorer	**divorare**
gourmand	**goloso**	digérer	**digerire**

engloutir	ingoiare, trangugiare	manger	mangiare
		mordre	addentare
grignoter	sgranocchiare	se nourrir	nutrirsi
mâcher	masticare	recracher	risputare

G. LES BOISSONS

alcool	l'alco(o)l	marc	la grappa
apéritif	l'aperitivo	mousse	la schiuma, la spuma
bière	la birra		
boisson	la bevanda, la bibita	mousseux	lo spumante
		orangeade	l'aranciata
café	il caffè	sirop	lo sciroppo
champagne	lo « champagne »	soda	la soda
chocolat	la cioccolata	spiritueux	gli alcolici
cidre	il sidro	thé	il tè
digestif	il digestivo	vin	il vino
eau	l'acqua		
eau-de-vie	l'acquavite	alcoolisé	alcolico
glaçon	il cubetto di ghiaccio	décaféiné	decaffeinato
		désaltérant	dissetante
gorgée	il sorso, la sorsata	gazeux	gassato
		liquoreux	liquoroso
infusion	l'infuso	pétillant	frizzante
lait	il latte	rosé	rosato
limonade	la gassosa	sans alcool	analcolico
liqueur	il liquore		

H. BOIRE

alcoolique	l'alcolizzato	saoul, ivre	ubriaco, sbronzo
buveur	il bevitore		
ivrogne	l'ubriacone	boire	bere
soif	la sete	déboucher	stappare
		se désaltérer	dissetarsi
assoiffé	assetato	s'enivrer	ubriacarsi
gris, gai	ebbro	siroter	sorseggiare

17 LA NOURRITURE

I. LA CUISINE, LES INGRÉDIENTS (voir aussi p.122)

aromates	**gli aromi, gli odori**
assaisonnement	**il condimento**
bouillon-cube	**il dado di brodo**
chapelure	**il pangrattato**
colorant	**il colorante**
conserve	**la conserva**
crème fraîche	**la panna**
cuisson	**la cottura**
épices	**le spezie**
farine	**la farina**
fines herbes	**le erbette**
huile	**l'olio**
ingrédient	**l'ingrediente**
levure	**il lievito**
moutarde	**la mostarda**
pâte	**la pasta**
saindoux	**lo strutto**
sel	**il sale**
surgelés	**i surgelati**
vinaigre	**l'aceto**
bouilli	**lesso**
braisé	**brasato**
caillé	**cagliato**
congelé	**congelato**
cru	**crudo**
cuit	**cotto**
farci	**farcito**
flambé	**alla fiamma**
fourré	**ripieno**
frit	**fritto**
fumé	**affumicato**
rôti	**arrosto**
assaisonner	**condire**
beurrer	**imburrare**

bouillir	**bollire**
brûler	**bruciare**
couper	**tagliare**
couvrir	**coprire**
cuire	**cuocere**
cuisiner	**cucinare**
dénoyauter	**snocciolare**
dorer	**dorare**
ébouillanter	**sbollentare**
écosser	**sgusciare**
égoutter	**scolare**
épaissir	**addensare**
éplucher	**sbucciare, pelare**
faire revenir	**soffriggere**
frire	**friggere**
glacer	**glassare**
gratiner	**gratinare**
griller	**cuocere ai ferri**
hacher	**tritare**
larder	**lardellare**
mariner	**marinare**
mijoter	**cuocere a fuoco lento**
moudre	**macinare**
napper	**ricoprire**
paner	**impanare**
pétrir	**impastare**
poivrer	**pepare**
presser	**spremere**
râper	**grattugiare**
réchauffer	**riscaldare**
remuer	**mescolare**
rissoler, revenir	**rosolare**
rôtir	**arrostire**
saler	**salare**

saupoudrer	**cospargere**	trancher	**affettare**
sucrer	**zuccherare**	verser	**versare**

A 2 LEXIQUE EN SITUATION

fare (la prima) colazione : prendre son petit déjeuner.
il pranzo è in tavola : le repas est servi.
buon appetito ! bon appétit !
altrettanto ! vous aussi !
scodellare la minestra : servir la soupe.
il piatto forte : le plat de résistance.
mangiare in bianco : faire un repas léger (sans sauce).
avere l'acquolina in bocca : avoir l'eau à la bouche.
fammi assaggiare ! laisse-moi goûter !
questo piatto è una vera riuscita, quello invece è un disastro : ce plat est très réussi, celui-là par contre est complètement raté.
un altro po' di carne ? encore un peu de viande ?
non parlare col boccone in bocca ! ne parle pas la bouche pleine !
non fare lo schifiltoso ! ne fais pas le difficile !
mi è andata di traverso : j'ai avalé de travers.
siamo alla frutta : nous en sommes au dessert.
a digiuno, a stomaco vuoto : à jeun.
sono astemio : je ne bois pas d'alcool.
è un gran bevitore : c'est un gros buveur.
vuota d'un fiato il bicchiere : il fait cul sec.
è ubriaco fradicio : il est ivre mort.
smaltisce la sbornia : il cuve son vin.

mi piace la pasta al dente : j'aime les pâtes « al dente » (pas trop cuites).
un riso che non scuoce : un riz qui ne colle pas.
un passato di verdure : une soupe passée.
cucina ottimi intingoli : il cuisine d'excellents plats en sauce.
il petto, la coscia di pollo : le blanc, la cuisse de poulet.
una carne ai ferri (alla griglia) : une grillade.
una bistecca al sangue, ben cotta, a puntino : un steak saignant, bien cuit, à point.
una bistecca alla fiorentina : une entrecôte grillée.
un pesce al cartoccio : un poisson en papillote.

un fritto di calamari : une friture de calmars.
il tonno sott'olio : le thon à l'huile.
le uova alla coque, bazzotte, sode, al tegamino (fritte), strapazzate, affogate (in camicia) : les œufs à la coque, mollets, durs, sur le plat, brouillés, pochés.
la chiara (l'albume), il rosso (il tuorlo) dell'uovo : le blanc, le jaune de l'œuf.
montare le chiare a neve : monter les blancs en neige.
una tavoletta di cioccolato fondente : une tablette de chocolat noir.
la mousse di cioccolato : la mousse au chocolat.
spalmare la crema sul dolce (spalmare di crema il dolce) : étaler la crème sur le gâteau.
cuocere a bagnomaria : cuire au bain-marie.
la pasta frolla, la pasta sfoglia : la pâte sablée (et aussi : la pâte brisée), la pâte feuilletée.
una torta di mele : une tarte aux pommes.
la frutta candita : les fruits confits.
la macedonia di frutta : la salade de fruits.
uno yogurt (al) naturale : un yaourt nature.
una spremuta d'arancia : une orange pressée.
un vino da pasto : un vin de table.
una birra scura, chiara (bionda), alla spina : une bière brune, blonde, pression.
un whisky liscio : un whisky sec.
un succo di frutta : un jus de fruit.
un litro d'acqua minerale naturale : un litre d'eau minérale plate.
un caffè lungo, ristretto, macchiato, corretto : un café léger, serré, avec une goutte de lait, arrosé.
l'espresso, il cappuccino, il caffel(l)atte : le café express, le café crème, le café au lait.
il latte intero, parzialmente scremato : le lait entier, demi-écrémé.

A 3 REGISTRES DE LANGUE

1. Sens figuré.

se non è zuppa è pan bagnato : c'est du pareil au même.
casca come il cacio sui maccheroni : il tombe à pic.
cercare il pelo nell'uovo : chercher la petite bête.

è una pasta frolla : c'est une chiffe molle.
c'entra come i cavoli a merenda : ça tombe comme un cheveu sur la soupe.
gliel'ho venduto per un tozzo di pane : je le lui ai vendu pour une bouchée de pain.
gli rende pane per focaccia : il lui rend la monnaie de sa pièce.
si è scolato una bottiglia : il s'est sifflé une bouteille.
a chi vuoi darla a bere ? à qui veux-tu faire gober ça ?

2. Proverbes.
gallina vecchia fa buon brodo : c'est dans les vieux pots qu'on fait la bonne soupe.
non c'è fumo senza arrosto : il n'y a pas de fumée sans feu.
pancia vuota non sente ragioni (ventre digiuno non ode nessuno) : ventre affamé n'a point d'oreilles.

3. Familier.
è sfondato : il est insatiable, c'est un morfal.
rimpinzarsi come un maiale : s'empiffrer comme un goinfre.
sbafare, pappare : bouffer, bâfrer.
una spaghettata : un bon repas de spaghettis, **una polentata** : un plat de polenta, **un'abbuffata** : une bonne bouffe, **una scorpacciata** : une ventrée, **una mangiata, una pappata, una sbafata** : un gueuleton.
va a farti friggere : va te faire voir.
si è preso una bella sbornia (ou **sbronza**) : il s'est pris une bonne cuite.
L'italien dispose aussi d'un terme qui n'est pas familier, **l'ubriacatura**.

B 1 REMARQUES LEXICALES

Mots français :
dessert, mousse, coque, champagne... doivent être prononcés comme en français.

Le repas à l'italienne comprend : **l'antipasto, il primo (piatto), il secondo (piatto), il formaggio, la frutta o il dolce.**

- **il primo** (le premier plat) est une soupe, un risotto ou des pâtes.
- **il secondo** (le second plat) est de la viande, du poisson ou des œufs accompagnés de légumes ou de salade (**il contorno**).
- quant au dessert, l'italien précise : **la frutta** (les fruits du dessert) ou **il dolce** (le gâteau). On trouve parfois **il dessert**.

« Il primo » :

- **la pasta** (terme collectif, au singulier, comme **la frutta**) désigne les pâtes.
  ex. **non ho finito la pasta** : je n'ai pas fini mes pâtes.
  Chaque type de pâtes étant appelé par son nom, on va chez l'épicier acheter : **le penne lisce, le penne rigate, i bucatini, i rigatoni, i fusilli, i maccheroni**, etc.
- attention au mot **la pasta** qui signifie aussi « la pâte » et « le gâteau individuel ». ex. **il babà è una pasta** : le baba est un gâteau.
- **la pastasciutta** (mot à mot « pâtes sèches ») est le contraire de **la pasta in brodo** (le potage aux pâtes). Ce sont les pâtes égouttées et assaisonnées.
- **la minestra** est le potage aux pâtes, au riz, aux légumes. Le mot **la zuppa** est moins employé. Il était autrefois réservé aux soupes versées sur du pain grillé ou accompagnées de croûtons.

Exemples de plats traditionnels :

- **la polenta**, plat originaire du nord de l'Italie (Vénétie), est de la semoule de maïs cuite à l'eau, d'une belle couleur jaune, et qui sert de base à de nombreux plats. Elle peut être accompagnée de gibier en sauce, de fromage....
  ex. **uno sformato di polenta con pollo e funghi** : un gâteau de polenta au poulet et aux champignons.
- **un pasticcio** est un plat (viande ou pâtes) cuit au four et en général recouvert d'une couche de pâte.
  ex. **un pasticcio di maccheroni** : une timbale de macaronis.
  Au figuré, ce terme évoque le désordre, le travail mal fait ou les situations instables.
  ex. **ci siamo cacciati in un bel pasticcio** : nous nous sommes fourrés dans un beau pétrin.
- **la carne in umido, lo spezzatino, il salmì** sont des variantes de ragoûts.

ex. **la polenta va mangiata con carne in umido** : on doit manger la polenta avec de la viande en ragoût.

- attention ! **il ragù**, sauce pour pâtes ou riz composée principalement de viande hachée que l'on a fait mijoter dans de la sauce tomate (ex. **spaghetti al ragù**), ne doit pas être confondu avec « le ragoût ».

Pains et sandwiches :

- le mot **il tramezzino** a été proposé par l'écrivain Gabriele D'Annunzio (1863–1938), pour rivaliser avec l'anglicisme « sandwich ». C'est aujourd'hui un sandwich au pain de mie de forme triangulaire, richement garni.
- **la focaccia**, originaire de Ligurie, est une épaisse pâte à pizza, huilée et dorée au four, nature ou recouverte d'herbes aromatiques, de légumes.
- **la piadina**, spécialité de Romagne, est une crêpe de pain.
- **il crostino** est une tranche de pain grillé sur laquelle on étale à volonté de l'huile, des tomates, des anchois. **La bruschetta** est un **crostino** d'origine romaine aillé, huilé, salé et poivré.
- **il grissino** (le gressin) qui est une sorte de biscotte en forme de bâtonnet, est souvent présent sur les tables des restaurants. C'est une spécialité de Turin.

Et pour aller avec le pain :

- le mot **il companatico** regroupe tout ce qui accompagne le pain (fromage, charcuterie…).
- le terme collectif **gli affettati** (du verbe **affettare**) désigne la charcuterie coupée en tranches, **gli insaccati** (du verbe **insaccare**), celle qui est présentée dans du boyau (saucisses, saucissons).
- **la pancetta**, en cuisine, se rapproche de nos lardons. C'est une préparation de lard maigre roulé, salé et poivré. On la consomme aussi comme charcuterie avec du pain.
- **la mozzarella**, le savoureux laitage qui fond sur la pizza, est obtenue à partir de lait de vache ou de bufflonne, dont on fait l'élevage dans le sud de l'Italie.
- autres fromages : **la ricotta, la scamorza, il provolone, il pecorino, la caciotta, la fontina, il caciocavallo…**

Les desserts :

- **una crostata** est une tarte confectionnée à partir d'une pâte brisée, aux fruits, à la confiture ou à la crème sur laquelle on croise parfois des petites lanières de pâte. Ce terme est plus précis que **la torta** qui peut être une tarte sucrée, salée, ou même, tout gâteau.
  ex. **la torta di compleanno** : le gâteau d'anniversaire.
- **la ciambella** désigne tout pain ou gâteau (le savarin, par exemple) en forme de couronne. D'où le proverbe : **non tutte le ciambelle riescono col buco** (on ne réussit pas à tous les coups).
- **il panettone** est une brioche d'origine milanaise aux raisins secs et aux fruits confits, en forme de coupole.
- attention ! **il budino**, entremets au chocolat ou à la vanille, ne doit pas être confondu avec **il sanguinaccio** (le boudin).
- chez le marchand de glaces, **il ghiacciolo** est le bâtonnet de glace à l'eau vendu à côté des glaces et sorbets (**gelati**) et de **la granita** (glace pilée et sirop).

Plusieurs traductions pour le même mot français :

- le chocolat : **il cioccolato, la cioccolata** (la boisson chocolatée), **il cioccolatino** (la crotte de chocolat).
- les petits fours : **i salatini** (salés), **i pasticcini** (sucrés, pour le thé).
- le croûton : **il crostino** (dans la soupe, par exemple), **il cantuccio** (l'extrémité du pain).
- griller : **abbrustolire** ou **tostare** (pour le pain ou le café), et **cuocere ai ferri, alla griglia, sulla graticola** (pour une viande).

Qualité des aliments :

- DOC (**Denominazione di origine controllata**) : AOC (Appellation d'origine contrôlée). **Doc** est devenu un adjectif (**un vino doc**) et on l'entend parfois au sens figuré.
  ex. **F. Donati, operaio, lombardo doc...** : F. Donati, ouvrier, lombard authentique...
- **genuino** : naturel, authentique.
  ex. **sono cibi genuini e sani** : ce sont des aliments naturels et sains.

B 2 REMARQUES GRAMMATICALES

1. Noms.

■ pluriel :
- le pluriel irrégulier de l'**uovo** est **le uova.**
- **il lecca-lecca** (de **leccare** : lécher) est invariable.

2. Adjectifs.

■ comparatifs et superlatifs de **buono** et **cattivo** :
- meilleur : **migliore,** excellent : **ottimo.**
- pire : **peggiore,** très mauvais : **pessimo.**

■ pluriel :
- **arrosto,** lorsqu'il est adjectif, est invariable.
  ex. **polli arrosto** : des poulets rôtis.

3. Verbes.

■ attention au verbe **bere** :
on retrouve dans sa conjugaison une forme d'infinitif qui n'existe plus, **bevere.**
ex. **bevo** : je bois, **bevevo** : je buvais, **bevendo** : en buvant.

■ verbes se conjuguant comme **tossire** (voir p. 181) :
digerire, condire, arrostire.

C 1 EXERCICES

A Trouver l'intrus :

1. la crostata, la torta, il crostino
2. la crème caramel, il budino, la salsiccia
3. il tramezzino, il pecorino, il panino
4. i rigatoni, la trippa, i bucatini
5. la cotoletta, la pancetta, il prosciutto
6. la fetta, il provolone, la mozzarella.

B Traduire en italien :

1. Le matin au petit déjeuner, je prends un yaourt aux céréales puis un café au lait bouillant avec deux tranches de pain grillé sur lesquelles j'étale de la confiture.

2. Ingrédients pour les tagliatelles à la bolognaise : 250 grammes de tagliatelles aux œufs, 200 gr. de viande hachée, 150 gr. de jambon cru, deux tomates, des champignons secs, oignon, ail, carotte et céleri hachés, 60 gr. de beurre, une cuillère à café de farine, parmesan râpé, un demi-verre de vin rouge, huile, sel, poivre.

C **Traduire en français.**

Ieri sera, abbiamo cenato da Francesca. Adesso ti dico il menù : prosciutto e melone, gnocchi conditi con salsa piccante, petti di pollo farciti con contorno di patate fritte, gelato con salsa di cioccolato. E per accompagnare questo pasto un po' pesante, abbiamo stappato una bottiglia di vino bianco delle Cinque Terre. Non ho dormito (per) tutta la notte.

C 2 CORRIGÉS

A
1. il crostino
2. la salsiccia
3. il pecorino
4. la trippa
5. la cotoletta
6. la fetta.

B
1. La mattina a colazione, prendo uno yogurt ai cereali poi un caffellatte bollente, con due fette di pane tostato sulle quali spalmo marmellata.
2. Ingredienti per le tagliatelle alla bolognese : 250 grammi di tagliatelle all'uovo, 200 gr. (due etti) di carne tritata, 150 gr. (un etto e mezzo) di prosciutto crudo, due pomodori, funghi secchi, cipolla, aglio, carota e sedano tritati (*ou bien* : un trito di cipolla, aglio...), 60 gr. di burro, un cucchiaino di farina, parmigiano grattugiato, mezzo bicchiere di vino rosso, olio, sale, pepe.

C Hier soir, nous avons dîné chez Francesca. Voici le menu : jambon et melon, gnocchi dans une sauce piquante, blancs de poulet farcis accompagnés de pommes de terre frites, glace nappée au chocolat. Et pour accompagner ce repas un peu lourd, nous avons débouché une bouteille de vin blanc des Cinque Terre. Je n'ai pas dormi de la nuit.

A 1 VOCABULAIRE

A. LA TOILETTE, LA COIFFURE ET LE MAQUILLAGE

après-rasage	**il dopobarba**
atomiseur	**l'atomizzatore**
bain	**il bagno**
bigoudi	**il bigodino, il diavoletto**
blaireau	**il pennello**
brosse	**la spazzola**
brosse à dents	**lo spazzolino**
chignon	**lo « chignon », la crocchia**
coiffure	**la pettinatura**
coton-tige	**il cotoncino**
couette	**il codino**
coupe-ongles	**il tagliaunghie**
crème	**la crema**
démaquillant	**lo struccante**
dentifrice	**il dentifricio**
déodorant	**il deodorante**
dissolvant	**l'acetone (m)**
douche	**la doccia**
eau de Cologne	**l'acqua di Colonia**
épilation	**la depilazione**
éponge	**la spugna**
fard	**il « fard », il belletto**
fer à friser	**l'arricciacapelli**
flacon	**la boccetta**
fond de teint	**il fondotinta**
friction	**la frizione**
hygiène	**l'igiene**
lait de toilette	**il latte detergente**
lame de rasoir	**la lametta**
lime à ongles	**la limetta**
lotion	**la lozione**
maquillage	**il trucco**
mascara	**il mascara**
mise en plis	**la messa in piega**
mousse à raser	**la schiuma da barba**
parfum	**il profumo**
peigne	**il pettine**
permanente	**la permanente**
pince à épiler	**le pinzette**
poudre de riz	**la cipria**
propreté	**la pulizia**
rasage	**la rasatura**
rasoir	**il rasoio**
rimmel	**il rimmel**
rouge à lèvres	**il rossetto**
savon	**il sapone**
savonnette	**la saponetta**
sèche-cheveux	**il fon**
serviette	**l'asciugamano**
serviette hygiénique	**l'assorbente (m)**
shampooing	**lo « shampoo »**
talc	**il borotalco**
tampon	**il tampone**
toilette	**la « toilette »**
tresse	**la treccia**
vernis à ongles	**lo smalto**
encrassé	**insudiciato**
hydrophile	**idrofilo**
hygiénique	**igienico**
intime	**intimo**
malpropre	**sudicione**

A. LA TOILETTE, LA COIFFURE ET LE MAQUILLAGE (suite)

propre	**pulito**	frotter	**strofinare**
sale	**sporco, sudicio**	laver	**lavare**
		maquiller	**truccare**
brosser	**spazzolare**	mouiller	**bagnare**
coiffer	**pettinare**	nettoyer	**pulire**
crêper	**cotonare**	poudrer	**incipriare**
démaquiller	**struccare**	raser	**radere**
enduire	**spalmare**	rincer	**sciacquare**
épiler	**depilare**	salir	**sporcare**
essuyer	**asciugare**	savonner	**insaponare**
frictionner	**frizionare**	sécher	**asciugare**

B. LES VÊTEMENTS

anorak	**la giacca a vento**	fourreau	**il tubino**
bas	**le calze**	gant	**il guanto**
blouson	**il giubbotto**	gilet	**il panciotto**
bustier	**il corpetto**	habit	**l'abito**
caleçon, slip	**le mutande**	imperméable	**l'impermeabile**
canadienne	**la canadese**	jaquette	**il giacchino**
châle	**lo scialle**	jupe	**la gonna**
chandail	**il maglione**	jupon	**la gonnella,**
chaussette	**il calzino**		**la sottana**
chemise	**la camicia**	lainage	**il golf**
chemisier	**la camicetta**	lingerie	**la biancheria**
ciré	**l'incerata (f)**	liquette	**il camicione**
collant	**il « collant »**	maillot de corps	**la canottiera,**
combinaison	**la sottoveste**		**la camiciola**
complet	**il completo**	manteau	**il cappotto**
corsage	**la camicetta**	manteau de	**la pelliccia**
corset	**il corsetto,**	fourrure	
	il busto	mini-jupe	**la minigonna**
costume	**il vestito**	mitaines	**i mezzi guanti**
culotte	**le mutandine**	moufle	**la manopola,**
duffle-coat	**il mongomeri**		**la muffola**
écharpe	**la sciarpa**	paletot	**il paltò**
étole	**la stola**	pantalon	**i pantaloni**

pardessus	**il soprabito**
parka	**la parka, il giaccone**
peignoir	**l'accappatoio**
pull-over	**il « pullover »**
pyjama	**il pigiama**
robe	**il vestito, l'abito**
robe de chambre	**la vestaglia**
salopette	**la tuta**
short	**i calzoncini**
socquette	**il calzettino**
sous-vêtements	**la biancheria intima**
soutien-gorge	**il reggiseno**
survêtement	**la tuta**
tailleur	**il « tailleur »**
tricot	**la maglia**
tunique	**la tunica**
veste, veston	**la giacca**
vêtement	**il vestito**

C. LES CHAUSSURES

botte	**lo stivale**
bottine	**lo stivaletto**
chaussure, soulier	**la scarpa**
escarpin	**lo scarpino**
lacet	**il laccio, la stringa**
languette	**la linguetta**
mocassin	**il mocassino**
mule, savate	**la ciabatta**
pantoufle	**la pantofola**
pointure	**il numero**
sabot	**lo zoccolo**
semelle	**la suola**
talon	**il tacco**
talon-aiguille	**il tacco a spil**
tige	**il gambale**

D. LES CHAPEAUX

bonnet	**la cuffia**
cagoule	**il passamontagna**
calot	**la bustina**
calotte	**la papalina, la berretta**
canotier	**la paglietta**
capuche	**il cappuccio**
casquette	**il berretto**
chapeau	**il cappello**
chapeau melon	**la bombetta**
coiffe	**la cuffia**
couvre-chef	**il copricapo**
fez	**il fez**
fichu	**il fisciù**
foulard	**il fazzoletto**
haut-de-forme	**il cilindro**
képi	**il berretto (a visiera)**
toque	**il tocco**
turban	**il turbante**

E. LES ACCESSOIRES

attaché-case	**la ventiquat-tr'ore**
banane	**il marsupio**
bandoulière	**la tracolla**
bourse	**il borsellino**
bouton	**il bottone**
canne	**la canna, il bastone**

E. LES ACCESSOIRES (suite)

ceinture	la cintura, la cinghia	mouchoir	il fazzoletto
col	il colletto	nœud papillon	il farfallino
cravate	la cravatta	ombrelle	l'ombrellino
éventail	il ventaglio	parapluie	l'ombrello
faux-col	il colletto staccabile	plastron	il pettino
		portefeuille	il portafogli
		porte-monnaie	il portamonete
guêtre	la ghetta	ruban	il nastro
jarretière	la giarrettiera	sac à main	la borsa, la borsetta
manchon	il manicotto		
martingale	la martingala	voilette	la veletta

F. LES PARURES ET LES BIJOUX (voir aussi p. 134)

alliance	la fede	bracelet	il braccialetto
bague, anneau	l'anello	broche	il fermaglio
bijou	il gioiello	chaîne	la catenina
bijoux fantaisie	la bigiotteria	collier	la collana
boucle	la fibbia	diadème	il diadema
boucle d'oreille	l'orecchino	gourmette	la catena
bouton de manchette	il polsino	pendentif	il ciondolo

G. LES TEXTILES ET LES MATIÈRES

acrylique	l'acrilico	laine	la lana
coton	il cotone	lin	il lino
crêpe	il crespo	moleskine	il fustagno
cuir	il cuoio, la pelle	molleton	il mollettone
daim	lo scamosciato	mousseline	la mussolina
drap	il panno	nylon	il nailon
étoffe	la stoffa	organdi	l'organza (f)
feutre	il feltro	rayonne	il raion
flanelle	la flanella	satin	il raso
jersey	il tessuto maglia	satinette	il rasatello
jute	la iuta	serge	la saia

skai	lo skai
soie	la seta
strass	lo strass
suédine	il camoscio
tergal	il terital
textile	il tessile
tissu	il tessuto
toile	la tela
toile cirée	la tela cerata
trame	la trama
velours	il velluto
voile	il velo

H. LA COUTURE ET LA MODE

aiguille	l'ago
aiguille à tricoter	il ferro
baleine	la stecca
bâti	l'imbastitura
bobine de fil	il rocchetto
boîte à ouvrage	la scatola da lavoro
boutonnière	l'occhiello, l'asola
bouton-pression	l'automatico
braguette	la brachetta
bretelle	la bretella
broderie	il ricamo
brodeuse	la ricamatrice
centimètre	il centimetro
chas	la cruna
cintre	la gruccia, la stampella
ciseaux	le forbici
collection	la collezione
coupe	il taglio
coupon	lo scampolo
couture	la cucitura
couturier, tailleur	il sarto
couturière	la sarta
craie	il gessetto, la pietra
crochet	l'uncinetto
dé à coudre	il ditale
décolleté	la scollatura
défilé de mode	la sfilata di moda
dentelle	il pizzo, il merletto
dentellière	la merlettaia
doublure	la fodera
élégance	l'eleganza
encolure	la circonferenza del collo
épaulette	la spallina
épingle	lo spillo, la spilla
essayage	la prova
faux-pli	la brutta piega
fermeture éclair	la chiusura lampo
fil	il filo
finition	la finitura
forme	la foggia
garde-robe	il guardaroba
griffe	la firma
haute couture	l'alta moda, la sartoria
ligne	la linea
machine à coudre	la macchina per (da) cucire
maison de couture	la sartoria
manche	la manica
mannequin	l'indossatrice
mesures	le misure
mètre	il metro
modèle	il modello
motifs	i motivi
ourlet	l'orlo
pan	la falda

H. LA COUTURE ET LA MODE (suite)

parure	l'ornamento
patron	il cartamodello
pelote	il gomitolo
pli, pince	la piega
poche	la tasca
point	il punto
retouche	la rettificazione
revers	il risvolto
teinte, coloris	il colore
tendance	la tendenza
trousseau	il corredo

accoutré	conciato
ajusté	aderente
ample	ampio
attifé	acconciato
cintré	attillato
coloré	colorato
court	corto
débraillé	scomposto
décolleté	scollato
délavé	slavato
doublé	foderato
élégant	elegante
élimé	liso
étroit	stretto
fagoté	infagottato
fourré	foderato
fripé	sgualcito
froissé	spiegazzato
froncé	arricciato, increspato
impeccable	impeccabile
imprimé	stampato
laineux	lanoso
large	largo
long	lungo
luisant, lustré	lustro
marin	alla marinara
montant	accollato
négligé	trascurato, trasandato
plissé	pieghettato
rayé	rigato
serré	stretto
seyant	che sta bene, calzante
soyeux	setoso
synthétique	sintetico
usé	logoro, consunto
vif	vivace
voyant	vistoso, appariscente

agrafer	agganciare
amidonner	inamidire
assortir	assortire, intonare
bâtir	imbastire
boutonner	abbottonare
broder	ricamare
chausser	calzare
chiffonner	sgualcire
coudre	cucire
couper, tailler	tagliare
déchirer	stracciare
découdre	scucire, sdrucire
dégrafer	sganciare
délacer	slacciare
se déshabiller	spogliarsi, svestirsi
déteindre	stingere
élargir	allargare

s'emmitoufler	**imbacuccarsi**	repriser	**rammendare**
enfiler	**infilare**	retoucher	**ritoccare**
essayer	**provare**	rétrécir	**restringere**
faufiler	**imbastire**	teindre	**tingere**
s'habiller	**vestirsi, vestire**	tricoter	**fare a maglia**
lacer	**allacciare**		
mesurer	**misurare**	à carreaux	**a quadretti**
ôter	**togliersi**	à col roulé	**col collo alto,**
porter	**indossare**		**dolcevita**
rapiécer	**rattoppare**	à damiers	**a scacchi**
recoudre	**ricucire**	à fleurs	**a fiorami, a fiori**
rectifier	**rettificare**	à pois	**a pallini**

A 2 LEXIQUE EN SITUATION

darsi una pettinata : se donner un coup de peigne.
lavarsi la faccia : se débarbouiller.
quanto sei sporcaccione ! quel cochon tu fais !
specchiarsi : se regarder dans la glace.
qual è la sua misura (la sua taglia) ? quelle est votre taille ?
questo vestito mi sta largo : je flotte dans ce vêtement.
non ce l'ha una taglia più piccola ? vous n'avez pas la taille en dessous ?
questo modello mi sta troppo stretto di spalle : ce modèle me serre trop aux épaules.
questa giacca sembra fatta su misura per Lei : cette veste semble taillée pour vous.
il bavero del cappotto, della giacca : le col du manteau, de la veste.
non so decidere se prendere la camicetta stampata o quella in tinta unita : je n'arrive pas à me décider entre le chemisier imprimé ou celui qui est uni.
Signore, Lei veste proprio con gusto : Monsieur, vous vous habillez vraiment avec goût.
il suo modo di vestire s'addice sempre alla situazione : votre façon de vous habiller convient toujours à la situation.
è vestito di moda : il est habillé à la mode.

questi pantaloni sono fuori moda : ce pantalon est démodé (variante : **non vanno più di moda**).
mi mostri quel paio di stivaletti neri : pouvez-vous me montrer cette paire de bottines noires ?
che numero porta ? quelle est votre pointure ?
i sandali alla schiava : les (sandales) spartiates.
hai visto com'è acconciato quel tipo, con quegli stracci addosso, sembra un barbone : tu as vu comment ce type est attifé : avec ces guenilles, on dirait un clochard.
fatti bello, dobbiamo uscire ! fais-toi beau, nous devons sortir !
un gessato a doppiopetto : un costume croisé à fines rayures.
questa camicia è fresca di bucato : cette chemise est toute propre (vient juste d'être lavée).
essere in maniche di camicia : être en bras de chemise.

A 3 REGISTRES DE LANGUE

1. Sens figuré.

mettersi in ghingheri, mettersi in gran gala : se mettre sur son trente-et-un.
ti sta a pennello : ça te va comme un gant (à ravir).
tutto lindo e pulito : propre comme un sou neuf.
dare del filo da torcere : donner du fil à retordre.
tiriamo la cinghia : on se serre la ceinture.
ha voltato casacca : il a retourné sa veste.
giocare sul velluto : jouer sur du velours.
prendere una cattiva piega : filer un mauvais coton.
prendere una brutta piega : prendre une mauvaise tournure.
rimboccarsi le maniche : retrousser ses manches.
lo Stivalone italiano : la Botte italienne.

2. Proverbes.

pugno di ferro in guanto di velluto : une main de fer dans un gant de velours.
l'abito non fa il monaco : l'habit ne fait pas le moine.
spesso sotto abito vile, s'asconde uom gentile : une apparence grossière peut cacher un grand cœur.

non bisogna spogliar San Pietro per vestir San Paolo : il ne faut pas déshabiller Pierre pour habiller Paul.
tutti i nodi vengono al pettine : à la fin, tout se paie.

3. Familier.
che bellimbusto ! quel poseur !
ammira quel figurino ! admire ce dandy !
fai l'elegantone ! tu es bien coquet !
un pantofolaio : un pantouflard.

4. Mode d'hier et d'aujourd'hui.
la toga : la toge et la robe des juges et avocats.
il guardinfante : le vertugadin du XVIe siècle.
la crinolina : la crinoline.
la cappa : la cape (le mot **il mantello, la mantella** désigne une cape élégante, une mante).
la marsina, la finanzieria : la redingote.
il frac : le frac.
l'abito a coda di rondine : l'habit à queue-de-pie.
il tabarro : la pèlerine.
la feluca goliardica : le chapeau à pointe des étudiants.
il cappello a due punte (le bicorne), **il tricorno** (le tricorne).
la filandaia : la fileuse.
pour mémoire : **il filatoio** (le rouet), **il telaio** (le métier à tisser), **la conocchia, la rocca** (la quenouille), **il fuso** (le fuseau), **la matassa** (l'écheveau).

B 1 REMARQUES LEXICALES

La toilette :

- les verbes « se doucher », « se baigner » se traduisent toujours par : **fare (farsi) la doccia, fare il bagno.**
- le gant de toilette (**il guanto da bagno**) est peu utilisé en Italie. On utilise généralement **la spugna**, et **la spazzola** ou **il guanto di crine** (le gant de crin) pour frotter énergiquement.
- **la pettinatura** (la coiffure ou le fait de se coiffer) concerne les hommes et les femmes. **L'acconciatura** est un synonyme plutôt réservé aux femmes.

- **la toilette**, qu'on prononce à la française, est un mot courant qui recouvre le même champ sémantique qu'en français.
  ex. **fare toilette** : se laver, faire sa toilette.
  una toilette molto bella : une toilette ravissante.
  dov'è la toilette ? où sont les toilettes ?

Précisions sur quelques mots :

- le mot « vêtement » peut être traduit de plusieurs façons : **il vestito, l'indumento, il panno, l'abbigliamento.**
  ex. **un vestito pulito** : un vêtement propre.
  distribuire indumenti ai poveri : distribuer des vêtements aux pauvres.
  lavare, rammendare i panni : laver, repriser les vêtements.
  l'industria dell'abbigliamento : l'industrie du vêtement, la confection.
- **il vestiario** a le double sens d'habillement et de garde-robe.
  ex. **dovresti rinnovare il tuo vestiario** : tu devrais renouveler ta garde-robe.
  un magazzino di vestiario (di confezioni) : un magasin d'habillement.
- **il guardaroba** : la garde-robe (penderie).
- **l'abito** est la tenue habillée masculine ou féminine :
  ex. **l'abito da sera** : l'habit (ou la robe) de soirée.
  l'abito nuziale : le costume de mariage ou la robe de mariée (qu'on appelle aussi : **il vestito da sposa**).
- le mot « épingle » se traduit, selon les cas : **lo spillo, la spilla** (**lo spillo, la spilla da balia** : l'épingle de nourrice), **lo spillone** (l'épingle à chapeau), **la forcina** (l'épingle à cheveux). **La spilla** désigne également la broche.
- certaines pièces de l'habillement sont au pluriel en italien : **le mutande** (le caleçon, le slip), **le mutandine** (la petite culotte), **i calzoncini** (le short, la culotte courte), **i pantaloni** (le pantalon), **i jeans.**

Attention aux sens multiples de :

- **il berretto :** la casquette, le bonnet, le béret, parfois le képi. La casquette des paysans siciliens s'appelle : **la coppola.**

- **la cuffia** : la coiffe, le bonnet du bébé, mais aussi le bonnet de bain (**le cuffiette** : les écouteurs du baladeur).
- **una camicetta** est un chemisier ou une chemisette.

Quelques mots étrangers :
- l'italien a pris au français les mots : **chic, il chiffon, il cachemire, la popeline, il foulard (il fazzoletto), il jabot, il tailleur** (vêtement), **il collant, il tulle, la peluche, il déshabillé, la haute couture, il défilé**, etc. Quelques mots français ont été italianisés : **il fisciù, il fru-fru, il gilè (il panciotto), il paltò.**
- la Grande-Bretagne a donné : **in, il look, il tweed, lo smoking, il blazer, il cardigan, il kilt, il golf.**
- depuis la Seconde Guerre mondiale, la mode américaine a introduit de nombreux mots : **i jeans, il tee-shirt, lo sweat-shirt.**

Attention de ne pas confondre :
- **la collana di perle** (le collier de perles), **il collare del cane** (le collier du chien).
- **il cappello** (chapeau), **il capello** (cheveu).
- **la camicia** (la chemise), **il camice** (la blouse du médecin).
- **i calzoni** (le pantalon), **le mutande** (le caleçon).
- **la sottana** (le jupon), **la tonaca** (la soutane).
- **l'indossatrice** (le mannequin qui espère devenir « **top model** » ; au masculin : **l'indossatore**), **il manichino** (le mannequin de la vitrine).

B 2 REMARQUES GRAMMATICALES

1. Pronoms.

L'italien emploie moins souvent l'adjectif possessif que le français. Il préfère souvent la forme réfléchie.

ex. **mi metto la giacca** : je mets ma veste.
si è sporcato il vestito : il a taché son vêtement.
mettiti il cappello ! mets ton chapeau !

Les pronoms personnels réfléchis sont : **mi, ti, si, ci, vi, si.**

2. Verbes.

- **cucire** (coudre) fait au présent de l'indicatif : **cucio, cuci, cuce, cuciamo, cucite, cuciono.**
- **sdrucire** (découdre) se conjugue comme **tossire** (voir p. 181).
- **togliersi** (ôter) fait au présent de l'indicatif : **mi tolgo, ti togli, si toglie, ci togliamo, vi togliete, si tolgono** et au participe passé : **tolto.**

C 1 EXERCICES

A Chercher l'intrus dans chacune des séries suivantes :

1. a. la tuta
   b. il tocco
   c. il soprabito
   d. la gonna.

2. a. il cappotto
   b. la cappellina
   c. la coppola
   d. il cappuccio.

3. a. la collana
   b. il colletto
   c. la tracolla
   d. la collina.

4. a. gli orecchini
   b. i guanti
   c. i pantaloni
   d. gli stivaletti.

B Traduire en français :

– Tu sei stato con un'altra ragazza, hai il colletto sporco di rossetto. – Ah, questa è bella, io domando e dico se è possibile che una ragazza venga a prendere i miei colletti per baciarli. Non ho mai visto ragazze che baciano colletti o cravatte o cappelli o scarpe. Del resto, guarda ! Il signor Veneranda fermò una ragazza che passava. – Lei bacerebbe il mio panciotto ? – Io no, rispose la ragazza alzando le spalle. – Hai visto ? disse il signor Veneranda alla sua fidanzata, non ci sono donne che baciano indumenti.
(da *Il Signor Veneranda* di Carlo Manzoni).

C La forme réfléchie. Traduire en italien :

1. Je mets mes chaussures.
2. Enlève ton rouge à lèvres !
3. Il lave ses chaussettes.
4. Ne mets pas tes mains dans tes poches !
5. J'enlève ma veste.
6. Cure-toi les ongles !
7. As-tu pris ta douche ?

C 2 CORRIGÉS

A 1.b **il tocco** est un couvre-chef.
2.a **il cappotto** ne se met pas sur la tête, mais sur le dos.
3.d **la collina** : la colline.
4.a **gli orecchini** sont des bijoux.

B – Tu as été avec une autre fille, tu as le col de chemise plein de rouge à lèvres. – Ah, elle est bien bonne, je me demande vraiment s'il est possible qu'une fille vienne prendre mes cols de chemise pour les embrasser. Je n'ai jamais vu de filles qui embrassent des cols, ou des cravates, ou des chapeaux, ou des chaussures. D'ailleurs, regarde ! Monsieur Veneranda arrêta une jeune fille qui passait. – Est-ce que vous embrasseriez mon gilet ? – Moi, non, répondit la fille en haussant les épaules. – Tu as vu ? dit monsieur Veneranda à sa fiancée, des femmes qui embrassent des vêtements, ça n'existe pas.

C
1. Mi metto le scarpe.
2. Levati (togliti) il rossetto !
3. Si lava i calzini.
4. Non metterti le mani in tasca !
5. Mi tolgo la giacca.
6. Pulisciti le unghie !
7. Ti sei fatto la doccia ?

19 LA MAISON

A 1 VOCABULAIRE

A. LA MAISON (voir aussi ch. 5)

appartement	**l'appartamento**
bail	**il contratto d'affitto**
charges	**le spese condominiali**
colocataire	**il coinquilino**
déménagement	**il trasloco**
duplex	**il duplex**
emménagement	**il trasloco**
locataire	**l'inquilino**
location	**l'affitto**
loft	**il loft**
logement	**l'alloggio**
loyer	**il canone, il fitto**
maison	**la casa**
propriétaire	**il proprietario**
studio	**il monolocale**
bruyant	**rumoroso**

confortable	**comodo**
fonctionnel	**funzionale**
habitable	**abitabile**
inconfortable	**scomodo**
inhabité	**disabitato**
inoccupé	**libero**
insalubre	**insalubre**
mansardé	**a mansarda**
spacieux	**spazioso**
déménager	**traslocare**
emménager	**traslocare**
expulser	**sfrattare**
habiter	**abitare**
s'installer	**installarsi**
louer	**affittare**
occuper	**occupare**
résider	**risiedere**
sous-louer	**subaffittare**

B. L'INTÉRIEUR, LES PIÈCES

alcôve	**l'alcova**
bureau	**lo studio**
cabinet de toilette	**il bagno**
cagibi	**lo sgabuzzino**
cave, cellier	**la cantina**
chambre	**la camera**
cloison	**il tramezzo**
coin	**l'angolo**
combles	**il sottotetto**
couloir	**il corridoio**
cuisine	**la cucina**
débarras	**il ripostiglio**

fenêtre	**la finestra**
grenier	**la soffitta**
kitchenette	**il cucinino**
mezzanine	**il mezzanino**
mur	**la parete**
pièce	**la stanza**
placard	**l'armadio a muro**
plafond	**il soffitto**
plinthe	**il battiscopa**
porte	**la porta**
poutre	**la trave**
salle	**la sala**

salle à manger	**la sala da pranzo**	entrebâiller	**accostare**
salle de bains	**il bagno**	entrouvrir	**socchiudere**
salon	**il salotto**	fermer	**chiudere**
séjour	**il soggiorno**	ouvrir	**aprire**
sol	**il pavimento**	ouvrir grand	**spalancare**
toilettes	**il gabinetto**		

C. L'ÉCLAIRAGE, LE CHAUFFAGE, L'AIR CONDITIONNÉ (voir aussi p. 137)

abat-jour	**il paralume**	poêle (m)	**la stufa**
ampoule	**la lampadina**	prise de courant	**la presa (elettrica)**
chaudière	**la caldaia**	radiateur	**il termosifone**
chauffage	**il riscaldamento**	soufflet	**il soffietto**
chauffe-eau	**lo scaldacqua**	tisonnier	**l'attizzatoio**
cheminée	**il camino**	ventilateur	**il ventilatore**
climatisation	**la climatizzazione**		
climatiseur	**il condizionatore d'aria**	clair	**chiaro**
		ensoleillé	**soleggiato**
éclairage	**l'illuminazione** (f)	exposé	**esposto**
fiche	**la spina**	halogène	**alogeno**
interrupteur	**l'interruttore**	lumineux	**luminoso**
isolation	**l'isolamento**	sombre	**buio, oscuro**
lampadaire	**la lampada (a stelo)**		
		allumer	**accendere**
lampe	**la lampada**	chauffer	**scaldare**
lustre	**il lampadario**	éteindre	**spegnere**

D. LA DÉCORATION ET L'AMEUBLEMENT

agencement	**la disposizione**	papier peint	**la carta da parati**
ameublement	**l'arredamento**	parquet	**il pavimento**
carpette	**il tappetino**	rideau	**la tenda**
décoration	**gli arredi**	store	**la tapparella**
frise	**la lista**	tapis	**il tappeto**
linoléum	**il linoleum**	tenture	**la tappezzeria**
meuble	**il mobile**	tiroir	**il cassetto**
mobilier	**la mobilia**	tringle	**l'asta**
moquette	**la « moquette »**		

D. LA DÉCORATION ET L'AMEUBLEMENT (suite)

coulissant	**scorrevole**	aménager	**sistemare**
décoratif	**decorativo**	décorer	**ornare,**
pliant	**pieghevole**		**arredare**
rembourré	**imbottito**	meubler	**ammobiliare**
rustique	**rustico**	repeindre	**ridipingere**
tournant	**girevole**	tapisser	**tappezzare**

E. L'ENTRÉE

clé	**la chiave**	portemanteau	**l'attaccapanni**
judas	**lo spioncino**	serrure	**la serratura**
paillasson	**lo zerbino**	tablette	**la mensola**
poignée	**la maniglia**	vestibule	**il vestibolo**
porte	**la porta**		

F. LE SALON, LE BUREAU

accoudoir	**il bracciolo**	dossier	**la spalliera**
bibelot	**il soprammobile,**	étagère	**lo scaffale**
	il ninnolo	fauteuil	**la poltrona**
bibliothèque	**la libreria**	guéridon	**il tavolino**
bureau	**la scrivania**	horloge	**l'orologio**
canapé	**il canapè**		**(a muro)**
cendrier	**il portacenere**	paravent	**il paravento**
chaise	**la sedia**	tabouret	**lo sgabello**
divan	**il divano**	vase	**il vaso**

G. LA CHAMBRE À COUCHER

armoire	**l'armadio**	descente de lit	**lo scendiletto**
baldaquin	**il baldacchino**	dessus-de-lit	**il copriletto**
coffre	**la cassapanca**	drap	**il lenzuolo**
commode	**il cassettone**	édredon	**il piumino**
couette	**il piumone**	housse de	**il copripiumone**
coussin	**il cuscino**	couette	
couverture	**la coperta**	lit	**il letto**

matelas	il materasso	sommier	la rete
oreiller	il guanciale	table de nuit	il comodino
penderie	il guardaroba	taie d'oreiller	la federa
réveille-matin	la sveglia	traversin	il capezzale

H. LA SALLE DE BAINS

baignoire	la vasca	lavabo	il lavandino
	(da bagno)	miroir	lo specchio
bidet	il bidè	mitigeur	il miscelatore
chasse d'eau	lo sciacquone	robinet	il rubinetto
cuvette	la tazza	robinetterie	la rubinetteria
douche	la doccia		

I. LA SALLE À MANGER ET LE REPAS

assiette	il piatto	plat	il piatto
assiette creuse	il piatto fondo		(da portata)
bol	la ciotola,	plateau	il vassoio
	la tazza	poivrière	la pepaiola
bouchon	il tappo	porte-couteau	il reggiposata
bouteille	la bottiglia	salière	la saliera
buffet	la credenza	serviette de	il tovagliolo
carafe	la caraffa	table	
cafetière	la caffettiera	soucoupe	il piattino
coquetier	il portauovo	soupière	la zuppiera
couteau	il coltello	table	la tavola
couvert	la posata	tasse	la tazza
cruche	la brocca	théière	la teiera
cuillère	il cucchiaio	toile cirée	l'incerata
cuillère à café	il cucchiaino	vaisselle	i piatti
cure-dents	lo stuzzicadenti	verre	il bicchiere
dessous-de-plat	il sottopiatto		
fourchette	la forchetta	débarrasser	sparecchiare
nappe	la tovaglia	mettre la table	apparecchiare

J. LA CUISINE ET LES APPAREILS ÉLECTRIQUES

batteur	lo sbattitore
centrifugeuse	la centrifuga
congélateur	il congelatore
cuisinière	la cucina
évier	il lavello
four	il forno
four micro-onde	il forno a microonde
frigidaire	il frigorifero
friteuse	la friggitrice
grille-pain	il tostapane
hotte aspirante	la cappa aspirante
lave-vaisselle	la lavastoviglie, la lavapiatti
mixeur	il frullatore
moulin à café	il macinacaffè
plaque chauffante	la piastra
réchaud	il fornello
rôtissoire	il girarrosto

K. LES OBJETS DE LA CUISINE

allume-gaz	l'accendigas
allumette	il fiammifero
broche	lo spiedo
casse-noix	lo schiaccianoci
casserole	la pentola
cocotte-minute	la pentola a pressione
décapsuleur	l'apribottiglie
écumoire	la schiumarola
égouttoir	lo scolapiatti
entonnoir	l'imbuto
gril	la graticola
louche	il mestolo
marmite	la pentola
moule	lo stampo, la forma
ouvre-boîte	l'apriscatole
passoire	il colapasta
planche à hacher	il tagliere
poêle (f)	la padella
presse-citron	lo spremilimoni
presse-purée	il passaverdure
râpe	la grattugia
rouleau à pâtisserie	il matterello
tamis	il setaccio
tire-bouchon	il cavatappi

L. LES TÂCHES MÉNAGÈRES

aspirateur	l'aspirapolvere
assouplissant	l'ammorbidente
balai	la scopa
balayette	la scopetta
brosse	la spazzola
buée	la condensa
chiffon	lo straccio
cire	la cera
eau de Javel	la candeggina
éponge	la spugna
étendoir	lo stendibiancheria
fer à repasser	il ferro da stiro
lessive	il detersivo
machine à laver	la lavatrice

ordures	**la spazzatura**	changer	**cambiare**
pince à linge	**la molletta**	cirer	**lucidare**
plumeau	**il piumino**	déboucher	**stappare, sturare**
poubelle	**la pattumiera**	épousseter	**spolverare**
poussière	**la polvere**	essuyer	**asciugare**
saleté	**la sporcizia**	étendre	**sciorinare, stendere**
seau	**il secchio**		
sèche-linge	**l'asciugatrice (f)**	frotter	**strofinare**
serpillière	**lo strofinaccio**	jeter	**buttare (via)**
tablier	**il grembiule**	laver	**lavare**
torchon	**il canovaccio**	lustrer	**lustrare, lucidare**
		nettoyer	**pulire**
bouché	**otturato**	plier	**piegare**
défectueux	**difettoso**	ranger	**riordinare**
propre	**pulito**	remplir	**riempire**
sale	**sporco**	renverser	**rovesciare**
		réparer	**riparare**
balayer	**spazzare**	repasser	**stirare**
brosser	**spazzolare**	rincer	**sciacquare**
casser	**rompere**	vider	**vuotare**

A 2 LEXIQUE EN SITUATION

affittasi casa, vendesi casa : maison à louer, à vendre.
cento metri quadri (quadrati) : cent mètres carrés.
ci siamo sistemati in un appartamentino ammobiliato : nous nous sommes installés dans un petit meublé.
inaugurare il nuovo appartamento (la nuova casa) : pendre la crémaillère.
le piante d'appartamento : les plantes vertes.
gli interni della casa sono stati risistemati da un architetto : l'intérieur de la maison a été réaménagé par un architecte.
un soffitto dalle travi apparenti : un plafond aux poutres apparentes.
la seconda casa (la residenza secondaria) : la résidence secondaire.
abbiamo tutte le comodità : nous avons tout le confort.
l'aria condizionata : l'air conditionné.

la camera degli ospiti : la chambre d'amis.
nella camera (da letto), c'è un letto matrimoniale : dans la chambre (à coucher), il y a un lit à deux places.
la rete a doghe : le sommier à lattes.
letti a castello : des lits superposés.
un tavolino da notte : une table de chevet.
un divano letto : un canapé-lit.
una poltrona a dondolo : un rocking-chair.
gli elettrodomestici : les appareils ménagers.
il piano di cottura : la table de cuisson.
imbandire la tavola : dresser le couvert.
la casalinga sbriga le faccende di casa : la femme au foyer s'occupe de la maison.
uno slogan femminista degli anni '70 diceva : « È ora di cambiare, siamo stufe di cucire, lavare e cucinare » : un slogan féministe des années 70 disait : « Il est temps de changer, nous en avons assez de coudre, de laver et de faire la cuisine ».
tutti i membri della famiglia fanno le pulizie di casa ? tous les membres de la famille font-ils le ménage ?
chi lava i piatti ? qui fait la vaisselle ?
chi fa il bucato ? qui fait la lessive ?
i vetri sono appannati : les vitres sont couvertes de buée.
hai messo a soqquadro la casa : tu a mis la maison sens dessus dessous.
che disordine ! quel désordre !
voglio che tutto sia in ordine quando torno : je veux que tout soit en ordre quand je reviens.
puoi innnestare (attaccare) la spina dell'aspirapolvere ? tu peux brancher l'aspirateur ?
vado a letto : je vais me coucher.
non sbattere la porta ! ne claque pas la porte !
non è ancora rincasato : il n'est pas encore rentré.
hanno suonato il campanello : on a sonné (à la porte).
hanno bussato alla porta : on a frappé à la porte.
affacciarsi nel vano della porta : apparaître dans l'embrasure de la porte.
permesso ? peut-on entrer ?
avanti ! entrez !

A 3 REGISTRES DE LANGUE

1. Sens figuré.
qualcosa bolle in pentola : il y a anguille sous roche.
cadere dalla padella nella brace : tomber de Charybde en Scylla.
era da raccattare col cucchiaino : il était à ramasser à la petite cuillère.

2. Proverbes.
in casa sua, ciascuno è re : chacun est maître en sa maison.
il diavolo fa le pentole ma non i coperchi : tout finit toujours par se payer.

3. Familier ou vulgaire.
il cesso : les cabinets. Ce mot peut aussi être employé au sens figuré.
ex. **questo posto è un cesso** : ce coin, c'est de la merde.

4. Littéraire.
il vasellame : la vaisselle.
il desco : la table, **la mensa** : la table ou le repas.
ex. **una mensa frugale** : une table frugale.

B 1 REMARQUES LEXICALES

Explication de quelques termes :

- **un monolocale** est un studio, **un bilocale** un deux-pièces, cuisine, salle de bains, c'est-à-dire : **un appartamento di due stanze (ou locali ou vani) più servizi.**
  Pour les appartements plus grands, les petites annonces précisent : **un tre locali, un quattro locali**…
- **i servizi** désignent l'ensemble des installations sanitaires d'une maison.
- **il salone** (le salon) est une pièce, généralement plus vaste que **il salotto**, que l'on réserve aux grandes occasions. Elle est parfois fermée le reste de l'année.

- la cuisine peut être : **una cucina abitabile** (vraie cuisine avec coin repas), **un cucinotto** (pièce minuscule où l'on ne peut que cuisiner), **un angolo cottura** (coin cuisine).
- **il tinello** est une petite salle à manger parfois associée à la cuisine.
- **la parete** désigne le mur intérieur d'une maison.
  ex. **un dipinto appeso alla parete** : un tableau accroché au mur.
- **gli arredi** regroupent les meubles et les objets (**le suppellettili**) qui servent à décorer la maison. C'est pourquoi, à côté du verbe **ammobiliare** (meubler), on trouve **arredare** qui signifie « meubler » ou « décorer ».
- **la caffettiera** est un terme générique. Pour désigner la cafetière italienne, on dit aussi **la macchinetta da caffè** ou **la moca.**
- **un tegame** est un ustensile de cuisine à mi-chemin entre la poêle et la casserole, **un tegamino** est un petit plat pour faire frire les œufs.

Plusieurs traductions pour le même mot français :

- **la tavola** s'emploie surtout pour la table de la salle à manger. Dans les autres cas on préfère souvent **il tavolo.**
  ex. **il tavolo da stiro** : la table à repasser.
- le carreau : **il vetro** (la vitre de la fenêtre), **la piastrella** (le carreau de céramique).
- le sommier métallique (**la rete metallica**), est plus répandu en Italie que le sommier rembourré et garni de tissu (**il saccone a molle** : le sommier à ressorts).

Plusieurs traductions pour le même mot italien :

- **il bagno** : la salle de bains (**la stanza da bagno**), le bain.
  ex. **fa il bagno** : il prend son bain.
  sono in bagno : je suis dans la salle de bains.
- les toilettes en Italie étant traditionnellement dans cette pièce, « je vais aux toilettes » se dit **vado in bagno.** Mais dans les lieux publics, on demande où se trouve **la toilette** (mot français) ou **la toeletta.**
- **il pavimento** traduit à lui seul les mots « plancher, parquet,

carrelage ». Si l'on veut être plus précis, il faut expliciter : **un pavimento di legno** (plancher, parquet), **un pavimento di mattonelle** (carrelage).

- **il detersivo** (le détergent) est un terme générique qui désigne indifféremment le liquide vaisselle, la lessive, les produits pour sols et carrelages... Les étiquettes précisent : **detersivo per piatti, per bucato, per pavimenti e piastrelle.**
  Attention, en traduisant le mot « lessive », à ne pas confondre **il detersivo** (le produit d'entretien) et **il bucato** (le lavage du linge).
- la traduction de l'adjectif **casalingo** (dérivé de **casa**) dépend du contexte.
  ex. **una persona casalinga** : une personne casanière.
  i lavori casalinghi : les travaux ménagers.

Quelques synonymes courants :
l'uscio (la porta), il solaio (la soffitta), l'acquaio (il lavello), il comò (il cassettone), le stoviglie (i piatti), il cencio (lo straccio), la varechina (la candeggina), scopare (spazzare).

B 2 REMARQUES GRAMMATICALES

1. Noms.
Pluriels :
il lenzuolo a deux pluriels. Le pluriel irrégulier, **le lenzuola**, désigne la paire de draps d'un lit, alors que le pluriel régulier est plutôt réservé aux draps considérés indépendamment les uns des autres.

ex. **mi infilo sotto le lenzuola** : je me glisse sous les draps.
lenzuoli di tutti i colori sono stesi sui fili : des draps de toutes les couleurs sont étendus sur les fils.

2. Verbes.
Voici quelques participes passés irréguliers :
acceso (accendere), spento (spegnere), aperto (aprire), chiuso (chiudere), steso (stendere), rotto (rompere).

ex. **hai spento la luce ?** as-tu éteint la lumière ?

3. Prépositions.

■ « chez » :

- « chez » peut être traduit de deux façons : par la préposition **da** ou par la tournure **a casa di.**
  ex. **nous allons chez Elena** : andiamo da Elena, andiamo a casa di Elena.
- pour traduire « chez moi, chez toi… » on peut dire **da me, da te…** (da + pronom) mais on préfère souvent **a casa mia, a casa tua…** (a casa + possessif).
  ex. **ci vediamo a casa tua alle otto** : rendez-vous chez toi à huit heures.
- dans les cas où le possessif n'est pas nécessaire, l'italien ne l'emploie pas.
  ex. **torno a casa** : je rentre chez moi.

■ la préposition **da** :

attention à ne pas confondre **una tazza da caffè** (une tasse à café) et **una tazza di caffè** (une tasse de café). Dans ce cas, la préposition **da** précise l'utilisation de l'objet.

B 3 REMARQUES PARTICULIÈRES

1. Origine de mots.

- **la credenza** : le buffet, est un dérivé du verbe **credere** (croire), à travers la locution **fare la credenza** qui vient d'une pratique qui consistait à faire goûter les mets à des serviteurs afin de s'assurer qu'ils n'étaient pas empoisonnés.
- **il grembiule** : le tablier, vient de **il grembo** : le giron (partie du corps allant de la taille aux genoux).

2. D'une langue à l'autre.

- **il sale** : le sel, **la saliera** : la salière. Les mots suivants sont formés de la même façon : **la zuccheriera** (le sucrier), **la compostiera** (le compotier), **la fruttiera** (la coupe à fruits), **la formaggiera** (le récipient pour parmesan râpé), **l'insalatiera** (le saladier).
- adjectifs en -abile (construits sur des verbes du premier groupe) : **abitabile** (habitable), **inabitabile** (inhabitable), **smontabile** (démontable), **lavabile** (lavable).

C 1 EXERCICES

A Grammaire : choisir la préposition :

1. un armadio … specchio
   a. *a* b. *con*
2. suonare … campanello
   a. *il* b. *al*
3. una sedia … cucina
   a. *per* b. *da*
4. una tazza … caffè piena di latte
   a. *di* b. *da*
5. devo bere … bottiglia o mi porta un bicchiere ?
   a. *dalla* b. *nella*

B Traduire en français les petites annonces suivantes :

1. Vendesi 3 locali in palazzo zona centrale composto da : ingresso, tinello con angolo cottura, 2 letto, servizi, posto auto.
2. Affittasi 3 vani in palazzina signorile, 20 km. da Milano, 2 camere, cucina abitabile, doppi servizi, ripostiglio, 2 terrazzini, cantina, solaio, box.

C Traduire en français :

Noemi stava sempre sul belvedere, tra gli avanzi del banchetto ; intorno a lei scintillavano le bottiglie vuote, i piatti rotti, qualche mela d'un verde ghiacciato, un vassoio e un cucchiaino dimenticati ; anche le stelle oscillavano sopra il cortile come scosse dal ritmo della danza. (da *Canne al Vento* di Grazia Deledda)

D Traduire en italien.

1. Je vis dans un studio très spacieux et bien décoré.
2. Chez nous, il n'y a qu'une table, un lit à deux places, quelques chaises et une armoire.
3. Le soleil dessine sur le carrelage l'encadrement (**il riquadro**) de la fenêtre.
4. Je fais le ménage si tu fais la vaisselle.

C 2 CORRIGÉS

A 1.a 2.a 3.b 4.b 5.a.

B 1. À vendre 3 pièces dans immeuble centre ville composé de : entrée, petite salle à manger avec coin cuisine, 2 chambres à coucher, salle de bains, place de parking.
2. À louer 3 pièces dans petit immeuble de standing, 20 km. de Milan, 2 chambres, cuisine, 2 salles de bains, débarras, 2 terrasses, cave, grenier, garage fermé.

C Noemi restait toujours sur le belvédère, parmi les restes du banquet ; autour d'elle scintillaient les bouteilles vides, les assiettes cassées, quelques pommes d'un vert glacé, un plateau et une petite cuillère oubliés ; les étoiles elles aussi oscillaient au-dessus de la cour comme remuées par le rythme de la danse.

D 1. Vivo in un monolocale molto spazioso e arredato bene.
2. A casa nostra, ci sono solo una tavola, un letto matrimoniale, qualche sedia e un armadio.
3. Il sole disegna sul pavimento il riquadro della finestra.
4. Io pulisco la casa se tu lavi i piatti.

20 LA FAMILLE

A 1 VOCABULAIRE

A. LES LIENS FAMILIAUX

ancêtre	**l'antenato**	grand-mère	**la nonna**
arrière-grand-père	**il bisnonno**	grand-oncle	**il prozio**
arrière-petit-fils	**il pronipote**	grand-père	**il nonno**
beau-frère	**il cognato**	maman	**la mamma**
beau-père	**il suocero**	marraine	**la madrina**
belle-fille	**la nuora**	mère	**la madre**
belle-mère	**la suocera**	neveu	**il nipote**
belle-sœur	**la cognata**	nièce	**la nipote**
cousin	**il cugino**	oncle	**lo zio**
demi-frère	**il fratellastro**	papa	**il papà, il babbo**
demi-sœur	**la sorellastra**	parents	**i genitori, i parenti**
descendance	**la discendenza**		
descendant	**il discendente**	parrain	**il padrino**
fille	**la figlia**	père	**il padre**
filleul	**il figlioccio**	petit-fils	**il nipote**
fils	**il figlio**	petit-neveu	**il pronipote**
frère	**il fratello**	sœur	**la sorella**
gendre	**il genero**	tante	**la zia**

B. LA FAMILLE, LE NOM

adoption	**l'adozione**	pupille	**il pupillo**
aîné	**il primogenito**	sobriquet	**il nomignolo**
benjamin	**il minore**	surnom	**il soprannome**
cadet	**il secondogenito**	tuteur	**il tutore**
chef de famille	**il capofamiglia**		
diminutif	**il diminutivo**	adoptif	**adottivo**
famille	**la famiglia**	aîné	**maggiore**
génération	**la generazione**	cadet	**minore**
nom	**il cognome**	familial	**familiare**
orphelin	**l'orfano**	filial	**filiale**
orphelinat	**l'orfanotrofio**	fraternel	**fraterno**
parenté	**la parentela**	germain	**di primo grado**
prénom	**il nome**	jumeau	**gemello**

B. LA FAMILLE, LE NOM (suite)

lointain, éloigné	**lontano**	confier	**affidare**
maternel	**materno**	délaisser	**trascurare**
paternel	**paterno**	éduquer	**educare**
proche	**stretto**	élever	**allevare, crescere**
		garder	**badare a**
abandonner	**abbandonare**	gâter	**viziare**
adopter	**adottare**	maltraiter	**maltrattare**
s'appeler	**chiamarsi**	s'occuper (de)	**badare (a)**

C. LE COUPLE

célibat	**il celibato**	témoins	**i testimoni**
célibataire (f)	**la nubile**	veuf	**il vedovo**
célibataire (m)	**lo scapolo**	veuvage	**la vedovanza**
concubin	**il convivente**		
concubinage	**la convivenza**	bigame	**bigamo**
conjoint	**il coniuge**	célibataire	**celibe,**
couple	**la coppia**		**nubile**
divorce	**il divorzio**	conjugal	**coniugale**
époux	**il consorte**	matrimonial	**matrimoniale**
femme	**la moglie**	nuptial	**nuziale**
fiançailles	**il fidanzamento**	polygame	**poligamo**
fiancé	**il fidanzato**	prénuptial	**prematrimoniale**
jeunes mariés	**gli sposini**		
mari	**il marito**	se disputer	**litigare**
mariage	**il matrimonio**	divorcer	**divorziare**
ménage	**la coppia**	épouser	**sposare**
noce	**le nozze**	se fiancer	**fidanzarsi**
rupture	**la rottura**	se marier	**sposarsi**
scène de ménage	**la scenata**	se quitter	**lasciarsi**
séparation	**la separazione**	se séparer	**separarsi**

D. AVOIR UN ENFANT

baby-sitter	**la « baby-sitter »**	bavoir	**il bavaglino**
		berceau	**la culla**

biberon	**il « biberon », il poppatoio**
bouillie	**la pappa**
chaise haute	**il seggiolone**
chauffe-biberon	**lo scaldabiberon**
couche	**il pannolino**
crèche	**l'asilo nido, il nido**
garderie	**l'asilo infantile**
halte-garderie	**la nursery**
hochet	**il sonaglio**
kangourou	**il marsupio**
landau	**la carrozzina**
langes	**le fasce**
nourrice	**la balia**
nurse	**la bambinaia**
parc	**il box**

petit pot	**l'omogeneizzato**
porte-bébé	**lo zaino portabebè**
pot (de chambre)	**il vasino**
poussette	**il passeggino**
siège auto	**la poltroncina auto**
table à langer	**il fasciatoio**
tétée	**la poppata**
tétine	**il succhietto**
allaiter, nourrir	**allattare**
changer	**cambiare**
langer	**fasciare**
nourrir	**nutrire**
sevrer	**svezzare, divezzare**
sucer	**succhiare**
téter	**poppare**

E. LES ÂGES DE LA VIE

adolescence	**l'adolescenza**
adolescent	**l'adolescente**
adulte	**l'adulto**
âge	**l'età (f)**
anniversaire	**il compleanno**
bébé	**il bimbo, il bebè**
centenaire	**il centenario**
croissance	**la crescita**
dame	**la signora**
demoiselle	**la signorina**
enfance	**l'infanzia**
enfant	**il bambino**
fille	**la ragazza**
garçon	**il ragazzo**
jeune fille	**la ragazza**
jeune homme	**il giovanotto**
jeunesse	**la giovinezza, la gioventù**

longévité	**la longevità**
maturité	**la maturità**
monsieur	**il signore**
naissance	**la nascita**
nourrisson	**il lattante, il poppante**
nouveau-né	**il neonato**
personne âgée	**l'anziano**
puberté	**la pubertà**
vie	**la vita**
vieillard	**il vecchio, il vegliardo**
vieillesse	**la vecchiaia**
âgé	**anziano**
d'un certain âge	**attempato**
enfantin	**infantile**

E. LES ÂGES DE LA VIE (suite)

gâteux	**rimbambito**	vieux	**vecchio**
immature	**immaturo**		
jeune	**giovane**	grandir	**crescere**
juvénile	**giovanile**	mourir	**morire**
majeur	**maggiorenne**	naître	**nascere**
mineur	**minorenne**	rajeunir	**ringiovanire**
mûr	**maturo**	vieillir	**invecchiare**
vert	**arzillo**	vivre	**vivere**

A 2 LEXIQUE EN SITUATION

la libera unione : l'union libre.
uno scapolo impenitente : un célibataire endurci.
si è sposata sul tardi : elle s'est mariée sur le tard.
la luna di miele : la lune de miel.
hanno messo su casa a Taranto : ils se sont installés à Tarente.
un abito pre-maman : une robe de grossesse.
ha avuto cinque gemelli : elle a eu des quintuplés.
la ragazza alla pari bada ai bambini : la fille au pair garde les enfants.
curare i bambini : s'occuper (prendre soin) des enfants.
l'emancipazione della donna : l'émancipation de la femme.
la convivente era al buio di questa storia : sa compagne ignorait cette histoire.
non vanno più d'accordo : ils ne s'entendent plus.
lui fa la doppia vita : il mène une double vie.
stavano insieme da anni quando si sono lasciati : ils vivaient ensemble depuis des années quand ils se sont quittés.

pronto, famiglia Levi ? allô, je suis bien chez les Levi ?
Giuseppino, di' alla mamma che le vorrei parlare ! Giuseppino, dis à ta maman que je voudrais lui parler !
mia nonna è una settantenne ancora in gamba : ma grand-mère est une septuagénaire bien conservée.
l'albero genealogico : l'arbre généalogique.
un cugino di primo grado : un cousin germain.

una cugina acquisita : une cousine par alliance.
un trovatello : un enfant trouvé.
la prima infanzia : la petite enfance.
un uomo di mezza età : un homme entre deux âges.
la terza età : le troisième âge.
quanti anni ha ? quel âge a-t-il ?
è un uomo sulla settantina : c'est un homme d'environ soixante-dix ans.
ha compiuto 84 anni un mese fa : il a eu 84 ans il y a un mois.
è vero ?, non li dimostra ! c'est vrai ?, il ne les fait pas !
i miei coetanei sembrano più vecchi di me : les gens de mon âge font plus vieux que moi.
siamo coetanei io e Silvia : nous avons le même âge Silvia et moi.
ha superato la novantina, vive in una casa di riposo : il a dépassé les quatre-vingt-dix ans, il vit dans une maison de retraite.
mio zio si avvicina ai cent'anni : mon oncle approche de la centaine.

A 3 REGISTRES DE LANGUE

1. Langage spécialisé.

il nucleo familiare : le noyau familial (le ménage).
i conviventi a carico : les parents à charge.
chiedere in affidamento (in affido) i figli : demander à avoir la garde des enfants.
la separazione consensuale : la séparation par consentement mutuel.
l'assegno (di mantenimento) : la pension alimentaire.
la patria potestà : l'autorité parentale.
il calo della natalità : la baisse de la natalité.
il tasso di mortalità : le taux de mortalité.

2. Sens figuré.

sta sempre attaccato alle sottane della madre : il est toujours dans les jupes de sa mère.
ha ancora il latte sulle labbra : si on lui pressait le nez, il en sortirait encore du lait.

non sono nato ieri : je ne suis pas né d'hier.
è un figlio di papà : c'est un fils à papa.
dare l'addio al celibato : enterrer sa vie de garçon.

3. Proverbes.

tale (il) padre, tale (il) figlio : tel père, tel fils.
a padre avaro figliuolo prodigo : à père avare enfant prodigue.
i panni sporchi si lavano in famiglia : il faut laver son linge sale en famille.
tra moglie e marito non mettere il dito : entre l'arbre et l'écorce, il ne faut pas mettre le doigt.
moglie e buoi dei paesi tuoi : prends ta femme dans ton village et tes bœufs dans le voisinage.

4. Familier.

il rampollo (la jeune pousse) : le rejeton.
ex. **come sta il tuo rampollo ?** comment se porte ton rejeton ?
i miei vecchi : mes vieux.
la tata, mot du langage enfantin, désigne « la nurse ». Dans le même registre de langue, **una coccola** est un câlin, **il ciuccio** : la tétine (la « suce »).
uno scapolone : un vieux garçon, **una zitella** : une vieille fille.

5. Vulgaire.

figlio d'un cane ! enfant de salaud !
un vecchio rincoglionito : un vieux gâteux.

6. Littéraire.

fanciullo, d'un emploi aujourd'hui littéraire, désigne un enfant de six ans environ jusqu'à l'adolescence. Le féminin **fanciulla** peut aussi avoir le sens de « jeune fille » (ex. **una fanciulla di sedici anni**).
la fanciullezza, la puerizia : l'enfance.
la prole, la progenie : la progéniture. Ces mots sont employés aujourd'hui ironiquement.
la stirpe : la lignée, la descendance.
la posterità : les descendants (dans leur ensemble), **i posteri** : les descendants (considérés individuellement).

gli avi : les aïeux, **il bisavolo (bisavo)** : le bisaïeul.
il connubio : le mariage.
il talamo : la couche nuptiale.
un famiglio : un domestique.

7. Anglicismes.
genitori part time : des parents à temps partiel (en cas de divorce).
un single : un célibataire.

B 1 REMARQUES LEXICALES

Plusieurs traductions pour le même mot français :

- la tétine : **il succhietto** ou **la tettarella.** La première est la sucette que l'on donne au bébé pour le calmer, la seconde est au bout du biberon.
- l'enfant : **il figlio** ou **il bambino.**
  ex. ses enfants sont arrivés : **i suoi figli sono arrivati.**
  c'est encore un enfant : **è ancora un bambino.**
- la fille : **la figlia** ou **la ragazza.**
  ex. **mia figlia non c'è** : ma fille n'est pas là.
  è una ragazza simpatica : c'est une fille sympathique.
  On trouve aussi **una femmina.** Ce mot s'emploie par opposition à **un maschio**, pour préciser le sexe.
  ex. **spero che sia una femminuccia, non un altro maschietto !** j'espère que ce sera une (petite) fille, pas un autre (petit) garçon !
- la femme : **la moglie** ou **la donna.** Pour ne pas faire d'erreur en traduisant le mot « femme », qui a deux sens en français, on peut retenir les couples **la donna, l'uomo** (la femme, l'homme) et **la moglie, il marito** (la femme, le mari).
- célibataire : **celibe** ou **scapolo** (pour un homme), **nubile** (pour une femme).
- l'anniversaire : **il compleanno** ou **l'anniversario.**
  ex. **ho avuto molti regali per il mio compleanno** : j'ai eu beaucoup de cadeaux pour mon anniversaire.
  l'anniversario della morte di Carlo Goldoni : l'anniversaire de la mort de Carlo Goldoni.

Les liens familiaux :

- il ne faut pas confondre **genero** et **figliastro** (beau-fils), **nuora** et **figliastra** (belle-fille), **suocero** et **patrigno** (beau-père), **suocera** et **matrigna** (belle-mère). Les premiers liens de parenté proviennent du mariage d'un des enfants. On emploie les seconds lorsqu'un des parents se remarie.
  La matrigna est aussi « la marâtre » (péjoratif).
- **i genitori** sont le père et la mère, alors que **i parenti** sont les parents au sens large.
  ex. **i suoi genitori divorziano** : ses parents divorcent.
  era vestita a lutto per un parente lontano : elle portait le deuil pour un parent éloigné.
- les possessifs substantivés : **i miei, i tuoi, i suoi**… désignent les parents. Dans ces tournures, le mot **genitori** est sous-entendu.
  ex. **i suoi non ci sono, ci invita ad una festicciola a casa sua** : ses parents ne sont pas là, il nous invite à une petite fête chez lui.
- les féminins **la nonna, la zia, la suocera, la nipote, la figlia, la bisnonna, la prozia**, ne diffèrent du masculin que par leur genre alors qu'en français on a deux mots différents (ex. neveu, nièce).
- au pluriel, le masculin l'emportant sur le féminin, pour traduire par exemple « les grands-parents, les oncle et tante, les nièces et neveux, les enfants » (s'il y a au moins un fils), on dira tout simplement **i nonni, gli zii, i nipoti, i figli**.
- se marier : **sposarsi**. Le verbe **maritarsi** (« prendre mari »), qui ressemble au français, est plus rare et ne peut s'appliquer qu'à la femme. Son équivalent pour l'homme est **ammogliarsi** (« prendre femme »).
- papa : **papà, babbo**. Le deuxième est souvent précédé de l'article défini, comme « mamma ».
  ex. **il babbo è arrabbiato** : papa est en colère.
  Le Père Noël : **Babbo Natale** ou **Papà Natale**.
- l'adjectif **familiare** a les deux sens de « familial » et « familier ».
- **un familiare** est un membre de la famille.
  ex. **ha ritrovato i familiari dopo una lunga assenza** : il a retrouvé sa famille après une longue absence.
- un seul terme, **il nipote**, désigne le petit-fils et le neveu. Le

diminutif **nipotino** s'emploie indifféremment dans les deux cas.

Le nom :

- attention à ne pas confondre **il cognome** (le nom de famille) et **il nome**, qui peut être le prénom (ex. **mi chiamo Alessandro di nome** : mon prénom est Alessandro) ou l'ensemble du nom (ex. **il mio nome è Alessandro Martini**).
- **Signora, Signorina, Signore** sont précédés de l'article défini, au style indirect.
  ex. **la signora Mori è un'amica del Signor Presidente** : madame Mori est une amie de Monsieur le Président.
  L'article disparaît lorsqu'on s'adresse à la personne.
  ex. **Signor Bianchi, come sta ?** Monsieur Bianchi, comment allez-vous ?
  Remarquons la chute du -e de **signore** (au masculin), devant un nom commençant par une consonne.
- abréviations : **Sig.ra, Sig.na, Sig.** (Mme, Mlle, M.) et au pluriel **Sig.re, Sig.ne, Sig.ri** (Mmes, Mlles, MM.).

L'âge :

- pour opérer un classement dans l'ordre des naissances des enfants, l'italien dispose des mots : **il primogenito** (l'aîné), **il secondogenito** (le second enfant)... **l'ultimogenito** (le dernier-né, le benjamin). Ces termes peuvent être employés comme adjectifs.
  ex. **è il figlio ultimogenito** : c'est le dernier-né.
- le cadet : **il secondogenito** ou, selon le contexte, **il più piccolo, l'ultimogenito.**
- au sens large, il faut expliquer.
  ex. je suis son cadet de trois ans : **ho tre anni meno di lui.**
  il est mon aîné de trois ans : **è più vecchio (è maggiore) di me di tre anni.**
- le suffixe **-enne** permet de former, à partir d'un adjectif numéral, des mots dérivés (noms et adjectifs) qui indiquent l'âge d'une personne. **Una sedicenne**, par exemple, est une jeune fille de seize ans, **una trentatreenne**, une femme de trente-trois ans.

C'est ainsi que « un quadragénaire », « un quinquagénaire », « un sexagénaire », « un septuagénaire », « un octogénaire » seront tout simplement à traduire par **un quarantenne, un cinquantenne, un sessantenne, un settantenne, un ottantenne.**

- attention à la traduction de « âgé ». On dira **una signora anziana, un'anziana** (une dame âgée) et **ha diciotto anni** (il est âgé de dix-huit ans).

Enfance et jeunesse :

- les mots familiers « un gosse », « un gamin » ne trouvent pas d'autre équivalent en italien que **un bambino** pour le premier et **un ragazzino** pour le second.
  Autres mots : **un discolo** (un garnement), **un birichino** (un polisson), **un monello** (un galopin), et son synonyme napolitain : **uno scugnizzo.**
- la jeunesse : **la giovinezza, la gioventù.** Ces deux synonymes ne diffèrent que par leur emploi. Le premier sert en général à évoquer la période de vie. Le deuxième s'emploie pour désigner ce qui est propre à cette période.
  ex. **errori di gioventù** : erreurs de jeunesse.

Attention à ne pas confondre :

- **la nubile** (la célibataire) et **la scapola** (l'omoplate).
- **il nonno** (le grand-père) et **il nono** (le neuvième).
- **la balia** (la nourrice) et **balia** que l'on emploie surtout dans l'expression **in balia di** : à la merci de.
  ex. **erano in balia dei nemici** : ils étaient à la merci de leurs ennemis.

B 2 REMARQUES GRAMMATICALES

1. Noms.

Les mots en **-ie** sont invariables sauf **la moglie** qui fait au pluriel **le mogli.** Deux autres mots, **la superficie** (la surface) et **l'effigie** (l'effigie), ont les deux pluriels.

ex. **la serie, le serie** (les séries) ; **la barbarie, le barbarie** (les barbaries).

2. Adjectifs.

Le possessif :

- l'italien évite l'emploi du possessif lorsque le sens est clair.
  ex. **parlava col figlio** : il parlait à son fils.
- l'adjectif possessif est généralement précédé de l'article défini.
  ex. **la mia famiglia** : ma famille.
  Ce n'est pas le cas dans certaines tournures.
  ex. **a parer tuo** : à ton avis.
  ascolta, figlio mio ! écoute, mon fils !
  On ne le met pas non plus devant les noms de parenté proche, c'est-à-dire devant **padre, madre, figlio** (a), **fratello, sorella, nonno** (a), **cugino** (a), **zio** (a), **nipote**. Cette règle s'étend à **marito, moglie, suocero** (a), **cognato** (a), **nuora, genero.**
  ex. **mio figlio, nostra madre, tuo cognato.**
  Attention ! **loro** prend toujours l'article (ex. **la loro cugina**).
  L'article redevient obligatoire lorsque ces mots sont au pluriel (ex. **i miei figli**), accompagnés d'un adjectif (ex. **il mio fratello maggiore, il vostro defunto padre**), avec un suffixe (ex. **la sua sorellina** : sa petite sœur), devant les termes affectifs **mamma, papà, babbo** (ex. **la sua mamma**), et lorsque le possessif est placé après le nom (ex. **il figlio suo**).
- à la place qu'occupe habituellement l'article défini, on peut aussi trouver un article indéfini, un adjectif démonstratif, un adjectif indéfini. Cette possibilité permet des nuances que ne connaît pas le français.
  ex. **un suo romanzo** : un de ses romans.
  ogni suo intervento provocava reazioni passionali : chacune de ses interventions provoquait des réactions passionnées.
  quel tuo nipote : ton neveu.
  Dans ce cas, **tuo nipote** est enrichi d'une allusion à une expérience commune aux deux interlocuteurs.

3. Verbes.

Choix de l'auxiliaire aux temps composés :

les verbes comme **crescere, cambiare, ringiovanire, invecchiare,** qui indiquent le passage d'un état à un autre, se conjuguent avec **essere**.

ex. **non sono cambiato** : je n'ai pas changé.

4. Prépositions.

La préposition **da** :

elle peut être employée pour renvoyer à une période de la vie.

ex. **da bambino, ero un discolo** : lorsque j'étais enfant (pendant mon enfance), j'étais un garnement.

cosa farai da grande ? que feras-tu lorsque tu seras grand ?

C 1 EXERCICES

A Devinettes :

Sono un membro della tua famiglia ; chi sono ?

1. Sono nata prima di te e di tutti i nostri fratelli.
2. Sono la madre di tua moglie.
3. Sono il figlio del figlio unico del tuo nonno paterno. Sono anch'io figlio unico.

B Grammaire : mettre ou non l'article défini devant l'adjectif possessif et modifier la préposition lorsque cela est nécessaire :

1. ... mio papà non voleva assolutamente che ... sue figlie frequentassero le figlie dei vicini di casa. La sera a cena, criticava le idee politiche di ... loro padre.
2. ... nostro cugino ci presentò ... sua fidanzata. Era bellissima.
3. ... tuo bisnonno era un signore autoritario, forse era un uomo triste. ... suo unico figlio, ... tuo nonno, è morto in guerra.

C Traduire en français :

1. Da piccolo, i miei genitori si sono separati.
2. Mio nonno è molto invecchiato da quando non lavora più.
3. Eravamo in dieci figli, sei maschi e quattro femmine.

D Traduire en italien :

1. Ils jouent ensemble comme s'ils avaient le même âge.
2. Je connais une de ses filles.
3. Tu n'as pas changé, Dacia, tu n'as pas vieilli du tout.
4. Les jeunes de quinze ans d'aujourd'hui ne sont pas moins mûrs que nous quand nous avions leur âge.

C 2 CORRIGÉS

A
1. la tua sorella maggiore
2. tua suocera
3. tu.

B
1. il, le, del
2. … , la
3. il, il, …

C
1. Quand j'étais petit, mes parents se sont séparés.
2. Mon grand-père a beaucoup vieilli depuis qu'il ne travaille plus.
3. Nous étions dix enfants, six garçons et quatre filles.

D
1. Giocano insieme come se fossero coetanei.
2. Conosco una sua figlia.
3. Non sei cambiata, Dacia, non sei affatto invecchiata.
4. I quindicenni di oggi non sono meno maturi di noi quando avevamo quella loro età.

21 L'ÉDUCATION

A 1 VOCABULAIRE

A. LES MATIÈRES SCOLAIRES ET UNIVERSITAIRES

allemand	il tedesco	italien	l'italiano
anglais	l'inglese	langues étrangères	le lingue straniere
arts plastiques	l'educazione artistica	latin	il latino
		lettres	le lettere
biologie	la biologia	mathématiques	la matematica
chimie	la chimica	médecine	la medicina
droit	la legge	musique	l'educazione musicale
éducation civique	l'educazione civica		
EPS	l'educazione fisica	philosophie	la filosofia
espagnol	lo spagnolo	physique	la fisica
français	il francese	sciences	le scienze
géographie	la geografia	sciences naturelles	le scienze naturali
histoire	la storia		

B. LA VIE À L'ÉCOLE

cantine	la mensa	pensionnat	il convitto
classe	la classe	préau	il portico
cloche, sonnerie	la campana	principal	il preside
collège	la scuola media	proviseur	il preside
concierge	il bidello	proviseur-adjoint	il vicepreside
couloir	il corridoio	récréation	la ricreazione
cour	il cortile	réfectoire	il refettorio
cours	il corso	salle de cours	l'aula
directeur	il direttore	surveillant	il sorvegliante
école	la scuola		
emploi du temps	l'orario	communal	comunale
intendant	l'economo	confessionnel	religioso
interclasse	l'intervallo	du premier cycle	medio inferiore
lycée	il liceo	du second cycle	medio superiore
lycéen	lo studente liceale	élémentaire	elementare
maternelle	l'asilo	expérimental	sperimentale
orientation	l'orientamento	laïc	laico
pensionnaire	il convittore	mixte	misto

obligatoire	**obbligatorio**	technique	**tecnico**
privé, libre	**privato**		
public	**pubblico, statale**	fréquenter	**frequentare**
scolaire	**scolastico**	inscrire	**iscrivere**
secondaire	**secondario**	scolariser	**scolarizzare**

C. DU CÔTÉ DES PROFESSEURS

autorité	**l'autorità**	remplaçant	**il supplente**
didactique	**la didattica**		
école normale	**le magistrali**	indulgent	**indulgente**
éducation	**l'educazione**	sévère	**severo**
enseignant	**l'insegnante**		
enseignement	**l'insegnamento**	donner à faire	**assegnare**
évaluation	**la valutazione**	enseigner	**insegnare**
instituteur	**il maestro**	exclure, renvoyer	**espellere**
institutrice	**la maestra**	expliquer	**spiegare**
leçon	**la lezione**	faire l'appel	**fare l'appello**
maîtresse	**la maestra**	gronder	**sgridare**
mutation	**il trasferimento**	instruire	**istruire**
pédagogie	**la pedagogia**	interroger	**interrogare**
professeur	**il professore**	punir	**punire**

D. TÊTE D'ŒUF, TÊTE BIEN PLEINE...

appréciation	**il giudizio**	félicitations	**le congratulazioni**
camarade	**il compagno**	lauréat	**il premiato**
chouchou	**il cocco, il beniamino**	mémoire (f)	**la memoria**
		passage (classe)	**la promozione**
comportement	**il contegno**	prix	**il premio**
conduite	**la condotta**	progrès	**il progresso**
discipline	**la disciplina**	soin	**la diligenza**
écolier	**lo scolaro**	zèle	**lo zelo**
effort	**lo sforzo**		
élève	**l'alunno, l'allievo**	appliqué	**diligente**
éloge	**la lode**	attentif	**attento**
encouragement	**l'incoraggiamento**	bon	**bravo**
étude	**lo studio**	bosseur	**sgobbone**

D. TÊTE D'ŒUF, TÊTE BIEN PLEINE… (suite)

bûcheur	**secchione**
cultivé	**colto**
excellent	**ottimo**
intelligent	**intelligente**
intéressé	**interessato**
motivé	**motivato**
ordonné	**ordinato**
sérieux	**serio**
soigné, soigneux	**accurato**
travailleur	**laborioso**
apprendre	**imparare**
demander	**chiedere**
étudier	**studiare**

E. ET TÊTE EN L'AIR

avertissement	**l'ammonimento**
blâme	**il biasimo**
cancre	**lo scaldabanchi**
chahut	**il baccano, il chiasso**
étourderie	**la distrazione**
exclusion	**l'esclusione**
fainéant	**il fannullone**
paresse	**la pigrizia**
punition	**la punizione**
redoublant	**il ripetente**
redoublement	**la ripetenza**
réprimande	**il rimprovero**
retenue, colle	**il castigo**
agité	**irrequieto**
bavard	**chiacchierone**
bête	**stupido**
dissipé	**disattento, discolo**
faible	**debole**
flemmard	**poltrone**
impoli	**maleducato**
insolent	**insolente**
insuffisant	**insufficiente**
mauvais	**cattivo, scadente**
moyen, médiocre	**mediocre**
paresseux	**pigro**
passable	**discreto**
turbulent	**turbolento**
bavarder	**chiacchierare**
redoubler	**ripetere**
se taire	**star zitto, tacere**

F. LA SALLE DE COURS, LE MATÉRIEL SCOLAIRE

aide-mémoire	**il bignamino**
brouillon	**la brutta copia**
bureau	**la scrivania**
buvard	**la carta assorbente**
cahier	**il quaderno**
cahier de brouillon	**il quaderno di brutta**
cahier de textes	**il diario**
carnet	**il taccuino**
cartable	**la cartella**
carte	**la carta**

cartouche	**la cartuccia**
chaise	**la sedia**
chiffon	**la cimosa**
classeur	**il raccoglitore**
colle	**la colla**
compas	**il compasso**
copie	**la copia**
craie	**il gesso**
crayon	**la matita, il lapis**
effaceur	**il correttore**
encre	**l'inchiostro**
encrier	**il calamaio**
éponge	**la spugna**
équerre	**la squadra**
estrade	**la predella**
feuille	**il foglio**
feutre, marqueur	**il pennarello**
gomme	**la gomma**
ligne	**la riga**
livre	**il libro**
machine à calculer	**la calcolatrice**
manuel	**il manuale, il testo**
marge	**il margine**
place	**il posto**
pupitre	**il banco**
rapporteur	**il rapportatore**
règle	**la riga**
rétroprojecteur	**la lavagna luminosa**
sac (à dos)	**lo zaino**
stylo à bille	**la penna a sfera, la biro**
stylo plume	**la penna stilografica**
surligneur	**l'evidenziatore**
table	**il tavolo, il banco**
tableau	**la lavagna**
tablier	**il grembiule**
taille-crayon	**il temperamatite**
trousse	**l'astuccio**
absent	**assente**
présent	**presente**
s'asseoir	**sedere**
effacer	**cancellare**
se lever	**alzarsi**
souligner	**sottolineare**

G. LES DEVOIRS ET LES EXERCICES

analyse	**l'analisi**
bulletin, livret	**la pagella**
commentaire	**il commento**
composition	**il componimento**
contresens	**il controsenso**
contrôle	**la verifica**
correction	**la correzione**
devoir	**il compito**
dictée	**il dettato**
dissertation	**il tema**
écriture	**la calligrafia**
erreur	**l'errore (m)**
exercice	**l'esercizio**
faute	**lo sbaglio**
lacune	**la lacuna**
lecture	**la lettura**
leçon	**la lezione**
moyenne	**la sufficienza**
note	**il voto**

G. LES DEVOIRS ET LES EXERCICES (suite)

pâté	lo sgorbio
programme	il programma
question	la domanda
récitation	la recitazione
rédaction	il tema
résumé	il riassunto
sujet	l'argomento
synthèse	la sintesi
tache	la macchia
traduction	la traduzione
travaux pratiques	le esercitazioni
trou de mémoire	il vuoto di memoria
difficile	difficile
facile	facile
facultatif	facoltativo
obligatoire	obbligatorio
optionnel	opzionale, a scelta
calculer	calcolare
chanter	cantare
compter	contare
copier	copiare
corriger	correggere
dessiner	disegnare
écouter	ascoltare
écrire	scrivere
épeler	compitare
lire	leggere
réciter	recitare
remettre	consegnare
répéter	ripetere
répondre	rispondere
résumer	riassumere
réviser	ripassare
savoir	sapere
traduire	tradurre
se tromper	sbagliare

H. L'UNIVERSITÉ ET LES ÉTUDES SUPÉRIEURES

admissibilité	l'ammissibilità
admission	l'ammissione
Agrégation, Capes	l'abilitazione
amphithéâtre	l'aula magna
appariteur	il bidello
assistant	l'assistente
auditeur libre	l'uditore
baccalauréat	la maturità
bourse	la borsa
boursier	il borsista
candidat	il candidato
carte d'étudiant	la tessera studentesca
chaire	la cattedra
chargé de cours	l'incaricato
concours	il concorso
diplôme	il diploma
doctorat	il dottorato
doyen	il preside
droits d'inscription	la tassa d'iscrizione
épreuve	la prova
études	gli studi
étudiant	lo studente
examen	l'esame
examinateur	l'esaminatore
faculté	la facoltà

inscription	**l'iscrizione**	soutenance	**la discussione**
jeune diplômé	**il neodiplomato**	thèse	**la tesi**
jury	**la commissione, la giuria**	titre	**il titolo**
		université	**l'università, l'ateneo**
lecteur	**il lettore**		
licence	**il terzo anno**		
licencié	**il laureato**	admis	**ammesso**
maître de conférences	**l'ordinario, il docente**	admissible	**ammissibile**
		collé	**bocciato**
maîtrise	**la laurea**	inscrit	**iscritto**
mémoire de maîtrise	**la tesi di laurea**	recalé, ajourné	**rimandato**
		reçu	**promosso**
oral	**l'orale**	universitaire	**universitario**
polycopiés	**le dispense**		
professeur	**il professore, il docente**		

A 2 LEXIQUE EN SITUATION

domani ricomincia la scuola ! (è la riapertura delle scuole !) : demain c'est la rentrée !
andare a scuola : aller à l'école.
il servizio di scuolabus : le ramassage scolaire.
avere 3 ore di storia alla settimana : avoir 3 heures d'histoire par semaine.
questo compito va consegnato entro venerdì : ce devoir doit être rendu avant vendredi.
non mi piacciono i compiti in classe, preferisco quelli da fare a casa : je n'aime pas les devoirs sur table (en classe), je préfère ceux à la maison.
imparare la lezione a memoria : apprendre la leçon par cœur.
fare una domanda al professore : poser une question au professeur.
essere bravissimo in matematica : être très fort en maths.
è una nullità (uno zero) in francese : il est nul en français.
prendere un ottimo voto : avoir une excellente note.
tornare al posto : retourner à sa place.

essere promosso in prima media : passer en 6e.
quest'anno fa (frequenta) la seconda media : cette année il est en 5e.
basta con le chiacchiere ! ça suffit les bavardages !
è stato espulso dal liceo : il été renvoyé du lycée.
i corsi per corrispondenza : les cours par correspondance.
segue un corso di aggiornamento pedagogico : il suit un stage pédagogique.
frequenta corsi serali : il suit des cours du soir.
va a ripetizione : il prend des cours particuliers.
impartisce lezioni private : il donne des cours particuliers.
il corpo docente, il personale docente : le corps enseignant, le personnel enseignant.
i professori ordinari (di ruolo) : les professeurs titulaires.
l'aula insegnanti è di fronte alla sala di studio : la salle des professeurs est en face de la salle de permanence.
insegna in una scuola di avviamento professionale : il enseigne dans une école d'apprentissage.
mio figlio è maestro in una scuola parificata : mon fils est instituteur dans une école privée sous contrat.
portare inglese all'esame : présenter l'anglais à l'examen.
studiare per l'esame di riparazione : étudier pour l'examen de repêchage (la session d'octobre).
mi sono fatto bocciare alla maturità : j'ai raté mon bac.
si è presentato da privatista alla maturità : il s'est présenté au bac comme candidat libre.
è una privatista : c'est une élève du privé.
l'anno accademico : l'année universitaire.
ha vinto il concorso : il a réussi le concours.
ha fatto (dato) lo scritto ieri e gli è andata bene : il a passé l'écrit hier et ça s'est bien passé.
studia legge : il fait son droit.
una manifestazione studentesca : une manifestation d'étudiants.
occorre pagare la tassa d'iscrizione per ottenere la tessera studentesca : il faut payer les droits d'inscription pour obtenir sa carte d'étudiant.

A 3 REGISTRES DE LANGUE

1. Sens figuré.

essere promosso a scappellotti : être admis avec indulgence.
passare per il rotto della cuffia : être admis de justesse.
questo studente è zoppicante in matematica : cet étudiant est faiblard en maths.
si è preso una stangata agli esami : il s'est fait saquer aux examens.

2. Proverbes.

chi sa fa e chi non sa insegna : les grands diseurs ne sont pas les grands faiseurs.
l'ozio è il padre di tutti i vizi : l'oisiveté est (la) mère de tous les vices.

3. Familier.

Le langage des écoliers et des étudiants est traditionnellement riche en tournures imagées. Voici quelques expressions familières :

- **far cagnara, far casino, far chiasso** : faire du chahut.
- **essere una schiappa, una nullità** : être nul, une crasse.
- **far forca** (toscanisme), **bigiare** (Milan), **far vela** (… près de la mer), **marinare (salare, bruciare) la scuola** : faire l'école buissonnière.
- **fare una domanda bastarda** : poser une question vache (vicieuse).
- **lo scaldabanchi, il culo di pietra, lo scansafatiche, lo zuccone, il somaro, l'asino** : le cancre.
- **il menefreghista, il vagabondo** : le fumiste, le fainéant.
- **lo zelante, il leccapiedi** : le fayot.
- **la fisarmonica** (littéralement : l'accordéon), **il rotolino, il fogliettino** : l'antisèche.
- **la matricola** (littéralement : le matricule, le numéro d'inscription) est un étudiant de première année. Il lui arrive de subir **la festa delle matricole** : le bizutage.

B 1 REMARQUES LEXICALES

Les différences entre les systèmes scolaires italien et français sont nombreuses ; en voici quelques-unes :

- l'école obligatoire, dite **la scuola dell'obbligo**, dure de l'âge de 6 ans à 14 ans, ce qui, pour l'instant, place l'Italie en queue des pays européens pour la durée des études obligatoires.
- la succession des cycles est la suivante : 1. **la scuola elementare** (5 ans), 2. **la scuola media** (3 ans, fin de l'école obligatoire sanctionnée par **la licenza media** : le brevet), 3. **le scuole superiori** qui durent 5 ans (2 ans de **ginnasio** + 3 ans de **liceo**). Les différentes filières (**gli indirizzi**) sont : **il liceo scientifico, artistico, classico, linguistico.** Il existe également des instituts professionnels appelés **istituti tecnici.**
- en Italie, on nomme les classes à l'intérieur de chaque cycle dans le sens croissant : **la prima media** (6e) est avant **la seconda media** (5e), **la terza elementare** (CE2) est avant **la quarta elementare** (CM1) etc.
- les élèves ont généralement classe le matin de 8h à 13h, du lundi au samedi, sauf dans les établissements où existe **il tempo pieno** ou **l'orario prolungato.** Dans ce cas, il y a cours l'après-midi (cela concerne à peu près une école sur cinq).
- l'enseignement des religions est dispensé dans les écoles publiques, à raison d'une heure par semaine, dite **l'ora di religione.**
- les notes sont attribuées sur 10 de l'école primaire au lycée et les quarts de point sont remplacés par des + et des –.
  ex. **Pietro ha preso 6+ in matematica mentre Luigi ha preso solo 4–.**
- Ces « + » et « – » sont d'une importance stratégique car la moyenne pour être admis au niveau supérieur est de 6. À 6– on est collé et l'on doit repasser la matière en septembre (ce système de repêchage s'applique en Italie dès le collège).
- le premier diplôme universitaire reconnu est **la laurea** qui s'obtient en 4 ans. Comme le lycée dure une année de plus qu'en France, l'étudiant italien quitte l'université plus âgé que le français. Récemment a été instituée **la laurea breve** ou **mini-laurea** qui s'obtient en 3 ans.

- il n'existe pas de grandes écoles à la française en Italie (à part **la Scuola Normale Superiore di Pisa** qui équivaut à nos Écoles Normales Supérieures).
- quelques figures traditionnelles de l'école française n'existent pas en Italie comme le surveillant, le documentaliste, le conseiller d'éducation, d'orientation (les renseignements sur les métiers s'obtiennent auprès des professeurs ou à la mairie). En revanche, l'école italienne possède **il bidello**, personnage populaire qui tient à la fois du concierge, du surveillant, de l'infirmier, du vendeur de gâteaux ou de sandwiches, du conseiller et du confident. Sans lui, pas d'école possible.

Attention à ne pas confondre :

- **il voto** (la note à un devoir) et **gli appunti** (les notes prises en cours).
- **il prezzo** (le prix d'une marchandise) et **il premio** (le prix reçu comme récompense à l'école).
- **imparare** ou **apprendere** (de la part de l'élève qui reçoit un savoir) et **insegnare** (de la part du maître qui le dispense).
  ex. **il professore insegna allo studente desideroso di imparare** : le professeur enseigne (apprend) à l'étudiant désireux d'apprendre.
- **il collegio** (pensionnat ou internat) et **la scuola media** (le collège).

Attention à ces mots :

- **la matematica** est singulier en italien.
  ex. **non gli piace la matematica** : il n'aime pas les mathématiques.
- **un poltrone** n'est pas un poltron ou un trouillard (**un fifone**) mais un paresseux, ce qui n'est pas la même chose, sauf peut-être un jour de devoir en classe…
- « faire attention » se dit **badare** ou plus familièrement **stare attento**, bien plus courant.
  ex. **occorre stare attenti a quel che dice il professore** : il faut être attentif à ce que dit le professeur.

B 2 REMARQUES GRAMMATICALES

1. Noms.

■ genre : passage du masculin au féminin.

- -a, -a : **il collega, la collega ; il borsista, la borsista.**
- -o, -a : **il compagno, la compagna ; il bidello, la bidella ; il maestro, la maestra ; l'alunno, l'alunna ; l'allievo, l'allieva.**
- -e, -e : **il supplente, la supplente ; l'insegnante.**
- -tore, -trice : **il convittore, la convittrice ; il direttore, la direttrice.**
- -ore, -oressa : **il professore, la professoressa.**
- -ente, -entessa : **lo studente, la studentessa.**
- -one, -ona : **il chiacchierone, la chiacchierona ; lo sgobbone, la sgobbona ; il secchione, la secchiona.**

2. Adjectifs.

Certaines exclamations ou interjections sont dérivées d'adjectifs et font donc l'accord avec le sujet. C'est le cas de **attento** ! (attention!), **bravo** ! (bravo !, bien !) ou **zitto** ! (silence !). On dira **zitti** ! à des garçons, **brava** ! à une écolière et **attente** ! à des filles.

3. Verbes.

■ verbes pronominaux :

Certains verbes pronominaux en français ne le sont pas en italien : **tacere** (**taci** ! tais-toi !), **migliorare** (**Franco è migliorato in italiano** : Franco s'est amélioré en italien).

D'autres verbes ont la double forme : pronominale (**sedersi, sbagliarsi**) et non pronominale (**sedere, sbagliare**), mais cette dernière est la plus courante.

ex. **sedete** ! asseyez-vous !
ha sbagliato, poi ha corretto : il s'est trompé, puis il a corrigé.

■ le gérondif :

La marque du gérondif **-ando** appliquée à un nom d'examen indique un élève qui est en train de le préparer : **un maturando** présentera **la maturità** en fin d'année, **un laureando** passera **la laurea**. Sur le même principe, **l'educanda** est la jeune pensionnaire d'une école religieuse.

B 3 REMARQUES PARTICULIÈRES

1. Origine de mots.

- le mot **l'ateneo**, synonyme de **l'università**, vient d'un temple d'Athènes dans lequel se retrouvaient poètes et savants. Le nom fut repris dans la Rome antique lorsque l'empereur Hadrien fonda un institut où l'on enseignait la philosophie et la grammaire.
- plus récente, la formation de mots très imagés comme **lo scaldabanchi** (littéralement « le réchauffe-bancs », c'est-à-dire le cancre dont on dit en France qu'il est assis près du radiateur) ou **il fannullone (il ragazzo che « non fa nulla »)**.

2. D'une langue à l'autre.

Passages consonantiques entre le français et l'italien :

- **ins–** devient généralement **is–** : **istituto, istruzione, iscriversi, ispezione** mais aussi **istinto, istante,** etc.
- **éc–** devient souvent **sc–** : **scuola, scolaro, scrivere.**

C 1 EXERCICES

A Compléter ce texte écrit par un écolier avec les mots indiqués :

1. *compagni*	4. *alunno*	7. *compiti*	10. *professori*
2. *matematica*	5. *cortile*	8. *media*	11. *intervallo*
3. *scolaro*	6. *voti*	9. *scuola*	12. *bidello.*

« Buongiorno, mi chiamo Silvio, ho 11 anni e sono un … di prima … Mi piace molto la … e i … sono piuttosto simpatici tranne quello di … che mi dà brutti … quando calcolo male. Io e i miei … aspettiamo tutti con impazienza l'… delle dieci per precipitarci nel … e giocare a pallone, anche se il … dice che è vietato. Dopo scuola torniamo a casa e facciamo i … per il giorno dopo. Dura è la vita dello … ! »

B Retrouver la discipline scolaire d'après ces indications :

1. « Si dice di me che sono morto ma sono molto utile

per chi vuol conoscere l'etimologia delle parole italiane o francesi ».

2. « Gli alunni mi studiano in laboratorio indossando un grembiule bianco ».
3. « Anche chi non studia può essere bravo quando mi pratica ma per questo ci vuole spazio ».
4. « Sono diventato indispensabile per chi vuole lavorare nel commercio o nel turismo ».
5. « Il mio nome significa amore per la sapienza e chi mi studia non è più un bambino delle scuole medie ».
6. « C'è chi va pazzo per me e c'è chi mi odia. Ma senza di me niente studi di ingegneria, d'informatica o di scienze ».

C **Traduire en italien :**

1. Le proviseur a exclu le cancre de la 6e qui avait été insolent avec son professeur d'histoire.
2. Après le bac, il veut s'inscrire à l'université pour faire son droit.
3. Elle a été collée à l'examen de français mais sa sœur a eu son bac.

C 2 CORRIGÉS

A 4, 8, 9, 10, 2, 6, 1, 11, 5, 12, 7, 3.

B 1. il latino 2. la chimica *ou* la biologia 3. la ginnastica 4. l'inglese 5. la filosofia 6. la matematica.

C 1. Il preside ha espulso (sospeso) lo scaldabanchi (lo zuccone) della prima media che era stato insolente con il suo professore di storia.
2. Dopo la maturità, vuole iscriversi all'università per studiare giurisprudenza (legge).
3. È stata bocciata all'esame di francese ma sua sorella ha avuto la maturità.

22 L'ORDRE PUBLIC

A 1 VOCABULAIRE

A. LA GRANDE ET LA PETITE DÉLINQUANCE

acolyte	l'accolito
agression	l'aggressione
assassin	l'assassino
assassinat	l'assassinio
attentat	l'attentato
bande	la banda
bandit	il bandito
banditisme	il banditismo
brigand	il brigante
cambriolage	il furto con scasso
cambrioleur	lo scassinatore
chantage	il ricatto
chef de bande	il capobanda
cocaïne	la cocaina
complice	il complice
contrebande	il contrabbando
contrebandier	il contrabbandiere
crime	il crimine
criminalité	la criminalità
dealer, revendeur	lo spacciatore
délinquance	la delinquenza
délinquant	il delinquente
délit	il delitto, il reato
drogue	la droga
enlèvement, rapt	il rapimento
escroc	il truffatore
escroquerie	la truffa
extorsion	l'estorsione
falsification	la falsificazione
faux-monnayeur	il falsario
fraude	la frode, la manomissione
gang	la gang, la cosca
gangster	il gangster
grivèlerie	lo scrocco
héroïne	l'eroina
hold-up, casse	la rapina
hors-la-loi	il fuorilegge
intimidation	l'intimidazione
loubard	il teppista
mafia	la mafia
maître-chanteur	il ricattatore
malfaiteur	il malfattore
marginalité	l'emarginazione
massacre	la strage, il massacro
meurtre, homicide	l'omicidio
meurtrier	l'omicida
overdose	l'overdose
pègre, milieu	la malavita
petit voleur	il ladruncolo
pickpocket	il borsaiolo
prostituée	la prostituta
prostitution	la prostituzione
proxénète	il prosseneta
racket	il racket
racolage	l'adescamento
rançon	il riscatto
ravisseur	il rapinatore
recel	la ricettazione
receleur	il ricettatore
repaire	il covo
séquestration	il sequestro
stupéfiant	lo stupefacente
subversion	l'eversione
terrorisme	il terrorismo

A. LA GRANDE ET LA PETITE DÉLINQUANCE (suite)

terroriste	**il terrorista**	agresser	**aggredire**
trafiquant	**il trafficante**	assassiner	**assassinare**
truand	**il malvivente**	assommer	**accoppare**
tuerie	**il macello**	cacher	**nascondere**
tueur (à gages)	**il killer**	cambrioler	**scassinare**
vengeance	**la vendetta**	chaparder	**rubacchiare**
viol	**lo stupro**	commettre	**commettere**
violeur	**lo stupratore**	corrompre	**corrompere**
vol	**il furto**	dévaliser	**svaligiare**
vol à la tire	**lo scippo,**	se droguer	**drogarsi**
	il borseggio	duper	**imbrogliare**
voleur	**il ladro**	enlever,	**rapire**
voleur à la tire	**lo scippatore**	kidnapper	
		escroquer	**truffare**
abominable	**nefando**	s'évader	**evadere**
clandestin	**clandestino**	poignarder	**pugnalare**
corrompu	**corrotto**	racketter	**riscattare**
criminel	**criminale**	racoler	**adescare**
délictueux	**delittuoso**	séquestrer	**sequestrare**
drogué	**drogato**	torturer	**torturare**
illicite	**illecito**	violer	**violentare,**
indu	**indebito**		**stuprare**
raciste	**razzista**	voler	**rubare**
suspect	**sospetto**		

B. LA POLICE

agent de police	**il vigile**	dépôt	**il carcere**
amende	**la multa**	descente de	**l'irruzione**
arrestation	**l'arresto**	police	
carabinier	**il carabiniere**	détective privé	**l'investigatore**
commissaire	**il commissario**	enquête	**l'inchiesta,**
commissariat	**il commissariato**		**l'indagine**
constatations	**gli accertamenti**	enquêteur	**l'inquirente**
contravention	**la contravvenzione**	fichier	**lo schedario**
coup de filet	**la retata**	filature	**il pedinamento**

flagrant délit	la flagranza di reato
fouille	la perquisizione
garde à vue	il fermo giudiziario
indicateur	il confidente
indice	l'indizio
informateur	l'informatore, la spia
inspecteur	l'ispettore
interrogatoire	l'interrogatorio
matraque	il manganello
menottes	le manette
panier à salade	il cellulare
perquisition	la perquisizione
plainte	la denuncia
police	la polizia
policier	il poliziotto
portrait-robot	l'identikit
préfet de police	il questore
preuve	la prova
procès-verbal	il verbale
rafle	il rastrellamento
répression	la repressione
sommation	l'intimazione
soupçon	il sospetto
surveillance	la sorveglianza

vigile	il vigilante
arrêter	arrestare
avouer	confessare
découvrir	scoprire
dénoncer	denunciare
dépister	rintracciare
ficher	schedare
filer	pedinare
fouiller	perquisire
infliger une amende	multare
informer	informare
interroger	interrogare
nier	negare
passer les menottes	ammanettare
perquisitionner	perquisire
quadriller, fouiller	perlustrare
ratisser	rastrellare
rechercher	ricercare
réprimer	reprimere
se rétracter	ritrattarsi
soupçonner	sospettare
surveiller	sorvegliare, vigilare

C. LA JUSTICE

accusation	l'accusa
accusé	l'accusato
acquittement	l'assoluzione (f)
alibi	l'alibi
attendus	la motivazione
audience	l'udienza
avocat	l'avvocato
barre	la sbarra

barreau	il foro (degli avvocati)
box	la gabbia
casier judiciaire	la fedina (penale)
cassation	la cassazione
châtiment	il castigo
code	il codice
condamnation	la condanna

C. LA JUSTICE (suite)

correctionnelle	il tribunale
Cour	la Corte
Cour d'assises	la Corte d'Assise
culpabilité	la colpevolezza
défendeur	il convenuto
défense	la difesa
délibération	la deliberazione, la delibera
demandeur	l'attore
déposition	la deposizione
exécution	l'esecuzione
greffier	il cancelliere
inculpation	l'imputazione
inculpé, prévenu	l'imputato
injustice	l'ingiustizia
innocence	l'innocenza
instruction	l'istruttoria
juge	il giudice
juré	il giudice popolare
jurisprudence	la giurisprudenza
jury	la giuria popolare
justice	la giustizia
légalité	la legalità
loi	la legge
magistrat	il magistrato
magistrature	la magistratura
Ministère public	il Pubblico Ministero
Parquet	la Procura
partie civile	la parte civile
plaidoirie	l'arringa
plaignant	il querelante, l'attore
plainte	la querela
président	il presidente
prévention	la prevenzione
procès	il processo
procureur	il procuratore
récidiviste	il recidivo
recours	il ricorso
relaxe	l'assoluzione
renvoi	il rinvio
repenti	il pentito
repris de justice	il pregiudicato
réquisitoire	la requisitoria
salle	l'aula
sentence	la sentenza
serment	il giuramento
substitut	il sostituto
témoignage	la testimonianza
témoin	il testimone
tribunal	il tribunale

D. LA PRISON

cellule	la cella
condamné à perpétuité	l'ergastolano
détention	la detenzione
détenu	il detenuto
gardien de prison	il secondino
incarcération	la carcerazione
libération	la liberazione
parloir	il parlatorio
perpétuité	l'ergastolo
prison	il carcere
prisonnier	il carcerato

réclusion	la reclusione
remise de peine	la remissione, l'indulto
en fuite	latitante
en vigueur	vigente
sans appel	inappellabile
sous escorte	sotto scorta

anticipé	anticipato
conditionnel	condizionale
contumax	contumace
coupable	colpevole, reo
détenu	detenuto
illégal	illegale
innocent	innocente
intègre	integro
judiciaire	giudiziario
juste	giusto
légal	legale
pénal	penale
pénitentiaire	penitenziario
prémédité	premeditato
préventif	preventivo
punissable	punibile
répressif	repressivo
à perpétuité	in perpetuità
en appel	in appello
accuser	accusare
châtier	castigare
condamner	condannare
déférer	deferire
dénoncer	denunciare
déposer	deporre
incarcérer	incarcerare
juger	giudicare, processare
jurer	giurare
libérer	liberare, scarcerare
plaider	difendere
se pourvoir	ricorrere
punir	punire
purger	scontare
relaxer	assolvere
se repentir	pentirsi
témoigner	testimoniare

E. SUPPLICES ANCIENS ET MODERNES

bagnard	l'ergastolano
bagne	l'ergastolo
billot	il ceppo
bourreau	il boia
bûcher	il rogo
chaise électrique	la sedia elettrica
chiourme	la ciurma
écartèlement	lo squartamento
échafaud	il patibolo
exécution (par les armes)	la fucilazione
galère	la galera
galérien	il galeotto
garrot	la garrotta
gibet, potence	la forca
guillotine	la ghigliottina
injection	l'iniezione
lynchage	il linciaggio
oubliettes	le segrete
peine de mort	la pena di morte
pendaison	l'impiccagione
pilori	la berlina
roue	la ruota
supplice	il supplizio

E. SUPPLICES ANCIENS ET MODERNES (suite)

torture, question	**la tortura**	guillotiner	**ghigliottinare**
		lyncher	**linciare**
		pendre	**impiccare**
écarteler	**squartare**	rouer	**arrotare**
exécuter	**giustiziare**	supplicier	**suppliziare**
fusiller	**fucilare**	torturer	**torturare**

A 2 LEXIQUE EN SITUATION

fermi tutti ! mani in alto, è una rapina ! que personne ne bouge ! haut les mains, c'est un hold-up !

aiuto ! al ladro ! au secours ! au voleur !

il borsaiolo è stato condotto ammanettato al commissariato : le pickpocket a été conduit au poste, menottes aux poignets.

tutta la refurtiva è stata ritrovata dal ricettatore : on a retrouvé tous les objets volés chez le receleur.

lo spaccio di droga : la revente de drogue.

con lesioni dolose : avec coups et blessures.

un incendio doloso : un incendie criminel.

l'indagine segna il passo : l'enquête piétine.

la scheda antropometrica : la fiche anthropométrique.

i reperti giudiziari : les pièces à conviction.

il corpo del reato : le corps du délit.

l'avviso di garanzia : la mise en examen.

fare una denuncia : porter plainte.

le faremo causa : nous vous intenterons un procès.

ricorrere alla giustizia : avoir recours à la justice.

ricorrere in cassazione : se pourvoir en cassation.

un processo a porte aperte : un procès en audience publique.

l'udienza a porte chiuse : l'audience à huis-clos.

il patrocinante è un tenore del foro : l'avocat de la défense est un ténor du barreau.

un avvocato nominato d'ufficio : un avocat commis d'office.

riconoscete la colpevolezza ? plaidez-vous coupable ?

l'imputato ha sostenuto la non colpevolezza : l'accusé a plaidé non coupable.

gli sono state concesse le (circostanze) attenuanti : on lui a accordé les circonstances atténuantes.
avere precedenti penali : avoir un casier judiciaire.
condannato alle spese : condamné aux dépens.
condannato in contumacia : condamné par contumace.
giudicare nel diritto : juger sur la forme.
giudicare nel merito : juger sur le fond.
il divieto di dimora : l'interdiction de séjour.
gli arresti domiciliari : la liberté surveillée.
il tribunale l'ha assolto per insufficienza di prove : le tribunal l'a relaxé pour insuffisance de preuves.
per non provata reità : pour absence de preuves.
la causa è stata posta in deliberazione : l'affaire a été mise en délibéré.
il proscioglimento : l'abandon des poursuites.
il garantismo : les droits de l'accusé.
il colpevole si è dato alla latitanza (è un latitante) : le coupable est en fuite.
l'Ufficio del Pubblico Ministero : la Chambre d'accusation.
il Ministro di Grazia e Giustizia (il Guardasigilli) : le Ministre de la Justice (le Garde des Sceaux).
il Foro Fiscale : le Tribunal Administratif.
il Foro di Padova : le Barreau de Padoue.
il Tribunale per Minorenni : le Tribunal des Mineurs.
uno Stato poliziesco : un État policier.
dei metodi polizieschi : des méthodes de flics.

A 3 REGISTRES DE LANGUE

1. Sens figuré.
è un criminale incallito : c'est un criminel endurci.
un pendaglio da forca : un gibier de potence.
avere la palla al piede : traîner un boulet.
gambizzare : tirer dans les jambes. (Dans les années 70–80 on utilisait ce verbe pour désigner cette forme de violence de rue opérée par les terroristes).
il giallo dell'estate : le crime de l'été (dont l'enquête s'est révélée particulièrement difficile).

2. Proverbes.

dispicca l'impiccato, impiccherà poi te : dépends le pendu, il finira par te pendre.
dal disordine vien la legge : la loi naît du désordre.
a porta aperta, anche il giusto vi pecca : l'occasion fait le larron.

3. Familier.

il magnaccia, il ruffiano : le maquereau, le souteneur.
la gattabuia : la taule, le cachot.
lo sbirro : le flic.
il pizzardone : l'agent de police à Rome.

4. Vulgaire ou argotique.

la battona, la zoccola : la putain, la pute (dérivés de **battere il marciapiede** : faire le tapin et de **lo zoccolo** : le sabot).

5. Mots du passé.

l'abigeato : le vol de bétail. Il est à l'origine de nombreuses guerres familiales : **le faide. La faida**, que l'on traduit avec le mot corse *vendetta*, ne doit pas être confondue avec la **vendetta** : la vengeance. C'est une guerre ancestrale entre clans familiaux, fondée sur la loi primitive du talion (**la legge del taglione**) que résume l'adage « œil pour œil, dent pour dent » (**occhio per occhio, dente per dente**).
il malandrino : le malandrin.
il carceriere : le geôlier.

6. Néologismes.

la ragazza squillo : la call-girl.
le droghe leggere : les drogues douces.
le droghe pesanti : les drogues dures.
uno spinello : un joint.
bucarsi, farsi una pera (argot) : se piquer.
un tossicodipendente : un toxicomane.
un bucatino (argot) : un drogué.
flippato : shooté (synonyme argotique de **drogato**).
le narcolire : l'argent de la drogue.
riciclare il denaro sporco : blanchir l'argent sale.

B 1 REMARQUES LEXICALES

Les mots du crime organisé :

- **L'onorata società, la piovra** (la pieuvre), **cosa nostra** sont des synonymes de **la mafia.**
- **i mafiosi** (les mafieux) s'appellent entre eux **gli uomini d'onore.**
- **la cosca** (le clan) est une « famille » mafieuse, un gang dont les membres ont souvent des liens de parenté, de voisinage, de clientélisme.
- **il picciotto** : l'homme de main (**picciotto** signifie « petit » en dialecte sicilien).
- **un boss** : un chef de gang. Pour la mafia, on dit aussi : **un padrino** (un parrain).
- **il pizzo,** c'est l'argent du racket, la commission.
- **la lupara** est un fusil armé pour le gros gibier. **È stato ucciso a lupara** signifie : « il a été tué par la mafia » (à la **lupara**). C'était l'arme traditionnelle du tueur à gages (**il killer**) qui exécutait un contrat (**un contratto**). Aujourd'hui la mafia a modernisé son arsenal, avec une prédilection pour le fusil à canon scié (**il fucile a canna mozza**) ou la voiture piégée (**l'autobomba**).
- traduite généralement en français « un cadavre exquis », la métaphore **un cadavere eccellente** désigne un homme de pouvoir assassiné par la mafia pour des raisons restées occultes.
- **la Duomo connection** désigne la pénétration de la mafia dans l'économie du Nord et particulièrement à Milan.
- **la cupola** est le conseil suprême mafieux de la région de Palerme.
- **la 'ndrangheta** en Calabre et **la camorra** dans la région napolitaine sont deux autres organisations similaires à la mafia sicilienne.
- **l'omertà** (la loi du silence) est une règle à ne pas transgresser sous peine de mort (**pena la vita**). **Il pentito** (le repenti) brise cette loi en collaborant avec la police. **Il pentitismo** désigne cette collaboration avec les juges.
- **le Brigate Rosse** ont été, dans les années 70–80, un mouvement armé révolutionnaire responsable de nombreux attentats

et de l'enlèvement, suivi de son assassinat (16 mars–2 mai 1978), du Président de la Démocratie Chrétienne, Aldo Moro. Termes dérivés : **un brigatista, il brigatismo.**

Quelques informations sur la justice et la police italienne :
- **il pretore** est un magistrat de première instance (**di primo grado**) : le juge de paix, le juge.
- **il giudice istruttore** (le juge d'instruction) s'appelle désormais **il giudice dell'istruttoria preliminare, il GIP.**
- au terme du délai maximum de 9 mois de détention préventive (**la custodia cautelare**), l'accusé doit être jugé ou immédiatement relâché si l'instruction est encore incomplète.
- **il giudice conciliatore** : le juge de conciliation.

- l'Italie a trois services de prévention et de répression du banditisme.
  L'Arma dei Carabinieri dépend du Ministère de la Défense. On l'appelle parfois « **l'Arma** ». Les carabiniers ont une gendarmerie qui s'appelle **una caserma** (une caserne), mais on dit : **andare dai carabinieri** (aller chez les carabiniers).
  La Polizia Nazionale dépend du Ministère de l'Intérieur. **La Celere** est un service d'intervention rapide qui s'était rendu célèbre dans les années 80 par la vigueur de ses interventions dans les manifestations. Ses fonctionnaires sont : **i celerini.**
  La Guardia di Finanza dépend du Ministère des Finances. Créée à l'origine pour protéger les frontières contre la contrebande, elle a étendu son champ d'intervention à tous les délits économiques et financiers.
- **la Direzione Nazionale Antimafia** (**la D.N.A.**) est une structure de coordination entre les trois services de police pour lutter contre le grand banditisme organisé.
- **la Scientifica** (le Labo) est le terme courant pour désigner les services scientifiques de la police.

Remarques sur quelques mots de la prison :
- le mot officiel pour « la prison » est : **il carcere.** Mais plusieurs expressions populaires emploient le mot **la galera** (historiquement : la galère).

ex. **finirai in galera** : tu finiras en prison.
conduce una vita da galera : il mène une vie de chien.
che faccia da galera ! une vraie tête d'assassin !

- le gardien de prison (dans le langage courant : **il secondino**) a plusieurs noms officiels : **la guardia carceraria, l'agente di custodia, l'operatore carcerario.**
- le visiteur de prison n'a pas de traduction littérale. Son rôle est rempli par l'**assistente sociale.**

B 2 REMARQUES GRAMMATICALES

1. Noms.

■ suffixes péjoratifs (voir aussi p. 166) :

- **-accio** signifie « mauvais » : **un coltellaccio** (un couteau menaçant), **un tipaccio** (un sale type).
- **-acchione** : **un furbacchione** (un petit malin ou un vaurien).

■ pluriels :

- **il carcere** a un pluriel féminin : **le carceri.**
- le mot **boia** est invariable : **il boia, i boia.**

2. Verbes.

- participes passés irréguliers : **difeso (difendere), corrotto (corrompere), represso (reprimere).**
- **evadere** (verbe intransitif) prend l'auxiliaire **essere** :
ex. **tre uomini sono evasi** : trois hommes se sont évadés.

B 3 REMARQUES PARTICULIÈRES

1. Origine de mot.

Le mot **mafia** est dialectal (sicilien) et sa signification originelle est inconnue. Le mot apparaît pour la première fois en 1860 dans une proclamation des prisonniers de la Vicaria (la prison palermitaine) qui se déclarent **mafiosi.** Orthographié longtemps avec un ou deux f, le mot s'écrit aujourd'hui avec un seul **f.**

2. Formation de mots.

Pour dire « vilain, méchant, mauvais », on dit : **cattivo,** parfois **brutto.** L'adjectif **malo** n'est pas usité seul, mais il entre dans la formation de nombreuses expressions ou de mots composés : **la malavita** (la pègre, le milieu), **una mala femmina** (une femme de mauvaise vie), **la malafede** (la mauvaise foi), **le male parole** (les injures).

C 1 EXERCICES

A Compléter le texte suivant avec les mots proposés ci-dessous, puis traduire :

1. *caccia* 2. *sparatoria* 3. *autopattuglia* 4. *ricerca* 5. *morte* 6. *posto* 7. *giudice* 8. *fuga* 9. *ferimento.*

Preoccupanti erano la … di un tranviere e il … grave di un altro, nella … tra i banditi in … e un'… che li aveva presi in …. Adesso altri equipaggi erano partiti alla … del furgone, la Scientifica era sul …, e il … stava arrivando per gli accertamenti di caso. (da *A che punto è la notte* di Fruttero e Lucentini).

B Identikit. Trouver qui se cache sous ces portraits :

1. Feci dell'omicidio il mio pane quotidiano. Inventai mille modi per uccidere i miei contemporanei. I superstiti si dilettavano scoprendo finalmente il nome di un colpevole. Sono la regina inglese del mistero. Sono … ?
2. Dopo dieci anni di latitanza, andai a costituirmi per non permettere la condanna di un innocente. La mia vita di miseria e di riscatto fece del mio creatore francese un uomo conosciuto universalmente. Sono … ?
3. Incaricato di scoprire chi ha potuto ammazzare un giudice siciliano, egli non tarda a inciampare in un secondo giudice assassinato e, da perfetto logico, indovina che la serie non è finita. Chi è ?

C Traduire en italien :

1. Après la Seconde Guerre mondiale, la mafia développe la contrebande, organise le trafic de la drogue et le racket

en intimidant, en corrompant, en tuant ceux qui lui résistent.

2. Cet attentat à l'auto piégée montre que ses auteurs étaient bien informés par des gens introduits dans l'entourage des victimes.
3. On a condamné un innocent.
4. Le témoin a été interrogé par deux inspecteurs.
5. Accompagnés de chiens policiers, les carabiniers ratissent toute la zone.

C 2 CORRIGÉS

A 5, 9, 2, 8, 3, 1, 4, 6, 7.

Il était inquiétant qu'un employé du tramway soit mort et qu'un autre ait été grièvement blessé au cours de l'échange de coups de feu entre les bandits en fuite et une voiture de patrouille qui les avait pris en chasse. À présent, d'autres équipes étaient parties à la recherche de la camionnette, les gars du Labo étaient sur place, et le juge allait arriver pour les constatations d'usage.

B 1. Agatha Christie
2. Jean Valjean dans *Les Misérables* de Victor Hugo
3. L'inspecteur Rogas dans *Il contesto* de Leonardo Sciascia, adapté au cinéma par Francesco Rosi dans *Cadavres exquis*.

C 1. Dopo la seconda guerra mondiale, la mafia sviluppa il contrabbando, organizza il traffico della droga e il racket, intimorendo, corrompendo, uccidendo quelli che le resistono.
2. Quest'attentato all'autobomba dimostra che i suoi autori erano informati bene da gente introdotta nel cerchio delle vittime.
3. Hanno condannato un innocente.
4. Il testimone è stato interrogato da due ispettori.
5. Accompagnati da cani poliziotti, i carabinieri rastrellano tutta la zona.

23 LA POLITIQUE

A 1 VOCABULAIRE

A. LA NATION ET LES SENTIMENTS PATRIOTIQUES

chauvinisme	**lo sciovinismo**	patriote	**il patriota**
citoyen	**il cittadino**	patriotisme	**il patriottismo**
citoyenneté	**la cittadinanza**	pays	**il paese**
communauté	**la comunità**	peuple	**il popolo**
compatriote	**il compatriota**		
concitoyen	**il concittadino**	chauvin	**sciovinista**
cosmopolitisme	**il cosmopolitismo**	cocardier	**patriottardo**
drapeau	**la bandiera**	étranger	**straniero**
esprit de clocher	**il campanilismo**	natal	**natale, nativo**
exilé	**l'esule**	nationaliste	**nazionalistico**
nation	**la nazione**	patriotique	**patriottico**
nationalisme	**il nazionalismo**		
nationalité	**la nazionalità**	bannir	**bandire**
naturalisation	**la naturalizzazione**	s'exiler	**esiliarsi**
patrie	**la patria**	naturaliser	**naturalizzare**

B. LA VIE POLITIQUE : LES PARTIS ET LES MILITANTS

agitateur	**l'agitatore**	militant	**il militante**
banderole	**lo striscione**	militantisme	**l'attivismo**
carte	**la tessera**	mouvement	**il movimento**
cellule	**la cellula**	opposant	**l'oppositore**
clientélisme	**il clientelismo**	opposition	**l'opposizione**
contestation	**la contestazione**	parti	**il partito**
délégation	**la rappresentanza**	partisan	**il seguace**
délégué	**il delegato**	pétition	**la petizione**
démagogie	**la demagogia**	pétitionnaire	**il firmatario**
démagogue	**il demagogo**	politicien	**il politicante**
dessous de table	**la tangente**	politique	**la politica**
dirigeant	**il dirigente**	pot-de-vin	**la bustarella**
entente	**l'intesa**	pourparlers	**le trattative**
meeting	**il comizio**	propagande	**la propaganda**
membre	**il membro**	rassemblement	**il raduno**
meneur	**il caporione**	revendication	**la rivendicazione**

section	la sezione	union	l'unione
sympathisant	il simpatizzante	unité	l'unità
tract	il volantino		

C. LES ÉLECTIONS

abstention	l'astensione	isoloir	la cabina elettorale
alliance	l'alleanza	mandat	il mandato
ballottage	il ballottaggio	premier tour	il primo scrutinio
bulletin	la scheda	scrutateur	lo scrutatore
bureau de vote	il seggio	scrutin	lo scrutinio
campagne	la campagna	siège	il seggio
candidat	il candidato	sondage	il sondaggio
circonscription	la circoscrizione	suffrage	il suffragio
dépouillement	lo spoglio	urne	l'urna
électeur	l'elettore	vote	il voto
élection	l'elezione		
électoralisme	l'elettoralismo	électoral	elettorale
électorat	l'elettorato	majoritaire	maggioritario
estimation	la stima	minoritaire	minoritario
fraude	il broglio	universel	universale

D. LE PARLEMENT

assemblée	l'assemblea	parlement	il parlamento
Chambre	la Camera	représentant	il rappresentante
congrès	il congresso	séance	la seduta
débat	il dibattito	sénat	il senato
décret	il decreto	sénateur	il senatore
décret-loi	il decreto-legge	session	la sessione
député	il deputato	suspension	la sospensione
dissolution	la dissoluzione	tribun	il tribuno
législateur	il legislatore	tribune	la tribuna
législature	la legislatura		
loi	la legge	éligible	eleggibile
majorité	la maggioranza	élu	eletto
minorité	la minoranza	législatif	legislativo
orateur	l'oratore	parlementaire	parlamentare

D. LE PARLEMENT (suite)

adopter	adottare	renier	rinnegare
approuver	approvare	renverser	rovesciare
dépouiller	scrutinare	repousser	respingere
élire	eleggere	se réunir	radunarsi
s'insurger	insorgere	sanctionner	sancire
se porter candidat	candidarsi	siéger	sedere
présider	presiedere	succéder	succedere
promulguer	promulgare	trahir	tradire
proposer	proporre	voter	votare

E. LE GOUVERNEMENT ET L'APPAREIL D'ÉTAT

alternance	l'alternanza	pacte	il patto
ambassade	l'ambasciata	plébiscite	il plebiscito
ambassadeur	l'ambasciatore	portefeuille	il portafoglio
attributions	le attribuzioni	porte-parole	il portavoce
cabinet	il gabinetto	pouvoir	il potere
chancelier	il cancelliere	prérogatives	le prerogative
charge	la carica, l'incarico	président	il presidente
coalition	la coalizione	référendum	il referendum
cohabitation	la coabitazione	réforme	la riforma
consensus	il consenso	régime	il regime
constitution	la costituzione	remaniement	il rimpasto
consul	il console	république	la repubblica
consulat	il consolato	responsabilité	la responsabilità
département d'État	il dicastero	secrétaire	il segretario
		sous-secrétaire	il sottosegretario
diplomate	il diplomatico	successeur	il successore
diplomatie	la diplomazia		
exécutif	l'esecutivo	constitutionnel	costituzionale
gouvernement	il governo	gouvernemental	governativo
lettres de créance	le credenziali	légitime	legittimo
ministère	il ministero		
ministre	il ministro	administrer	amministrare
mission	la missione	décentraliser	decentrare
nomination	la nomina	décider	decidere

se démettre	**dimettersi**	prendre des mesures	**provvedere**
démissionner	**dar le dimissioni**		
dissoudre	**sciogliere**	remanier	**rimaneggiare**
gouverner	**governare**	remplacer	**sostituire**

F. HISTOIRE POLITIQUE : IDÉOLOGIES ET DOCTRINES

anarchie	**l'anarchia**	rébellion	**la ribellione**
centrisme	**il centrismo**	républicain	**il repubblicano**
communiste	**il comunista**	révolte	**la rivolta**
coup d'État	**il colpo di Stato**	révolution	**la rivoluzione**
croix gammée	**la svastica**	révolutionnaire	**il rivoluzionario**
démocrate	**il democratico**	social-démocratie	**la socialdemocrazia**
démocratie	**la democrazia**		
écologiste	**l'ambientalista**	socialisme	**il socialismo**
égalité	**l'uguaglianza**	soulèvement	**l'insurrezione**
émeute	**la sommossa**	système	**il sistema**
État	**lo Stato**	tyrannie	**la tirannide**
étatisme	**lo statalismo**		
extrême droite	**la destra nazionale**	anarchiste	**anarchico**
extrême gauche	**l'estrema sinistra**	autoritaire	**autoritario**
extrémisme	**l'estremismo**	centriste	**centrista**
fascisme	**il fascismo**	communiste	**comunista**
fraternité	**la fratellanza**	conservateur	**conservatore**
gaullisme	**il gollismo**	démagogique	**demagogico**
homme d'État	**lo statista**	démocratique	**democratico**
idéologie	**l'ideologia**	despotique	**dispotico**
insurrection	**l'insurrezione**	écologiste	**ecologico**
internationalisme	**l'internazionalismo**	extrémiste	**estremista**
jacquerie	**la rivolta contadina**	fasciste	**fascista**
		franc-maçonnique	**massonico**
junte	**la giunta**		
libéralisme	**il liberalismo**	isolationniste	**isolazionista**
liberté	**la libertà**	jusqu'au-boutiste	**oltranzista**
nazisme	**il nazismo**	libéral	**liberale**
nomenklatura	**la nomenklatura**	maoïste	**maoista**
putsch	**il golpe**	nazi	**nazista**
radicalisme	**il radicalismo**	populiste	**populista**

F. HISTOIRE POLITIQUE : IDÉOLOGIES ET DOCTRINES (suite)

réactionnaire	**reazionario**	totalitaire	**totalitario**
réformiste	**riformistico**	tyrannique	**prepotente**
révolutionnaire	**rivoluzionario**	ultra-conservateur	**codino**
socialiste	**socialista**		

G. LA MONARCHIE ET L'EMPIRE

archiduc	**l'arciduca**	noblesse	**la nobiltà**
aristocrate	**l'aristocratico**	prince	**il principe**
aristocratie	**l'aristocrazia**	princesse	**la principessa**
baron	**il barone**	principauté	**il principato**
chevalier	**il cavaliere**	régent	**il reggente**
comte	**il conte**	reine	**la regina**
comté	**la contea**	roi	**il re**
cour	**la corte**	royaume	**il regno**
couronne	**la corona**	royauté	**la monarchia**
couronnement	**l'incoronazione**	sceptre	**lo scettro**
courtisan	**il cortigiano**	sire	**il sire**
dauphin	**il delfino**	souverain	**il sovrano**
duc	**il duca**	succession	**la successione**
dynastie	**la dinastia**	sujet	**il suddito**
empereur	**l'imperatore**	têtes couronnées	**i regnanti**
empire	**l'impero**	trône	**il trono**
favori	**il favorito**	vicomte	**il visconte**
fief	**il feudo**		
gentilhomme	**il gentiluomo**	absolu	**assoluto**
gouverneur	**il governatore**	héréditaire	**ereditario**
grand-duc	**il granduca**	impérialiste	**imperialistico**
héritier	**l'erede**	royal	**reale**
hobereau	**il signorotto**	royaliste	**monarchico**
majesté	**la maestà**		
marquis	**il marchese**	abdiquer	**abdicare**
monarchie	**la monarchia**	couronner	**incoronare**
monarque	**il monarca**	régner	**regnare**
noble	**il nobile**	succéder	**succedere**

A 2 LEXIQUE EN SITUATION

possiede la doppia cittadinanza (nazionalità) : il a la double nationalité.
darsi alla politica : s'occuper de politique.
il partito di maggioranza ha ottenuto il 55 % dei voti : le parti majoritaire a obtenu 55 % des voix.
è stato rieletto al primo scrutinio : il a été réélu au premier tour.
la votazione è stata favorevole alla destra : le résultat du vote a été favorable à la droite.
la votazione si è fatta per alzata di mano : le vote s'est fait à main levée.
un voto favorevole, contrario : un vote pour, contre.
il voto di protesta preoccupa le classi dirigenti : le vote de protestation inquiète les classes dirigeantes.
il capo del governo è stato rovesciato stanotte : le chef du gouvernement (le Premier ministre) a été renversé cette nuit.
il deputato chiede il rinnovo del mandato : le député sollicite le renouvellement de son mandat.
è un incaricato d'affari molto ambizioso : c'est un chargé d'affaires aux dents longues.
il relatore del bilancio è socialista : le rapporteur du budget est socialiste.
incontro al vertice tra i capi di Stato della CEE : rencontre au sommet entre les chefs d'État de la CEE.
i moti insurrezionali : les mouvements insurrectionnels.

A 3 REGISTRES DE LANGUE

1. Sens figuré.
la coalizione al potere ha preso una batosta (una sconfitta) alle ultime elezioni : la coalition au pouvoir a subi une cuisante défaite aux dernières élections.
è stato trombato alle elezioni : il a pris une veste aux élections.
è un politicante che volta spesso gabbana (casacca) : c'est un homme politique qui retourne souvent sa veste.
sono persone altolocate : ce sont des personnes haut placées.

i pezzi grossi del partito : les gros bonnets du parti.

la nazione si trova in brutti frangenti, ci vuole un nuovo governo : la nation se trouve dans une situation difficile, il faut un nouveau gouvernement.

un politico deve stare ai patti : un homme politique doit respecter ses engagements.

2. Proverbes.

non occorre essere più realisti del re : il ne faut pas être plus royaliste que le roi.

morto un papa se ne fa un altro : le roi est mort, vive le roi.

3. Langage journalistique et jargon politique.

l'**onorevole** est le titre honorifique par lequel on s'adresse à un membre du parlement italien, député ou sénateur.

un governicchio (**governo** + suffixe péjoratif -**icchio**) est un gouvernement faible et sans réel pouvoir. On dit aussi **un governo provvisorio** ou **balneare** (littéralement : qui dure le temps des vacances).

il malgoverno est l'incapacité à gouverner qui se traduit par un mauvais fonctionnement de l'appareil d'État et de l'administration.

un politicante est un terme péjoratif pour désigner un homme politique.

il partito trasversale est la coalition informelle de politiciens issus de différents partis et d'hommes de la société civile (journalistes, intellectuels) désireux de changer la pratique politique italienne, jugée archaïque et inefficace.

il politichese désigne le langage propre aux hommes politiques, la langue de bois, et **il sinistrese** le langage stéréotypé de la gauche et de l'extrême gauche.

sur le modèle de **il simpatizzante** a été créé son contraire **l'antipatizzante.**

les démocrates-chrétiens étaient désignés par analogie comme **scudocrociati** ou **biancoscudati** (référence aux symboles de la DC).

un communiste orthodoxe est appelé **un kabulista, uno stalinista** ou, depuis l'éclatement du PCI, **un rifondatore.**

B 1 REMARQUES LEXICALES

La réalité politique italienne :

- Jusqu'aux scandales politiques des années 1990, les principaux partis italiens étaient **la DC** (**Democrazia Cristiana**), **il PSI** (**Partito Socialista Italiano**) et **il PDS** (**Partito Democratico di Sinistra**), ex-**Partito Comunista**. Des partis plus petits, par le jeu du système proportionnel et des alliances parlementaires, ont longtemps eu une importance qui dépassait la réalité de leurs suffrages. Il s'agit du **PSDI** (**Partito Socialista Democratico Italiano**), du **PLI** (**Partito Liberale Italiano**), du **PRI** (**Partito Repubblicano Italiano**), et du **PR** (**Partito Radicale**). Les gouvernements s'appuyaient sur des alliances pour atteindre la majorité à la Chambre. Selon le nombre des partis représentés au gouvernement, les Italiens parlaient de **quadripartito** (4 partis) ou **pentapartito** (5 partis).
  Ce système, que les Italiens appellent **la partitocrazia**, peut sembler satisfaisant d'un point de vue démocratique, mais il fragilise l'exécutif, favorise les arrangements (les postes importants sont répartis à l'amiable entre les partis, c'est **la lottizzazione**) et explique que, depuis la guerre, l'Italie ait connu plus de 50 gouvernements. En marge du gouvernement, d'autres mouvements ont eu un rôle non négligeable dans l'opinion publique comme **i Verdi** (les écologistes) ou **il MSI** (**Movimento Sociale Italiano**), nostalgique du fascisme.

- Depuis « **Tangentopoli** » (scandales politico-financiers qui ont secoué le monde politique italien traditionnel), le pays a souhaité modifier un système jugé corrompu. Cela a été le sens du référendum d'avril 1993. Ce dernier a montré que les Italiens étaient favorables à un système de représentation majoritaire, pour se rapprocher d'un bipolarisme à l'anglaise ou à la française.

- quelques « lieux de pouvoir » : les journalistes italiens utilisent souvent la résidence d'une institution ou d'un parti à la place de son nom. Ainsi **il Quirinale** est la résidence du président de la République (appelée aussi **il Palazzo**). **Palazzo Chigi** est celle du président du Conseil. Les députés se retrouvent à **Montecitorio** (appelé aussi ironiquement **il transatlantico** pour indiquer la taille et la lourdeur de cette institution) et les sénateurs siègent au **Palazzo Madama.**

Attention aux différents façons de traduire **le mot** ***étranger*** (adjectif ou nom) en italien :

- **straniero** ou **forestiero** désignent l'habitant d'une nation étrangère.
  ex. **una donna straniera (forestiera)** : une femme étrangère.
- **Estero** s'emploie dans les autres cas.
  ex. **andare all'estero** : aller à l'étranger.
  il ministro degli Esteri : le ministre des Affaires étrangères.

Attention à ne pas confondre :

- **la cellula** du militant communiste et **la cella** du moine.
- le mot **il partigiano** désigne habituellement le résistant qui a combattu le fascisme et le nazisme durant la dernière guerre. Le partisan d'un parti politique se dit **il seguace**, **il fautore** ou **il sostenitore.**
- **il regicidio** (l'assassinat d'un roi) et **il regicida** (l'assassin d'un roi) ; de même **il tirannicidio** et **il tirannicida** ou, dans un autre registre, **il parricidio** et **il parricida.**
- **il Risorgimento** (mouvement du XIXe siècle qui a conduit à l'Unité italienne) et **il Rinascimento** (la Renaissance des XVe et XVIe siècles).

Attention aux faux amis :

- **il diplomatico, l'aristocratico** (adjonction d'une syllabe par rapport au substantif français).

B 2 REMARQUES GRAMMATICALES

Noms et adjectifs.

- féminins de noms :
  la baronessa, la contessa, la duchessa, la principessa mais **la marchesa** et **l'imperatrice.**
- pluriel de noms et d'adjectifs :
- les mots monosyllabiques sont toujours invariables, quelle que soit la voyelle finale : **il re, i re.**
- nous avons rencontré dans ce chapitre beaucoup de noms et d'adjectifs se terminant par **-co** ou **-go** : **politico, anarchico, democratico, demagogo**, etc. La règle générale, qui connaît pourtant quelques exceptions, dit que les mots qui sont accentués sur l'avant-dernière syllabe (*parole piane*) ont un pluriel en **-chi** et **-ghi** : **cieco, ciechi** ; **parco, parchi** (mais **amici, nemici, porci, greci**) ; **lago, laghi** ; **mago, maghi** ; **demagogo, demagoghi.**
  Les mots accentués sur l'antépénultième (*parole sdrucciole*) ont généralement un pluriel en **-ci** et **-gi** : **politici, anarchici, democratici, astrologi** (mais on trouve aussi **astrologhi**). Dans le doute, il convient de consulter un dictionnaire.
  Remarque : au féminin, **-ca** et **-ga** deviennent toujours **-che** et **-ghe** : **le amiche, le leghe.**

B 3 REMARQUES PARTICULIÈRES

1. Origine de mots.

- le mot **il Risorgimento** signifie littéralement « la Renaissance », référence au réveil nationaliste du XIXe siècle qui a conduit à la réalisation de l'Unité italienne (**l'Unità**).
- **codino** dans le sens de « réactionnaire », « rétrograde », est un mot qui remonte au XVIIIe siècle. **I codini** (porteurs d'une queue de cheval) étaient les monarchistes hostiles à la Révolution française.
- les expressions **che quarantotto** ! (quelle confusion !) et **fare un quarantotto** (faire un drame) viennent des mouvements insurrectionnels de 1848.

2. Accentuation.

La mauvaise accentuation d'un mot peut parfois entraîner une confusion de sens. Ainsi **i principi** (les princes) ne sont pas i **principi** (les principes). De même, une mauvaise accentuation change les sens de **l'ancora** (l'ancre) et **ancora** (encore) ou de **capito** (j'arrive) et **capito** (compris, participe passé).

3. Formation de mots.

- beaucoup de termes évoquent l'origine commune d'habitants issus d'un même village ou d'une même ville, d'une même région ou d'un même pays. Tous ces mots sont formés à partir du préfixe **con-** (**com-** devant **m** ou **p**) : **il concittadino** (de **città**), **il compaesano** (de **paese** : village ou pays), **il compatriota** (de **patria**), **il connazionale** (de **nazione**) ou **il corregionale** (de **regione**).
- le préfixe **neo-** (équivalent de l'adjectif « nouveau ») permet de créer des mots comme **il neoeletto, il neodeputato, il neosenatore.**
- le préfixe **euro-** se rencontre dans **l'eurodeputato** (député européen), **l'eurocrate**, etc.

C 1 EXERCICES

A Histoire politique italienne : choisir la bonne réponse :

1. Depuis la dernière guerre, combien l'Italie a-t-elle connu de gouvernements ?
   a. 10 b. plus de 50 c. une vingtaine d. près de 100
2. L'Italie est une république depuis :
   a. 1870 b. 1915 c. 1929 d. 1946
3. Les années où Mussolini a été au pouvoir en Italie :
   a. 1922–1943 b. 1915–1940 c. 1920–1945 d. 1899–1929

B Regrouper ces mots en 4 familles de sens :

1. la tessera
2. anarchico
3. il campanilismo
4. l'erede
5. la bandiera
6. il reazionario
7. l'onorevole
8. il regicidio
9. il fascismo
10. sciovinista
11. la scheda elettorale
12. il suddito
13. il liberalismo
14. l'amor patrio
15. l'incoronazione
16. lo spoglio.

C **Grammaire : mettre ces expressions au pluriel :**

1. Il re autoritario.
2. Una tazza di tè.
3. Quest'uomo politico è un demagogo.
4. Il democratico non è amico dell'anarchico.

D **Traduire en italien :**

1. Le Premier ministre italien a donné sa démission.
2. Les néo-fascistes ont obtenu 8 % des voix et ont eu 25 sièges à Montecitorio.
3. Liberté, égalité et fraternité constituent la devise (la devise : **il motto**) de la République Française.
4. Il s'est porté candidat aux élections législatives mais il n'a pas été élu.

C 2 CORRIGÉS

A 1.b 2.d 3.a.

B 3, 5, 10, 14 : sentiments patriotiques
4, 8, 12, 15 : le roi et la monarchie
1, 7, 11, 16 : la république et les élections
2, 6, 9, 13 : idéologies et doctrines.

C
1. I re autoritari.
2. (Delle) tazze di tè.
3. Questi uomini politici sono dei demagoghi.
4. I democratici non sono amici degli anarchici.

D
1. Il presidente del Consiglio (italiano) si è dimesso.
2. I missini hanno ottenuto l'8 % dei voti e hanno avuto 25 seggi a Montecitorio.
3. Libertà, uguaglianza e fratellanza costituiscono il motto della Repubblica Francese.
4. Si è candidato alle elezioni legislative ma non è stato eletto.

24 LA DÉFENSE NATIONALE

A 1 VOCABULAIRE

A. L'INCORPORATION

appel	**la leva, la chiamata**	engagé	**il volontario**
		entraînement	**l'addestramento**
appelé	**il soldato di leva**	incorporation	**l'incorporazione**
armée	**l'esercito**	mobilisation	**la mobilitazione**
classe	**lo scaglione**	permission	**la licenza**
conscription	**la coscrizione**	recrue	**la recluta**
conscrit	**il coscritto**	réserviste	**il riservista**
contingent	**il contingente**	sursis	**il rinvio**

B. LA CASERNE

adjudant	**il maresciallo**	mess	**la mensa**
brigade	**la brigata**	officier	**l'ufficiale**
campement	**l'accampamento**	ordre	**l'ordine**
cantonnement	**l'accantonamento**	patrouille	**la pattuglia**
capitaine	**il capitano**	peloton	**il plotone**
caporal	**il caporale**	quartier général	**il quartiere generale**
caserne	**la caserma**		
chambrée	**la camerata**	rassemblement	**l'adunata** (f)
colonel	**il colonnello**	section, escouade	**la squadra**
commandant	**il comandante, il maggiore**	sentinelle	**la sentinella**
		sergent	**il sergente**
commandement	**il comando**	service (militaire)	**la ferma, il servizio**
compagnie	**la compagnia**	soldat	**il soldato**
corvée	**la corvè**	soupe	**il rancio**
détachement	**il reparto**	sous-officier	**il sottufficiale**
État-Major	**lo Stato Maggiore**	troupe	**la truppa**
galon	**il gallone**	uniforme	**la divisa, l'uniforme** (f)
gamelle	**la gavetta**		
général	**il generale**	unité	**il reparto**
grade	**il grado**		
guérite	**la garitta**	démobiliser	**smobilitare, congedare**
lieutenant	**il tenente**		
maréchal	**il maresciallo**	s'engager	**arruolarsi**

enrôler	**arruolare,**	mobiliser	**mobilitare**
	reclutare	ordonner	**ordinare**
entraîner	**addestrare**	se ranger	**schierarsi**
exempter	**esentare,**	réformer	**riformare**
	congedare	servir	**servire**

C. LA GUERRE

affrontement	**lo scontro**	défensive	**la difensiva**
agresseur	**l'aggressore**	déploiement	**il dispiegamento**
alerte	**l'allarme** (m)	déroute	**la rotta**
anéantissement	**l'annientamento**	déserteur	**il disertore**
arrières	**le retrovie**	diversion	**la diversione**
assaillant	**l'assalitore**	embuscade,	**l'imboscata,**
assaut	**l'assalto**	embûche	**l'agguato**
assiégeant	**l'assediante**	encerclement	**l'accerchiamento**
attaque	**l'attacco**	ennemi	**il nemico**
bataille	**la battaglia**	envahisseur	**l'invasore**
belliciste	**il bellicista**	évacuation	**l'evacuazione**
belligérant	**il belligerante**	exode	**l'esodo**
black-out	**l'oscuramento**	franc-tireur	**il franco tiratore**
blocus	**il blocco**	front	**il fronte**
bombardement	**il bombardamento**	fusillade	**la sparatoria**
captivité	**la prigionia**	génocide	**il genocidio**
combat	**il combattimento**	guérilla	**la guerriglia**
concentration	**il concentramento**	guérillero	**il guerrigliero**
conflit	**il conflitto**	guerre	**la guerra**
conquérant	**il conquistatore**	guerrier	**il guerriero**
conquête	**la conquista**	héroïsme	**l'eroismo**
contre-attaque	**il contrattacco**	héros	**l'eroe**
débâcle	**il disastro,**	hostilités	**le ostilità**
	la « débâcle »	incursion	**l'incursione**
débandade	**lo sbandamento**	insurgé	**l'insorto**
débarquement	**lo sbarco**	invasion	**l'invasione**
défaite	**la disfatta**	manœuvre	**la manovra**
défaitiste	**il disfattista**	mission	**la missione**
défense	**la difesa**	mitraille	**la mitraglia**
défenseur	**il difensore**	neutralité	**la neutralità**

C. LA GUERRE (suite)

offensive	l'offensiva
otage	l'ostaggio
pacification	la pacificazione
percée	lo sfondamento
pertes	le perdite
piège	la trappola
point d'appui	il caposaldo
poursuite	l'inseguimento
prisonnier	il prigioniero
rebelle	il ribelle
rébellion	la ribellione
reconnaissance	la ricognizione
reddition	la resa
réfugié	il profugo
renforts	i rinforzi, i rincalzi
représailles	le rappresaglie
résistance	la resistenza
retrait	il ritiro
retraite	la ritirata
siège	l'assedio
stratagème	lo stratagemma
stratège	lo stratega, lo stratego
stratégie	la strategia
tacticien	il tattico
tactique	la tattica
trahison, traîtrise	il tradimento
traître	il traditore
vainqueur	il vincitore
victoire	la vittoria

D. LES UNITÉS DE COMBAT ET LES MATÉRIELS

abri	il rifugio, il riparo
arme	l'arma
armement	l'armamento
arrière-garde	la retroguardia
arsenal	l'arsenale
artillerie	l'artiglieria
artilleur	l'artigliere
automitrailleuse	l'autoblindo (f)
avant-garde	l'avanguardia
avant-poste	l'avamposto
baïonnette	la baionetta
balistique	la balistica
balle	la pallottola
barbelés	i fili spinati
base	la base
bastion	il bastione
bataillon	il battaglione
batterie	la batteria
bazooka	il « bazooka »
blockhaus, casemate	la casamatta
bombe	la bomba
brèche	la breccia
camouflage	la mimetizzazione
canon	il cannone
canon (de fusil)	la canna
cartouche	la cartuccia
casque	l'elmetto, il casco
char, tank	il carro armato
charge	la carica
chargeur	il caricatore
citadelle	la roccaforte, la rocca

contre-espionnage	**il controspionaggio**
convoi	**il convoglio**
crosse	**il calcio**
dépôt	**il deposito**
éclat (obus)	**la scheggia**
équipement	**l'equipaggiamento**
escadron	**lo squadrone**
espion	**la spia**
explosif	**l'esplosivo**
fantassin	**il fante, il fantaccino**
fort	**il forte, il fortino**
forteresse	**la fortezza**
fusil	**il fucile**
fusil-mitrailleur	**il semiautomatico**
gâchette	**il grilletto**
Génie	**il Genio**
grenade	**la bomba a mano**
hélicoptère	**l'elicottero**
Infanterie	**la Fanteria**
lancement	**il lancio**
lance-missiles	**il lanciamissili**
lance-roquettes	**il lanciarazzi**
logistique	**la logistica**
mèche	**la miccia**
mine	**la mina**
missile	**il missile**
mitraillette	**il mitra**
mitrailleuse	**la mitragliatrice**
mortier	**il mortaio**
munitions	**le munizioni**
napalm	**il « napalm »**
obus	**la granata**
ogive	**l'ogiva**
parachute	**il paracadute**
parachutiste	**il paracadutista**
pistolet	**la pistola**
poignard	**il pugnale**
portée	**la gittata**
poudre	**la polvere**
projectile	**il proiettile**
recul	**il rinculo**
régiment	**il reggimento**
retranchement	**il trinceramento**
revolver	**la rivoltella**
roquette	**il razzo**
silencieux	**il silenziatore**
sirène	**la sirena**
tranchée	**la trincea**
transmissions	**le ricetrasmissioni**
viseur	**il mirino**

acharné	**accanito**
aéroporté	**aeroportato**
antiaérien	**antiaereo, contraereo**
antichar	**anticarro, controcarro**
atomique	**atomico**
bactériologique	**batteriologico**
belliqueux	**bellicoso**
chimique	**chimico**
civil	**civile**
frontal	**frontale**
héroïque	**eroico**
meurtrier	**micidiale**
militaire	**militare**
neutre	**neutrale**
nucléaire	**nucleare**
retranché	**trincerato**
sanglant	**sanguinoso**
stratégique	**strategico**
tactique	**tattico**
valeureux	**valoroso**

D. LES UNITÉS DE COMBAT ET LES MATÉRIELS (suite)

s'affronter	**scontrarsi**
anéantir	**annientare**
armer	**armare**
assaillir	**assalire**
assiéger	**assediare**
attaquer	**attaccare**
atteindre	**raggiungere**
avancer	**avanzare**
bombarder	**bombardare**
camoufler	**mimetizzare**
capituler	**capitolare**
capturer	**catturare**
charger	**caricare**
combattre	**combattere**
concentrer	**concentrare**
conquérir	**conquistare**
contourner	**aggirare**
crépiter	**crepitare, scoppiettare**
débarquer	**sbarcare**
déclencher	**scatenare, provocare**
défaire, battre	**sconfiggere**
défendre	**difendere**
déjouer	**sventare**
démanteler	**smantellare**
déployer	**(di)spiegare**
désarmer	**disarmare**
déserter	**disertare**
s'embraser	**infuocarsi**
encercler	**accerchiare, circondare**
s'enrayer	**incepparsi**
entraver	**ostacolare, intralciare**
envahir	**invadere**
explorer	**perlustrare**
faire mouvement	**muoversi**
fortifier	**fortificare**
fuir	**fuggire**
fusiller	**fucilare**
gazer	**gassare**
harceler	**assillare**
libérer	**liberare**
marcher	**marciare**
massacrer	**massacrare**
mettre en joue, épauler	**puntare, spianare**
neutraliser	**neutralizzare**
se rendre	**arrendersi**
se replier	**ripiegarsi**
repousser	**respingere**
réquisitionner	**requisire**
résister	**resistere**
tenir bon	**tener saldo**
tirer	**sparare**
tomber	**cadere**
vaincre	**vincere**

E. LA MARINE

amiral	**l'ammiraglio**
canonnière	**la cannoniera**
chasseur de mines	**il cacciamine**
contre-torpilleur	**il cacciatorpediniere**
convoyeur, escorteur	**la nave scorta**

croiseur	**l'incrociatore**
cuirassé	**la corazzata**
Ecole Navale	**l'Accademia Navale**
enseigne	**il sottotenente**
escadre	**la squadra, l'armata**
flotte	**la flotta**
frégate	**la fregata**
homme-grenouille	**il sommozzatore**
lance-torpilles	**il lanciasiluri**
maître d'équipage	**il nostromo**
Marine	**la Marina**
mouilleur de mines	**il posamine**
mutin	**l'ammutinato**
mutinerie	**l'ammutinamento**
pavillon	**la bandiera**
périscope	**il periscopio**
porte-avions	**la portaerei**
quartier-maître	**il sottocapo**
second	**il secondo**
sous-marin	**il sommergibile**
torpille	**il siluro, la torpedine**
torpilleur	**la torpediniera**
tourelle	**la torretta**
vaisseau	**il vascello**
vedette	**la motolancia**
aborder	**arrembare**
arraisonner	**fermare, ispezionare**
couler	**affondare**
débarquer	**sbarcare**
embarquer	**imbarcare**
escorter	**scortare, convogliare**
se saborder	**autoaffondarsi**
torpiller	**silurare**

F. L'AVIATION

Aéronautique	**l'Aeronautica**
aviation	**l'aviazione**
avion de chasse	**il caccia**
base	**la base**
bombardier	**il bombardiere**
crash	**lo schianto**
escadrille	**la squadriglia**
mitrailleur	**l'armiere**
pilote	**il pilota**
planeur	**l'aliante**
raid	**l'incursione**
piquer	**picchiare, tuffarsi**
pourchasser	**inseguire**
survoler	**sorvolare**
voler	**volare**

G. LA PAIX

allié	**l'alleato**
armistice	**l'armistizio**
capitulation	**la capitolazione, la resa**

G. LA PAIX (suite)

casques bleus	**i caschi blu**	Nations Unies	**le Nazioni Unite**
cessez-le-feu	**il cessate il fuoco**		
désarmement	**il disarmo**	pacifiste	**il pacifista**
dissuasion	**la dissuasione**	pacte	**il patto**
émissaire, envoyé	**l'emissario, l'inviato**	paix	**la pace**
		pourparlers	**i negoziati**
entrevue	**l'incontro, l'abboccamento**	traité	**il trattato**
		trêve	**la tregua**

A 2 LEXIQUE EN SITUATION

la cartolina precetto : la feuille de route.
la visita di leva : le conseil de révision.
si parte a fare un campo : on part en manœuvres.
è un tiratore scelto : c'est un tireur d'élite.
l'ufficiale di picchetto : l'officier de garde.
montare la guardia : monter la garde.
la parola d'ordine : le mot de passe.
era una testa calda, lo hanno mandato in un battaglione di duri : il faisait la forte tête, ils l'ont envoyé dans un bataillon disciplinaire.

dare (muovere) battaglia : livrer bataille.
attaccare battaglia : engager (la) bataille.
issare la bandiera : hisser le pavillon, les couleurs.
ammainare la bandiera : amener le pavillon, les couleurs.
l'aereo attacca a tuffo (in picchiata) : l'avion attaque en piqué.
lo stormo dei caccia : le groupe des avions de chasse.
l'ondata d'assalto : la vague d'assaut.
la tuta mimetica : la tenue camouflée.
il tiro di sbarramento : le tir de barrage.
un campo di concentramento, un « lager » : un camp de concentration.
il campo di prigionia : le camp de prisonniers.
il reduce di guerra : le vétéran, l'ancien combattant.
morto sul campo di battaglia : mort au champ d'honneur.
la medaglia alla memoria : la médaille à titre posthume.

il Milite Ignoto : le Soldat Inconnu.
il monumento ai Caduti : le monument aux Morts.
l'Altare della Patria : l'Autel de la Patrie.

i missili di media gittata appartengono alla forza dissuasiva : les armes de moyenne portée appartiennent à la force dissuasive.
i missili di crociera sono intercontinentali : les missiles de croisière sont intercontinentaux.
la testata nucleare : la tête nucléaire.
dopo la caduta della cortina di ferro, si parla oggi di riduzione degli arsenali nucleari : après la chute du rideau de fer, on parle aujourd'hui de réduction des arsenaux nucléaires.
sono state intavolate le trattative e si dovrebbe arrivare a una sospensione (un arresto) totale dei combattimenti su tutto il fronte : des pourparlers sont en cours et l'on devrait arriver à un arrêt total des combats sur l'ensemble du front.
il nemico si è arreso senza condizioni : l'ennemi a capitulé sans conditions.
le due potenze hanno firmato un patto di non aggressione : les deux puissances ont signé un pacte de non-agression.

A 3 REGISTRES DE LANGUE

1. Sens figuré.
la guerra fredda : la guerre froide.
la guerra dei nervi : la guerre des nerfs.
la guerra economica : la guerre économique.
le guerre stellari : la guerre des étoiles.
una macchina da guerra : une machine de guerre.
la pace degli eroi : la paix des braves.

2. Proverbes.
chi mena per primo mena due volte : la meilleure défense, c'est encore l'attaque (**menare** : frapper).
chi vuole la pace, apparecchi la guerra : si tu veux la paix, prépare la guerre.
chi non combatte non riporta vittoria : on n'a rien sans rien.
le armi le carica l'uomo e le scarica il diavolo : la guerre réveille la bête qui est dans l'homme.

3. Littéraire.
cruento : sanglant, **prode** : preux, **la pugna** : la bataille.

4. Familier et argotique.
L'argot de caserne est riche en termes imagés : **il nonnismo** (le bizutage, l'accueil des bleus), **il nonno** (l'ancien, le biffin), **la spina** (le bleu), **il fantone** (le tire-au-flanc), **l'imboscato** (le planqué), **il paraculo** (le démerdard), **la paraculata** (la démerde), **il piantone ai cessi** (celui qui est de corvée de chiottes), **la gattabuia** (le mitard), **la stecca** (la quille), **il fantasma** (le libérable), **mettersi in borghese** (se mettre en civil).

B 1 REMARQUES LEXICALES

Quelques termes liés à l'Histoire :

- **i Guelfi** et **i Ghibellini** (les Guelfes et les Gibelins) sont deux factions, la première partisane de la souveraineté du Pape, l'autre, de celle de l'Empereur Romain Germanique, dont les combats ensanglantèrent l'Italie durant le Moyen Âge.
- **un condottiere** (un « condottiere ») était à la Renaissance un chef de mercenaires (**i mercenari**).
- **la Grande Guerra** est la Première Guerre mondiale, qu'on appelle aussi **la Guerra del '15–'18** (l'Italie entre en guerre le 23 mai 1915).
- la rhétorique militaire du fascisme usait de mots issus du latin. Benito Mussolini se faisait appeler **il Duce** (du latin *dux* : le guide, le général). **Il gregario** (du latin *gregarius*) désignait l'homme de troupe. Mussolini s'adressait aux armées et aux soldats, en les appelant : **le legioni, i legionari** (les légions, les légionnaires). **I Fasci di combattimento** (les Faisceaux de combat) étaient les sections fascistes organisées sur un modèle paramilitaire. **Il Littorio Romano** désignait officiellement le Parti fasciste lui-même.
- **la Resistenza** (avec majuscule) désigne l'armée populaire clandestine qui lutta contre le fascisme et le nazisme de 1943 à 1945, **i partigiani**, les partisans, les résistants. La lutte des maquisards, la lutte des partisans se traduit : **la lotta partigiana**.

Le service militaire et le soldat :

- le service militaire dure 12 mois en Italie. Le conseil de révision s'appelle, comme en France, « les trois jours » : **i tre giorni**. Le conscrit est déclaré apte (**idoneo**), ajourné (**rivedibile**), réformé (**riformato**).
- le régime de la coopération n'existe pas, mais pour l'objecteur de conscience (**l'obiettore di coscienza**), il existe un service civil (**il servizio civile**), plus long que le service ordinaire.
- **il Centro Addestramento Reclute** (**il C.A.R.**) est le Centre d'Entraînement des Recrues.
  ex. **fare il C.A.R.** : faire ses classes.
  dopo il C.A.R., sarà affettato in un reparto operativo : après la période des classes, il sera affecté dans une unité combattante.
- **il Supporto Tattico Logistico** : le Train des Équipages.
- **gli Alpini** sont les Chasseurs Alpins, une Arme très prestigieuse en Italie.
- **l'Arma dei Bersaglieri** est également très célèbre. Reconnaissables à leur chapeau à plumes de coq de bruyère et à leur manière de défiler en courant, les bersagliers sont des soldats sportifs. Leurs missions sont celles de la cavalerie légère. Leurs régiments sont dotés de blindés très rapides pour des opérations d'incursion et de contournements. Leur nom vient de **il bersaglio** (la cible).
- les ordres de présentation sont **Attenti** ! (Garde-à-vous !), **Riposo** ! (Repos !). En réponse à une question directe, le soldat répond à son supérieur : **Signorsì ! ou Signornò** !
- **avanti, marsc'** ! en avant, marche !
- aucun mot ne distingue le mess des officiers de la cantine. On dit **la mensa** et on précise (**degli ufficiali, dei soldati**).

Les armes modernes :

Les missiles sont appelés selon leur destination ou leurs particularités techniques. Le nom du missile est souvent suivi d'un sigle AA, MM, MS, AT, TT… (A : **aria**, M : **mare**, S : **suolo**, T : **terra**) :
ex. **un missile SA** : un missile sol-air.

Quelques synonymes :

- **bellico, di guerra** : de guerre.
  ex. **in periodo bellico** : en période de guerre.
- **l'anteguerra, il periodo prebellico** : l'avant-guerre.
- **il dopoguerra, il periodo postbellico** : l'après-guerre.
- **il bellicista** est appelé aussi **il guerrafondaio.**
- **lo sbandamento** (la débandade) se dit aussi : **il fuggifuggi** (le sauve-qui-peut).
- **un franco tiratore** est appelé également **un cecchino.**
- **assillare, non dare tregua, tempestare** : harceler.
- **perlustrare** et **rastrellare** sont souvent synonymes. Ces deux verbes désignent l'action d'explorer systématiquement un terrain, de le ratisser, de le fouiller, de le quadriller.

Le suffixe -esco :

- les adjectifs **militaresco, soldatesco** sont péjoratifs :
  ex : **un tono militaresco** : un ton d'adjudant.
  la violenza soldatesca : la violence de la soldatesque.

Attention à ne pas confondre :

- **l'esercito** (l'armée) et **l'armata** qui désigne une force navale ou aérienne, très rarement une armée terrestre, sauf dans l'expression : **l'Armata Rossa** (l'Armée Rouge).
- **marciare** (marcher au pas) et **camminare** (marcher).

B 2 REMARQUES GRAMMATICALES

1. Noms.

■ genre :

- **il soldato** fait au féminin : **la soldatessa.**
- le mot **spia** (espion) est féminin, même lorsqu'on parle d'un homme.
  ex. **una spia venuta dal freddo** : un espion venu du froid.
  D'autres mots obéissent à la même règle : **la sentinella, la guardia, la guida.**

■ pluriel :

- **l'arma** fait au pluriel **le armi** ; **lo stratega, gli strateghi** ; **il nemico, i nemici** (voir règle p. 295).
- **il mitra, l'autoblindo** (f) sont des mots invariables.

2. Adverbes.

Les adverbes de manière formés à partir des adjectifs **militare, crudele, civile** sont : **militarmente, crudelmente, civilmente** (voir règle p. 205).

B 3 REMARQUES PARTICULIÈRES

1. Formation de mots.

A partir des verbes d'action, de nombreux substantifs ont été formés. En voici quelques exemples :

- avec le suffixe **-azione** : **la mobilitazione, la smobilitazione, la capitolazione, la fucilazione, la perlustrazione, la liberazione, la neutralizzazione.**
- avec le suffixe **-mento** : **l'arruolamento, il reclutamento, lo smantellamento, lo schieramento, l'investimento, il bombardamento, l'aggiramento.**

2. Sonorité et accentuation.

La diphtongaison mouillée -ill [j] en français, est souvent présente en italien sous la forme **-gli** que l'on prononce [lj] : **la pattuglia, la guerriglia, l'artigliere, la mitraglia, la battaglia, la mitragliatrice, la medaglia, il medagliato.** Cette diphtongaison n'est jamais accentuée.

C 1 EXERCICES

A Êtes-vous tacticien ? Retrouver l'ordre chronologique des actions suivantes :

1. difendersi	3. minacciare	5. arrendersi
2. raggiungere	4. attaccare	6. avanzare.

B Traduire en français :

Nella prima giornata della battaglia di Custoza, il 24 luglio 1848, una sessantina di soldati di un reggimento di fanteria del nostro esercito, mandati sopra un'altura ad occupare una casa solitaria, si trovarono improvvisamente assaliti da due compagnie di soldati austriaci, che tempestandoli di fucilate da varie parti, appena diedero loro tempo di rifugiarsi nella casa e di sbarrare precipitosamente le porte, dopo aver lasciato alcuni morti e feriti per i campi. (da *Cuore* di Edmondo de Amicis).

C **Traduire en italien :**

1. Devant la violence de l'attaque, il y eut une débandade générale.
2. Le retrait des troupes ennemies se déroule sous le tir des francs-tireurs.
3. Un chasseur en piqué mitraille les partisans qui tentent de fuir dans le maquis.
4. Les automitrailleuses de la patrouille sont tombées dans une embuscade meurtrière.

C 2 CORRIGÉS

A 3, 6, 2, 4, 1, 5.

B Au cours de la première journée de la bataille de Custoza, le 24 juillet 1848, une soixantaine de soldats d'un régiment d'infanterie de notre armée, envoyés sur une hauteur pour occuper une maison solitaire, se trouvèrent tout à coup assaillis par deux compagnies de soldats autrichiens qui, en les harcelant de coups de fusils de plusieurs côtés, leur donnèrent juste le temps de se réfugier dans la maison et de barricader précipitamment les portes, après avoir laissé plusieurs morts et blessés dans les champs.

C
1. Di fronte alla violenza dell'attacco, ci fu uno sbandamento generale.
2. Il ritiro delle truppe nemiche si svolge sotto il tiro dei cecchini.
3. Un caccia in picchiata mitraglia i partigiani che tentano di fuggire nella macchia.
4. Le autoblindo della pattuglia sono cadute in un agguato micidiale.

25 LA RELIGION

A 1 VOCABULAIRE

A. LES CROYANCES

âme	**l'anima**
ange	**l'angelo**
antéchrist	**l'anticristo**
apparition	**l'apparizione**
archange	**l'arcangelo**
au-delà	**l'aldilà**
auréole	**l'aureola**
bienheureux	**il beato**
Bouddha	**Budda**
damné	**il dannato**
déesse	**la dea**
diable	**il diavolo**
dieu	**il dio**
Dieu	**Dio, Iddio**
divinité	**la divinità**
doctrine	**la dottrina**
dogme	**il dogma**
élu	**l'eletto**
enfer	**l'inferno**
Évangile	**il Vangelo**
félicité	**la beatitudine**
foi	**la fede**
Jésus-Christ	**Gesù Cristo**
limbes	**il limbo**
Mahomet	**Maometto**
messie	**il messia**
miracle	**il miracolo**
miséricorde	**la misericordia**
Olympe	**l'Olimpo**
paradis	**il paradiso**
pardon	**il perdono**
péché	**il peccato**
pécheresse	**la peccatrice**
pécheur	**il peccatore**
prochain	**il prossimo**
providence	**la provvidenza**
purgatoire	**il purgatorio**
rachat	**il riscatto**
rédemption	**la redenzione**
religion	**la religione**
rémission	**la remissione**
Résurrection	**la Risurrezione**
Saint-Esprit	**lo Spirito Santo**
salut	**la salvezza**
théologie	**la teologia**
transcendance	**la trascendenza**
Trinité	**la Trinità**
Vierge	**la Madonna, la Vergine**

angélique	**angelico**
capital	**capitale**
démoniaque	**demoniaco**
diabolique	**diabolico**
divin	**divino**
eucharistique	**eucaristico**
évangélique	**evangelico**
fervent	**fervente**
marial	**mariano**
miraculeux	**miracoloso**
paradisiaque	**paradisiaco**
pascal	**pasquale**
pécheur, coupable	**peccaminoso**
possédé	**possesso, indemoniato**
sacré	**sacro**
sacrilège	**sacrilego**
saint	**santo**
religieux	**religioso**
surnaturel	**soprannaturale**
véniel	**veniale**

B. RELIGIONS ET ATTITUDES RELIGIEUSES

animisme	**l'animismo**
athéisme	**l'ateismo**
blasphémateur	**il bestemmiatore**
blasphème	**la bestemmia**
bouddhisme	**il buddismo**
catholicisme	**il cattolicesimo**
charité	**la carità**
christianisme	**il cristianesimo**
contre-réforme	**la controriforma**
contrition	**la contrizione**
conversion	**la conversione**
conviction, credo	**il credo**
croisade	**la crociata**
croisé	**il crociato**
croyance	**la credenza**
dévotion	**la devozione**
fanatisme	**il fanatismo**
franc-maçon	**il massone**
franc-maçonnerie	**la massoneria**
hérésie	**l'eresia**
idolâtre	**l'idolatra**
impiété	**l'empietà**
Inquisition	**l'Inquisizione**
intégrisme	**l'integralismo**
intolérance	**l'intolleranza**
Islam	**l'Islam**
judaïsme	**il giudaismo**
monothéisme	**il monoteismo**
mythologie	**la mitologia**
paganisme	**il paganesimo**
piété	**la pietà**
pitié	**la pietà**
polythéisme	**il politeismo**
protestantisme	**il protestantesimo**
puritanisme	**il puritanesimo**
réforme	**la riforma**
sainteté	**la santità**
schisme	**lo scisma**
secte	**la setta**
vocation	**la vocazione, la chiamata**
vœu	**il voto**

agnostique	**agnostico**
anglican	**anglicano**
athée	**ateo**
calviniste	**calvinista**
catholique	**cattolico**
charismatique	**carismatico**
charitable	**caritatevole**
chrétien	**cristiano**
clérical	**clericale**
croyant	**credente**
dévot	**devoto**
hérétique	**eretico**
hindouiste	**induistico**
illuminé	**illuminato**
intolérant	**intollerante**
israélite	**israelitico**
judéo-chrétien	**giudeocristiano**
juif	**ebreo, giudeo**
laïc	**laico**
liturgique	**liturgico**
luthérien	**luterano**
mécréant	**miscredente**
musulman	**musulmano**
mystique	**mistico**
œcuménique	**ecumenico**
orthodoxe	**ortodosso**
païen	**pagano**
pénitent	**penitente**
pieux	**pio**

pratiquant	**praticante**	puritain	**puritano**
presbytérien	**presbiteriano**	schismatique	**scismatico**
protestant	**protestante**	sectaire	**settario**

C. LES INSTITUTIONS, LES HOMMES

abbé	**l'abate**	paroisse	**la parrocchia**
abbesse	**la badessa**	pasteur	**il pastore**
anachorète	**l'anacoreta**	pèlerin	**il pellegrino**
apostolat	**l'apostolato**	pope	**il pope**
apôtre	**l'apostolo**	prédicateur	**il predicatore**
archevêque	**l'arcivescovo**	prêtre	**il prete, il sacerdote**
ascète	**l'asceta**		
aumônier	**il cappellano**	prophète	**il profeta**
cardinal	**il cardinale**	rabbin	**il rabbino**
chanoine	**il canonico**	religieuse	**la monaca**
clergé	**il clero**	révérend	**il reverendo**
concile	**il concilio**	sacristain	**il sagrestano**
congrégation	**la congregazione**	saint	**il santo**
curé	**il parroco**	Souverain Pontife	**il Pontefice**
diacre	**il diacono**	synode	**il sinodo**
diocèse	**la diocesi**	théologien	**il teologo**
enfant de chœur	**il chierichetto**	vicaire	**il vicario**
épiscopat	**l'episcopato**	bénédictin	**benedettino**
ermite	**l'eremita**	capucin	**cappuccino**
évêque	**il vescovo**	carmélite	**carmelita**
fidèle	**il fedele**	chartreux	**certosino**
gourou	**il guru, il santone**	dominicain	**domenicano**
martyr	**il martire**	ecclésiastique	**ecclesiastico**
martyre	**il martirio**	franciscain	**francescano**
missionnaire	**il missionario**	jésuite	**gesuita**
moine	**il monaco**	monacal	**monacale**
officiant	**l'officiante**	monastique	**monastico**
ordre	**l'ordine**	oblat	**oblato**
papauté	**il papato**	papal	**papale**
pape	**il papa**	sacerdotal	**sacerdotale**

D. LES SANCTUAIRES

abbaye	**l'abbazia, la badia**
autel	**l'altare**
baptistère	**il battistero**
basilique	**la basilica**
cathédrale	**il duomo**
chapelle	**la cappella**
chartreuse	**la certosa**
cloître	**il chiostro**
couvent	**il convento**
église	**la chiesa**
ermitage	**l'eremo, il romitaggio**
monastère	**il monastero**
mosquée	**la moschea**
parvis	**il sagrato**
presbytère	**la canonica**
sanctuaire	**il santuario**
séminaire	**il seminario**
synagogue	**la sinagoga**
temple	**il tempio**

E. LES RITES

absolution	**l'assoluzione**
adoration	**l'adorazione**
ascétisme	**l'ascetismo**
autodafé	**l'autodafé**
Ave Maria	**l'avemmaria**
baptême	**il battesimo**
bénédiction	**la benedizione**
cantique	**il cantico**
cérémonie, fonction	**la funzione**
communiant	**il comunicando**
Communion	**la Comunione**
confession	**la confessione**
confirmation	**la cresima**
culte	**il culto**
élévation	**l'elevazione**
eucharistie	**l'eucaristia**
excommunication	**la scomunica**
extrême-onction	**l'estrema unzione**
génuflexion	**la genuflessione**
homélie	**l'omelia**
hymne	**l'inno**
indulgence	**l'indulgenza**
jeûne	**il digiuno**
liturgie	**la liturgia**
messe	**la messa**
office	**l'ufficio**
offrande	**l'offerta**
oraison	**l'orazione**
pater	**il paternostro**
pèlerinage	**il pellegrinaggio**
prière	**la preghiera**
psaume	**il salmo**
recueillement	**il raccoglimento**
rite	**il rito**
sacrement	**il sacramento**
sacrifice	**il sacrificio**
sacrilège	**il sacrilegio**
sermon, prêche	**la predica**
veillée	**la veglia**
abjurer	**abiurare**
adorer	**adorare**

s'agenouiller	**inginocchiarsi**	implorer	**implorare**
baptiser	**battezzare**	jeûner	**digiunare**
bénir	**benedire**	oindre	**dare l'olio santo**
canoniser	**canonizzare**	pécher	**peccare**
catéchiser	**catechizzare**	prêcher	**predicare**
communier	**comunicarsi**	prier	**pregare**
se confesser	**confessarsi**	profaner	**profanare**
consacrer	**consacrare**	prophétiser	**profetizzare**
convertir	**convertire**	se prosterner	**prosternarsi**
croire	**credere**	purifier	**purificare**
diviniser	**divinizzare**	se recueillir	**raccogliersi**
excommunier	**scomunicare**	sanctifier	**santificare**
exorciser	**esorcizzare**	vénérer	**venerare**
expier	**espiare**		

F. LES OBJETS

aube	**il camice**	crosse	**il pastorale**
bénitier	**l'acquasantiera**	crucifix	**il crocifisso**
bible	**la bibbia**	encens	**l'incenso**
bréviaire	**il breviario**	étole	**la stola**
burette	**l'ampollina**	hostie	**l'ostia**
calice	**il calice**	icône	**l'icona**
calvaire	**il calvario**	idole	**l'idolo**
catéchisme	**il catechismo**	image pieuse	**il santino**
chapelet, rosaire	**il rosario**	missel	**il messale**
chasuble	**la pianeta, la casula**	mitre	**la mitra, la mitria**
chrême, onguent	**il crisma, l'unguento**	ostensoir	**l'ostensorio**
		patène	**la patena**
ciboire	**il ciborio**	prie-Dieu	**l'inginocchiatoio**
cierge	**il cero**	relique	**la reliquia**
crèche	**il presepio, il presepe**	soutane	**la tonaca**
		surplis	**la cotta**
croix	**la croce**	tabernacle	**il tabernacolo**

G. LES FÊTES ET LES MANIFESTATIONS

Ascension	**l'Ascenzione**	Nativité	**la Natività**
Assomption	**l'Assunzione**	Noël	**Natale**
Avent	**l'Avvento**	Pâques	**Pasqua**
Carême	**la Quaresima**	Pentecôte	**la Pentecoste**
Epiphanie	**l'Epifania**	Ramadan	**il Ramadan**
fête (du calendrier)	**l'onomastico**	Rameaux	**la domenica delle Palme**
Fête-Dieu	**il Corpus Domini**	Semaine Sainte	**la Settimana Santa**
Jeudi Saint	**il Giovedì Santo**		
Lundi de Pâques	**Pasquetta**	Toussaint	**Ognissanti**

A 2 LEXIQUE EN SITUATION

in nome del Padre, del Figlio e dello Spirito Santo : au nom du Père, du Fils et du Saint-Esprit.
farsi il segno della croce : se signer, faire le signe de croix.
gli evangelisti sono Matteo, Marco, Luca e Giovanni : les évangélistes sont Matthieu, Marc, Luc et Jean.
i quattro Vangeli, con gli Atti degli Apostoli, le Epistole e l'Apocalisse, formano il Nuovo Testamento : les quatre Évangiles, avec les Actes des Apôtres, les Epîtres et l'Apocalypse, forment le Nouveau Testament.
il Vecchio Testamento : l'Ancien Testament.
il fonte battesimale : les fonts baptismaux.
sono credente ma non praticante : je suis croyant mais non pratiquant.
a vent'anni riceve la chiamata (ha la vocazione) ed entra negli ordini : à vingt ans, il a la vocation et il entre dans les ordres.
un religioso di clausura : un religieux cloîtré.
dal Concilio Vaticano II (secondo) nel 1962, la messa non si fa più in latino : depuis le Concile de Vatican II en 1962, la messe ne se dit plus en latin.
la messa cantata : la grand-messe.
fare la questua : faire la quête.
fare l'elemosina : faire l'aumône.
il periodo natalizio : la période de Noël.
alla festa del Corpus Domini, si fa una grande processione : à la Fête-Dieu, on organise une grande procession.

la grande festa ebraica è quella del Kippur : la grande fête juive, c'est le Yom Kippour.

Il monte Olimpo in Grecia fu la sede degli dei mitologici : le mont Olympe en Grèce fut le séjour des dieux mythologiques.

Giove, Giunone, Minerva formano la triade maggiore delle divinità romane : Jupiter, Junon, Minerve forment la triade majeure des divinités romaines.

Venere, Apollo, Diana, Vulcano, Nettuno, Mercurio, Plutone, Cibele, Cere erano gli altri dei maggiori : Vénus, Apollon, Diane, Vulcain, Neptune, Mercure, Pluton, Cybèle, Cérès étaient les autres dieux majeurs.

Marte era il dio della guerra : Mars était le dieu de la guerre.

Bacco, il dio del vino, era quello più popolare : Bacchus, le dieu du vin, était le plus populaire.

Ercole era un semidio : Hercule était un demi-dieu.

l'ara sacra : l'autel sacré.

gli Inferi (l'Ade) : les Enfers.

A 3 REGISTRES DE LANGUE

1. Sens figuré.

era contento come una pasqua : il était heureux comme un roi.

lungo come la quaresima : long comme un jour sans pain.

ognuno porta la propria croce : à chacun sa croix.

ho un dolore che mi fa soffrire le pene dell'inferno : ma douleur me fait souffrir atrocement.

un (una) baciapile : une grenouille de bénitier.

essere tutto santi e madonne : être bigot.

un povero cristo : un pauvre diable.

quell'uomo m'ispira un santo terrore : cet homme m'inspire une peur bleue.

non dire eresie ! ne dis pas de bêtises !

ha tirato giù certe madonne : il a proféré des injures.

2. Proverbes.

aiutati che il cielo ti aiuta : aide-toi, le ciel t'aidera.

non so più a quale santo votarmi : je ne sais plus à quel saint me vouer.

peccato confessato, mezzo perdonato : péché avoué est à moitié pardonné.

non si può cantare e portare croce : on ne peut pas être à la fois au four et au moulin.
nella chiesa coi santi, all'osteria coi ghiottoni : il faut savoir hurler avec les loups.

3. Familier ou populaire.
fare la santarellina : faire la sainte nitouche.
fare uno scherzo da prete : jouer un sale tour.
diamine ! diable !
perbacco ! fichtre ! pardi !
fatti frate ! fiche le camp !
un pretino : un calotin.
la festa dell'Assunta ou **Assunzione** qui tombe le 15 août est appelée communément **Ferragosto.**
la festa della Befana est le nom populaire de l'Epiphanie.

4. Mots du passé.
la pieve : la cure, la paroisse ou l'église paroissiale ; **il pievano** : le curé.

B 1 REMARQUES LEXICALES

Remarques sur quelques synonymes :
- Dieu se dit **Dio** ou **Iddio.** Il est appelé également au cours des fonctions **Nostro Signore, il Signore. Il Creatore** est d'usage sacerdotal.
- **il diavolo** (le diable) est aussi appelé **Satanasso** (Satan) ou **Lucifero** (Lucifer), étymologiquement : « le porte-lumière », avant qu'il ne devienne **l'angelo caduto** (l'ange déchu), **il demonio** (le démon). Le mot **il demone** existe aussi et désigne une passion effrénée, par exemple : **il demone del gioco** : le démon du jeu.
- **Maria** est appelée **Santa Vergine, la Vergine, la Madre di Dio, Santa Maria,** mais surtout **la Madonna.** C'est de ce terme que viennent les deux mots **una madonnina** (une petite statue de la Vierge), et **un madonnaro** (un vendeur de médailles et d'images pieuses ou un peintre à la craie sur le trottoir).

Exclamations et blasphèmes :
- « **Madonna !, Santa Madonna !, Madonna Santa !, Dio**

Santo !, **Dio Buono !** » sont des exclamations exprimant la surprise, la crainte, la détresse. Difficiles parfois à traduire, elles équivalent à « Sainte Vierge !, mon Dieu !, Dieu ! » (En français, « Bonne Mère ! » est un régionalisme tandis que **Madonna** ! est une exclamation qu'on entend dans toute l'Italie).

- la violence de certains blasphèmes italiens étonne et choque souvent les Français. Blasphémer consiste à accoler un qualificatif injurieux et sacrilège à **Dio, Gesù,** ou à **Madonna**, par exemple : **porco dio** ! **dio cane** ! Pour se permettre de blasphémer sans encourir de reproches, certains Toscans élident **Dio** en **Io** et jurent par « **io cane** !, **io porco** ! ». Dans les régions du Nord de l'Italie, on dit : « **ostia** ! » (hostie) pour *bon sang !*

Notes sur les prêtres :

- les Italiens entretiennent avec le pape une familiarité qui tient de l'histoire et de sa présence au Vatican. Ainsi pour un Italien, Jean XXIII est **Papa Giovanni** (**Giovanni** : Jean) ; Paul VI est **Papa Montini** (de son nom de famille).
- le pape (**il papa**) est aussi appelé **il Santo Padre** : le Saint-Père, ou **il Sommo Pontefice** : le Souverain Pontife (**sommo** : suprême, superlatif de **grande**).
  Sua Santità Papa Giovanni Paolo II (**secondo**) : Sa Sainteté le Pape Jean-Paul II (deux).
- l'adjectif **papale** (papal) est plus courant que **pontificale** (pontifical) réservé au cérémonial, ou employé d'une manière ironique comme le français « pontifiant ». On utilise aussi l'adjectif **pontificio**.
  ex. **lo Stato Pontificio** : les Etats Pontificaux.
  la porpora pontificia : la pourpre pontificale.
- **un papabile** est un cardinal pressenti pour devenir un jour pape. Ce mot a pris un sens plus large et sert à nommer tout responsable qui brigue une place importante.
- on appelle **i Monsignori** la plupart des ecclésiastiques qui travaillent au Vatican. **Eminenza** est le titre du cardinal et souvent celui de l'évêque.
- il est d'usage de s'adresser à un prêtre en lui disant **Don** suivi de son prénom ou **Padre** : Don Pietro, Don Camillo, Padre Giacomo.

- une religieuse est généralement appelée **Madre** : Madre Teresa.
- le mot **curato** est peu utilisé. Pour désigner un curé de paroisse on dit **parroco.**
  ex. **il parroco abita nella canonica** : le curé abite au presbytère.

Sens particuliers de « il peccato » et de « cristiano » :

- le mot **il peccato** désigne à la fois le péché, et l'acte manqué, qu'on regrette.
  ex. **che peccato** ! quel dommage !
  è un peccato che tu non sia potuto venire : c'est dommage que tu n'aies pas pu venir.
  i sette peccati capitali : les sept péchés capitaux.
  i peccati di giovinezza : les péchés de jeunesse.
- le nom ou adjectif **cristiano** a souvent le sens désacralisé d'« humain », de « convenable ».
  ex. **una vita da cristiano** : une vie convenable, honnête.
  quel povero cristiano : ce pauvre homme.
  non c'era un cristiano : il n'y avait pas âme qui vive.

Un emploi de Cristo pour dater les siècles :

Pour dater les siècles avant et après Jésus-Christ on dit **avanti Cristo** et **dopo Cristo.**

ex. **nel I secolo a.C.** : au 1er siècle av. J.-C.
nel III secolo d.C. : au IIIe siècle ap. J.-C.

Avanti ne doit pas être confondu avec **prima di** qui est utilisé dans toutes les autres expressions temporelles.

ex. **ci vedremo prima della messa** : nous nous verrons avant la messe.

L'art et la religion :

- **un'Annunciazione** (une Annonciation), **una Natività** (une Nativité), **un'Adorazione dei Magi** (une Adoration des Mages), **Gesù Bambino** (l'Enfant Jésus), **una Sacra Famiglia** (une Sainte Famille), **l'Ultima Cena** (la Cène), **lo Sposalizio della Vergine** (le Mariage de la Vierge), **una Madonna** (une Vierge), **una Crocifissione** (une Crucifixion), **una Via Crucis** (un Chemin de Croix), **una Deposizione** (une Descente de

Croix ou Déposition), **una Mater Dolorosa, una Pietà** (une Pietà), **un Giudizio Universale** (un Jugement Dernier).

Attention à ne pas confondre :
- **il papa** (le pape), **il papà** (le papa).
- **la mitra** (la mitre), **il mitra** (la mitraillette).
- **comunicarsi** (communier), **comunicare** (donner la communion, mais aussi communiquer).
- **la cresima** (la confirmation) est un mot qui ne s'emploie que dans la liturgie. Une confirmation de rendez-vous est **una conferma d'appuntamento.**

Attention aux sens multiples de :
- **il voto** : le vœu, ou la note de l'élève.
- **il clero** : le clergé et le clerc.

B 2 REMARQUES GRAMMATICALES

1. Noms.

■ singulier et pluriel :
- **il dio** a un pluriel particulier **gli dei.** Le féminin est régulier : **la dea, le dee.**
- **il tempio** fait au pluriel : **i templi** pour éviter la confusion avec **i tempi** (les temps).

■ modification du mot **frate** :

Le nom **il frate** subit une modification quand il est écrit devant le nom propre : **Fra Angelico, Fra Paolo.**

2. Adjectifs.

Lorsqu'il est adjectif ou nom commun, **santo** est régulier, mais le titre de **Santo** suit une règle d'usage particulière :
San devant consonne : **San Pietro, San Francesco, San Zaccaria.**
Sant' devant voyelle : **Sant'Antonio, Sant'Ignazio.**
Santo devant s impur : **Santo Stefano.**
Le féminin est plus simple. Il n'y a élision que devant un nom propre commençant par une voyelle.

ex. **Sant'Agata è la santa patrona di Catania** : Sainte Agathe est la patronne de Catane.

3. Verbes.

Emploi du subjonctif ou de l'indicatif après **credere** :

le verbe **credere** peut exprimer la simple opinion ou affirmer une profonde conviction. Dans le premier cas le verbe de la proposition subordonnée se met au subjonctif.

ex. **credo che sia la fine** : je crois que c'est la fin.

Dans le deuxième cas, **credere** est le plus souvent renforcé par un adverbe et le verbe de la subordonnée se met à l'indicatif.

ex. **credo profondamente che mi ama** : je crois profondément qu'elle (qu'il) m'aime.

A la forme interrogative ou négative on utilise le subjonctif.

ex. **credi che venga ?** crois-tu qu'il vienne ?
non credo che si faccia vedere : je ne crois pas qu'il se fasse voir.

B 3 REMARQUES PARTICULIÈRES

Origine de mot.

Dans le roman italien le plus célèbre du XIXe siècle, *I Promessi Sposi* (*Les Fiancés*) de Alessandro Manzoni, la servante de Don Abbondio, le curé, s'appelle Perpetua. Ce nom propre est devenu nom commun (**una perpetua** : une servante de curé).

C 1 EXERCICES

A **Symbolisme : L'iconographie paléo-chrétienne et romane a un bestiaire très riche. A l'aide des mots du chapitre 9, trouver quels animaux symboliques représentent :**

1. I primi cristiani, Gesù Cristo : a. un gallo b. un pesce c. un'aquila.
2. Il vangelo secondo Luca : a. un delfino b. un cervo c. un toro.
3. Il vangelo secondo Giovanni : a. un granchio b. un'aquila c. un cane.
4. Lo Spirito Santo : a. una cicogna b. una colomba c. una rondine.
5. Il cielo o l'eternità : a. un pavone b. una civetta c. un'ape.
6. Satanasso : a. un cinghiale b. una scimmia c. un serpente.
7. Il sacrificio di Gesù : a. un agnello b. un bue c. un montone.
8. Il vangelo secondo Marco : a. un toro b. un cavallo c. un leone.

B Traduire en français :

1. Numerosi cattolici vanno in pellegrinaggio a Lourdes.
2. Molti sposini cristiani vengono a vedere il Santo Padre perché benedica la loro unione.
3. La Chiesa s'è data la missione di collaborare, con la parola e con l'esempio, alla risoluzione dei grandi problemi del nostro tempo.
4. Masaccio dipinse Adamo ed Eva cacciati dal paradiso terrestre su un affresco che si trova nella Cappella Brancacci di Firenze.

C Traduire en italien :

1. Dommage que le sanctuaire soit fermé !
2. *L'Évangile selon Matthieu* est un film de Pasolini.
3. As-tu visité la Basilique Saint-Pierre ?
4. C'est une mosaïque du Xe siècle après J.-C.
5. Pour visiter l'église il faut demander la clé au sacristain.

C 2 CORRIGÉS

A 1. b. 2. c. 3. b. 4. b. 5. a. 6. c. 7. a. 8. c.

B 1. De nombreux catholiques vont en pèlerinage à Lourdes.
2. De nombreux jeunes mariés chrétiens viennent voir le Saint-Père pour qu'il bénisse leur union.
3. L'Église s'est donné pour mission d'aider, par la parole et par l'exemple, à résoudre les grands problèmes de notre temps.
4. Masaccio a peint Adam et Ève chassés du Paradis terrestre sur une fresque qui se trouve dans la chapelle Brancacci de Florence.

C 1. Peccato che il santuario sia chiuso !
2. *Il Vangelo secondo Matteo* è un film di Pasolini.
3. Hai visitato la Basilica San Pietro ?
4. È un mosaico del X (decimo) secolo dopo Cristo.
5. Per visitare la chiesa, bisogna chiedere la chiave al sagrestano.

A 1 VOCABULAIRE

A. LES COMMERÇANTS ET LES ARTISANS

antiquaire	l'antiquario
armurier	l'armaiolo
artisan	l'artigiano
bijoutier	il gioielliere
boucher	il macellaio
boulanger	il panettiere, il fornaio
boutiquier	il bottegaio
brocanteur	il robivecchi
buraliste	il tabaccaio
carreleur	il piastrellista
carrossier	il carrozziere
chapelier	il cappellaio
charbonnier	il carbonaio
charcutier	il salumiere
charpentier	il carpentiere
chef de rayon	il caporeparto
cocher	il vetturino
coiffeur	il barbiere
coiffeuse	la parrucchiera
commerçant	il commerciante
cordonnier	il calzolaio
couvreur	il copritetto, il conciatetti
crémier	il lattaio
décorateur	il decoratore, l'arredatore
disquaire	il venditore di dischi
ébéniste	l'ebanista
électricien	l'elettricista
épicier	il droghiere
fleuriste	il fioraio
fourreur	il pellicciaio
fripier	il rigattiere
fruitier	il fruttivendolo
grainetier	il granaiolo
horloger	l'orologiaio
imprimeur	il tipografo
libraire	il libraio
maçon	il muratore
marchand	il mercante
maroquinier	il pellettiere
menuisier	il falegname
mercier	il merciaio
miroitier	lo specchiaio
modiste	la modista, la crestaia
opticien	l'ottico
papetier	il cartolaio
parfumeur	il profumiere
pâtissier	il pasticciere
peintre en bâtiment	l'imbianchino
plâtrier	il gessaio
plombier	l'idraulico
poissonnier	il pescivendolo
potier	il vasaio
ramoneur	lo spazzacamino
relieur	il rilegatore
réparateur	il riparatore
repasseuse	la stiratrice
serrurier	il fabbro ferraio, il magnano
tailleur, couturier	il sarto
tapissier	il tappezziere
teinturier	il tintore

terrassier	lo sterratore
transporteur	il trasportatore
vitrier	il vetraio
zingueur	lo stagnaio

B. LES PROFESSIONS LIBÉRALES

administrateur	l'amministratore
agent de change	l'agente di cambio
agent immobilier	il consulente immobiliare
architecte	l'architetto
avocat	l'avvocato
banquier	il banchiere
courtier	il sensale
expert	l'esperto, il perito
expert-comptable	il ragioniere
géomètre	il geometra
honoraires	la parcella
médecin	il medico
notaire	il notaio
pharmacien	il farmacista
profession libérale	la libera professione
spécialiste	lo specialista
vétérinaire	il veterinario

C. LES MÉTIERS DE L'INDUSTRIE

agent de maîtrise	il caposquadra
ajusteur	l'aggiustatore
aléseur	l'alesatore
bobineur	il bobinatore
cadre	il (quadro) dirigente
chef	il capo
chercheur	il ricercatore
contremaître	il capomastro
décolleteur	il filettatore
emballeur	l'imballatore
équipe	la squadra
fabricant	il fabbricante
fraiseur	il fresatore
gardien	il guardiano, il custode
industriel	l'industriale
ingénieur	l'ingegnere
laborantin	il laboratorista
magasinier	il magazziniere
manœuvre	il manovale
manutentionnaire	il magazziniere
métallurgiste	il metalmeccanico
minotier	il molitore
monteur	il montatore
opérateur	l'operatore, l'addetto
outilleur	l'attrezzista
ouvrier	l'operaio
peintre	il verniciatore
plieur	il piegatore
programmeur	il programmatore
régleur	il regolatore
soudeur	il saldatore
technicien	il tecnico
tourneur	il tornatore
tubiste	il tubista
vérificateur	il verificatore

D. LES OUTILS

alène **la lesina**
boîte à outils **la cassetta degli attrezzi**
boulon **il bullone**
bricolage **il fai da te**
brosse (peintre) **la pennellessa**
burin **il bulino**
cheville **il cavicchio**
chignole **il trapano (a mano)**
clé à mollette **la chiave a rollino**
clou **il chiodo**
copeau **il truciolo**
écrou **il dado**
équerre **la squadra**
établi **il banco**
fer à souder **il saldatoio**
fil à plomb **il filo a piombo**
lime **la lima**
marteau **il martello**
mastic **il mastice**
mèche (perceuse) **la punta**
mètre **il metro**
outil **l'attrezzo, l'arnese**
pelle **la pala**
perceuse **il trapano**
pince **le pinze**
pioche **il piccone**
pistolet (peinture) **la pistola a spruzzo**
poix **la pece**
ponceuse **la levigatrice**
rabot **la pialla**
rivet **il ribattino**
scie **la sega**
sciure **la segatura**
serre-joints **il sergente**
spatule **la spatola**
tenailles **le tenaglie**
tournevis **il cacciavite**
tranchet **il trincetto**
truelle **la cazzuola**
vilebrequin **il girabacchino**
vis **la vite**

E. LES SECTEURS INDUSTRIELS ET LES MACHINES-OUTILS

atelier d'usine **l'officina, il reparto**
automation **l'automazione**
cadence **la cadenza**
chaîne (de montage) **la catena di montaggio**
chantier **il cantiere**
chaudière **la caldaia**
conception **l'ideazione**
élévateur **il muletto**
emballage **l'imballaggio**
engrenage **l'ingranaggio**
entrepôt **il capannone**
entretien **la manutenzione**
équipement **l'attrezzatura** (f)
façon **la lavorazione**
filature **la filatura**
fraiseuse **la fresatrice**
grue **la gru**
ingénierie **l'ingegneria**
installation **l'impianto**
laboratoire **il laboratorio**

machine-outil	**la macchina utensile**
machinisme	**il macchinismo**
manufacture	**la manifattura**
manutention	**la movimentazione**
métier à tisser	**il telaio**
meule	**la mola**
palette	**il bancale**
pièces détachées	**i pezzi di ricambio**
piston	**il pistone, lo stantuffo**
presse	**la pressa**
programmation	**la programmazione**
recherche	**la ricerca**
robot	**il robot**
technologie	**la tecnologia**
tour	**il tornio**
usine	**la fabbrica**
aiguiser	**arrotare**
ajuster	**aggiustare**
alimenter	**alimentare**
assembler	**collegare, connettere**
automatiser	**automatizzare**
boucher	**tappare, turare**
boulonner	**(im)bullonare**
clouer	**inchiodare**
coller	**incollare**
concevoir	**concepire**
construire	**costruire**
contrôler	**controllare**
coordonner	**coordinare**
déclouer	**schiodare**
défaire	**disfare**
édifier	**edificare**
élever	**innalzare**
emballer	**imballare, impacchettare**
exercer	**esercitare**
fabriquer	**fabbricare**
façonner	**foggiare**
faire	**fare**
graisser	**ungere**
meuler	**molare**
obturer	**otturare**
percer	**forare**
planter	**piantare**
produire	**produrre**
raboter	**piallare**
régler	**regolare**
réparer	**aggiustare**
river, riveter	**ribadire**
scier	**segare**
souder	**saldare**
tourner (bois, métal)	**tornire**
transformer	**trasformare**
usiner	**lavorare**
vérifier	**verificare**
visser	**avvitare**

F. LES RELATIONS ET LES CONFLITS DU TRAVAIL

absentéisme	**l'assenteismo**
adjudication	**l'appalto**
allocation	**l'assegno**
apprenti	**l'apprendista**
apprentissage	**l'apprendistato**
arbitraire	**l'arbitrio**

F. LES RELATIONS ET LES CONFLITS DU TRAVAIL (suite)

astreinte	**la costrizione**
augmentation	**l'aumento**
blocage	**il blocco**
branche	**il ramo, la branca**
caisse de retraite	**la cassa pensioni**
carrière	**la carriera**
chômage	**la disoccupazione**
chômeur	**il disoccupato**
collègue	**il collega**
condition	**la condizione**
congé	**il riposo, il congedo**
contrat	**il contratto**
corporation	**la corporazione**
cotisations	**i contributi sociali**
délégation	**la delegazione**
délégué	**il rappresentante**
direction	**la direzione**
embauche	**l'assunzione**
emploi	**l'impiego**
employeur	**il datore di lavoro**
exploitation	**lo sfruttamento**
établissement	**lo stabilimento**
gratification	**la gratifica**
grève	**lo sciopero**
gréviste	**lo scioperante**
hiérarchie	**la gerarchia**
horaire à la carte	**l'orario differenziato**
indemnité	**l'indennità**
industrie	**l'industria**
briseur de grève	**il crumiro**
licenciement	**il licenziamento**
lock-out	**la serrata, la chiusura**
main-d'œuvre	**la manodopera**
maîtrise	**la maestranza**
manifestant	**il dimostrante**
manifestation	**la dimostrazione**
masse salariale	**il monte salari**
métier	**il mestiere**
mutualisme	**il mutualismo**
mutualité	**la mutualità**
mutuelle	**la mutua**
négociations	**le trattative**
patron	**il padrone**
paye	**la (busta) paga**
personnel	**il personale, i dipendenti**
place	**il posto**
prime	**il premio**
productivité	**la produttività**
profession	**la professione**
prolétariat	**il proletariato**
prud'hommes	**i probiviri**
qualifications	**le qualifiche**
réintégration	**la riassunzione**
rémunération	**il compenso**
rendement	**il rendimento**
rentabilité	**la redditività**
restructuration	**la ristrutturazione**
retenue	**la trattenuta**
retraite	**la pensione**
retraité	**il pensionato**
revendication	**la rivendicazione**
salaire	**il salario, lo stipendio**
sanction	**la sanzione**
sécurité sociale	**la previdenza sociale**
suppression	**la soppressione**
syndicalisme	**il sindacalismo**
syndicaliste	**il sindacalista**

syndicat	il sindacato
tâcheron	il cottimista
tire-au-flanc	il lavativo, lo scansafatiche
travail	il lavoro
travailleur	il lavoratore
astreignant	impegnativo, arduo
avilissant	avvilente
capable	capace
dégradant	degradante
épuisant	estenuante, spossante
expérimenté	esperto, provetto
fatigant	faticoso, stancante
férié	festivo
incapable	incapace, inabile
inexpérimenté	inesperto
laborieux	laborioso
lucratif	lucrativo, lucroso
manuel	manuale
ouvrable	feriale, lavorativo
passionnant	appassionante
patronal	padronale
pénible	penoso, pesante
rentable	redditizio
répétitif	ripetitivo
salarial	salariale
salarié	salariato, stipendiato
subalterne	subalterno
syndical	sindacale
vacant	vacante, libero
zélé	zelante
augmenter	aumentare
diriger	dirigere
embaucher	assumere
exercer	esercitare
faire grève	scioperare
licencier	licenziare
muter	trasferire
peiner	faticare
pointer	timbrare il cartellino
progresser	progredire
se syndiquer	sindacalizzarsi
travailler	lavorare

A 2 LEXIQUE EN SITUATION

l'ufficio di collocamento : le bureau de placement.

entrare come apprendista presso un macellaio : entrer en apprentissage chez un boucher.

quando sarò grande, farò la parrucchiera : quand je serai grande, je serai coiffeuse.

cercasi analista farmaceutico : on recherche préparateur en pharmacie (laborantin).

mi hanno assunto alla FIAT : je viens de me faire embaucher chez FIAT.

durante il colloquio, il capopersonale mi ha chiesto se avessi già lavorato in questo settore (questo ramo, questa branca) : au cours de l'entretien, le chef du personnel m'a demandé si j'avais déjà travaillé dans cette branche.

se non ci fosse tutto questo lavoro nero, non ci sarebbero tanti disoccupati : s'il n'y avait pas autant de travail au noir, il n'y aurait pas autant de chômeurs.

è un gran lavoratore, un vero stakhanovista : c'est un grand travailleur, un bourreau de travail.

le ore di straordinario (gli straordinari) : les heures supplémentaires.

un lavoro part-time : travail à temps partiel.

certi lavori a domicilio sono pagati a cottimo : certains travaux à domicile sont payés à la pièce.

fare sciopero per ottenere una rivalutazione salariale : faire grève pour obtenir une revalorisation de salaire.

lo sciopero a singhiozzi (la grève perlée), **a scacchiera** (tournante), **bianco** (du zèle, sur le tas), **selvaggio** (sauvage).

nei conflitti del lavoro, i sindacati sono stati scavalcati dai COBAS : dans les conflits du travail, les syndicats ont été débordés par les Coordinations (par la base).

negli anni '60, si parlava di alienazione operaia e di sfruttamento capitalistico : dans les années 60, on parlait d'aliénation ouvrière et d'exploitation capitaliste.

si parla oggi di consenso sociale e di partecipazione : on parle aujourd'hui de consensus social et de participation.

il taylorismo ha introdotto nelle fabbriche una spartizione del lavoro razionale, ripetitiva e monotona : le taylorisme a introduit dans les usines une répartition du travail rationnelle, répétitive et monotone.

fare i turni di otto ore : faire les trois-huit.

il turno di notte stacca alle 6 : l'équipe de nuit finit (débraie) à 6 h.

il salario dipende dalla categoria, dall'anzianità e dal livello di qualifica : le salaire dépend de la catégorie, de l'ancienneté, et du niveau de qualification.

il personale che lavora in una fabbrica automatizzata deve avere una formazione tecnica solida : le personnel qui travaille dans une usine robotisée doit avoir une solide formation technique.

per stare al passo con l'evoluzione tecnologica, bisogna continuamente aggiornarsi e, in certi casi, riciclarsi ; questo si chiama aggiornamento periodico : pour suivre l'évolution des techniques, il faut continuellement se tenir informé, parfois se recycler ; c'est ce qu'on appelle la formation continue.
l'indennità di disoccupazione : l'allocation-chômage.
i dipendenti sono stati messi in cassa integrazione : le personnel a été mis en chômage technique.

A 3 REGISTRES DE LANGUE

1. Sens figuré.

avere l'animo bottegaio : avoir l'esprit mercantile.
sono dei mercanti : ce sont des affairistes.
un bugiardo di mestiere : un menteur professionnel.
la lotta di classe : la lutte des classes.
avere un chiodo fisso : avoir une idée fixe.
i colletti blu : les ouvriers.
i colletti bianchi : les cols blancs (les employés).

2. Proverbes.

tale il lavoro, tale il salario : toute peine mérite salaire (ou : à chacun son dû).
tutti i mestieri danno il pane : il n'y a pas de sot métier.
non c'è pane senza pena : on n'a rien sans rien.
ad ognuno il suo mestiere : à chacun son métier.
fare e disfare, è tutto un lavorare : faire ou défaire, c'est toujours travailler.
all'opera, si conosce il maestro : c'est au pied du mur qu'on voit le maçon (ou : c'est du travail de professionnel).
chi fa da sè, fa per tre : on n'est jamais si bien servi que par soi-même.

3. Familier.

è gente scioperata : ce sont des fainéants, des désœuvrés.
sfacchinare, sgobbare : bosser.
lavoricchiare : faire des petits boulots.

un lavoraccio : une sale besogne.
il trantran quotidiano, la « routine » : la routine.
fare il prepotente : faire le petit chef. L'italien possède également le substantif **la prepotenza** qui signifie : l'autorité excessive, l'abus de pouvoir.

4. Littéraire.
la prevaricazione gerarchica : la tyrannie de l'encadrement (de la hiérarchie).
il caporeparto prevarica sui dipendenti sottoposti : le chef de service exerce un autoritarisme excessif sur ses employés.

5. Mots du passé.
lo schiavo, la schiavitù, lo schiavismo, lo schiavista : l'esclave, l'esclavage, l'esclavagisme, l'esclavagiste. Ces mots sont employés comme en français au sens figuré.
ex. **non voglio essere la tua schiava !** je ne veux pas être ton esclave.
la schiavitù della droga : l'esclavage de la drogue.
l'arrotino : le rémouleur.
il rimpagliatore : le rempailleur.
il panieraio : le vannier.
il cenciaiolo, lo stracciaiolo : le chiffonnier.

6. Néologismes.
il cassintegrato : le chômeur partiel, technique.
il prepensionato : le préretraité.
il prepensionamento : la mise à la retraite anticipée.
l'operatore : l'opérateur, se substitue de plus en plus à **l'operaio** (l'ouvrier).

B 1 REMARQUES LEXICALES

Quelques différences entre l'Italie et la France :
- **il pasticciere** (le pâtissier) est en même temps confiseur de détail. L'industrie de la confiserie se dit : **l'industria dolciaria (dei dolciumi)**.

- certaines professions de commerce, qui n'ont pas de nom spécifique en français, en ont un en italien. Ainsi, le marchand de journaux s'appelle **il giornalaio, l'edicolante** ; le marchand de légumes, **l'erbivendolo** ; le fabricant de pizzas, **il pizzaiolo** ; le marchand de vins, **il vinaio** ; le marchand de volailles, **il pollaiolo**. **Il gelataio** est aussi bien le marchand que le fabricant de glaces.

Usage des titres :
Il est d'usage d'interpeller les architectes et les géomètres, les avocats, par leur nom professionnel. On dit **Architetto, Geometra, Avvocato**... Au médecin, on dit **Dottore,** mais ce titre ne lui est pas réservé. Tout détenteur d'une **laurea** (le diplôme universitaire) y a droit.

Plusieurs traductions pour le même mot :

- **il tirocinio, il noviziato** correspondent au stage de formation, tandis que **il corso di aggiornamento** est un stage (ou cours) de formation continue.

  ex. **10 praticanti sèguono il corso di aggiornamento** : 10 stagiaires suivent le cours de formation continue.

  Un tirocinante est un stagiaire qui prépare son insertion définitive comme titulaire.
- **l'indennità** est un mot générique pour traduire « l'indemnité », mais « l'indemnité de départ » due à l'employé au moment où il prend sa retraite (ou s'il est mis fin à son contrat de travail) s'appelle **la liquidazione.**
- **il laboratorio** a un champ sémantique plus large que le mot « le laboratoire » et désigne l'atelier de l'artisan, parfois un atelier d'usine. On peut, par exemple, trouver ce mot à l'enseigne d'un pâtissier qui veut insister sur la fraîcheur de ses gâteaux de « fabrication maison ». **Il capolaboratorio** peut donc signifier selon le contexte : le chef de laboratoire ou le chef d'atelier.
- suivant le contexte, le mot **un reparto** peut signifier un rayon de magasin, un secteur industriel, une division ou un bureau d'administration, un détachement militaire.

- le mot « emploi » peut être traduit de plusieurs façons.
  ex. **trovare un lavoro** : trouver un emploi (un travail).
  cambiare posto : changer d'emploi (de place).
  la piena occupazione : le plein emploi.
  il mercato del lavoro : le marché de l'emploi.

Attention à ne pas confondre :
- **il carbonaio** (le charbonnier) et **il carbonaro** (le *carbonaro*, membre d'une société secrète qui luttait pour l'unité italienne au XIXe siècle).
- **il fattorino** (le livreur), **il fattore** (le fermier), **il postino** (le facteur).
- **un giorno feriale** (un jour ouvrable), **un giorno di ferie** (un jour de congé).
- **il sindacato** (le syndicat) et **il sindaco** (le maire).
- **il padrone** (le patron), **il patrono** (le saint patron), **padronale** (du patronat), **patronale** (du saint).

Un phénomène de société, il pendolarismo :
A partir de l'adjectif **pendolare** (pendulaire), les Italiens ont inventé la métaphore **fare il pendolare** (faire un trajet entre le domicile en banlieue ou éloigné, et le lieu de travail). On traduit souvent **i pendolari** par « les banlieusards ». Ce phénomène social est appelé **il pendolarismo** ou **la pendolarità.** Ce pourrait être l'équivalent de l'expression parisienne : « métro, boulot, dodo ». On dit aussi **fare la spola** (faire la navette).

Quelques syndicats italiens :
- **la CGIL** : la Confederazione generale italiana dei lavoratori.
- **la CISL** : la Confederazione italiana sindacati lavoratori.
- **la UIL** : l'Unione italiana del lavoro.

B 2 REMARQUES GRAMMATICALES

1. Noms.

■ masculin et féminin :
- les noms de métiers qui se terminent par le suffixe **-aio** ont un féminin en **-aia** : **la fioraia, l'operaia, la lattaia, la merciaia**, etc. **Una bambinaia** est une nourrice, une nurse (pas de masculin).

- lorsqu'il existe au féminin, le nom de métier qui se termine par le suffixe **-iere** féminise le suffixe en **-iera** : **la parruchiera, la rigattiera, la cameriera** (la serveuse), **la banchiera, l'infermiera** (l'infirmière).
- les noms de métiers qui se terminent par le suffixe **-tore** ont un féminin en **-trice** : **la riparatrice, l'operatrice, la rivenditrice.** Une exception : il dottore, **la dottoressa.** Attention ! parfois ce féminin désigne aussi une machine : **la lavatrice** (la laveuse et la machine à laver), **la mietitrice** (la femme qui moissonne et la moissonneuse), **la stiratrice** (la repasseuse et l'étireuse).

■ singuler et pluriel :
les mots masculins en **-a** font leur pluriel en **-i** : **lo specialista, gli specialisti.** Au féminin, ces mots suivent la règle ordinaire: **la farmacista, le farmaciste.**

2. Verbes.

■ **fare** est, malgré les apparences, un verbe du 2ᵉ groupe (infinitif contracté de **facere**) dont la conjugaison est irrégulière. Il fait au présent de l'indicatif : **faccio, fai, fa, facciamo, fate, fanno** ; à l'imparfait : **facevo** ; au futur : **farò.** Le passé simple est : **feci** et le participe passé : **fatto.**

■ **progredire** se conjugue au présent comme **tossire** (voir p. 181).

B 3 REMARQUES PARTICULIÈRES

1. Origine de mot.

Le briseur de grève (le jaune) se dit **il crumiro.** Ce curieux nom est emprunté à l'arabe *khrumir*, une tribu de la frontière algéro-tunisienne, dont la rébellion et les razzias donnèrent le prétexte à la France pour occuper la Tunisie en 1881, au grand dam de l'Italie.

2. Formation de mots.

■ exemples de suffixes :

- le suffixe **-ificio** permet de nommer le lieu de fabrication d'un produit. Voici quelques exemples : **il lanificio** (laine, lainages), **lo zuccherificio** (sucre), **il calzaturificio** (chaussures), **l'oleificio** (huile), etc.

- le suffixe -atoio sert à désigner des instruments ou des lieux de travail : **il filatoio** (le métier à filer), il **mattatoio** (l'abattoir).

C 1 EXERCICES

A Le commerçant dans sa boutique : à l'aide de la liste des magasins de la page 70, remettre les artisans et commerçants suivants dans leurs boutiques ou ateliers :

1. l'armaiolo 3. l'orefice 5. il vinaio 7. il calzolaio
2. il salumiere 4. il tipografo 6. il cartolaio

B Qui fait quoi ? (plusieurs réponses sont possibles) :

1. piallare 3. tingere 5. saldare
2. molare 4. imballare 6. pitturare.

C Les mots mélangés : réunir par paires les mots suivants en trouvant leur point commun :

1. il posto
2. la ditta
3. licenziare
4. il dirigente
5. la disoccupazione
6. l'assunzione
7. il premio
8. l'azienda
9. il lavativo
10. gli straordinari
11. lo scansafatiche
12. lo sciopero
13. l'aggiornamento
14. la maestranza
15. la serrata
16. il praticante.

C 2 CORRIGÉS

A 1. l'armeria
2. la salumeria
3. la gioielleria
4. la stamperia
5. l'enoteca
6. la cartoleria
7. la calzoleria.

B 1. il falegname, l'ebanista, il carpentiere
2. l'arrotino, lo specchiaio, l'aggiustatore
3. il tintore
4. l'imballatore, il magazziniere
5. il saldatore, l'idraulico
6. l'imbianchino, il verniciatore.

C 1.6 2.8 3.5 4.14 7.10 9.11 12.15 13.16.

27 L'ADMINISTRATION

A 1 VOCABULAIRE

A. LES DÉMARCHES ADMINISTRATIVES

affiliation	l'affiliazione	guichet	lo sportello
aide	l'aiuto, il soccorso	information	l'informazione
allocataire	il beneficiario	inscription	l'iscrizione
allocation	l'assegno,	intervention	l'intervento
	l'indennità	litige	il litigio,
bénéficiaire	il beneficiario		la vertenza
changement	il cambiamento	obtention	l'ottenimento
contestation	la contestazione	piston	la spinta
déclaration	la dichiarazione	préavis	il preavviso
délai	il termine	prestation	la prestazione
demande	la domanda,	procédure	la procedura,
	la richiesta		l'iter
démarches	i passi	réclamation	il reclamo
échéance	la scadenza	recommandation	la raccomanda-
en-tête	l'intestazione		zione
état civil	lo stato civile	recours	il ricorso
exception	l'eccezione	renouvellement	il rinnovo
filière	la trafila	renseignement	l'informazione (f)
formalité	la formalità	requête	la richiesta
frais	le spese, i costi	titulaire	il titolare

B. LES DOCUMENTS

attestation	l'attestato	extrait	l'estratto
carte	la tessera	formulaire	il modulo
carte d'identité	la carta d'identità	imprimé	lo stampato
certificat	il certificato	livret	il libretto
curriculum vitae	il curricolo,	papier timbré	la carta bollata
	il curriculum	passeport	il passaporto
diplôme	il diploma	procuration	la procura,
document	il documento		la delega
dossier	la pratica,	tampon	il timbro
	l'incartamento	timbre (fiscal)	il bollo (fiscale)
duplicata	il duplicato	visa	il visto
exemplaire	l'esemplare		

C. LES ACTES ADMINISTRATIFS

accession	**l'accessione**
accord	**l'accordo**
acte	**l'atto**
agrément	**il consenso**
annulation	**l'annullamento**
application	**l'applicazione**
arrêté	**l'ordinanza**
charges	**gli oneri, le spese**
circulaire	**la circolare**
classement	**la classifica**
classification	**la classificazione**
clause	**la clausola**
compensation	**il compenso**
condition	**la condizione**
confirmation	**la conferma**
constat	**la constatazione**
constitution	**la costituzione**
contrat	**il contratto**
contrôle	**il controllo**
convention	**la convenzione**
coordonnées	**le coordinate**
critère	**il criterio**
décision	**la decisione**
décret	**il decreto**
délégation (de pouvoirs)	**la delega**
délibération	**la deliberazione**
directive	**la direttiva**
disposition	**la disposizione**
donnée	**il dato**
droit	**il diritto**
efficacité	**l'efficacia**
enregistrement	**la registrazione**
exécution	**l'esecuzione, l'adempimento**
expropriation	**l'esproprio**
expulsion	**lo sfratto**
facturation	**la fatturazione**
facture	**la bolletta**
homologation	**l'omologazione**
immatriculation	**l'immatricolazione**
l'infraction	**l'infrazione**
Journal Officiel	**la Gazzetta Ufficiale**
législation	**la legislazione**
mandat	**il mandato**
mesure, disposition	**il provvedimento**
modification	**la modifica**
norme en vigueur	**l'apposita norma**
note de service	**la nota di servizio**
notification	**la notifica**
obligation	**l'obbligo**
ordonnance	**l'ordinamento**
orientation	**l'indirizzo**
pénalité	**la penalità**
poursuites	**i procedimenti**
préemption	**la prelazione**
prescription	**la prescrizione**
principe	**il principio**
rapport	**il rapporto**
recensement	**il censimento**
reconduction	**la riconduzione**
régime	**il regime**
réglementation	**la regolamentazione**
résiliation	**la rescissione**
rétribution	**la retribuzione**
rétroactivité	**la retroattività**
révision	**la revisione**
rôle	**il ruolo**

rubrique	la rubrica
saisie	il sequestro
statistique	la statistica
subvention	la sovvenzione
suivi	il controllo
suspension	la sospensione
tarification	la tariffazione
tutelle	la tutela
validation	la convalida
validité	la validità
vérification	la verifica

D. LES ORGANES ET LE PERSONNEL ADMINISTRATIFS

administrateur	l'amministratore
administration	l'amministrazione
agent	l'agente
annexe	la dipendenza
archives	l'archivio
archiviste	l'archivista
avancement	l'avanzamento
bureau	l'ufficio
bureaucrate	il burocrate
bureaucratie	la burocrazia
cabinet	il gabinetto
cadastre	il catasto
carrière	la carriera
charge	la carica
chef de service	il caposervizio
Commune	il Comune
comptable	il contabile, il ragioniere
comptabilité	la contabilità
conseil	il consiglio
conseil municipal	la giunta comunale
conseiller	il consigliere
conseiller municipal	l'assessore
contrôleur	il controllore
décentralisation	il decentramento
Département	la Provincia
directeur	il direttore
direction	la direzione
district	il distretto, il comparto
domaine	il demanio
employé	l'impiegato
établissement public	l'ente, l'istituto
État	lo Stato
état civil	l'anagrafe (f)
fonction	la funzione, la mansione
fonctionnaire	lo statale, il funzionario
hiérarchie	la gerarchia
hôtel de ville	il palazzo comunale
inspecteur	l'ispettore
institution	l'istituzione
maire	il sindaco
maire adjoint	il vicesindaco
mairie	il comune, il municipio
médiateur	il difensore civico
ministère	il ministero
mutation	il trasferimento
organisme	l'organismo
poste	il posto
préfecture	la prefettura
préfet	il prefetto
promotion	la promozione
reclassement	la riclassificazione

D. LES ORGANES ET LE PERSONNEL ADMINISTRATIFS (suite)

régie	**l'azienda autonoma**
Région	**la Regione**
réunion	**la riunione**
séance	**la seduta**
secrétaire (f)	**la segretaria**
secrétariat	**la segreteria**
secteur	**il settore**
séminaire	**il seminario**
service	**il servizio**
stagiaire	**il praticante**
statut	**lo statuto, lo status**
sténodactylo	**la stenodattilografa**
traitement	**lo stipendio**
vacataire	**l'avventizio**

administratif	**amministrativo**
assujetti	**assoggettato**
autonome	**autonomo**
bureaucratique	**burocratico**
communal	**comunale**
compensatoire	**compensativo**
concernant, afférent	**riguardante**
conforme	**conforme**
délégué	**delegato**
départemental	**provinciale**
dépendant	**dipendente**
divisionnaire	**divisionale**
domanial	**demaniale**
imputable	**imputabile**
justificatif	**giustificativo**
local	**locale**
modificatif	**modificativo**
municipal	**comunale**
national	**nazionale**
obligatoire	**obbligatorio**
préposé	**addetto**
prévu	**previsto**
régi	**retto**
régional	**regionale**
renouvelable	**rinnovabile**
rétroactif	**retroattivo**
subordonné	**subordinato, dipendente**
tacite	**tacito**
valide	**valido**

accorder	**concedere**
administrer	**amministrare**
annuler	**annullare**
assigner	**assegnare**
attribuer	**attribuire**
autoriser	**autorizzare**
bénéficier	**beneficiare**
cadastrer	**accatastare**
certifier	**accertare**
confirmer	**confermare**
conseiller	**consigliare**
contester	**contestare**
contracter	**contrarre**
coordonner	**coordinare**
décider	**decidere**
déclarer	**dichiarare**
délibérer	**deliberare**
démissionner	**dimettersi**
dépendre de	**dipendere da, fare capo a**
émaner	**emanare**
enregistrer	**registrare**
établir	**stabilire**
faciliter	**agevolare**

intervenir	**intervenire**
justifier	**motivare**
limoger	**silurare, defenestrare**
majorer	**maggiorare**
monter en grade	**salire di grado**
muter	**trasferire**
nommer	**nominare**
notifier	**notificare**
obtenir	**ottenere**
pénaliser	**penalizzare**
pistonner	**raccomandare**
procéder	**procedere**
promouvoir	**promuovere**
promulguer	**promulgare, emanare**
ratifier	**ratificare, sancire**
recenser	**censire**
recommander	**raccomandare**
recourir	**ricorrere**
régler	**regolare**
régulariser	**regolarizzare**
renouveler	**rinnovare**
se renseigner	**prendere informazioni**
résilier	**rescindere**
révoquer	**revocare, destituire**
signer	**firmare**
solliciter	**sollecitare, invocare**
soumettre	**sottoporre**
stipuler	**stipulare**
taper à la machine	**battere a macchina**
traiter	**trattare**
valider	**convalidare**
vérifier	**verificare**

E. LE MATÉRIEL DE BUREAU (voir aussi p. 262)

agrafe	**la graffa**
agrafeuse	**l'aggraffatrice**
bloc-notes	**il blocco (per appunti)**
fiche	**la scheda**
fichier	**lo schedario**
frappe (machine)	**la battitura**
listing	**il listing, l'elenco**
machine à écrire	**la macchina da scrivere**
photocopieur	**la fotocopiatrice**
télécopieur	**la telecopiatrice**

A 2 LEXIQUE EN SITUATION

aprire una pratica : ouvrir un dossier.
quali sono i passi per ottenere un permesso di soggiorno ? quelles sont les démarches à suivre pour obtenir une carte de séjour ?
richiedere il passaporto : faire une demande de passeport.
bisogna andare in comune : il faut aller à la mairie.

quale ufficio rilascia le carte d'identità ? quel est le bureau qui délivre les cartes d'identité ?

Lei non ha il permesso di lavoro : vous n'avez pas de permis de travail.

entro otto giorni : sous huitaine.

il suo passaporto è scaduto : votre passeport est périmé.

la data di scadenza : la date limite.

fare la domanda per iscritto : faire la demande par écrit.

devo fare la mia domanda (la mia richiesta) in carta bollata o in carta libera ? je dois faire ma demande sur papier timbré ou sur papier libre ?

vorrei un estratto dell'atto di nascita : je voudrais un extrait d'état civil.

ha portato il libretto di famiglia ? avez-vous apporté votre livret de famille ?

ecco un modulo da riempire (da compilare) : voici un formulaire à remplir.

è scritto in testa al modulo : c'est écrit en tête du formulaire.

leggere la nota in calce : lire la note en bas de page.

hanno bandito un concorso per venti posti di ruolo : on a ouvert un concours pour vingt postes de titulaires.

ha chiesto il trasferimento per un'altra sede : il a demandé sa mutation dans une autre ville.

la sede di lavoro : la résidence administrative.

una sede vacante (scoperta) : un poste vacant.

l'indennità di sede : l'indemnité de résidence.

aspettare la nomina in (di) ruolo : attendre la titularisation.

è stato nominato a un posto di grande responsabilità : il a été nommé (affecté) à un poste de responsabilité.

un funzionario altolocato : un fonctionnaire haut placé.

il consiglio è in seduta : le conseil est en séance.

una circolare di gabinetto : une circulaire ministérielle.

un rapporto complessivo : un rapport d'ensemble, global.

se necessario : le cas échéant.

mediante (per mezzo di) quest'organismo : par l'intermédiaire de cet organisme.

in base alle informazioni : sur la base des renseignements.

A 3 REGISTRES DE LANGUE

1. Sens figuré.

quel tipo non si sa amministrare : ce type ne sait pas se conduire.

che mentalità burocratica ! quelle mentalité de bureaucrate !

la pratica si è persa nella trafila burocratica : le dossier s'est perdu dans les méandres administratifs.

si è conquistato un posto al sole : il s'est fait une place au soleil.

avere un atteggiamento direttoriale : prendre de grands airs.

un segreto d'ufficio : un secret d'État.

2. Proverbe.

a rubar poco si va in galera, a rubar tanto si fa carriera : ce sont toujours les petits qui payent.

3. Familier.

un impiegatuccio : un rond-de-cuir, un scribouillard, un gratte-papier.

B 1 REMARQUES LEXICALES

L'organisation administrative de l'Italie :

- **lo Stato** (l'État), **la Regione** (la Région), **la Provincia** (le Département) et **il Comune** (la Commune) sont les organes administratifs de la République italienne.
- il y a 20 Régions (**il Piemonte, la Valle d'Aosta, la Lombardia, il Trentino-Alto Adige, il Veneto, il Friuli-Venezia Giulia, la Liguria, l'Emilia-Romagna, la Toscana, l'Umbria, le Marche, il Lazio, l'Abruzzo, il Molise, la Campania, la Puglia, la Basilicata, la Calabria, la Sicilia, la Sardegna**). Chaque région est dotée d'un parlement élu.
- il y a 109 Départements qui portent le nom de leur chef-lieu, et 7991 Communes. Si un département est en général plus petit que son équivalent français, une commune administrative, qui regroupe plusieurs localités (**la località, la frazione**), est dotée d'un territoire plus grand qu'une commune en France.

Les services et le personnel administratifs :

- un établissement public d'État est **un ente**, tandis qu'une régie sous contrat se dit **un'azienda autonoma**.
- les mots : **la divisione** (la division), **la suddivisione** (la subdivision), **la sezione** (la section), **il dipartimento** (le département), **il reparto** (la section), **il servizio** (le service), **l'organo** (l'organe), **l'organismo** (l'organisme) sont, comme en français, et selon les ministères, employés pour nommer les différents services qui se répartissent des compétences territoriales.
- les employés qui travaillent dans les bureaux sont appelés **gli impiegati**. Quand on désigne l'ensemble du personnel d'une entreprise, on emploie **i dipendenti**. Quand on dit **quel signore è un pubblico dipendente**, on signale, sans préjuger de son emploi, que cet homme est rétribué par l'État. Les synonymes possibles sont : **è funzionario dello Stato, è uno statale**.
- **un dipendente** signifie également un subordonné.
  ex. **il caposervizio ha tre dipendenti** : le chef de service a trois employés sous ses ordres.
- **il ruolo**, c'est la liste des personnes inscrites dans un registre administratif, comme en français « le rôle des impôts », ou « le rôle de l'équipage ». Par extension, en italien le mot **ruolo** indique le poste de titulaire.
  ex. **i ruoli del personale** : la liste du personnel.
  un professore di ruolo : un professeur titulaire.
  il passaggio in ruolo : la titularisation.
- le comptable (**il contabile**) est pourvu d'un diplôme de **ragioneria** (de comptabilité). Son service est nommé **la contabilità**. Lorsqu'on s'adresse à lui, ou lorsqu'on parle de lui, on l'appelle **Ragioniere**, selon l'usage italien de désigner les gens par leurs titres ou leurs distinctions honorifiques : **Cavaliere** (chevalier), **Commendatore** (commandeur). En français, on traduira par « Monsieur ».
  ex. **il Ragionier Masini è assente** : Monsieur Masini est absent.

Les démarches administratives :

- en Italie, la plupart des demandes administratives se font sur papier timbré (**in carta bollata, in carta da bollo**). Ce sont des feuilles de papier officielles, sur lesquelles on colle un timbre fiscal (**un bollo fiscale, una marca da bollo**), que l'on achète dans les bureaux de tabac.

- une démarche administrative importante se fait souvent en Italie avec une recommandation, une lettre d'introduction (**la raccomandazione**), ou le patronage d'une personne influente (**il patrocinio di una persona influente**). Les pots-de-vin (**le mazzette, le tangenti, le bustarelle**) sont, bien sûr, condamnés au nom de la morale, mais certains procès ont révélé que leur pratique était couramment répandue.

Différentes traductions pour le même mot :

- le sens premier du mot **l'assegno** est « le chèque ». Ce terme désigne également « la paye », « l'allocation », « la pension ».
  ex. **l'assegno mensile** : la paye, les appointements.
  gli assegni familiari : les allocations familiales.
  l'assegno di maternità : l'allocation de maternité.
  l'assegno alimentare : la pension alimentaire.
- **la bolletta** est d'abord « le bordereau ».
  ex. **la bolletta di consegna** : le bordereau (le bulletin) de livraison.
  Par extension, **la bolletta** est synonyme de **la ricevuta** (le reçu, l'acquit), mais ce mot a pris dans le langage courant le sens de « la facture », « la note ».
  ex. **la bolletta della luce** : la facture d'électricité.
- **l'anagrafe** est le registre de la population où sont consignés naissances, mariages et décès. C'est aussi le nom du bureau de l'état civil : **l'(ufficio) anagrafe**. L'ensemble des données qui concernent une personne sont **i dati anagrafici** (on dit aussi **le generalità**).
  ex. **gli hanno chiesto i dati anagrafici (le generalità)** : ils lui ont fait décliner son état civil.
- le mot **il termine** (le terme) peut, suivant la nature de l'acte, se traduire par « la limite », « le délai », « l'échéance ».
  ex. **al termine della procedura** : au terme de la procédure.
  ai (a) termini di legge : dans les limites de la loi, aux termes de la loi.
  sono scaduti i termini fissati : le délai fixé est expiré, l'échéance fixée est passée.

- le premier sens, moins connu, de l'**indirizzo** est « la direction », « l'orientation ». Le deuxième sens, très courant, est « l'adresse du domicile ».
  ex. **bisogna dare un nuovo indirizzo al progetto** : il faut donner une nouvelle orientation au projet.
  le cose prendono un pessimo indirizzo : les choses prennent une très mauvaise tournure.
  metti il tuo indirizzo sulla busta : mets ton adresse sur l'enveloppe.

Attention à ne pas confondre :
- **il mandato** (le mandat, la mission) et **il vaglia** (le mandat postal).
- la table de travail, qu'on appelle en français « un bureau », se traduit par **la scrivania**, qu'il ne faut pas confondre avec **l'ufficio**.

B 2 REMARQUES GRAMMATICALES

Verbes.
- participes passés irréguliers :
  dimesso (dimettere), concesso (concedere), iscritto (iscrivere).
- les verbes **attribuire, stabilire, sancire, censire,** se conjuguent sur le modèle de **tossire** (voir note p. 181).

B 3 REMARQUES PARTICULIÈRES

1. Origine de mot.
Dans le nord de l'Italie, pour désigner un rond-de-cuir, on dit parfois **un travet**. Ce nom est celui d'un personnage qui incarnait un petit fonctionnaire particulièrement zélé dans une comédie dialectale de Vittorio Bersezio, très célèbre dans le Piémont : *Le Miserie d'Monsù Travet* (1863).

2. Formation de mots.
Le suffixe **-azione** permet de former des substantifs féminins à partir des verbes du 1er groupe : **registrare, la registrazione** ; **penalizzare, la penalizzazione** ; **abilitare, l'abilitazione**, etc.

C 1 EXERCICES

A Compléter les phrases suivantes avec le nom du document approprié :

1. Parto per l'America, devo rinnovare il mio …
2. Devo pagare la … del telefono.
3. Il sindaco rimette agli sposini il … di matrimonio.
4. L'iscrizione all'università si fa su presentazione dei …
5. Il reclamo si deve fare in …

B Les régions italiennes : choisir la bonne réponse.

1. Sono il cuore economico dell'Italia :
   a. *la Campania* b. *la Toscana* c. *la Lombardia* d. *il Veneto*

2. Sono una regione senza mare :
   a. *la Puglia* b. *l'Umbria* c. *l'Emilia-Romagna* d. *la Sardegna*

3. Sono la regione più piccola :
   a. *il Molise* b. *le Marche* c. *il Trentino-Alto Adige* d. *la Valle d'Aosta*

4. Se l'Italia assomiglia al piede di un calciatore, io sono il pallone :
   a. *la Sicilia* b. *la Basilicata* c. *la Calabria* d. *il Lazio*

C Traduire en français :

L'ingegner Cordà l'aveva detto anche a me : il dirigente che tiene la sua scrivania sgombra è quello che non lascia mai accumulare le pratiche, che avvia subito ogni problema alla soluzione. Ma Cordà in ufficio non c'era mai, e quando c'era si fermava un quarto d'ora, si faceva portare grandi fogli di grafici e di statistiche, dava veloci e generiche disposizioni ai suoi sottoposti, smistava le varie incombenze tra l'uno e l'altro senza preoccuparsi del grado di difficoltà di ciascuna, dettava rapidamente qualche lettera alla stenografa, firmava la corrispondenza in partenza, e via. (da *La nuvola di smog* di Italo Calvino).

D Traduire en italien :
Au bureau de l'état civil :
— Excusez-moi, Monsieur, vous devez faire la queue.
— Je suis désolé, mais j'étais là avant vous. De toute façon, je voulais seulement demander où je peux trouver le formulaire pour une demande de certificat de naissance. Pouvez-vous me renseigner, Madame ?

C 2 CORRIGÉS

A 1. passaporto
2. bolletta
3. libretto
4. diplomi (titoli di studio)
5. carta bollata (carta da bollo).

B 1.c 2.b 3.d 4.a.

C Monsieur (L'ingénieur) Cordà me l'avait dit à moi aussi : le cadre qui garde son bureau net est celui qui ne laisse jamais s'accumuler les dossiers, et qui trouve sans retard une solution à tous les problèmes. Mais Cordà n'était jamais dans son bureau, et quand il y était, il restait un quart d'heure, se faisait apporter de grandes feuilles de graphiques et de statistiques, donnait en vitesse de vagues instructions à ses subordonnés, répartissait les différentes tâches entre les uns et les autres, sans se préoccuper du degré de difficulté de chacune, dictait rapidement quelques lettres à la sténodactylo, signait la correspondance en instance, et disparaissait.

D All'ufficio anagrafe :
— Scusi Signore, Lei deve fare la fila.
— Mi dispiace, ma c'ero prima io. Comunque volevo solo chiedere dove posso trovare il modulo per una richiesta di certificato di nascita. Mi può informare, Signora ?

28 LE MONDE DE LA FINANCE

A 1 VOCABULAIRE

A. L'ARGENT ET LES MONNAIES

argent	**il denaro**
bas de laine	**il gruzzolo**
billet	**il biglietto, la banconota**
chiffre	**la cifra**
coupure	**il taglio**
couronne	**la corona**
devise	**la valuta**
dollar	**il dollaro**
écu	**lo scudo**
effigie	**l'effigie**
étalon or	**il valore oro**
euro	**l'euro**
florin	**il fiorino**
franc	**il franco**
franc suisse	**il franco svizzero**
frappe	**il conio**
hôtel de la Monnaie	**la zecca**
liasse	**la mazzetta**
lingot	**il lingotto**
liquide	**il liquido**
lire	**la lira**
livre sterling	**la lira sterlina**
mark	**il marco**
monnaie	**la moneta**
monnaie (rendue)	**il resto**
montant	**l'importo**
mont-de-piété	**il monte di pietà**
nombre	**il numero**
numismatique	**la numismatica**
or	**l'oro**
papier-monnaie	**la cartamoneta**
parité	**la parità**

pièce	**la moneta**
pourcentage	**la percentuale**
prix	**il prezzo**
rouble	**il rublo**
schilling	**lo scellino**
taxe	**la tassa**
tirelire	**il salvadanaio**
trésor public	**l'erario**
yen	**lo yen**
avantageux	**vantaggioso**
cher	**caro**
comptant	**contante**
convertible	**convertibile**
désavantageux	**svantaggioso**
étranger	**estero**
faux	**falso**
monétaire	**valutario, monetario**
monnayable	**monetabile**
pauvre	**povero**
riche	**ricco**
valable	**valido**
acheter	**comprare**
additionner	**addizionare**
ajouter	**sommare**
calculer	**calcolare**
changer	**cambiare**
compter	**contare**
coûter	**costare**
diviser	**dividere**
économiser	**economizzare**
s'élever à	**ammontare a**

A. L'ARGENT ET LES MONNAIES (suite)

empocher	**intascare**	multiplier	**moltiplicare**
encaisser	**incassare**	payer	**pagare**
épargner	**risparmiare**	soustraire	**sottrarre**
flotter	**fluttuare**	soutirer	**spillare**
gagner	**guadagnare**	valoir	**valere**
gaspiller	**sprecare**	vendre	**vendere**
liquider	**svendere**	vérifier	**verificare**

B. LA BANQUE : LOCAUX ET EMPLOYÉS

agence	**l'agenzia**	conseiller	**il consulente**
agent de change	**l'agente di cambio**	distributeur	**il distributore**
banque	**la banca**	employé de banque	**il bancario**
banquier	**il banchiere**		
bureau de change	**l'ufficio cambio**	financier	**il finanziere**
caisse	**la cassa**	guichet	**lo sportello**
caissier	**il cassiere**	siège	**la sede**
changeur	**il cambista**	succursale	**la succursale**
coffre-fort	**la cassaforte**		

C. LES OPÉRATIONS BANCAIRES

agio	**l'aggio**	chèque	**l'assegno**
amortissement	**l'ammortamento**	chéquier	**il libretto di assegni**
arriéré	**l'arretrato**		
aval	**l'avallo**	clôture	**la chiusura**
avance	**l'anticipo**	commission	**la commissione**
avoir	**l'avere**	compte	**il conto**
billet à ordre	**il pagherò**	contentieux	**il contenzioso**
bon	**il buono**	créance	**il credito**
bordereau	**la distinta**	créancier	**il creditore**
capital	**il capitale**	crédit	**il credito, il fido**
capitaliste	**il capitalista**	crédit-bail	**il « leasing »**
carte de crédit	**la carta di credito**	créditeur	**il creditore**
caution	**la cauzione**	débiteur	**il debitore**
change	**il cambio**	découvert	**lo scoperto**

dépôt	il deposito
dépréciation	il deprezzamento
dette	il debito
dévaluation	la svalutazione
échéance	la scadenza
échéancier	lo scadenzario
échelonnement	la rateazione
effet	la cambiale
emprunt	il prestito, il mutuo
emprunteur	il mutuatario
encaissement	l'incasso
endettement	l'indebitamento
endossement	la girata
engagement	l'impegno
épargnant	il risparmiatore
épargne	il risparmio
escompte	lo sconto
finance	la finanza
financement	il finanziamento
fléchissement	la flessione
fluctuation	la fluttuazione
formulaire	il modulo
frais de banque	le spese (bancarie)
gage	il pegno
garantie	la garanzia
gestion	la gestione
hypothèque	l'ipoteca
indice	l'indice
intéressement	l'interessenza
intérêt	l'interesse
investissement	l'investimento
lettre de change	la cambiale
lettre de crédit	la credenziale
livret	il libretto
marge	il margine
opération	l'operazione
ouverture	l'apertura
placement	l'investimento
plafond	il massimo, il tetto
plan	il piano
préemption	la prelazione
prélèvement	il prelievo
prêt	il prestito, il mutuo
prêteur	il mutuante
prime	il premio
procuration	la procura
prorogation	la proroga
reçu	la ricevuta
relevé	l'estratto
remboursement	il rimborso
renchérissement	il rincaro
rendement	il reddito
rentabilité	la redditività
rente	la rendita
réserve	la riserva
retrait	il ritiro
signature	la firma
solde	il saldo
souscripteur	il sottoscrittore
souscription	la sottoscrizione
talon	il talloncino
taux	il tasso
titre	il titolo, la cartella
titulaire d'un compte	il correntista
traite	la tratta
transfert	il trasferimento
usure	l'usura
usurier	l'usuraio, lo strozzino
valeur	il valore
variation	la variazione
vente	la vendita
versement	il versamento, la rata

C. LES OPÉRATIONS BANCAIRES (suite)

virement	il giroconto	créditer	accreditare
		débiter	addebitare
barré	sbarrato	déduire	scontare
bloqué	vincolato	déposer	depositare
boursier	borsistico	échoir	scadere
courant	corrente	s'élever	ammontare
de crédit	creditizio	émettre, tirer	emettere
différé	differito	emprunter	chiedere in prestito
disponible	disponibile		
échu	scaduto	endosser	girare
endetté	indebitato	exploiter	gestire
foncier	fondiario	indemniser	indennizzare
garanti	garantito	investir, placer	investire
hypothécaire	ipotecario	percevoir	riscuotere
insolvable	insolvibile	prélever	prelevare
joint	congiunto	prêter	prestare
payable	pagabile	rapporter	rendere, fruttare
préférentiel	agevolato	rembourser	rimborsare
rentable, fructueux	redditizio	rémunérer	retribuire
		retirer	ritirare
solvable	solvibile	solder	saldare
		souscrire	sottoscrivere
s'acquitter	liberarsi	spéculer	speculare
approvisionner	rifornire	toucher	riscuotere
baisser	calare	valoir	valere
consentir	concedere	verser	versare

D. JOUER EN BOURSE

achat	l'acquisto	cours	il corso
action	l'azione	cours en Bourse	il listino
actionnaire	l'azionista	courtier	il sensale
baisse	il ribasso	délit d'initié	l'«insider trading»
Bourse	la Borsa	dividende	il dividendo
cotation	la quotazione	hausse	il rialzo
cote	la quota	krach	il crollo, il crac
coupon	la cedola	marché	il mercato

obligataire	**l'obbligazionista**	portefeuille	**il portafoglio**
obligation	**l'obbligazione**	spéculateur	**lo speculatore**
plus-value	**il plusvalore**	spéculation	**la speculazione**

E. LES IMPÔTS, LES TAXES, L'HÉRITAGE

abattement	**l'abbattimento**	recette	**l'introito**
assiette	**la base**	redressement	**la rettifica**
contribuable	**il contribuente**	revenu	**il reddito**
contrôle	**il controllo**	taux	**l'aliquota**
déclaration	**la denuncia**	taxe	**la tassa**
déduction	**la detrazione**	tranche	**la fascia**
dégrèvement	**lo sgravio**	viager	**il vitalizio**
détaxation	**la detassazione**		
droit de douane	**il dazio**	dégressif	**decrescente**
exonération	**l'esonero**	fiscal	**fiscale, tributario**
fisc	**il fisco**		
fraude	**l'evasione**	imposable	**imponibile**
fraudeur	**l'evasore**		
héritage	**l'eredità**	déclarer	**dichiarare, denunciare**
héritier	**l'erede**		
impôt	**l'imposta**	dédouaner	**sdoganare**
légataire	**il legatario**	exonérer	**esonerare**
part	**la quota**	frauder	**frodare**
percepteur	**l'esattore**	imposer	**tassare**
perception	**l'esattoria**		

F. COMPTER L'ARGENT

zéro	**zero**	onze	**undici**
un	**uno**	douze	**dodici**
deux	**due**	treize	**tredici**
trois	**tre**	quatorze	**quattordici**
quatre	**quattro**	quinze	**quindici**
cinq	**cinque**	seize	**sedici**
six	**sei**	dix-sept	**diciassette**
sept	**sette**	dix-huit	**diciotto**
huit	**otto**	dix-neuf	**diciannove**
neuf	**nove**	vingt	**venti**
dix	**dieci**	vingt et un	**ventuno**

F. COMPTER L'ARGENT (suite)

vingt-deux	**ventidue**	cent dix	**centodieci**
ving-trois	**ventitré**	deux cents	**duecento**
vingt-six	**ventisei**	mille	**mille**
vingt-sept	**ventisette**	deux mille	**duemila**
vingt-huit	**ventotto**		
trente	**trenta**	dizaine	**la decina,**
quarante	**quaranta**		**la diecina**
cinquante	**cinquanta**	douzaine	**la dozzina**
soixante	**sessanta**	vingtaine	**la ventina**
soixante-dix	**settanta**	centaine	**il centinaio**
quatre-vingts	**ottanta**	millier	**il migliaio**
quatre-vingt-dix	**novanta**	million	**il milione**
cent	**cento**	milliard	**il miliardo**
cent un	**centuno**	billion	**il bilione**

A 2 LEXIQUE EN SITUATION

la Cassa di risparmio : la Caisse d'épargne.
un libretto di risparmio : un livret de Caisse d'épargne.
aprire un conto in banca : ouvrir un compte en banque.
devo passare in banca : je dois passer à la banque.
chiedere un'informazione al bancario (all'impiegato) circa i tassi di cambio : demander un renseignement à l'employé à propos des taux de change.
concedere agevolazioni di pagamento : accorder des facilités de paiement.
un assegno a vuoto : un chèque sans provision (en bois).
un assegno di viaggio : un chèque de voyage.
il credito a breve scadenza (a lunga scadenza) : le crédit à court terme (à long terme).
il castelletto concesso dalla banca ammonta a un milione : le crédit maximum consenti par la banque s'élève à un million.
una richiesta di prestito : une demande de prêt.
si porta fideiussore : il se porte caution.
comprare una macchina a rate : acheter une voiture à crédit.
un rimborso in dieci rate : un remboursement en dix mensualités.

gli ha firmato un riconoscimento di debito : il lui a signé une reconnaissance de dette.
occorre un ordine permanente : il faut une autorisation de prélèvement.
clima euforico a Piazza Affari : climat euphorique Piazza Affari (« Place des Affaires », à Milan, où se trouve la principale Bourse italienne).
azioni in rialzo, in ribasso, invariate (stabili) : actions en hausse, en baisse, inchangées (stables).
la Borsa ha chiuso in ribasso : la Bourse a clôturé en baisse.
ha un pacchetto azionario che frutta il 7 % all'anno : il a un paquet d'actions qui rapporte 7 % par an.
un investimento borsistico : un investissement en Bourse.
la compravendita di titoli : l'achat et la vente de titres.
pagare in contanti : payer comptant, en espèces.
non ha mai un soldo in tasca : il n'a jamais un sou en poche.
non porta mai denaro addosso : il n'a jamais d'argent sur lui.
mettere soldi da parte, accantonare soldi : mettre de l'argent de côté.
pensa solo a far soldi : il ne pense qu'à gagner (se faire) de l'argent.
ha sposato uno che vive di rendita : elle a épousé un rentier.
guadagnare due milioni (di lire) al mese : gagner deux millions de lires par mois.

A 3 REGISTRES DE LANGUE

1. Sens figuré.
buttare il denaro dalla finestra : jeter l'argent par les fenêtres.
avere le mani bucate : être un panier percé.
ha sposato uno squattrinato : elle a épousé un sans-le-sou.
essere alto come un soldo di cacio : être haut comme trois pommes.
ripagare qualcuno della stessa moneta : rendre à quelqu'un la monnaie de sa pièce.
non prendere le sue parole per oro colato ! ne prends pas ce qu'il dit pour argent comptant !
non sprecare tempo ! ne perds pas de temps !
nuotare (sguazzare) nell'oro : rouler sur l'or, être cousu d'or.
i conti non tornano : les comptes ne sont pas justes.
tutto sommato, hai ragione : tout compte fait, tu as raison.

2. Familier.

essere al verde, essere in bolletta, essere povero in canna, essere squattrinato sont quatre expressions pour indiquer la pauvreté : être fauché, sans le sou, à sec. De même **non ho una lira** est l'équivalent de : « j'ai pas un rond (un radis) ». Mieux vaut être **ricco sfondato** ou bien **un riccone** (un richard, riche comme Crésus).

Il existe beaucoup de mots pour désigner de façon familière l'argent (le fric, le blé, le pognon). Le mot le plus courant est **la grana.** Citons aussi **i quattrini, il baiocco** (plutôt au sud de Rome), **la lira, la palanca, le palanche, il centone** (billet de 100 000 lires), **il deca** (billet de 10 000 lires) ou **i verdoni** pour indiquer les dollars.

Lorsqu'on veut inviter familièrement quelqu'un à sortir son argent, on pourra dire : **sgancia i soldi !, sborsa i soldi !, tira fuori la grana !** (« sors ton fric ! », « aboule ton pèze ! »).

3. Littéraire et mots du passé.

annoverare (compter) est une forme littéraire pour **contare.**

trois pièces anciennes : **il ducato** (le ducat), **lo zecchino** (le sequin), **il fiorino** (le florin).

B 1 REMARQUES LEXICALES

Quelques abréviations économiques :

- **LIT** : Lira Italiana (la lire italienne).
- **IVA** : Imposta sul Valore Aggiunto (Taxe sur la Valeur Ajoutée, TVA).
- **BOT** : Buono Ordinario del Tesoro (Bon du Trésor).
- **CC** : Conto Corrente (Compte Courant).
- **l'indice Mib** : la valeur de référence de la Bourse de Milan.

Attention à ne pas confondre :

La banca (la banque) et **il banco** (le banc d'école ou le comptoir du bar, le zinc).

Remarque : **banco** au masculin dans le sens de **banca** se rencontre dans le nom de certains établissements de crédit comme **il Banco di Roma,** ainsi qu'au jeu dans les expressions **tenere il banco, far saltare il banco.** Cela est dû à une étymo-

tenere il banco, far saltare il banco. Cela est dû à une étymologie commune (les premiers banquiers exerçaient leur métier dans les foires, sur des bancs, des tables de bois).

Attention aux homonymes suivants :

- **lo sconto** : l'escompte et la remise, la réduction.
- **il mutuo** : l'emprunt ou le prêt.

Quelques synonymes :

- **il rialzo, l'aumento, l'elevazione, l'innalzamento, l'incremento** : la hausse. Les contraires sont **il ribasso, la diminuzione, il calo** : la diminution.
- à partir du mot **il reddito** (le revenu) ont été créés récemment **monoreddito** et **plurireddito.**
  ex. **le famiglie monoreddito hanno difficoltà che non conoscono le famiglie plurireddito** : les ménages au revenu unique ont des difficultés que ne connaissent pas les ménages à plusieurs revenus.
- **la cassetta di sicurezza, la cassaforte, il forziere** : le coffre, le coffre-fort.
- **il distributore di biglietti, il bancomat, la cassa continua** : le distributeur de billets, le guichet automatique.
- **avaro, tirchio, spilorcio, taccagno, pitocco** : avare, radin, grippe-sou.
- **ricco, agiato, benestante, abbiente** : riche, aisé.
- **scontare, detrarre, dedurre, scomputare** : déduire (une somme d'un compte).
- **sprecare, sperperare, scialacquare, sciupare** : gaspiller.

Attention au changement de genre :
la cifra (le chiffre) et **la percentuale** (le pourcentage).
Remarque : les pourcentages exprimés en chiffre s'utilisent précédés de l'article défini au masculin singulier.

ex. **i prezzi sono aumentati del** (*di* + *il*) **6 %** : les prix ont augmenté de 6 %.

Attention à l'orthographe de ces chiffres et nombres : **quattro, diciassette, diciannove, ventitré, un milione, un miliardo.**

B 2 REMARQUES GRAMMATICALES

1. Pluriels particuliers.

Attention aux pluriels irréguliers de **mille** (**duemila**), **il centinaio** (**le centinaia**, f), **il migliaio** (**le migliaia**, f). À l'inverse, **cento** est invariable en italien : **duecento** (deux cents), **duecentodieci** (deux cent dix).

Remarque : les nombres s'écrivent en lettres attachées :

11645 = undicimilaseicentoquarantacinque.

2. Verbes irréguliers.

- le mot **l'avere** (l'avoir) est la forme substantivée de l'auxiliaire **avere**. Ce verbe est irrégulier.
- au présent : **ho, hai, ha, abbiamo, avete, hanno.**
- au futur : **avrò, avrai, avrà, avremo, avrete, avranno.**
- au passé simple : **ebbi, avesti, ebbe, avemmo, aveste, ebbero.**
- **spendere** a pour participe passé **speso** et son passé simple se forme à partir de **io spesi** (pour la formation des autres personnes, voir p. 382).

B 3 REMARQUES PARTICULIÈRES

1. Origine de mots.

- **il salvadanaio** est la conjonction du verbe **salvare** (dans le sens de **risparmiare**) et de **danaio** (forme archaïque de **denaro**). **Lo strozzino** (l'usurier) vient du verbe **strozzare** (étrangler).
- quelques pièces anciennes :
- **lo zecchino** (le sequin) vient du mot **zecca** (l'hôtel de la Monnaie) et se retrouve dans l'expression **nuovo di zecca** : flambant neuf (comme une pièce à peine frappée).
- **la gazzetta** était une pièce en cours dans la Venise du XVIe siècle et elle aurait donné son nom aux premiers journaux, les gazettes, qui avaient la valeur de cette pièce.

2. Prononciation.

Attention à bien marquer la double consonne des verbes formés à partir du préfixe **a-** et d'un substantif comme **accreditare** (**il credito**) ou **addebitare** (**il debito**).

3. D'une langue à l'autre.

Le préfixe s- correspond aux préfixes français *dé-*, *dés-* ou plus rarement *dis-*. Il donne un sens contraire au mot auquel il est attaché : **svantaggioso** (désavantageux) est le contraire de **vantaggioso**. De même les couples de contraires suivants : **sfare** et **fare** (défaire, faire), **staccare** et **attaccare** (détacher, attacher), **scortese** et **cortese** (discourtois, courtois), **sfittare** et **affittare** (ne plus louer, louer un appartement), **scucito** et **cucito** (décousu, cousu), etc.

Le sens opposé se rend également par le préfixe **dis-** : **disarmare** (désarmer), **disfare** (défaire), **dispiacere** (déplaire), etc.

Mais attention aux faux amis : **smettere** n'est pas le contraire de **mettere** mais signifie « arrêter » et **sparlare** ne signifie pas « se taire » mais « médire », « dire du mal ».

ex. **smettila di gridare** ! arrête de crier !
gli piace sparlare di te : il aime dire du mal de toi.

Le suffixe italien **-ina** correspond au suffixe français *-aine*. Il désigne un ensemble d'unités : **una dozzina, una ventina, una trentina, una sessantina, una settantina** (environ soixante-dix), **un'ottantina** (environ quatre-vingts) mais l'on dira **un centinaio, un migliaio.**

C 1 EXERCICES

A Ecrire ces nombres en lettres :
1. 17 2. 90 3. 323 4. 1119 5. 9999 6. 472520.

B Compléter cet article économique avec les mots de la liste :

a. *lingotti*
b. *azionisti*
c. *tassi*
d. *conto corrente*
e. *borsistiche*
f. *credito*
g. *casse di risparmio*
h. *salvadanaio* ou *gruzzolo*
i. *investimenti*
j. *libretti*
k. *assegni.*

« Gli [*1*] sono sempre più numerosi in Italia e le operazioni [*2*] stanno soppiantando gli [*3*] bancari più tradizionali come i [*4*] delle [*5*] o gli acquisti di [*6*]. Questa situazione preoccupa i banchieri che hanno deciso di far pagare gli [*7*] e di aumentare i [*8*] di [*9*]. Il [*10*] sostituirà il [*11*] ? »

C Traduire en italien.

1. La vente de milliers d'actions en une journée a provoqué le krach de la Bourse.
2. Le taux de change du dollar est désavantageux, il est préférable d'acheter des euros.
3. 10 % des familles italiennes ont (possèdent) des comptes courants dans plus de deux agences.
4. Ils ont dépensé tout l'argent qu'ils avaient économisé grâce au dégrèvement fiscal.

C 2 CORRIGÉS

A
1. diciassette
2. novanta
3. trecentoventitré
4. millecentodiciannove
5. novemilanovecentonovantanove
6. quattrocentosettantaduemilacinquecentoventi.

B 1.b 2.e 3.i 4.j 5.g 6.a 7.k 8.c 9.f 10.h 11.d

C
1. La vendita di migliaia di azioni in una giornata ha provocato il crollo della Borsa.
2. Il tasso di cambio del dollaro è svantaggioso, è preferibile (conviene) comprare euro.
3. Il 10 % delle famiglie italiane possiede (possiedono) conti correnti in più di due agenzie.
4. Hanno speso tutto il denaro che avevano risparmiato grazie allo sgravio fiscale.

29 L'ÉCONOMIE

A 1 VOCABULAIRE

A. LES MÉTIERS DE L'ENTREPRISE

acheteur	**il compratore**
acquéreur	**l'acquirente**
artisan	**l'artigiano**
associé	**il socio**
cadre	**il quadro**
chef d'entreprise	**l'imprenditore**
client	**il cliente**
commerçant	**il commerciante**
concessionnaire	**il concessionario**
concurrent	**il concorrente**
démarcheur	**il piazzista**
détaillant	**il dettagliante**
directeur	**il direttore**
dirigeant	**il dirigente**
distributeur	**il distributore**
entrepreneur	**l'imprenditore**
expert	**il perito**
exploitant	**l'esercente**
exportateur	**l'esportatore**
fournisseur	**il fornitore**
gérant	**il gestore**
grossiste	**il grossista**
importateur	**l'importatore**
intermédiaire	**l'intermediario**
livreur	**il fattorino**
marchand	**il commerciante**
négociant	**il negoziante**
producteur	**il produttore**
représentant	**il rappresentante**
revendeur	**il rivenditore**
sous-traitant	**il subappaltatore**
vendeur	**il venditore**

B. LES OPÉRATIONS COMMERCIALES

acompte	**l'acconto**
adaptabilité	**l'adattabilità**
adjudication	**l'appalto**
affaire	**l'affare (m)**
arrhes	**la caparra**
assurance	**l'assicurazione**
banqueroute	**la bancarotta**
besoins	**il fabbisogno**
boom	**il « boom »**
brevet	**il brevetto**
cartel	**il cartello**
commande	**l'ordinazione**
commerce	**il commercio**
commission	**la commissione**
compétence	**la competenza**
concurrence	**la concorrenza**
confirmation	**la conferma**
consommateur	**il consumatore**
consommation	**il consumo**
consortium	**il consorzio**
coopérative	**la cooperativa**
crédit	**il credito**
débouché	**lo sbocco**
délai	**il termine**
dépense	**la spesa**
devis	**il preventivo**
discount	**lo sconto**
dommage	**il danno**

B. LES OPÉRATIONS COMMERCIALES (suite)

dommages-intérêts	**il risarcimento danni**
douane	**la dogana**
échanges	**gli scambi**
échantillon	**il campione**
entreprise	**l'impresa, la ditta**
équipement	**l'attrezzatura**
essai	**la prova**
établissement	**lo stabilimento**
exploitation	**la gestione**
exportation	**l'esportazione**
exposition	**la mostra, l'esposizione**
facture	**la fattura, la bolletta**
faillite	**il fallimento**
financement	**il finanziamento**
firme	**la ditta, l'azienda**
foire	**la fiera**
franchise	**il « franchising »**
fret	**il trasporto**
fusion	**la fusione**
gain	**il guadagno**
gamme	**la gamma**
gestion	**la gestione**
implantation	**l'impianto**
importation	**l'importazione**
innovation	**l'innovazione**
intéressement	**l'interessenza**
inventaire	**l'inventario**
investissement	**l'investimento**
licence	**la licenza**
liquidation	**la liquidazione**
livraison	**la consegna**
lot	**la partita**
maison, affaire	**l'azienda**
mandataire	**il mandatario**
marasme	**il ristagno**
marchandise	**la merce**
marché	**il mercato**
marque	**la marca, il marchio**
mise de fonds	**l'investimento**
monopole	**il monopolio**
objectif	**l'obiettivo**
opportunité	**l'opportunità**
négociation	**il negoziato**
paiement	**il pagamento**
part	**la quota**
patente	**la patente**
perspective	**la prospettiva**
positionnement	**il posizionamento**
prix	**il prezzo, l'importo**
production	**la produzione**
produit, gain	**il ricavato**
produit manufacturé	**il manufatto**
rabais	**il ribasso**
ralentissement	**il rallentamento**
réception	**il ricevimento**
recette	**l'incasso**
réclamation	**il reclamo**
reçu	**la ricevuta**
réduction	**la riduzione**
registre	**il registro**
rendement	**il rendimento**
ristourne	**l'abbuono**
ruine, débâcle	**il dissesto**
saisie	**il sequestro**
secteur	**il settore**
siège	**la sede**

société	la società
société financière	la finanziaria
somme	la somma
sous-traitance	il subappalto
stratégie	la strategia
succursale	la succursale
tarif	la tariffa
troc	il baratto
trust	il « trust »
vente	la vendita
vérification	la verifica
commercial	commerciale
compétitif	competitivo
concurrentiel	concorrenziale
disponible	disponibile
douanier	doganale
livrable	consegnabile
manufacturé	manufatto
marchand	mercantile

négociable	trattabile
privé	privato
public	pubblico
sacrifié	sacrificato
acheter	comprare
concevoir	ideare
encourager	incentivare
entreprendre	intraprendere
faire faillite	fallire
gérer	gestire
inciter	incitare
installer	impiantare
négocier	negoziare
rapporter	fruttare, rendere
solder	saldare
sous-traiter	subappaltare
vendre	vendere

C. LE BILAN ET LA COMPTABILITÉ

actif	l'attivo
amortissement	l'ammortamento
bénéfice	l'utile, il beneficio
bilan	il bilancio
budget	il bilancio, il « budget »
capital	il capitale
charges	gli oneri
chiffre d'affaires	il fatturato
comptabilité	la contabilità
comptable	il ragioniere
compte	il conto
crédit	l'avere
débit	l'addebito
déficit	il disavanzo, il deficit
dépenses	le uscite

fondé de pouvoirs	il procuratore
fonds	i fondi
fonds de commerce	l'azienda commerciale
frais	le spese
grand livre	il libro mastro
immobilisation	l'immobilizzo
invendus	l'invenduto, le giacenze
passif	il passivo
perte	la perdita
postes	le voci
profit	il profitto
provision	la provvista
recettes	le entrate
reliquat	il residuo

C. LE BILAN ET LA COMPTABILITÉ (suite)

solde	il saldo	amortir	ammortizzare
sorties	le uscite	budgétiser	preventivare
stock	la giacenza, lo stock	prévoir	prevedere
		se solder	chiudersi
stockage	l'immagazzinamento	stocker	stoccare
trésorerie	la tesoreria		

D. LA MACROÉCONOMIE, L'ÉCONOMIE D'ÉTAT

chômage	la disoccupazione	nationalisation	la nazionalizzazione
conjoncture	la congiuntura		
contexte	il contesto	offre	l'offerta
coût de la vie	il costo della vita	plan	il piano
crise	la crisi	planification	la pianificazione
croissance	la crescita	plus-value	il plusvalore
déflation	la deflazione	privatisation	la privatizzazione
demande	la domanda	protectionnisme	il protezionismo
désindustriali-sauion	la deindustrializzazione	récession	la recessione
		reprise	la ripresa
désinflation	la disinflazione	stagnation	il ristagno, la stasi
développement	lo sviluppo	subvention	la sovvenzione
échelle mobile	la scala mobile	vie chère	il carovita
économie	l'economia		
économie induite	l'indotto	planifié	pianificato
économie souterraine	il sommerso	sinistré	depresso
		sous-développé	sottosviluppato
emploi	l'occupazione		
essor, expansion	l'espansione	allouer, affecter	stanziare
évaluation	la valutazione	contrôler	controllare
indexation	l'indicizzazione	développer	sviluppare
indicateur	l'indicatore	indexer	indicizzare
indice	l'indice	juguler	soffocare, stroncare
inflation	l'inflazione		
libre échange	il libero scambio	planifier	pianificare
monopole	il monopolio		

29 L'ÉCONOMIE

A 2 LEXIQUE EN SITUATION

darsi al commercio : se lancer dans les affaires.

commercio al minuto (al dettaglio), all'ingrosso : commerce de détail, en gros.

articoli di difficile smercio : articles difficiles à vendre.

vendesi automobile, prezzo trattabile : voiture à vendre, prix à débattre.

l'asta pubblica, la vendita all'incanto : la vente aux enchères.

la casa Rossi ha dovuto dichiarare fallimento : la maison Rossi a dû déposer son bilan.

i viaggiatori, i rappresentanti, i piazzisti : les V.R.P. (voyageurs, représentants, placiers).

ha spedito il modulo d'ordine ? avez-vous envoyé le bon de commande ?

il peso lordo, netto : le poids brut, net.

il porto assegnato : le port dû.

il prezzo di costo : le prix de revient.

la congiuntura è sfavorevole e le imprese non vogliono investire : la conjoncture est défavorable et les entreprises ne veulent pas investir.

l'aziendalismo di alcuni imprenditori spiega i progressi dell'economia italiana : l'esprit d'entreprise de certains patrons explique les progrès de l'économie italienne.

è un uomo d'affari molto intraprendente : c'est un homme d'affaires très entreprenant.

gli ambienti d'affari sono preoccupati : les milieux d'affaires sont inquiets.

fare una gara di appalto : faire un appel d'offres.

il direttore commerciale ha chiesto una ricerca di mercato : le directeur commercial a demandé une étude de marché.

immettere sul mercato : introduire sur le marché.

i costi di produzione sono eccessivi : les coûts de production sont excessifs.

la forza vendita : la force de vente.

la rete distributiva : le réseau de distribution.

l'ufficio progettazione di una società : le service développement d'une société.

questa ditta ha difficoltà per far quadrare il bilancio : cette entreprise a du mal à équilibrer son budget.

il governo ha deciso di intensificare la lotta all'inflazione : le gouvernement a décidé d'intensifier la lutte contre l'inflation.
alcune regioni del Mezzogiorno italiano sono vere aree depresse : certaines régions du Sud de l'Italie sont de vrais bassins de crise (de pauvreté).
gli esperti internazionali sono incorsi in un errore del 2 % nelle loro previsioni della crescita italiana : les experts internationaux ont commis une erreur de 2 % dans leurs prévisions de la croissance italienne.
il governo ha sospeso il blocco dei prezzi : le gouvernement a suspendu le blocage des prix.
il tenore di vita degli italiani : le niveau de vie des Italiens.
il reddito pro capite : le revenu par tête d'habitant.
i beni di consumo : les biens de consommation.

A 3 REGISTRES DE LANGUE

1. Sens figuré.
devi mettere in bilancio la sua determinazione : tu dois tenir compte de sa détermination.
è deciso a vendere la propria vita a caro prezzo : il est décidé à vendre chèrement sa peau.

2. Proverbe.
non bisogna spendere e spandere : il ne faut pas jeter l'argent par les fenêtres.

3. Familier.
Le mot **affare** a été récupéré par le langage familier : **un affarone** est une bonne (super) affaire, **un affaruccio** est une affaire médiocre et **un affaraccio** est une mauvaise affaire.

4. Néologismes.
Dans le langage contemporain, on nomme les revendeurs à la sauvette (au coin des rues, sur les plages) **i vu' cumpra'**, forme

issue de **vuoi comprare ?**, ou bien **i marocchini** (Marocains) en raison de l'origine de certains d'entre eux.
Le mot **cipizzato** est un néologisme formé à partir du sigle CIP (**Comitato Interministeriale dei Prezzi**), organisme d'État chargé du contrôle des prix. Ce mot désigne un produit dont le prix est réglementé par l'État.

B 1 REMARQUES LEXICALES

Quelques sigles économiques italiens :

- PIL (**Prodotto Interno Lordo**) : PIB (Produit Intérieur Brut).
- PNL (**Prodotto Nazionale Lordo**) : PNB (Produit National Brut).
- **la Confindustria** (**la Confederazione Generale dell'Industria Italiana**), équivalent italien du CNPF (le Conseil National du Patronat Français).
- OPA (**Offerta Pubblica d'Acquisto**) : OPA (Offre Publique d'Achat).
- SA, SARL : **Società Anonima, Società a Responsabilità Limitata** : Société Anonyme, Société à Responsabilité Limitée.
- PMI : **Piccole e Medie Imprese** : PME (Petites et Moyennes Entreprises).
- IRI (**Istituto per la Ricostruzione Industriale**) : organisme étatique créé sous le fascisme et chargé du développement économique de l'Italie. Ce sigle a donné les termes **irizzare** et **irizzazione**, synonymes de **sviluppare** et **sviluppo**.
- OCSE (**Organizzazione per la cooperazione e lo sviluppo economico**) : OCDE (organisation pour la coopération et le développement économique).

Quelques emprunts de l'anglais :

- **il franchising** : la franchise d'un magasin, c'est-à-dire le droit d'exploiter une marque concédée par une entreprise.
- **il packaging** : le conditionnement ou l'emballage d'un produit.
- **il marketing** : le marketing.
- **il trend** : la tendance d'un marché.
- **il factoring** : l'affacturage, à savoir le recouvrement de créances en faveur d'une société par un organisme spécialisé.

- **il know-how** : le savoir-faire. À noter que les Italiens utilisent aussi l'expression française.
- **la holding** : le ou la holding.
- **il manager** (le manager) qui a donné l'adjectif **manageriale** dans l'expression **il ceto manageriale** : la classe dirigeante.

Une réalité économique de l'Italie :
L'expression **economia a cespuglio** (littéralement : « économie en forme de buisson ») rend compte de façon imagée des liens inextricables qui unissent entre eux des pans entiers de l'économie italienne, déclarée ou non. Le buisson indique le phénomène vivace et persistant qui est à l'origine de la relative bonne santé de l'économie italienne. L'autre expression, plus répandue, **economia sommersa** (littéralement : « économie submergée ») renforce l'idée de quelque chose de fluide qui s'adapte facilement au marché (ce que ne rend pas le français : « économie souterraine » ou l'anglais « underground »).

Le mot « la consommation » :
Contrairement au français, **il consumo** s'utilise plutôt au pluriel quand on évoque le phénomène économique général.
ex. **la società dei consumi** : la société de consommation.
l'aumento dei consumi : la hausse de la consommation.

Attention aux nuances de sens de ces mots :
- **la patente** : la patente, la taxe, mais aussi le permis de conduire.
- **il fattorino** : le livreur, mais aussi le coursier.
- **il sindaco** : le commissaire aux comptes, mais aussi le maire.
- **fallito** : « qui a fait faillite » mais aussi « raté ».
  ex. **la ditta è fallita** : l'entreprise a fait faillite.
  è un fallito : c'est un raté.

Quelques synonymes :
- **la merce, la mercanzia, la roba** : la marchandise, les marchandises.
- **negoziare, trattare, mercanteggiare** : négocier.
- **il fatturato, il giro d'affari** : le chiffre d'affaires.
- **il deficit, il disavanzo, lo sbilancio** : le déficit.

- **il guadagno, l'incasso, il provento, le entrate** : le gain, les recettes.

Attention à ne pas confondre :
- **l'economia** (phénomène) et **il risparmio** (l'économie dans le sens d'épargne).
- **il marchio** et **la marca** (la marque). **Il marchio** s'utilise plutôt pour indiquer l'inscription sur un produit. **La marca** est le nom du produit.
  ex. **leggere il marchio sulla scatola** : lire la marque sur la boîte.
  Barilla è una marca italiana famosa : Barilla est une marque italienne célèbre.
- **la polizza d'assicurazione** (la police d'assurance) et **la polizia** (la police).
- **il bilancio** (le budget) et **la bilancia** (la balance).
  ex. **il bilancio statale** : le budget de l'État.
  la bilancia dei pagamenti : la balance des paiements.

Attention au changement de genre : **un affare** (m), **una tariffa** (f).

B 2 REMARQUES GRAMMATICALES

L'adjectif grande :
Nous avons rencontré au cours de ce chapitre **il libro mastro** qui traduit le français « le grand livre ». Mis à part ce cas exceptionnel, l'adjectif « grand » peut se traduire par **alto**, placé après le substantif, pour indiquer la taille d'une personne.
  ex. **una donna alta** : une femme grande.
Il peut aussi se traduire par **grande.**
  ex. **una grand'idea, un grande scienziato, un gran(de) freddo.**
Dans ce cas, lorsqu'il est placé avant le substantif, l'adjectif a une terminaison qui varie selon le genre, le nombre et la première lettre du mot qui suit :
- **grande** devant « s impur » ou « z », au singulier : **un grande stadio, un grande zoo, una grande storia d'amore.**
- **grande** ou **gran** (ce dernier en perte de vitesse) devant toutes les autres consonnes : **un grande (gran) libro, una grande (gran) sete.**

- **grande** ou **grand'** devant une voyelle : **un grand' (e) amico, una grand' (e) amica.**
- au pluriel **grandi** dans tous les cas : **grandi libri, grandi stadi, grandi amici.**
- lorsqu'il est placé après le substantif, **grande** reste entier et se comporte comme un adjectif de seconde classe (**-e** devient **-i** au pluriel), au masculin comme au féminin : **la casa è grande, le case sono grandi.**

B 3 REMARQUES PARTICULIÈRES

1. Origine de mots.

Le mot **mastro** dans **il libro mastro** est la survivance d'une forme autrement disparue, dérivée de **maestro** (maître). Le **libro mastro** est le livre de comptes, le livre du « maître ».

Le mot **il ragioniere** dérive de **ragione** dans son sens ancien de « calcul », « compte ».

2. Prononciation et sonorités.

La lettre « j » n'existe pas en italien contemporain, sauf dans des emprunts étrangers (ou des formes archaïques ou dialectales comme équivalent d'un « i »). Il se prononce alors le plus souvent « dj » et est précédé de l'article défini **il**.

ex. **jazz, jet, judo, junior**, etc.

Dans tous les autres cas, le « j » français est remplacé par « g », en début ou au cœur d'un mot.

ex. **la congiuntura** (la conjoncture), **giapponese** (japonais), **geloso** (jaloux), **gioco** (jeu), **gettone** (jeton).

3. D'une langue à l'autre.

- certains mots français se terminant par *-tion* subissent la suppression de la dernière syllabe dans leurs équivalents italiens. Parmi les mots du chapitre, c'est le cas de **la conferma, la verifica** ou **il reclamo** (avec un changement de genre pour ce dernier).
- l'accent circonflexe n'a pas été créé en italien comme il l'a été en français en remplacement du « s » devant certaines consonnes. On trouve donc ce « s » dans des mots comme **il deposito** (le dépôt), **l'imposta** (l'impôt), **il castello** (le château), **il bastone** (le bâton), **la pasta** (la pâte), **la costa** (la côte).

C 1 EXERCICES

A Le jeu de l'anagramme : en s'aidant de la définition, reconstituer ces mots issus du chapitre et écrits dans le désordre :

1. *rziasenuisaco* : serve se il negozio brucia.
2. *diortmeaineir* : a causa di lui, il prezzo delle merci aumenta.
3. *pitimenerdor* : la professione di italiani famosi come Silvio Berlusconi, Luciano Benetton ou Carlo De Benedetti.
4. *nizaporvtzizeia* : quando lo stato vende una sua impresa.

B Bon ou mauvais ? Classer ces 10 mots en 2 familles selon qu'ils renvoient à quelque chose de favorable ou de négatif pour un commerce, une entreprise ou une économie :

1. l'investimento
2. la crescita
3. svendere
4. il crollo
5. il danno
6. il profitto
7. il disavanzo
8. il benefizio
9. la bancarotta
10. l'utile.

C Grammaire : compléter ces expressions avec *grande* ou *alto* :

1. il … stadio
2. la … stanza
3. le … distese d'acqua
4. il … professore
5. i … sportivi
6. gli olandesi sono …
7. le … idee
8. com'è … tuo figlio !
9. il museo è …

D Traduire en italien.

1. Il dit qu'il a fait une affaire, mais est-ce une bonne affaire ou une mauvaise affaire ?
2. Dans l'histoire du commerce, les hommes sont passés du troc à la carte de crédit.
3. La balance commerciale italienne connaît un déficit inquiétant dû en grande partie à la crise du tourisme.
4. L'économie souterraine est très active dans les domaines de l'artisanat et de l'industrie textile.

C 2 CORRIGÉS

A 1. assicurazione
2. intermediario
3. imprenditore
4. privatizzazione.

B favorable : 1, 2, 6, 8, 10.
défavorable : 3, 4, 5, 7, 9.

C 1. grande
2. grande
3. grandi
4. grande
5. grandi
6. alti
7. grandi
8. alto
9. grande.

D 1. Dice che ha fatto un affare, ma è un affarone o un affaruccio (un affaraccio) ?
2. Nella storia del commercio, gli uomini sono passati dal baratto alla carta di credito.
3. La bilancia commerciale italiana conosce un disavanzo preoccupante dovuto in gran parte alla crisi del turismo.
4. L'economia sommersa (il sommerso) è molto attiva (attivo) nei settori dell'artigianato e del tessile.

A 1 VOCABULAIRE

A. LE COURRIER ET LA POSTE

acheminement	**l'inoltro**
adresse	**l'indirizzo**
affranchissement	**l'affrancatura**
avis	**l'avviso**
boîte	**la cassetta, la buca**
boîte postale	**la casella**
bureau de poste	**l'ufficio postale**
cachet	**il bollo**
carnet (timbres)	**il blocchetto**
carte postale	**la cartolina**
circulaire	**la circolare**
code postal	**il codice postale**
colis	**il collo, il pacco**
correspondance	**la corrispondenza**
coupon	**il talloncino**
courrier	**la posta**
date	**la data**
dépêche	**il dispaccio**
destinataire	**il destinatario**
distribution	**la distribuzione**
domicile	**il domicilio**
double	**la copia**
échantillon	**il campione**
employé	**l'impiegato**
en-tête	**l'intestazione**
enveloppe	**la busta**
envoi	**il recapito**
expéditeur	**il mittente**
expédition	**la spedizione**
exprès	**l'espresso**
facteur	**il postino**
faire-part	**la partecipazione**
feuille	**il foglio**
franchise	**la franchigia**

garçon de courses	**il fattorino**
guichet	**lo sportello**
lettre	**la lettera**
lettre recommandée	**la raccomandata**
levée	**la levata**
livraison	**la consegna**
mandat	**il vaglia**
message	**il messaggio**
nouvelle	**la notizia**
oblitération	**l'annullamento**
papier	**la carta**
paquet	**il pacchetto, l'involto**
pèse-lettre	**il pesalettere**
philatéliste	**il filatelista**
pli	**il plico, il piego**
port	**il porto**
post-scriptum	**il poscritto**
poste	**la posta**
poste restante	**il fermo posta**
réclamation	**il reclamo**
reçu	**la ricevuta**
retard	**il ritardo, il disguido**
sacoche	**la borsa**
salutations	**i saluti**
sceau	**il sigillo**
signature	**la firma**
surtaxe	**la soprattassa**
tampon	**il timbro**
tarif	**la tariffa**
taxe	**la tassa**
télégramme	**il telegramma**

A. LE COURRIER ET LA POSTE (suite)

télégraphe	**il telegrafo**	distribuer	**distribuire**
timbre	**il francobollo**	écrire	**scrivere**
tournée	**il giro**	envoyer	**mandare, inviare**
tri	**lo smistamento**	expédier	**spedire**
virement postal	**il postagiro**	faire suivre	**inoltrare**
		fermer	**chiudere**
affranchi	**affrancato**	insérer	**inserire**
anonyme	**anonimo**	jeter au panier	**cestinare**
autocollant	**autoadesivo**	joindre	**accludere, allegare**
ci-joint	**accluso**	lire	**leggere**
confidentiel	**confidenziale**	mettre à la boîte	**imbucare**
fragile	**fragile**	mettre sous enveloppe	**imbustare**
joint	**allegato**		
oblitéré	**annullato**	oblitérer	**obliterare, annullare**
ordinaire	**ordinario**		
personnel	**personale**	plier	**piegare**
recommandé	**raccomandato**	poster	**impostare**
signé	**firmato**	recevoir	**ricevere**
soussigné	**sottoscritto**	remettre	**consegnare, recapitare**
tamponné	**timbrato**		
urgent	**urgente**	remplir	**riempire**
		renvoyer	**rinviare, rimandare**
adresser	**indirizzare**		
affranchir, timbrer	**affrancare**	répondre	**rispondere**
		retourner	**rispedire**
cacheter	**sigillare**	signer	**firmare**
coller	**incollare, attaccare**	trier	**smistare**

B. TÉLÉPHONER

abonné	**l'abbonato**	câble	**il cavo**
annuaire, bottin	**l'elenco**	cadran	**il disco combinatore**
appareil	**l'apparecchio**		
appel	**la chiamata**	carte téléphone	**la carta telefonica**
attente	**l'attesa**	central	**la centrale**
automatique	**la teleselezione**	clavier	**la tastiera**
cabine	**la cabina**	combiné	**il microtelefono**

communication	**la comunicazione**
coup de téléphone	**la telefonata**
dérangement	**il disturbo**
district	**il distretto**
écouteur	**l'auricolare**
fax	**il fax**
fil	**il filo**
friture	**l'interferenza**
impulsion	**l'impulso**
indicatif	**l'indicativo**
interphone	**il citofono**
jeton	**il gettone**
ligne	**la linea**
note	**la bolletta**
numéro	**il numero**
portable	**il telefonino, il cellulare**
poste (numéro interne)	**l'interno**
poteau	**il palo**
préfixe	**il prefisso**
prise	**la spina**
récepteur	**il ricevitore, la cornetta**
répertoire	**il repertorio**
répondeur	**la segreteria telefonica**
signal d'appel	**l'avviso di chiamata**
sonnerie	**lo squillo**
standard	**il centralino**
standardiste (f)	**la centralinista**
télé-appel	**il cercapersone**
télécarte	**la scheda magnetica**
télécopieur	**il telefax**
téléphone	**il telefono**
télex	**il telex**
tonalité	**il segnale**
touche	**il tasto**
unité	**lo scatto**
usager	**l'utente**

automatique	**automatico**
coupé	**interrotto**
international	**internazionale**
libre	**libero**
occupé	**occupato**
résilié	**annullato**
téléphonique	**telefonico**

s'adresser	**rivolgersi**
appeler	**chiamare**
composer	**comporre**
couper	**interrompere**
débrancher	**staccare**
décrocher	**sganciare**
installer	**installare**
raccrocher	**riattaccare**
rappeler	**richiamare**
recevoir	**ricevere**
sonner	**squillare, suonare**
téléphoner	**telefonare**

C. L'INFORMATIQUE

barre d'espacement	**la barra spaziatrice**
base de données	**la base dati**
capacité	**la capacità**
caractère	**il carattere**
clavier	**la tastiera**
curseur	**il cursore**
disque	**il disco**

C. L'INFORMATIQUE (suite)

disquette	**il dischetto**
données	**i dati**
écran	**lo schermo**
enregistrement	**la registrazione**
espace	**lo spazio**
espacement	**la spaziatura**
fenêtre	**la finestra**
fichier	**il « file », l'archivio**
formatage	**la formattazione**
graphique	**il grafico**
impression	**la stampa**
imprimante	**la stampante**
informatique	**l'informatica**
informatisation	**la computerizzazione**
insert	**l'inserimento**
interface	**l'interfaccia**
Internet	**Internet**
jeu vidéo	**il videogioco**
lecteur	**il « drive »**
logiciel	**il « software »**
mail	**la mail**
mémoire	**la memoria**
menu	**il menù**
micro-ordinateur	**il « personal computer »**
moniteur	**il monitor**
octet	**il « byte »**
ordinateur	**il « computer »**
pavé numérique	**la tastierina numerica**
police de caractères	**il carattere tipografico**
portable	**il portatile**
processeur	**il processore**
programmation	**la programmazione**
programme	**il programma**
puce	**il « chip »**
réseau	**la rete**
saisie	**l'acquisizione**
scanner	**lo scanner**
sommaire	**il riepilogo**
souris	**il « mouse »**
système d'exploitation	**il sistema operativo**
tableau	**la tabella**
tableur	**il foglio elettronico**
tabulateur	**il tabulatore**
touche	**il tasto**
traitement de texte	**il trattamento testi**

compatible	**compatibile**
dur (disque)	**fisso, rigido**
fiable	**affidabile**
performant	**di alta qualità**

cliquer	**cliccare**
charger	**caricare**
choisir	**scegliere**
se connecter	**collegarsi**
convertir	**convertire**
copier	**copiare**
déplacer	**spostare**
détruire	**azzerare**
effacer	**cancellare**
enregistrer	**registrare**
formater	**formattare**
informatiser	**automatizzare**
imprimer	**stampare**

insérer **inserire**
installer **installare**
justifier **giustificare**
marcher **funzionare**
mettre à jour **aggiornare**
mettre en mémoire **memorizzare**
paginer **impaginare**
naviguer **navigare**
pirater **copiare illegalmente**
programmer **programmare**
quitter **uscire**
saisir **digitare**
sauvegarder **salvare**
sélectionner **selezionare**
taper **battere**
télécharger **scaricare**

A 2 LEXIQUE EN SITUATION

mi può indicare l'ufficio postale più vicino ? pouvez-vous m'indiquer le bureau de poste le plus proche ?
mi sa dire dov'è la cassetta per le lettere (la buca delle lettere) ? pouvez-vous me dire où se trouve la boîte aux lettres ?
comprare un francobollo da 750 lire : acheter un timbre à 750 lires.
mandare un pacco per posta : envoyer un paquet par la poste.
una lettera giacente : une lettre en souffrance.
ho dimenticato di indirizzare il pacco : j'ai oublié d'écrire l'adresse sur le paquet.
aspettare una risposta a (stretto) giro di posta : attendre une réponse par retour du courrier.
cambiare indirizzo (recapito) : changer d'adresse.
scendere a prendere la posta : descendre chercher le courrier.
la posta celere : le courrier en accéléré (chronopost).
far proseguire (inoltrare) la posta : faire suivre son courrier.
firmare in calce un documento : signer un document au bas de la page.
le formule di cortesia (di chiusura), le chiuse : les formules de politesse.
la carta da lettere : le papier à lettres.
la carta intestata : le papier à en-tête.
intestare una busta : écrire l'adresse sur une enveloppe.
una raccomandata con ricevuta di ritorno : une lettre recommandée avec accusé de réception.
respingere (ritornare) al mittente : renvoyer à l'expéditeur.
fa fede il timbro postale : le cachet de la poste faisant foi.

troverete accluso (allegato) l'assegno : vous trouverez ci-joint le chèque.
il ricevitore postale : le receveur des postes.

caro amico : cher ami.
Egregio Signore : cher Monsieur.
Gentile Signora : chère Madame.
Spettabile Ditta Bianchi : Société Bianchi.
con riferimento alla Vostra del... : en référence à votre lettre du...
gradite i nostri distinti saluti : agréez nos salutations distinguées.
mi saluti sua madre : le bonjour de ma part à votre mère.
baci e abbracci : on vous embrasse très fort.
Luigi Crespi, presso il Sig. Angelo Berni, via Garibaldi 14, 10100 Torino : Luigi Crespi, chez Monsieur Angelo Berni, 14 rue Garibaldi, 10100 Turin.

pronto, chi parla ? allô, qui est à l'appareil ?
sono io, Paolo ! c'est moi, Paolo !
dimmi (dica) : je t'écoute (je vous écoute).
chi lo (la) desidera ? c'est de la part de qui ?
c'è tuo padre in linea : ton père est à l'appareil (en ligne).
Bianchi al telefono ! Bianchi au bout du fil !
resti in linea ! ne quittez pas !
devo fare una telefonata : je dois passer (donner) un coup de fil.
la telefonata è stata interrotta : on a coupé.
è caduta (saltata) la linea ! la communication a été coupée !
la cabina telefonica è guasta : la cabine téléphonique est en dérangement.
cercare un numero nelle pagine gialle : chercher un numéro dans les pages jaunes.
una chiamata percepibile all'arrivo : un appel en PCV.
lavora alla SIP (la Società Italiana per l'esercizio delle Telecomunicazioni) : il travaille à la SIP (l'équivalent italien de France Télécom).
la polizia l'ha messo su centro d'intercettazione : la police l'a mis sur table d'écoute.

imparare a utilizzare il computer : apprendre à se servir d'un ordinateur.
un lavoro computerizzato : un travail assisté par ordinateur.
una scheda intelligente : une carte à puce.
fare una copia di riserva : faire une copie de secours.
l'anteprima è una funzione utilissima per visualizzare il documento sullo schermo : l'aperçu avant impression est une fonction très importante pour visualiser le document à l'écran.
una stampante laser è più rapida di una stampante a getto d'inchiostro e più silenziosa di una stampante ad aghi : une imprimante laser est plus rapide qu'une imprimante à jet d'encre et plus silencieuse qu'une imprimante à aiguilles.
è un tecnico d'informatica molto in gamba : c'est un informaticien très compétent.
si è diplomato in informatica : il a un diplôme d'informatique.

A 3 REGISTRES DE LANGUE

1. Proverbe.
nessuna nuova, buona nuova (le cattive nuove volano) : pas de nouvelles, bonnes nouvelles.

2. Familier.
mi ha lasciato due righe : il m'a laissé un mot.

3. Littéraire.
La lettera est le mot le plus courant mais il peut être remplacé dans une langue plus soutenue par **la missiva** (lettre qu'on envoie et dont on attend impérativement une réponse) ou **l'epistola** (une lettre de valeur, une épître, mais aussi, par antiphrase ironique, une lettre interminable et ennuyeuse).

B 1 REMARQUES LEXICALES

Le mot la posta a deux sens différents :
- l'administration, le service public dont le sigle est P.T. (**Posta e Telegrafi**) ou PP.TT (**Poste e Telecomunicazioni**).
  ex. **lavorare alla Posta** : travailler à la Poste.
  l'ufficio di posta : le bureau de Poste.

- l'ensemble des lettres, le courrier.
  ex. **aspetto posta** : j'attends du courrier.
  Dans ce sens, on trouve parfois le mot **il corriere** mais dans des utilisations très spécifiques.
  ex. **il corriere diplomatico** : le courrier diplomatique.
  a volta di corriere : par retour de courrier.

Quelques abréviations utiles lorsqu'on expédie du courrier, citons :
- **accl.** pour **accluso** : ci-joint.
- C.A.P. pour **Codice di avviamento postale** : code postal.
- C.P. pour **Casella postale** : boîte postale.
- C.C.P. pour **Conto corrente postale** : compte courant postal.
- F.P. pour **fermo posta** : poste restante.
- **Egr. sig.** pour **Egregio Signore** : Cher Monsieur.
- S.P.M. pour **Sue Proprie mani** : en mains propres.
- **c/o** pour **presso** : chez.

On peut avoir dans son courrier **un biglietto d'auguri** (une carte de vœux) pour son anniversaire (**il compleanno**) ou pour le jour de sa fête (**l'onomastico**). On peut aussi recevoir **una partecipazione di morte** (un faire-part de décès) ou **di nascita** (de naissance).

Le mot sottoscritto peut être employé :
- comme adjectif.
  ex. **la firma sottoscritta (scritta in calce) alla lettera** : la signature portée au bas de la lettre.
- comme nom.
  ex. **il sottoscritto dichiara che…** : je soussigné déclare que…
  ou, dans un emploi familier :
  il sottoscritto è stufo ! j'en ai marre !

La raccomandazione a pris par extension le sens de « piston » et **il raccomandato** indique « le pistonné ».
ex. **per riuscire nella vita, può essere utile avere raccomandazioni** : pour réussir dans la vie, cela peut servir d'avoir du piston.
è un raccomandato : c'est un pistonné.

Attention à ne pas confondre :

- **il foglio di carta** et **la foglia dell'albero** (la feuille de papier et la feuille de l'arbre).
- **la franchigia** ne s'utilise qu'au sens administratif : **la franchigia postale, doganale** (la franchise postale, douanière). Sinon on dira **la franchezza** (la sincerità) di una persona.
- **indirizzare** (adresser quelque chose) n'est pas **rivolgere** ou **rivolgersi** qui s'emploient quand on s'adresse à une personne.
  ex. **il collo è stato indirizzato all'ospedale** : le paquet a été adressé à l'hôpital.
  mi rivolgo a Lei, Signore : je m'adresse à vous, Monsieur.

Quelques anglicismes :

- de très nombreux mots d'informatique viennent directement de l'anglais. Outre ceux de la liste, citons **l'input** (l'entrée), **l'output** (la sortie), **il setup** (l'installation), **il routing** (l'acheminement), **il layout** (la disposition), **la subroutine** (le sous-programme), **lo scanner** (le scanner) ou encore **il computer crime** dit aussi **la pirateria** ou **il pirataggio informatico** (le piratage informatique).
- **il computer** est aujourd'hui le mot dominant pour indiquer l'ordinateur. Les équivalents italiens sont **il calcolatore**, à ne pas confondre avec **la calcolatrice** (la machine à calculer), **l'elaboratore elettronico** ou même **l'ordinatore** mais ce sont des termes qu'on rencontre moins fréquemment.
- le micro-ordinateur, outre sa traduction issue de l'anglais (**il personal computer**), peut se dire en italien **il microcomputer, il calcolatore domestico** ou, s'il est de taille très réduite, **il calcolatore tascabile, portatile** (le note book).

B 2 REMARQUES GRAMMATICALES

1. Nom.

Masculins en **-a** :

- le mot masculin **vaglia** est invariable (voir aussi p. 118).
- les autres mots masculins qui se terminent en **-a** ont leur pluriel en **-i** : **il filatelista, i filatelisti**, sauf quand il s'agit d'abréviations comme **il cinema** qui reste invariable.

2. Verbes irréguliers.

■ le passé simple irrégulier :

leggere, rispondere et **scrivere** ont un participe passé et un passé simple irréguliers :

- **leggere ; letto ; io lessi, tu leggesti, lui lesse, noi leggemmo, voi leggeste, loro lessero.**
- **rispondere ; risposto ; io risposi, tu rispondesti, lui rispose, noi rispondemmo, voi rispondeste, loro risposero.**
- **scrivere ; scritto ; io scrissi, tu scrivesti, lui scrisse, noi scrivemmo, voi scriveste, loro scrissero.**

Remarque : les verbes irréguliers au passé simple n'ont que trois formes irrégulières : la 1ère du singulier et les 3es du singulier et du pluriel. Elles se construisent à partir d'un radical irrégulier qu'il faut connaître (ex. **scriss-** pour **scrivere**) auquel on ajoute **-i** pour la 1ère personne du singulier (**scrissi**), **-e** et **-ero** pour les 3es personnes du singulier et du pluriel (**scrisse, scrissero**). Les trois autres personnes sont régulières et se construisent à partir du radical du verbe à l'infinitif (**scrivesti, scrivemmo, scriveste**).

Ce système fonctionne pour presque tous les verbes irréguliers et doit être connu, car le passé simple est un temps beaucoup plus employé en italien qu'en français.

B 3 REMARQUES PARTICULIÈRES

1. Origine de mot.

Le mot **lo sportello**, qui désigne le guichet d'une poste ou d'une banque, vient du mot **porta**, allusion à l'époque pas si lointaine où les employés et le public n'étaient séparés que par une simple porte.

2. Prononciation et sonorités.

- le verbe **suonare** existe également sous la forme non diphtonguée **sonare**, moins courante, mais préférée par les puristes. Il est à noter que les mots dérivés sont, selon le cas, diphtongués ou pas : **il suono** mais **la sonorità**. D'autres mots connaissent le doublet **o, uo** comme **solatura, suolatura** (ressemelage). D'autres ont la double forme dans certains mots dérivés : **un uomo, un omone** (un gaillard) ; **un uovo, un ovetto** (un petit œuf). Certaines régions, enfin, utilisent une forme familière sans le **u** là où la diphtongaison est de rigueur : **il foco** pour **il fuoco** en Toscane (le feu), **è bòno** pour **è buono** à Rome (c'est bon, ou il est gentil). Attention aux faux doublets comme **il tuono** (le tonnerre) et **il tono** (le ton), **vuotare, votare** (vider, voter) ou encore **nuotare, notare** (nager, noter).

- **attention** à la prononciation des mots qui se terminent par **-izzazione** (équivalent de la suffixation française *-isation*) : **la computerizzazione, l'organizzazione, la realizzazione**, etc. où le groupe **zz** se prononce « dz » et le **z** final se prononce « tz ».

3. D'une langue à l'autre.

Préfixes de verbes ou de noms :

- le préfixe itératif **ri-** indique la répétition d'une action, il correspond au préfixe français *re-* : **rimandare (mandare di nuovo), rinviare (inviare una seconda volta)**. Sur le même principe on trouve un grand nombre de verbes : **ricominciare, rifare, riprovare** (recommencer, refaire, essayer à nouveau), etc.
- beaucoup de mots commençant par *av-* en français doublent le **v** en italien. Outre **l'avviso**, c'est le cas, entre autres, de **avvertire, l'avvocato, l'avvenire, l'avventura.**

C 1 EXERCICES

A J'écris une lettre : remettre les gestes dans l'ordre :

1. Incollo il francobollo. 2. Firmo. 3. Lo metto nella busta. 4. Penso a ciò che scriverò. 5. Aspetto la risposta. 6. Scrivo l'indirizzo. 7. Faccio una brutta copia. 8. Piego il foglio. 9. Imbuco la lettera. 10. Scrivo la lettera. 11. Mi rileggo. 12. Chiudo la busta.

B *Lettera, telefono o computer* ? **Compléter ces phrases avec l'un de ces trois mots, sans omettre l'article quand il est nécessaire :**

1. Per avere un appuntamento rapidamente, è preferibile …
2. Non è piacevole leggere … con molti errori di ortografia.
3. Non mi piace essere svegliato dallo squillo del …
4. Per potersi correggere facilmente, conviene utilizzare …
5. … hanno prestazioni sempre più elevate e sono sempre meno cari.

C **Grammaire : compléter ces phrases avec un des verbes suivants : *leggere*, *scrivere*, *rispondere*, au temps qui convient :**

1. Mio fratello non [*rispondere*] alla lettera.
2. [*Leggere*] questo romanzo quando mia madre me lo regalò cinque anni fa.
3. Dante Alighieri [*scrivere*] *La Divina Commedia* all'inizio del' 300.
4. Stamattina noi [*leggere*] la lettera che Paolo ci [*scrivere*] per Natale.

D **Grammaire : mettre ces mots au pluriel.**

1. il vaglia postale 2. il boia crudele 3. il turista francese 4. la specialità milanese 5. il gorilla africano 6. il cinema del centro.

C 2 CORRIGÉS

A 4, 7, 10, 2, 11, 8, 3, 12, 6, 1, 9, 5.

B 1. il telefono 2. una lettera 3. telefono 4. il computer 5. i computer.

C 1. ha risposto 2. lessi (ho letto) 3. scrisse (ha scritto) 4. abbiamo letto, ha scritto (a).

D 1. i vaglia postali 2. i boia crudeli 3. i turisti francesi 4. le specialità milanesi 5. i gorilla africani 6. i cinema del centro.

31 LES MÉDIAS ET LA PUBLICITÉ

A 1 VOCABULAIRE

A. LES MÉTIERS DE LA PRESSE

chef de service	**il caposervizio**
chroniqueur	**il cronista**
collaborateur	**il collaboratore**
correcteur	**il correttore**
correspondant	**il corrispondente**
crieur de journaux	**lo strillone**
dessinateur	**il vignettista**
directeur	**il direttore**
éditorialiste	**l'editorialista**
envoyé	**l'inviato**
intervieweur	**l'intervistatore**
journaliste	**il giornalista**
photographe	**il fotografo**
rédacteur	**il redattore**
rédacteur en chef	**il caporedattore**
reporter	**il cronista**
reporter photo	**il fotoreporter**
typographe	**il tipografo**

B. LA PRESSE : FABRIQUER ET LIRE UN JOURNAL

abonné	**l'abbonato**
abonnement	**l'abbonamento**
article	**l'articolo**
billet	**il corsivo**
brève	**lo stelloncino**
caractère	**il carattere**
caricature	**la caricatura**
censure	**la censura**
chapeau	**il cappello**
chronique	**la cronaca**
colonne	**la colonna**
compte rendu	**la recensione**
contenu	**il contenuto**
copie	**la copia**
couverture	**la copertura**
dessin humoristique	**la vignetta**
diffusion	**la diffusione**
édition	**l'edizione**
éditorial	**l'editoriale**
enquête	**l'inchiesta**
entrefilet	**il trafiletto**
épreuve	**la bozza**
événement	**l'evento**
exclusivité	**l'esclusiva**
fait divers	**il fatto di cronaca**
fascicule	**il fascicolo**
faux-titre	**l'occhiello**
gazette	**la gazzetta**
gros titre	**il titolone**
hebdomadaire	**il settimanale**
illustré	**l'illustrato**
imprimerie	**la stamperia**
information	**l'informazione**
interview	**l'intervista**
journal	**il giornale**
lecteur	**il lettore**
légende	**la didascalia**
lettre ouverte	**la lettera aperta**
magazine	**la rivista**
manchette	**la « manchette »**
maquette	**il menabò**
mensuel	**il mensile**
mise en pages	**l'impaginazione**

B. LA PRESSE : FABRIQUER ET LIRE UN JOURNAL (suite)

nouvelle	**la notizia**	diffusé	**diffuso**
objectivité	**l'obiettività**	digne de foi	**attendibile**
organe	**l'organo**	discrédité	**screditato**
page	**la pagina**	événementiel	**cronachistico**
paragraphe	**il paragrafo**	illustré	**illustrato**
pluralisme	**il pluralismo**	impartial	**imparziale**
presse	**la stampa**	indépendant	**indipendente**
publication	**la pubblicazione**	d'information	**informativo**
quotidien	**il quotidiano**	intéressant	**interessante**
reportage	**il servizio**	international	**internazionale**
revue	**la rivista**	objectif	**obiettivo**
rotative	**la rotativa**	partial	**parziale**
rubrique	**la rubrica**	rebattu	**trito**
saisie	**il sequestro**	scandaleux	**scandaloso**
scoop	**il colpo**	sectaire	**settario**
signature	**la firma**	spécialisé	**specializzato**
sommaire	**il sommario**	sportif	**sportivo**
source	**la fonte**	subjectif	**soggettivo**
sous-titre	**il sottotitolo**		
supplément	**il supplemento**	s'abonner	**abbonarsi**
tabloïd	**il tabloid**	citer	**citare**
tirage	**la tiratura**	démentir	**smentire**
titrage	**la titolazione**	diffuser	**diffondere**
titre	**il titolo**	divulguer	**propalare**
typographie	**la tipografia**	informer	**informare**
une (la)	**la prima pagina**	insister	**insistere**
		interviewer	**intervistare**
ancien (numéro)	**arretrato**	observer	**rilevare, osservare**
bimensuel	**quindicinale, bimensile**	rédiger	**stendere**
		relater	**riferire, riportare**
crédible	**credibile**	se répandre	**divulgarsi**
détaillé	**particolareggiato**	titrer	**titolare**

C. LA TÉLÉVISION, LA RADIO : ÉMISSIONS ET ANIMATEURS

actualités	**il telegiornale**	animateur	**l'animatore**
adaptation	**l'adattamento**	avant-première	**l'anteprima**

bulletin	il notiziario
caméra cachée	lo specchio segreto
coupure publicitaire	l'intervallo
débat	il dibattito
différé	la differita
direct	la diretta
documentaire	il documentario
émission	la trasmissione
épisode	la puntata
feuilleton télé	il teleromanzo
interlude	l'intermezzo
jeu télévisé	il telequiz
présentateur	il presentatore
présentation	la presentazione
producteur	il produttore
programme	il programma
rétrospective	la retrospettiva
série	il « serial »
speakerine	l'annunciatrice
téléfilm	il telefilm
variétés	il varietà

D. LA TÉLÉVISION : DIFFUSION ET AUDIENCE

antenne	l'antenna
audience	l'« audience »
audimat	il meter, l'auditel
auditeur	l'ascoltatore
bouton	il bottone
câble	il cavo
cassette vidéo	la videocassetta
chaîne	il canale, la rete
décodeur	il decodificatore
dérangement	il disturbo
écran	lo schermo, il video
émetteur	l'emittente (f)
eurovision	l'eurovisione
fréquence	la frequenza
interruption	l'interruzione
liaison	il collegamento
magnétoscope	il videoregistratore
panne	il guasto
parabole	la parabola
poste de radio	la radio
poste de télé	il televisore
radio	la radio
ralenti	il « replay »
récepteur	il ricevitore
réception	la ricezione
redevance	il canone
rediffusion	la replica
retransmission	la ritrasmissione
satellite	il satellite
station	la stazione
télé	la tele, la tivù
télécommande	il telecomando
téléspectateur	il telespettatore
télévision	la televisione
touche	il tasto
volume	il volume
zapping	lo zapping
amusant	divertente
choquant	scioccante
convaincant	convincente
diffusé	trasmesso
inédit	originale
médiatique	mediatico
privé	privato
public	pubblico
télévisuel	televisivo

D. LA TÉLÉVISION : DIFFUSION ET AUDIENCE (suite)

allumer	**accendere**	éteindre	**spegnere, chiudere**
annoncer	**annunciare**	retransmettre	**ritrasmettere**
brouiller	**oscurare**	zapper	**cambiar canale**
diffuser	**trasmettere**		

E. LA PUBLICITÉ : CAMPAGNES ET ANNONCEURS

affichage	**l'affissione**	promotion	**la promozione**
affiche	**il cartellone**	prospectus	**il volantino**
agence	**l'agenzia**	publicité, réclame	**la pubblicità**
annonce	**l'annuncio**	secteur	**il settore**
annonceur	**l'inserzionista**	segment	**il segmento**
brochure	**l'opuscolo**	slogan	**lo slogan**
budget	**lo stanziamento**	sondage	**il sondaggio**
cadeau, gadget	**l'omaggio**	spot	**lo spot**
campagne	**la campagna**	stéréotype	**lo stereotipo**
cible	**il « target »**	stratégie	**la strategia**
colleur d'affiches	**l'attacchino**	support	**il veicolo,**
coupon	**il tagliando**		**il mezzo**
créatif	**il creativo**	trouvaille	**la trovata**
créativité	**la creatività**		
dépliant	**il volantino**	accrocheur	**persuasivo**
dessinateur	**il disegnatore**	banal	**banale**
échantillon	**il campione**	original	**originale**
emplacement	**lo spazio**	publicitaire	**pubblicitario**
encart, placard	**l'inserto**	sophistiqué	**sofisticato**
enseigne	**l'insegna**		
gamme	**la gamma**	afficher	**attaccare**
jeu-concours	**il gioco a premio**	choquer	**urtare**
lancement	**il lancio**	convaincre	**convincere**
manipulation	**la manipolazione**	faire de la publicité	**reclamizzare**
marque	**il marchio, la marca**		
matraquage	**l'aggressione**	faire de la réclame	**propagandare**
message	**il messaggio**		
panneau d'affichage	**il cartello**	insérer	**inserzionare**
		lancer	**lanciare**
petite annonce	**l'inserzione**	matraquer	**martellare**
positionnement	**il posizionamento**	placarder	**affiggere**
produit	**il prodotto**	scandaliser	**scandalizzare**

A 2 LEXIQUE EN SITUATION

leggere una notizia sul giornale : lire une nouvelle dans le journal.
quali sono le ultime ? quelles sont les dernières nouvelles ?
è un giornalista pagato a riga : c'est un pigiste.
i giornalini : les journaux pour enfants.
un giornale a grande tiratura : un journal à gros tirage.
leggere la terza pagina : lire la page littéraire (ou culturelle).
tutti i particolari a pagina 15 : tous les détails en page 15.
continua (segue) a pagina 10 : suite page 10.
la stampa scandalistica : la presse à scandales.
la stampa femminile : la presse féminine.
stampare un articolo in grassetto, in corsivo, in (a) caratteri cubitali : imprimer un article en gras, en italique, en gros caractères.

gentili ascoltatori : chers auditeurs.
il suono è migliore sulla FM (la modulazione di frequenza) : le son est meilleur sur la FM (la modulation de fréquence).
puoi alzare il volume ? peux-tu mettre plus fort ?
cosa danno stasera alla tivù ? qu'est-ce qu'il y a ce soir à la télé ?
« ora va in onda il telegiornale » : « vous allez voir à présent les actualités ».
una trasmissione (irradiata) via satellite, via cavo : une émission (retransmise) par satellite, par câble.
non mi piacciono le trasmissioni in differita, preferisco quelle in diretta (dal vivo) : je n'aime pas les émissions en différé (enregistrées), je préfère celles en direct.
rivedere un goal al rallentatore : revoir un but au ralenti.
i teledipendenti rimangono per ore davanti al televisore : les esclaves (les drogués) de la télévision restent des heures devant le poste.
i direttori dei programmi sono attenti agli indici d'ascolto e di gradimento : les directeurs des programmes sont attentifs aux taux d'écoute et de satisfaction.
un prodotto molto reclamizzato : un produit dont on fait beaucoup de publicité.

vietata l'affissione al di fuori degli appositi cartelli : affichage interdit en dehors des panneaux réservés.

un giornale di inserzioni pubblicitarie (di piccola pubblicità) : un journal de petites annonces.

l'Italia conosce un incremento regolare del suo mercato pubblicitario : l'Italie connaît une augmentation régulière de son marché publicitaire.

i mecenati di una volta si sono trasformati in sponsorizzatori : les mécènes d'autrefois se sont transformés en sponsors.

un detersivo pubblicizzato da martellanti spot televisivi : une lessive matraquée par d'innombrables spots télévisés.

una pubblicità fatta proprio bene : une publicité vraiment bien faite.

A 3 REGISTRES DE LANGUE

1. Sens figuré.

una notizia clamorosa : une nouvelle retentissante.

un articolo che colpisce : un article percutant.

una notizia attendibile : une nouvelle digne de foi.

la notizia della morte del papa è sparata in prima pagina : la nouvelle de la mort du pape est à la une (fait les gros titres).

una vicenda che ha fatto versare fiumi d'inchiostro : une affaire qui a fait couler beaucoup d'encre.

propalare (spargere) una voce : propager (divulguer) une rumeur.

corre voce che... : le bruit court que...

essere al centro di tutti i commenti : défrayer la chronique.

la stampa rosa : la presse du cœur.

l'ultima edizione è andata in macchina : la dernière édition est sous presse.

un giornalista tenuto in area di parcheggio : un journaliste mis au placard.

2. Proverbes.

uomo avvisato mezzo salvato : un homme averti en vaut deux.

D'où l'importance de s'informer... et plutôt en lisant un journal puisque :

gli scritti restano, le parole volano : les mots s'envolent, les écrits restent.

3. Familier.

- le français possède différents mots pour indiquer des publications de piètre qualité : un canard, un torchon, une feuille de chou. L'italien rendra la notion péjorative de ces termes par le suffixe -**accio** (plus rarement -**uccio**) ajouté à **giornale** : **un giornalaccio**, ou par le mot **l'obbrobrio** (littéralement : « honte »), ou encore, plus fort, par le mot **la schifezza**.

  ex. **questo giornale è una vera schifezza** : ce journal est un véritable torchon.
- le présentateur du journal télévisé est appelé familièrement **il mezzobusto** (« l'homme-tronc ») et la speakerine **la signorina buonasera** (« la demoiselle qui dit bonsoir »).

B 1 REMARQUES LEXICALES

La presse en Italie :

- **la stampa**, en plus d'être un nom commun, est aussi un des quotidiens italiens les plus lus : **la Stampa** de Turin. Citons parmi les plus forts tirages, **il Corriere della sera** de Milan, **la Repubblica** de Rome, **il Mattino** de Naples ou des quotidiens spécialisés dans l'actualité sportive comme **la Gazzetta dello sport** ou **Tuttosport**.
- l'hebdomadaire le plus lu est le journal de télévision **Sorrisi e Canzoni**. Autres périodiques très lus : **Gente**, **Panorama**, **l'Espresso** et le journal chrétien **Famiglia Cristiana**.
- quelques expressions avec le mot **stampa** : **l'addetto stampa** (l'attaché de presse), **l'agenzia di stampa** (l'agence de presse), **la conferenza stampa** (la conférence de presse), **la rassegna della stampa** (la revue de presse), **l'ufficio stampa** (le service de presse), **la sala stampa** (la salle de presse).

L'article de journal :

selon sa position et son importance, il sera :

- **l'articolo di apertura** ou **di spalla** : l'article de tête.
- **l'articolo di fondo** ou **di taglio** : l'article de fond.
- **il pastone** : l'article récapitulatif qui résume les commentaires de la presse sur une question d'actualité.
- selon son contenu, un article peut être **politico**, **economico**,

culturale, sociale, letterario (on dit aussi **un elzeviro**), **sportivo** : politique, économique, culturel, social, littéraire, sportif.
- d'autres articles : **la cronaca nera, mondana, cittadina** (les faits divers, la chronique mondaine, les pages locales).
- **il tamburino** est la page consacrée à la présentation des spectacles ou des films (titres, lieux de spectacle, horaires).

Quelques synonymes :
- **l'impaginazione, l'impaginatura** : la mise en pages.
- **la recensione, il resoconto** : le compte rendu.
- **il redattore, il notista, l'opinionista** : le rédacteur.
- **il fotoreporter, il paparazzo** : le reporter photo.
- **l'inchiesta, l'indagine** : l'enquête.
- **la rivista, il rotocalco** : la revue, le magazine.
- **cambiare canale, spazzolare** : zapper.

La télévision en Italie :
- l'Italie est un des premiers pays d'Europe à avoir autorisé dès les années 70 l'existence de chaînes privées à côté des chaînes publiques de la **RAI** (**Radio Audizioni Italiane**) qui sont au nombre de trois. Les plus importantes chaînes privées sont **Canale 5, Rete Quattro** ou **Italia Uno** qui ont une diffusion nationale, à la différence d'une multitude de chaînes locales réparties dans toute l'Italie. Il y en a même une qui se consacre exclusivement à la vente de tapis…
- Silvio Berlusconi, patron du plus grand groupe audiovisuel italien, a été surnommé **Sua Emittenza**, expression calquée sur **Sua Eminenza** et qui est un jeu de mots à partir de **l'emittenza**, synonyme de **l'emittente** (l'émetteur).

Anglicismes :
le langage de la télévision utilise beaucoup d'anglicismes comme **lo spot** ou **l'audience** déjà rencontrés, mais aussi **il clip, la candid-camera** (la caméra cachée), **la sitcom** (comédie de situation), **il prime time** ou **peak time** (1ère partie de soirée), **la night-line** (émission de fin de soirée), **il talk show** (synonyme italien récent : **il contenitore**), **lo speaker** et son féminin italianisé **la speakerina** ainsi que le terme générique de **mass media**.

Attention à ne pas confondre :

- **il canone** (la redevance) et **il cannone** (le canon).
- **il giornalista** et **il giornalaio** (le marchand de journaux).
- **il titolo** (titre d'un article) et **la testata** (titre, nom d'un journal).

La publicité en Italie :

- les petites annonces (**gli annunci, gli avvisi, le inserzioni**) des journaux sont classées par ordre alphabétique. Pour attirer l'attention du lecteur, les annonceurs cherchent à être situés en début de page et pour cela ils font précéder leur texte de « A » majuscules.
  ex. **AAAAA affittasi appartamento ammobiliato in periferia** : à louer appartement meublé en banlieue.
- en italien, le langage de la publicité a conservé des mots anglais comme **l'art director** (le directeur artistique), **l'account-executive** (la personne qui s'occupe du budget d'une campagne) et des mots français comme **il dépliant, la brochure, la réclame.**

B 2 REMARQUES GRAMMATICALES

Pronoms.

- en italien, le slogan publicitaire s'adresse habituellement au client à convaincre en le tutoyant. Cet usage n'est pas systématique et ne concerne pas les produits de luxe (mode, parfums, bijoux). Ainsi on pourra lire sur une affiche : **prova la nuova FIAT e vedrai la differenza** : essaie la nouvelle FIAT et tu verras la différence).
- d'autres différences dans l'utilisation des pronoms existent entre le français et l'italien :

- le pronom sujet n'est généralement pas employé.
  ex. **sei in ritardo** : tu es en retard; **cosa mangi** ? que manges-tu ?
  C'est la terminaison du verbe qui indique la personne. On ne garde le pronom sujet que pour exprimer une insistance.
  ex. **lui è simpatico, ma tu sei cattivo** : lui est sympathique, mais toi tu es méchant
  ou pour éviter un risque de confusion introduit par le contexte, comme au subjonctif.
  ex. **bisogna che io vada con lei e che tu vada con loro** : il faut que j'aille avec elle et que tu ailles avec eux.

- il, elle, ils, elles se rendent par **lui, lei** et **loro** (masc. et fém.).
  ex. **lui è venuto e lei è rimasta a casa** : il est venu et elle est restée à la maison.
  Ella pour **lei** et **egli** pour **lui** peuvent se rencontrer dans un texte écrit assez littéraire.
  Esso, essa, esse et **essi** ne s'utilisent en principe que pour des animaux ou des objets, sauf dans certains dialectes du Sud. Dans tous les cas, ces pronoms sont facultatifs.
- la forme de politesse est généralement rendue par le pronom sujet **Lei** (3e personne du singulier) et ses dérivés (pronoms compléments avec une majuscule pour éviter une confusion avec une vraie 3e personne).
  ex. **Signore, (Lei) prenderà un caffè** ? Monsieur, prendrez-vous un café ?
  è Sua questa valigia ? cette valise est à vous ?

B 3 REMARQUES PARTICULIÈRES

1. Origine de mots.
Le mot **strillone** vient du verbe **strillare** qui est un synonyme de **gridare** (crier). **Lo strillone** gagnait sa vie en criant les titres des journaux et les nouvelles susceptibles d'intéresser les passants. Le verbe **strillonare** et le substantif **lo strillonaggio** existent pour indiquer cette action du crieur de journaux.

2. Prononciation et sonorités.
L'italien utilise assez fréquemment l'apocope (chute d'un phonème en fin de mot). C'est en particulier le cas de verbes à l'infinitif.
ex. **far(e) pubblicità, cambiar(e) canale, non poter(e) più leggere.** Dans ce cas, le -e n'est pas prononcé.

C 1 EXERCICES

A Publicité : retrouver le produit ou l'objet à partir des slogans :

1. «X, nello stesso tempo lusso, velocità, sicurezza e piacere.»
   a. un club di vacanze b. un orologio c. un ristorante d. un'automobile
2. « Con X, anche all'improvviso gli amici saranno benvenuti. »
   a. un televisore b. un cibo surgelato c. un profumo d. una lavatrice
3. « X, con lui il bianco rimane bianco per tutta la vita. »
   a. un latte abbronzante b. occhiali da sole c. un detersivo d. un dentifricio
4. « Vuoi diventare più intelligente ? Compra X e riceverai il mondo a casa tua. »
   a. un giornale b. un frigorifero c. un motorino d. un diamante.

B La télévision : à quels mots correspondent ces définitions ?

1. Senza di lui è impossibile cambiare canale rimanendo in poltrona.
2. Si paga una volta all'anno per finanziare la RAI.
3. Se è troppo forte può dar fastidio ai vicini.
4. Serve alle ritrasmissioni da un continente all'altro.
5. Permette di vedere una partita in differita tornando dal cinema.
6. Così è chiamato chi guarda molto i programmi televisivi.

C Grammaire : passer du tutoiement à la 3e personne de politesse :

1. Vieni con noi al cinema ?
2. Sei un vero teledipendente.
3. Mi presti il tuo giornale ?
4. Conosci questo presentatore ? Ti piace ?
5. Hai ragione, condivido la tua opinione.
6. Come stai ?

D Traduire en italien :

1. Quand il achète un journal, il lit surtout les bandes dessinées, les dessins humoristiques, les faits divers et les reportages sportifs.
2. Il y a tellement de journaux dans ce kiosque que je ne sais pas si je vais acheter un quotidien, un hebdomadaire ou un mensuel.
3. La liberté de la presse est une preuve de démocratie.
4. Le directeur et le rédacteur en chef sont responsables des articles des journalistes.

C 2 CORRIGÉS

A 1.d 2.b 3.c 4.a.

B 1. il telecomando 2. il canone 3. il volume 4. il satellite 5. il videoregistratore (il magnetoscopio) 6. il teledipendente.

C

1. Viene con noi al cinema ?
2. È un vero teledipendente.
3. Mi presta il Suo giornale ?
4. Conosce questo presentatore ? Le piace ?
5. Ha ragione, condivido la Sua opinione.
6. Come sta ?

D

1. Quando compra un giornale, legge soprattutto i fumetti, le vignette, i fatti di cronaca e i servizi sportivi.
2. Ci sono tanti giornali in quest'edicola che non so se comprerò un quotidiano, un settimanale o un mensile.
3. La libertà di stampa è una prova di democrazia.
4. Il direttore e il caporedattore sono responsabili degli articoli dei giornalisti.

32 LA LANGUE

A 1 VOCABULAIRE

A. LA LANGUE ÉCRITE : PONCTUATION, SIGNES TYPOGRAPHIQUES, ACCENTS

accent	l'accento
apostrophe	l'apostrofo
astérisque	l'asterisco
crochets	le parentesi quadre
deux points	i due punti
guillemets	le virgolette
parenthèse	la parentesi
point	il punto
point d'exclamation	il punto esclamativo
point d'interrogation	il punto interrogativo
point-virgule	il punto e virgola
points de suspension	i puntini
ponctuation	la punteggiatura
signe	il segno
tiret	il trattino
trait d'union	la lineetta
virgule	la virgola

accentué	accentato
aigu	acuto
atone	atono
circonflexe	circonflesso
grave	grave
tonique	tonico

B. LES LETTRES ET LES MOTS

abréviation	l'abbreviazione
alphabet	l'alfabeto
apocope	l'apocope
archaïsme	l'arcaismo
consonne	la consonante
dictionnaire	il dizionario
diphtongaison	la dittongazione
diphtongue	il dittongo
élision	l'elisione
étymologie	l'etimologia
formation	la formazione
jargon	il gergo
lettre	la lettera
lexique	il lessico
majuscule	la maiuscola
minuscule	la minuscola
morphologie	la morfologia
mot	la parola
néologisme	il neologismo
onomatopée	l'onomatopea
orthographe	l'ortografia
phonétique	la fonetica
phrase	la frase
polysémie	la polisemia
prononciation	la pronuncia
racine	la radice
radical	il radicale
régionalisme	il regionalismo
sens	il significato
syllabe	la sillaba
synonyme	il sinonimo
vocabulaire	il vocabolario
voyelle	la vocale

B. LES LETTRES ET LES MOTS (suite)

composé	**composto**
dialectal	**dialettale**
imprononçable	**impronunciabile**
obscur	**astruso**
rare	**raro**
vieilli, désuet	**antiquato**

C. LES MODES ET LES TEMPS

concordance	**la concordanza**
conditionnel	**il condizionale**
conjugaison	**la coniugazione**
futur	**il futuro**
gérondif	**il gerundio**
imparfait	**l'imperfetto**
impératif	**l'imperativo**
indicatif	**l'indicativo**
infinitif	**l'infinito**
mode	**il modo**
participe	**il participio**
passé antérieur	**il trapassato remoto**
passé composé	**il passato prossimo**
passé simple	**il passato remoto**
passif	**il passivo**
plus-que-parfait	**il trapassato prossimo**
présent	**il presente**
subjonctif	**il congiuntivo**
temps	**il tempo**

D. LES TERMES GRAMMATICAUX

accord	**l'accordo**
adjectif	**l'aggettivo**
adverbe	**l'avverbio**
agent	**l'agente**
anglicisme	**l'anglicismo**
apposition	**l'apposizione**
article	**l'articolo**
article contracté	**la preposizione articolata**
attribut	**l'attributo**
augmentatif	**l'accrescitivo**
auxiliaire	**l'ausiliare**
barbarisme	**il barbarismo**
comparatif	**il comparativo**
complément	**il complemento**
conjonction	**la congiunzione**
construction	**il costrutto**
déclinaison	**la declinazione**
désinence	**la desinenza**
diminutif	**il vezzeggiativo**
emploi	**l'uso**
emprunt	**il prestito**
épithète	**l'epiteto**
exception	**l'eccezione**
exclamation	**l'esclamazione**
exemple	**l'esempio**
féminin	**il femminile**
gallicisme	**il gallicismo**
genre	**il genere**
grammaire	**la grammatica**
grammairien	**il grammatico**
groupe	**il gruppo**

interjection	l'interiezione	démonstratif	dimostrativo
inversion	l'inversione	dérivé	derivato
italianisme	l'italianismo	grammatical	grammaticale
liaison	il legamento	homonyme	omonimo
linguiste	il linguista	impersonnel	impersonale
linguistique	la linguistica	incorrect	sgrammaticato
locution	la locuzione	indéfini	indeterminativo
masculin	il maschile	interrogatif	interrogativo
négation	la negazione	intransitif	intransitivo
nom	il nome	invariable	invariabile
nombre	il numero	irrégulier	irregolare
particule	la particella	littéral	letterale
période	il periodo	négatif	negativo
pluriel	il plurale	nominal	nominale
principale	la principale	personnel	personale
pronom	il pronome	possessif	possessivo
position	la collocazione	pronominal	pronominale
préfixe	il prefisso	qualificatif	qualificativo
préposition	la preposizione	quantitatif	quantitativo
proposition	la proposizione	réfléchi	riflessivo
règle	la regola	régulier	regolare
relative	la relativa	relatif	relativo
sémantique	la semantica	sous-entendu	sottinteso
sémiologie	la semiologia	suffixé	alterato
singulier	il singolare	transitif	transitivo
solécisme	il solecismo	usité	usato
subordonnée	la subordinata	usuel	usuale
substantif	il sostantivo	verbal	verbale
suffixe	il suffisso		
sujet	il soggetto	s'accorder	accordarsi
superlatif	il superlativo	articuler	articolare,
syntaxe	la sintassi		sillabare
terminaison	la terminazione	conjuguer	coniugare
verbe	il verbo	employer	usare
		épeler	compitare
composé	composto	former	formare

E. S'EXPRIMER ORALEMENT : MÉDISANCES ET GROS MOTS

argot	l'« argot »
bisbille	il battibecco
bourde	lo sproposito
cliché	il « cliché »
commérages	i pettegolezzi
cri	il grido
dispute	la disputa
énormité	lo strafalcione
gaffe	la « gaffe »,
	la topica
gros mot	la parolaccia
hurlement	l'urlo
injure	l'ingiuria
insulte	l'insulto
jargon	il gergo
juron	la bestemmia
lapsus	il lapsus,
	la papera
lieu commun	il luogo comune
mauvaise foi	la malafede
médisance	la maldicenza
mensonge	la bugia,
	la menzogna
mépris	il disprezzo
on-dit	le dicerie
querelle	il bisticcio
rumeur	la voce
cancanier	pettegolo
familier	colloquiale
grossier	grossolano
hypocrite	ipocrita
indiscret	indiscreto

menteur	bugiardo
vulgaire	volgare
bafouiller	farfugliare
balbutier	balbettare
baragouiner	ciangottare
bégayer	balbettare,
	intoppare
bougonner	bofonchiare
bredouiller	biascicare,
	tartagliare
crier	gridare
dénigrer	denigrare
divaguer	farneticare
s'embrouiller	ingarbugliarsi
grommeler	brontolare
hurler	urlare
injurier	ingiuriare
insulter	insultare
jaser, jacasser	cicalare
jurer	bestemmiare
marmonner	borbottare
marmotter	biascicare
maudire	maledire
médire	sparlare
mentir	mentire
pester	imprecare
radoter	sragionare
ressasser	rimuginare
vociférer	vociare
zozoter,	parlare bleso
zézayer	

F. PARLER POUR FAIRE RIRE

blague	**la barzelletta**	trait d'esprit	**la freddura**
boutade	**la battuta**		
calembour	**la freddura, il « calembour »**	badin	**scherzoso**
		facétieux	**faceto**
ironie	**l'ironia**	ironique	**ironico**
jeu de mots	**il gioco di parole**		
moquerie	**la canzonatura**	blaguer	**scherzare**
mot d'esprit	**il frizzo**	imiter	**imitare**
persiflage	**il dileggio**	se moquer de	**prendere in giro**
pique	**la frecciata**	railler	**canzonare**
plaisanterie	**lo scherzo**	rire	**ridere**
sarcasme	**il sarcasmo**		

G. PARLER À DEMI-MOT

allusion	**l'allusione, l'accenno**	muet	**muto**
		taciturne	**taciturno**
ambiguïté	**l'ambiguità**		
chuchotement	**il sussurro**	chuchoter	**bisbigliare**
équivoque	**l'equivoco**	se confier	**confidarsi**
murmure	**il bisbiglio**	éluder	**eludere**
quiproquo	**il qui pro quo**	faire allusion à	**alludere a**
silence	**il silenzio**	insinuer	**insinuare**
sous-entendu	**il sottinteso**	murmurer	**mormorare**
		suggérer	**suggerire**
aphone	**afono**	se taire	**tacere**
hésitant	**esitante**		

H. PARLER POUR CONVAINCRE

apostrophe	**l'apostrofe**	échange	**lo scambio**
bonne foi	**la buonafede**	expression	**l'espressione**
conversation	**la conversazione**	intonation	**l'intonazione**
débat	**il dibattito**	langage	**il linguaggio**
discours	**il discorso**	langue	**la lingua**
discussion	**la discussione**	laïus	**il vaniloquio**

H. PARLER POUR CONVAINCRE (suite)

maxime, devise	il motto	demander	chiedere
point de vue	il punto di vista	démontrer	dimostrare
proverbe	il proverbio	dire	dire
rhétorique	la retorica	discuter	discutere, ragionare
vérité	la verità		
voix	la voce	s'écrier, s'exclamer	esclamare
ampoulé	ampolloso	haranguer	arringare
approbateur	approvatore	interrompre	interrompere
bavard	chiacchierone	louer	lodare
châtié	castigato	objecter	obiettare
clair	chiaro	papoter	ciarlare
hautain	altero	parler	parlare
loquace, volubile	loquace	prétendre	pretendere
tonitruant	tonante	proférer	proferire
		rabâcher	ripetere, rifriggere
affirmer	affermare	raconter	raccontare
bavarder	chiacchierare	remarquer	rilevare, notare
bonimenter, baratiner	imbonire	répliquer	replicare
		répondre	rispondere
causer	parlare	rétorquer	ribattere
converser	conversare	riposter	rimbeccare
critiquer	criticare	soutenir	sostenere

I. INTERJECTIONS ET EXCLAMATIONS

aïe !	ahi !	dis donc !	insomma !
allons donc !	macché !	dommage !	peccato !
bien sûr !	certo !, come no !	du vent, du balai !	via !
bof !	boh !, mah !	eh bien !	eh !
bref !	insomma !	en arrière !	indietro !
ça alors !	questa poi !	entre !, entrez !	avanti !
ça suffit !	basta !	et comment !	eccome !
chut !	sst !, zitto !	euh !	mah !
d'accord !	d'accordo !	félicitations !	congratulazioni !
dehors !	fuori !	fichtre !	caspita !

gare !	**guai !, attenzione !**	purée !	**alla faccia !**
hélas !	**purtroppo !,**	rien que ça !	**nientemeno !**
	ahimé !	sans blague !	**davvero !,**
la barbe !	**uffa !**		**sul serio !**
mince !	**perdinci !**	tant mieux !	**meno male !**
mon œil !	**un corno !**	tant pis !	**tanto peggio !**
n'est-ce pas ?	**vero ?, nevvero ?**	taratata !	**frottole !**
enfin !	**finalmente !**	tiens !	**guarda un po' !,**
ouste !	**via !, su !**		**toh !**
pas mal !	**mica male !**	tu parles !	**altro che !**
pas possible !	**incredibile !**	vas-y !, allez !	**dai !, forza !, su !**
place !	**largo !, posto !**	zut, mince !	**accidenti !**

J. QUELQUES INSULTES, INJURES ET JURONS

cocu !	**cornuto !**	merde !	**mannaggia !,**
connard !,	**stronzo !**		**merda !**
enfoiré !		minable !,	**poveraccio !**
couillon !	**coglione !, fesso !**	pauvre type !	
crétin !, idiot !	**cretino !, idiota !**	pauvre con !	**minchione !**
débile !	**scemo !, sciocco !**	pédé !	**frocio!, finocchio!**
demeuré !	**deficiente !,**	putain !, merde !	**porca miseria !**
	scimunito !	salaud !	**farabutto !,**
fils de pute !	**figlio di**		**fetente !**
	mignotta !	salope !	**troia !**
imbécile !	**imbecille !,**	va te faire voir !	**vaffanculo !**
	stupido !	voyou !,	**mascalzone !**
la vache !	**cazzo !**	vaurien !	

A 2 LEXIQUE EN SITUATION

cercare una parola nel vocabolario : chercher un mot dans le dictionnaire.

in italiano, le parole che terminano con una consonante sono poche : en italien, les mots qui se terminent par une consonne sont rares.

in senso proprio, in senso figurato : au sens propre, au sens figuré.

è quasi bilingue ma l'italiano è la sua madre lingua : il est presque bilingue mais l'italien est sa langue maternelle.
in men che non si dica : en moins de temps qu'il ne faut pour le dire.
sia detto tra parentesi : soit dit en passant.
attaccare discorso : entamer la conversation.
portare avanti il discorso : approfondir le problème.
prese a parlare e non la smise : il se mit à parler et ne s'arrêta plus.
rivolgere la parola a qualcuno : adresser la parole à quelqu'un.
parlare ad alta voce : parler à voix haute.
parlare con voce sommessa, tremula, squillante, rauca, petulante, stentorea, cupa, morbida : parler d'une voix étouffée (basse), chevrotante, perçante, enrouée, haut perchée, puissante, grave, douce.
cacciare un grido : pousser un cri.
incorrere in un lapsus : faire un lapsus.
hanno sparlato di te : ils ont dit du mal de toi.
parlare a sproposito (a vanvera) : parler à tort et à travers.
Paola, stai zitta e smettila di dire sciocchezze ! Paola, tais-toi (chut) et arrête de dire des bêtises !
parli sul serio ? tu parles sérieusement ?
scherzi a parte : blague à part.
ma cosa stai dicendo ? mais qu'est-ce que tu racontes ?
mi congratulo con te : je te félicite.
dare del tu, del lei : tutoyer, vouvoyer.
mi ha dato dello stronzo : il m'a traité de con.
e tatatì tatatà : et patati et patata.

A 3 REGISTRES DE LANGUE

1. Sens figuré.

acqua in bocca ! motus et bouche cousue !
gridare a squarciagola (con quanta voce si ha in canna) : crier à gorge déployée, à tue-tête.
rispondere per le rime : répondre du tac au tac.
mettere i puntini sulle i : mettre les points sur les i.
non valere un'acca : ne pas valoir un clou.
capire (afferrare) al volo : comprendre à demi-mot.

fare quattro chiacchiere : faire un brin de causette.
abbiamo parlato del più e del meno : nous avons parlé de choses et d'autres.
ti voglio parlare chiaro e tondo : je veux te parler franchement.
gli ho detto il fatto suo : je lui ai dit ses quatre vérités.
non sa fare altro che spappagallare : il ne sait que répéter bêtement.
questo è arabo ! c'est du chinois !, quel charabia !
ha preso una papera : sa langue a fourché.
ha la lingua sciolta : il a la langue bien pendue.
una risposta azzeccata : une réponse bien trouvée.
attaccare un bottone a qualcuno : tenir la jambe à quelqu'un.
si mangia le parole, non si capisce niente quando parla : il avale les mots, on ne comprend rien quand il parle.
si è mangiato la parola : il n'a pas tenu parole.
si parla addosso quello ! quel sacré bavard celui-là !
avere una parola sulla punta della lingua : avoir un mot sur le bout de la langue.
la paura l'ammutolisce : la peur le rend muet.
togliere la parola : couper la parole.
sono all'oscuro : je ne suis pas au courant.
finirà con lo sputare il rospo : il finira bien par cracher le morceau.

2. Proverbes.
dire pane al pane e vino al vino : appeler un chat un chat.
chi tace acconsente : qui ne dit mot consent.
la voce dell'innocenza non falla : la vérité sort de la bouche des enfants.
la parola è d'argento e il silenzio è d'oro : la parole est d'argent et le silence est d'or.
tra il dire e il fare c'è di mezzo il mare : il y a loin du dire au faire.
a buon intenditore poche parole : à bon entendeur, salut.

3. Familier.
la balla, la frottola : le bobard, le baratin.
la fesseria, la coglionata : la connerie, la foutaise.
sbraitare : brailler, beugler, gueuler.

4. Littéraire.
la glottologia et **il glottologo** pour **la linguistica** et **il linguista.**
la favella pour **la lingua** ou **la parola.**
la tenzone pour **la disputa.**
una lingua aulica, forbita : une langue élevée, noble, élégante.

5. Néologismes.
L'utilisation du suffixe **-ese** pour désigner le jargon, la langue stéréotypée de certains groupes sociaux : **il giornalese** (la langue de la presse), **il cablese** (la langue des médias), **il politichese** (voir aussi p. 292).
L'introduction de mots ou de tournures anglaises dans la langue italienne (l'équivalent du franglais) se dit **l'italiese** ou **l'itang'liano.**

B 1 REMARQUES LEXICALES

Quelques particularités de la langue italienne :
- l'italien étant une langue à accents, la position de l'accent tonique (l'*ictus*) sur chaque mot varie selon quatre possibilités.
  Un mot accentué sur la dernière syllabe est **una parola tronca** (ex. **la verità**). C'est uniquement dans ce type d'accentuation qu'il y a une marque écrite.
  Un mot accentué sur l'avant-dernière syllabe, cas le plus fréquent, est **una parola piana** (ex. **il sorriso**).
  Un mot accentué sur l'antépénultième est **una parola sdrucciola** (ex. **la retorica**).
  Enfin, résultats d'assemblage de mots, on trouve des formes accentuées sur la 4e syllabe en partant de la fin, comme **andandosene** (en s'en allant) ou certains verbes à la 3e personne du pluriel comme **(loro) replicano**. Ces mots sont dits **bisdruccioli.**
- on appelle **s impura** un **s-** en début de mot suivi d'une autre consonne. Au masculin, le « s impur » détermine le choix d'un article spécifique (**lo** et **gli** ou **uno**).

Attention à ne pas confondre :
- **il costrutto** (construction d'une phrase) et **la costruzione** (construction d'une maison).

- l'**apostrofo** (le signe de ponctuation, féminin en français et masculin en italien) et l'**apostrofe** (la figure rhétorique, féminin en français et féminin en italien).
- **riflessivo, riflesso** et **riflettuto.**
  ex. **un pronome riflessivo** : un pronom réfléchi.
  una luce riflessa : une lumière réfléchie.
  ho riflettuto a lungo alla tua proposta : j'ai longuement réfléchi à ta proposition.

Quelques contraires :
un article peut être **determinativo** ou **indeterminativo** (défini, indéfini), une consonne peut être **semplice** ou **doppia** (simple ou double), une voyelle peut être **chiusa (stretta)** ou **aperta** (fermée ou ouverte).

Quelques synonymes :
- **la punteggiatura, l'interpunzione** : la ponctuation.
- **una voce, un lemma** : une entrée (d'un dictionnaire).
- **la presa in giro, la canzonatura, la beffa, lo scherno** : la moquerie, la raillerie.
- **la disputa, il litigio, la lite** : la dispute.
- **il chiacchierone, il ciarlone, il ciarlatore, il pettegolo** et leurs féminins **la chiacchierona, la ciarlona, la ciarlatrice, la pettegola** : le bavard, la bavarde.
- **stridere, strillare, gridare, urlare** : crier, hurler.

B 2 REMARQUES GRAMMATICALES

Verbes irréguliers.

■ **dire** :
- présent : **dico, dici, dice, diciamo, dite, dicono.**
- passé simple : **dissi, dicesti, disse, dicemmo, diceste, dissero.**
- participe passé : **detto.**

■ **interrompere** :
- passé simple : **io interruppi** (pour la formation des autres personnes, voir p. 382).
- participe passé : **interrotto.**

■ **tacere** (forme non pronominale en italien) :
• présent : **taccio, taci, tace, tacciamo, tacete, tacciono.**
• passé simple : **tacqui** (pour la formation des autres personnes, voir p. 382).
• participe passé : **taciuto.**

B 3 REMARQUES PARTICULIÈRES

Prononciation.

■ l'alphabet italien compte vingt et une lettres qui se prononcent ainsi : a, b (bi), c (ci), d (di), e (é), f (èffé), g (dji), h (acca), i, l (èllé), m (èmmé), n (ènné), o, p (pi), q (kou), r (èrré), s (èssé), t (ti), u (ou), v (vi ou vou), z (zeta).
Les lettres j (i lunga), k (cappa), w (doppia vi, vou), x (iksé), y (ipsilon) sont très rares et ne se rencontrent guère que dans des mots d'origine étrangère.
Remarque : en italien, les lettres sont féminines.
ex. **la esse, la ti.**

■ les voyelles « o » et « e » : une des difficultés de la prononciation de l'italien réside dans l'ouverture des voyelles « o » et « e ». On prononce différemment, par exemple, **la pésca** – e fermé – (la pêche en mer) et **una pèsca** – e ouvert – (la pêche, le fruit) ; **la légge** – e fermé – (la loi) et le verbe **lègge** – e ouvert – (il lit) ; **la bótte** – o fermé – (le tonneau) et **le bòtte** – o ouvert – (les coups), etc.

■ régionalismes : en plus de mots différents qui font la richesse des dialectes (**i dialetti**) ou des patois (**i vernacoli**) italiens, la prononciation de la langue « nationale » change selon les régions. Voici quelques exemples caractéristiques :
• les méridionaux, en particulier les Napolitains, ont tendance à marquer exagérément les consonnes, créant des doubles qui n'existent pas en réalité.
ex. **il prob(b)lema, l'am(m)ico, formidab(b)ile**, etc.
• les Vénitiens, au contraire, affaiblissent les doubles consonnes.
ex. «abiamo deto» pour **abbiamo detto**, «l'atore» pour **l'attore.**
• les Siciliens ouvrent beaucoup les voyelles « e » et « o » alors que les Napolitains auront tendance à les fermer.

- les Florentins, dont le dialecte a donné l'italien, atténuent le « c » guttural en début de mot.
ex. « la 'asa » pour **la casa.**
- les Turinois, et à un degré moindre les Milanais, ne roulent pas le « r » et le prononcent à la française. Les Italiens disent qu'ils ont **la erre moscia** où **moscia** ne signifie pas « moche » mais « faible » ou « grasseyé » (venant de la gorge).

C 1 EXERCICES

A **Compléter ce texte de l'écrivain Gianni Celati en sachant que les images qu'il utilise renvoient aux termes de la ponctuation suivants :** ***virgolette, accento circonflesso, trattini, puntini.***
« Da un lato del lago la spiavo in distanza la grande città che si profila laggiù ; vedo un ponte tipico … … ; una serie di … sono le macchine ; i … sono i passanti ; … nell'aria e questi sono i gabbiani che volano laggiù ».

B **Nommer en italien le terme grammatical qui se rapporte au mot souligné :**
1. ha <u>mangiato</u> una pera. 2. Vuoi venire <u>al</u> mare ? 3. La bandiera <u>italiana</u> ha tre colori. 4. Parla molto <u>rapidamente</u>. 5. È venuto <u>con</u> sua madre.

C **Indiquer en italien le mode ou le temps des formes verbales soulignées :**
1. <u>Sono partito</u> alle sette. 2. <u>Morì</u> all'età di ottant'anni. 3. <u>Vieni</u> subito ! 4. <u>Vorrei</u> un gelato. 5. Se <u>conoscesse</u> l'italiano, <u>potrebbe</u> andare a Roma più spesso.

D **Traduire en italien :**
1. N'écoute pas les commérages des voisins !
2. Je n'aime pas être interrompu.
3. Elle a dit des mensonges et proféré des insultes.
4. « Zut ! » s'écria-t-il.
5. Il l'a traité d'imbécile.

C 2 CORRIGÉS

A accento circonflesso, trattini, puntini, virgolette.

B
1. participio passato
2. preposizione articolata
3. aggettivo
4. avverbio
5. preposizione (semplice).

C
1. passato prossimo
2. passato remoto
3. imperativo
4. condizionale
5. congiuntivo, condizionale.

D
1. Non ascoltare i pettegolezzi dei vicini !
2. Non mi piace essere interrotto.
3. Ha detto bugie (menzogne) e proferito insulti.
4. Accidenti ! esclamò.
5. Gli ha dato dell'imbecille (dello scemo).

33 LE TOURISME ET LES LOISIRS

A 1 VOCABULAIRE

A. LES HÉBERGEMENTS ET LE SÉJOUR

accueil	**l'accoglienza**
auberge	**la locanda**
Auberge de Jeunesse	**l'Ostello della Gioventù**
bagages	**i bagagli, il bagaglio**
bungalow	**il « bungalow »**
chambre	**la camera, la stanza**
club	**il « club »**
congé	**la vacanza**
demi-pension	**la mezza pensione**
dépliant	**il « depliant »**
détente	**il rilassamento**
directeur	**il direttore, il gestore**
étranger	**il forestiero, lo straniero**
excursion	**la gita, l'escursione**
femme de chambre	**la cameriera**
groom, chasseur	**il fattorino**
guide	**la guida**
hall	**la « hall », l'atrio**
hébergement	**l'alloggio**
hospitalité	**l'ospitalità**
hôte	**l'ospite**
hôtel	**l'albergo, l'hotel**
hôtelier	**l'albergatore**
interprète	**l'interprete**
liftier	**il lift**
malle	**il baule**
motel	**il motel**
note, addition	**il conto**
Office du Tourisme	**l'Ente per il Turismo**
pension	**la pensione**
porteur	**il facchino**
portier	**il portiere**
pourboire	**la mancia**
réception	**la « reception »**
réclamation	**il reclamo**
réservation	**la prenotazione**
séjour	**il soggiorno**
service	**il servizio**
suite	**l'appartamento**
toilettes	**il bagno**
tourisme	**il turismo**
touriste	**il turista**
tour-opérateur	**l'operatore turistico**
vacances	**le vacanze, le ferie**
valise	**la valigia**
villégiature	**la villeggiatura**
voyage	**il viaggio**
voyageur	**il viaggiatore**
bruyant	**rumoroso**
calme	**calmo**
complet	**completo**
confortable	**confortevole**
familial	**familiare**
hôtelier	**alberghiero**
touristique	**turistico**
tranquille	**tranquillo**
descendre à	**alloggiare a (in)**
se détendre	**rilassarsi**

33 LE TOURISME ET LES LOISIRS

A. LES HÉBERGEMENTS ET LE SÉJOUR (suite)

flâner	**gironzolare**	se reposer	**riposarsi**
héberger	**ospitare**	réserver	**prenotare**
loger chez	**essere ospite di**	rester	**restare, trattenersi**
organiser	**organizzare**	séjourner	**soggiornare**
passer la nuit	**pernottare**	visiter	**visitare**
se rendre	**recarsi**	voyager	**viaggiare**

B. LE CAMPING

auvent	**la veranda**	lampe de poche	**la lampadina**
bac	**il lavello**	lit de camp	**la branda, il lettino**
barrière	**la sbarra**		
campeur	**il campeggiatore**	maillet	**il mazzuolo**
camping	**il campeggio**	piquet	**il picchetto**
camping-car	**il camper**	recharge	**la ricarica**
camping sauvage	**il campeggio libero**	rallonge	**la prolunga elettrica**
canif	**il temperino**	réchaud	**il fornello**
caravane	**la « roulotte »**	sac à dos	**lo zaino**
caravane pliante	**il rimorchiotenda**	sac de couchage, duvet	**il sacco a pelo**
double-toit	**il soprattenda**		
duvet	**il sacco a pelo**	sanitaires	**i servizi igienici**
emplacement	**la piazzuola**	seau	**il secchio**
entrée	**l'ingresso**	tente	**la tenda**
épicerie	**il minimarket**		
équipement	**le attrezzature**	démonter	**smontare**
feu de camp	**il fuoco**	s'installer	**sistemarsi**
fontaine	**la fontanella**	lever le camp	**levare il campo**
glacière	**la ghiacciaia**	monter (tente)	**montare**
gourde	**la borraccia**	planter	**piantare**

C. LA PLAGE (voir aussi p. 85)

baigneur	**il bagnante**	bord	**la riva**
bain	**il bagno**	cabine	**la cabina**
bikini	**il bikini**	chaise longue	**la sdraio**
bonnet de bain	**la cuffia**	courant	**la corrente**

côte	**la costa, la riviera**
crème solaire	**la crema abbronzante**
front de mer	**il lungomare**
hydrocution	**l'idrocuzione**
insolation	**l'insolazione**
lido	**il lido**
maillot	**il costume**
matelas gonflable	**il materassino**
mer	**il mare**
monokini	**il monokini**
parasol	**l'ombrellone**
pâté (de sable)	**la formina**
pédalo	**il patino, il moscone**
pelle	**la pala, la paletta**
plage	**la spiaggia**
plagiste	**il bagnino**
poste de secours	**il pronto soccorso**
râteau	**il rastrello**
sable	**la sabbia**
seau de plage	**il secchiello**
vague	**l'onda**
balnéaire	**balneare**
ensoleillé	**soleggiato**
libre	**libero**
privé	**privato**
se baigner	**fare il bagno**
barboter	**sguazzare**
bronzer	**abbronzare**
éclabousser	**schizzare**
flotter	**galleggiare**
nager	**nuotare**
se noyer	**annegare**
peler	**spellarsi**
plonger	**tuffarsi**
surveiller	**sorvegliare**

D. LA MER ET LA NAVIGATION

aéroglisseur	**l'« hovercraft »**
amarre	**l'ormeggio**
ancre	**l'ancora**
bâbord	**la sinistra**
balise	**il segnale**
barque, bateau	**la barca**
bassin	**il bacino**
bastingage	**il parapetto**
bateau de pêche	**il peschereccio**
bouée	**la boa**
bouée de sauvetage	**il salvagente**
boussole, compas	**la bussola**
cale (du bateau)	**la stiva**
calme plat	**la bonaccia**
canot	**il canotto**
canot à moteur	**il motoscafo**
canot pneumatique	**il gommone**
capitainerie	**la capitaneria**
carénage	**il carenaggio**
catamaran	**il catamarano**
coque	**lo scafo**
cordage, filin	**il cavo**
croisière	**la crociera**
débarcadère	**l'approdo**
dérive	**la deriva**
écluse	**la chiusa**

D. LA MER ET LA NAVIGATION (suite)

écope	l'aggottatoio	rame	il remo
écueil	lo scoglio	régate	la regata
embarcadère	il pontile	rouf	la tuga
embarcation	l'imbarcazione	roulis	il rollio
équipage	l'equipaggio	route, cap	la rotta
escale	lo scalo	scooter des mers	l'« acquascooter »
ferry	il traghetto	soute	la stiva
gilet	il giubbotto	spi	lo « spinnaker »
goélette	la goletta	traversée	la traversata
gouvernail	il timone	tribord	la destra
gréement	l'attrezzatura	trimaran	il trimarano
hélice	l'elica	trois-mâts	il trealberi
hors-bord	il fuoribordo	vergue	l'antenna
houle	il mareggio	voile	la vela
hublot	l'oblò	voilier	il veliero
hydroglisseur	l'aliscafo, l'idroscafo	yacht	lo « yacht », il panfilo
marin	il marinaio		
mât	l'albero	aborder	approdare
mâture	l'alberatura	accoster	attraccare
mille	il miglio	amarrer	ormeggiare
môle	il molo	ancrer	ancorare
mousse	il mozzo	appareiller	salpare
navigateur	il navigatore	chavirer	ribaltarsi
navigation	la navigazione	couler	affondare
navire	la nave	s'échouer	arenarsi
nœud	il nodo	écoper	aggottare
paquebot	il piroscafo	gîter	sbandare
phare	il faro	larguer	mollare
plaisancier	il diportista	louvoyer	bancheggiare
pont	la coperta, la tavola	mettre à l'eau	mettere in acqua
		mouiller	affondare l'ancora
port	il porto	naviguer, voguer	navigare
poupe	la poppa		
proue	la proa	ramer	remare, vogare
quai	la banchina	se redresser	raddrizzarsi
radio de bord	il ricetrasmettitore	se renverser	rovesciarsi

E. LA PLONGÉE SOUS-MARINE

apnée	l'apnea	plongeur	il sub
bouée de surface	il pallone segnasub	pression	la pressione
		profondeur	la profondità
bouteille	la bombola	profondimètre	il profondimetro
brevet	il brevetto	scaphandre	lo scafandro
ceinture	la cintura	scaphandrier	il palombaro
combinaison	la muta, la tuta	stab, P.A.	l'equilibratore
compresseur	il compressore	tables	le tabelle
décompression	la decompressione	tuba	il respiratore
détendeur	l'erogatore	visibilité	la visibilità
embout	il boccaglio		
fond marin	il fondale	étanche	stagno
fusil	il fucile	hydrostatique	idrostatico
gonflage	la ricarica	sous-marin	subacqueo
ivresse	l'ebbrezza		
lampe, phare	la torcia	s'alléger	sgravarsi
lest	la zavorra	s'alourdir	gravarsi
livret	il libretto	compenser	compensare
manomètre	il manometro	descendre	scendere
masque	la maschera	s'immerger	immergersi
moniteur	l'istruttore	palmer	pinnegiare
palier	la sosta	plonger	tuffarsi
palme	la pinna	remonter	risalire
plomb	il peso	revenir à la surface	tornare a galla
plongée	l'immersione		

F. LA PÊCHE (voir aussi p. 110)

appât	l'esca	lancer	il lancio
canne	la canna	ligne	la lenza
cuiller	il cucchiaino	mouche	la mosca
épervier	il giacchio, lo sparviere	moulinet	il mulinello
		pêcheur	il pescatore
épuisette	il guadino	plombs	i piombini
filet	la rete		
flotteur	il galleggiante	amorcer	innescare
hameçon	l'amo	lancer	lanciare
harpon	l'arpione	mordre	abboccare
lamparo	la lampara	pêcher	pescare

G. LA CHASSE

battue	la battuta
braconnier	il bracconiere
chasse	la caccia
chasseur	il cacciatore
chevrotine	il pallettone, la lupara
fermeture	la chiusura
fusil	la doppietta, lo schioppo
gabion	il capanno
garde-chasse	il guardacaccia
gibecière	il carniere
gibier	la selvaggina
ouverture	l'apertura
plombs	i pallini
rabatteur	il battitore
réserve	la riserva, la bandita
safari	il safari
tableau (de chasse)	la caccia, la cacciagione
abattre	abbattere
braconner	cacciare di frodo
cribler	impallinare
débusquer	stanare
dénicher	snidare
lever	alzare
se poster	appostarsi
rabattre	battere
tirer	sparare
tuer	uccidere
viser	mirare

H. LES LOISIRS DE MONTAGNE

alpinisme	l'alpinismo
alpiniste	l'alpinista
appui	l'appiglio
après-ski	i doposcì
attache, fixation	l'attacco
bâton de ski	il bastone da sci
bivouac	il bivacco
camp de base	il campo base
clou	il chiodo
cordée	la cordata
descente	la discesa
escalade	la scalata
luge	lo slittino
monoski	il monoscì
mousqueton	il moschettone
ouvreur de piste	il battipista
paroi, mur	la parete
piolet	la piccozza
piste	la pista
randonnée	la gita, l'escursione
raquettes	le racchette
refuge	il rifugio
remonte-pente	la sciovia
sangle	la fettuccia
ski	lo sci
slalom	lo slalom
slalomeur	lo slalomista
spit	lo spit
surplomb	lo strapiombo
téléphérique	la funivia
tire-fesses	lo skilift
traîneau	la slitta
varappe	la roccia
varappeur	il rocciatore
assurer	assicurare
s'encorder	fare la cordata

escalader	**arrampicarsi**	grimper	**scalare**
farter	**sciolinare**	skier	**sciare**
glisser	**scivolare**		

A 2 LEXIQUE EN SITUATION

vorrei una camera singola : je voudrais une chambre pour une personne.
mi dispiace, me ne resta solo una matrimoniale : je regrette, il ne m'en reste qu'une avec un grand lit.
una camera sul cortile : une chambre sur la cour.
una stanza con vista sul mare : une chambre avec vue sur la mer.
in alta stagione : en haute saison.
in bassa stagione (fuori stagione) : hors saison.
partiamo domani, mi prepari il conto, per favore ! nous partons demain, préparez-moi la note, s'il vous plaît !
spero che il suo soggiorno sia stato gradevole : j'espère que votre séjour a été agréable.
per le docce calde, ci vuole un gettone : pour les douches chaudes, il faut un jeton.
l'alloggio in azienda agricola : le gîte rural.
alloggiare in casa privata : loger chez l'habitant.

il limite di balneazione : la limite de surveillance.
divieto di balneazione : baignade interdite.
spiaggia privata, divieto d'ingresso : plage privée, interdiction d'entrer.
è libera questa spiaggia ? cette plage est-elle publique (libre) ?
attento ! non si tocca più : attention ! on n'a plus pied.
ho fatto una bevuta : j'ai bu la tasse.
prendere la tintarella : brunir, bronzer.
prendere un colpo di sole : attraper un coup de soleil.

la navigazione da diporto : la navigation de plaisance.
gettare l'ancora : jeter l'ancre.
il veliero salpa (leva l'ancora) domani : le voilier lève l'ancre demain.
in alto mare : en pleine mer.
fare rotta : faire route.
virare di bordo : virer de bord.

oggi era troppo mosso, son rimasto in cabina con un mal di mare tremendo : aujourd'hui, la mer était trop agitée, je suis resté dans ma cabine avec un mal de mer terrible.

il pesce abboccherà se l'inneschi per bene : le poisson viendra mordre si tu l'appâtes bien.
sta abboccando ? ça mord ?
c'è una caccia a cavallo (una caccia ad inseguimento), si sente la muta : il y a une chasse à courre, on entend la meute.
è un bravo cane da ferma : c'est un bon chien d'arrêt.
il cane è in ferma : le chien est à l'arrêt.
un casotto da caccia : un rendez-vous de chasse.
ho premuto il grilletto ma il fucile ha fatto cilecca (cecca) : j'ai appuyé sur la gâchette, mais le coup n'est pas parti.
sono tornato a mani vuote : je suis rentré bredouille.
divieto di caccia : chasse interdite.
cacciare alla posta : chasser à l'affût.

il primo di cordata tira la via : le premier de cordée ouvre le passage.
chi chiude la cordata raccoglie i rinvii : celui qui ferme la marche récupère le matériel.
scendere a corda doppia : descendre en rappel.
la stagione sciistica : la saison de ski.

A 3 REGISTRES DE LANGUE

1. Sens figuré.
ha un mare di soldi : il est plein aux as.
un mare di persone : une foule de gens.
perdere la bussola : perdre le nord, perdre la tête.
essere sulla stessa barca : être dans le même bain.
tirare i remi in barca : baisser les bras.
a vele spiegate : toutes voiles dehors.
col vento in poppa : avec le vent en poupe.
tornare a galla : remonter la pente.
la caccia alle streghe : la chasse aux sorcières.
andare a caccia di notizie : aller aux nouvelles.
andare a caccia di problemi : chercher les complications, se compliquer l'existence.

dove l'hai pescato ? où l'as-tu déniché ?
pescare nel torbido : pêcher en eaux troubles.
mancò poco che lo pescassero con le mani nel sacco : on a failli le pincer la main dans le sac.

2. Proverbes.
viaggiando, s'impara : les voyages forment la jeunesse.
l'ospite, come il pesce, dopo tre giorni puzza : les bons amis ne s'incrustent pas.
chi dorme non piglia pesci : on n'a rien sans peine.

3. Familier.
un bugigattolo : un réduit, un trou à rats.
andare a caccia di un marito : chercher à se marier.
vattelappesca ! mystère et boule de gomme !
il signor Vattelappesca : monsieur Tartempion.

4. Néologismes.
la capacità ricettiva della regione : la capacité d'accueil de la région.
l'agriturismo : le tourisme vert.
l'agricampeggio : le camping à la ferme.
una settimana bianca : une semaine à la neige.

B 1 REMARQUES LEXICALES

Remarques générales sur le tourisme :
- l'Office de Tourisme départemental s'appelle **l'Ente per il Turismo** (E.P.T.). Dans les communes, on trouve le syndicat d'initiative : **l'ufficio informazioni, l'agenzia di soggiorno,** parfois **la Pro Loco.**
- l'auberge de village où l'on trouve le gîte et le couvert (**il vitto e l'alloggio**) est **la locanda.** Ce mot désigne aussi aujourd'hui un petit hôtel de quartier ou une pension de famille.
- la belle aubergiste, la bonne hôtesse a été immortalisée dans *La Locandiera* de Carlo Goldoni (1707–1793), une comédie où Mirandolina est une aubergiste très courtisée et particulièrement spirituelle. **L'oste** est un patron de restaurant.

Attention aux sens multiples de ospite :

- comme le français « l'hôte », **l'ospite** (m et f) désigne la personne qui reçoit et celle qui est reçue. Mais contrairement au français, **ospite** est d'un usage courant.
  ex. **quanti ospiti abbiamo stasera ?** combien avons-nous d'invités ce soir ?
  la camera degli ospiti : la chambre d'ami.
  la famiglia ospite : la famille d'accueil.

Attention aux sens multiples :

- **la barca** a un sens plus large que le français « la barque ». C'est un mot générique qui désigne n'importe quelle embarcation de taille modeste.
  ex. **una barca a vela** : un petit voilier.
  una barca a motore : un bateau à moteur.
- le mot « cale » peut, selon le contexte, se traduire **la stiva, la calata, il bacino.**
  ex. **la stiva della nave** : la cale du navire.
  la calata : la cale pour la mise à l'eau.
  mettere la barca nel bacino di raddobbo : mettre le bateau en cale sèche.
- **il cavo** : le cordage et le câble.
- **l'albero** : l'arbre et le mât.

Attention à ne pas confondre :

- **l'immersione** (la plongée) et **il tuffo** (le plongeon).
- **la Riviera** (la côte ligure) et **il fiume** (la rivière). Sans majuscule, **la riviera** est synonyme de **la costa** : la côte. En France, d'ailleurs, jusqu'au début du XXe siècle, la Riviera désignait la Côte d'Azur.
- **i giorni festivi** (les jours fériés) et **i giorni feriali** (les jours ouvrables).

Attention au changement de genre :

- sont du masculin : **il mare, il limite.**
- sont du féminin : **la guida, la corrente, la sabbia.**

B 2 REMARQUES GRAMMATICALES

1. Noms.
Singulier et pluriel :
- **il miglio marino** a un pluriel féminin : **le miglia marine.**
- **il rimorchiotenda** fait au pluriel : **i rimorchitenda.**
- **il fuoribordo, il battipista, il guardacaccia** sont invariables.

2. Verbes.
- participes passés irréguliers : **preso (prendere), sceso (scendere).**
- le verbe **annegare** (se noyer) est plus courant que **annegarsi** qui existe aussi. Dans les deux cas, on utilise l'auxiliaire **essere** aux temps composés.
  ex. **l'uomo è annegato, l'uomo si è annegato** : l'homme s'est noyé.

B 3 REMARQUES PARTICULIÈRES

1. Origine de mots.
- **la villeggiatura**, qui a donné en français « la villégiature », était autrefois le séjour à la campagne dans de superbes demeures (**le ville**) où les riches Italiens passaient la belle saison. L'architecte Andrea Palladio (1508–1580) en construisit de nombreuses en Vénétie.
- **cicerone** est un nom que l'on donne en général à un ami qui vous fait visiter sa ville, comme Cicéron, jadis à Rome.
  ex. **sei stato un ottimo cicerone** : tu as été un excellent guide.
  « Un cicéron », voire « un cicérone » se dit aussi en français.

2. Formation de mots.
Le front de mer se traduit par **il lungomare**. Ce peut être une digue, une route, une avenue construite. Sur le même modèle, on dira **il lungofiume** (le quai, l'avenue, la promenade le long d'une rivière), **il lungolago** (la rive du lac). En remplaçant **fiume** par le nom propre du fleuve, on forme également **il lungopò** (à Turin), **il lungarno** (à Florence), **il lungotevere** (à Rome). Au pluriel ces mots deviennent **i lungomari, i lungofiumi, i lungolaghi, i lungarni, i lungoteveri, i lungopò.**

C 1 EXERCICES

A Traduire les informations suivantes :

1. Prezzi massimi giornalieri comprensivi di riscaldamento, servizio, IVA e imposte.
2. Pensione completa per persona (escluso bevande).
3. Letti aggiungibili a richiesta del cliente.
4. Tabella prezzi esposta nella sala di ricevimento.

B Traduire en français :

1. I lungarni brulicano di passanti.
2. Mi piace gironzolare sul lungofiume.
3. L'albergo si trova sul lungomare.
4. In fondo al lungomare, vedrete il porto.
5. Sul lungolago ci sono molti ristoranti.

C Traduire en italien :

1. Avez-vous une chambre avec un lit double ?
2. J'ai réservé une chambre avec deux lits.
3. L' hôtel reste ouvert toute la nuit.
4. La suite donne sur la mer.

C 2 CORRIGÉS

A
1. Prix maximums journaliers comprenant le chauffage, le service, la TVA et la taxe locale.
2. Pension complète par personne (sans les boissons).
3. Lits supplémentaires à la demande du client.
4. Les prix sont affichés dans la salle de réception.

B
1. Les quais de l'Arno grouillent de promeneurs.
2. J'aime flâner au bord du fleuve (sur le quai).
3. L'hôtel est situé en front de mer.
4. Au bout de la digue, vous verrez le port.
5. En bordure du lac, il y a de nombreux restaurants.

C
1. Avete una camera matrimoniale ?
2. Ho prenotato una stanza con due letti.
3. L'albergo rimane aperto tutta la notte.
4. L'appartamento dà sul mare.

34 SORTIR

A 1 VOCABULAIRE

A. LES SOIRÉES

accueil	l'accoglienza	hôte	l'ospite
bal	la festa da ballo,	inauguration	l'inaugurazione
	il ballo	invitation	l'invito
banquet	il banchetto	invité	l'invitato
boum	il party	maître d'hôtel	il caposala
cérémonie	la cerimonia	majordome	il maggiordomo
club	il circolo, il «club»	mondanité	la mondanità
convive	il convitato	politesse	la cortesia
courtoisie	la cortesia	présentations	le presentazioni
danse	il ballo	rafraîchissements	i rinfreschi
empressement	la premura	réception	il ricevimento
faste	il fasto	savoir-vivre	l'educazione
festin	il festino	soirée	la serata
galanterie	la galanteria	visite	la visita

B. LES RENCONTRES

ami	l'amico	accueillant	accogliente
bande	la banda	affable	affabile
bon vivant	il buontempone	aimable	gentile
boute-en-train	l'allegrone	chaleureux	caloroso
casse-pieds	il seccatore	cordial	cordiale
connaissance	il conoscente	débauché	dissoluto
copain	l'amico	envahissant	invadente
couche-tard	il tiratardi	fastueux	fastoso
fêtard	il festaiolo	galant	galante
importun	l'importuno	insolent	insolente
noceur, viveur	il « viveur »	malpoli	scortese,
noctambule	il nottambulo		maleducato
pique-assiette	lo sbafatore,	mondain	mondano
	lo scroccone	nocturne	notturno
rabat-joie	il guastafeste	obséquieux	ossequioso
relation	la relazione	poli	cortese,
rencontre	l'incontro		educato
rendez-vous	l'appuntamento	prévenant	premuroso
		réservé, effacé	riservato

B. LES RENCONTRES (suite)

sans-gêne	**invadente**	fêter	**festeggiare**
somptueux	**sontuoso**	s'installer	**accomodarsi**
		inviter	**invitare**
accueillir	**accogliere**	prendre congé	**accomiatarsi**
s'amuser	**divertirsi**	présenter	**presentare**
annoncer	**annunciare**	recevoir	**ricevere**
annuler	**annullare**	remercier	**ringraziare**
confirmer	**confermare**	rencontrer	**incontrare**
connaître	**conoscere**	rendre visite à	**visitare**
danser	**ballare**	se retrouver	**ritrovarsi**
faire la fête	**festeggiare,**	tomber sur	**imbattersi in**
	far baldoria	trinquer	**brindare**

C. AU BAR, EN DISCOTHÈQUE

baby-foot	**il calcetto,**	garçon	**il cameriere**
	il calcio-balilla	guinguette	**la balera**
bar, café	**il bar**	habitué	**il cliente abituale**
barman	**il barista**	night-club	**il « night »**
billard	**il biliardo**	paille	**la cannuccia**
boîte (de nuit)	**il locale notturno**	patron	**il padrone**
bouteille	**la bottiglia**	patronne	**la padrona**
cafetier	**il gestore del bar**	percolateur	**la macchina**
caissière	**la cassiera**		**del caffè**
chaise	**la sedia**	piste	**la pista**
comptoir	**il banco**	(de danse)	**(da ballo)**
consommation	**la consumazione**	table	**il tavolino**
discothèque	**la discoteca**	verre	**il bicchiere**
flipper	**il biliardino,**	vestiaire	**il guardaroba**
	il « flipper »	videur	**il buttafuori**

D. AU RESTAURANT

addition	**il conto**	plongeur	**il lavapiatti**
brasserie	**la birreria**	pourboire	**la mancia**
carte	**la lista, il menù**	restaurant	**il ristorante,**
cave	**la cantina**		**la trattoria**
cuisinier	**il cuoco**	self	**il « self-service »**
groupe	**la comitiva**	serveur	**il cameriere**
marmiton	**lo sguattero**	serveuse	**la cameriera**

service	**il servizio**	commander	**ordinare**
snack-bar	**la tavola calda**	conseiller	**consigliare**
sommelier	**il cantiniere**	consommer	**consumare**
ticket-restaurant	**il ticket**	recommander	**raccomandare**
		réserver	**prenotare**
choisir	**scegliere**	servir	**servire**

E. LE TABAC

allumette	**il fiammifero**	fumée	**il fumo**
briquet	**l'accendino**	fumeur	**il fumatore**
cartouche	**la stecca**	mégot	**la cicca,**
cendre	**la cenere**		**il mozzicone**
cendrier	**il portacenere**	paquet	**il pacchetto**
chique	**la cicca**	pipe	**la pipa**
cigare	**il sigaro**	tabac	**il tabacco**
cigarette	**la sigaretta**		
étui à cigarettes	**il portasigarette**	chiquer	**ciccare**
feuille (à rouler)	**la cartina**	fumer	**fumare**
filtre	**il filtro**	priser	**fiutare**
fume-cigarette	**il bocchino**	rouler	**rollare**

A 2 LEXIQUE EN SITUATION

la padrona, il padrone di casa : la maîtresse, le maître de maison.
una serata danzante : une soirée dansante.
il biglietto d'invito : le carton d'invitation.
il biglietto da visita : la carte de visite.
disdire un invito : se décommander, annuler une invitation.
la crema della società : le gratin.
ci hanno ricevuto con sfarzo : ils nous ont reçus avec tout le tralala.
piacere ! enchanté !
lietissimo di conoscerLa ! enchanté de faire votre connaissance !
favorisca in salotto : veuillez vous installer dans le salon.
prego : je vous en prie.
per favore (per piacere) : s'il vous plaît.
grazie, grazie mille ! merci, merci mille fois !
non faccia complimenti ! ne vous faites pas prier !
non vorrei approfittare della Sua gentillezza : je ne voudrais pas abuser de votre gentillesse.

mi sento a disagio : je me sens mal à l'aise.
mi sento a mio agio : je me sens à l'aise.
sono partiti alla chetichella : ils ont filé en douce.
abbiamo fatto conoscenza : nous avons fait connaissance.
sono andati a visitare un conoscente : ils sont allés rendre visite à une connaissance.
è in allegra compagnia : il est en joyeuse compagnie.
non voglio fare troppo tardi : je ne veux pas rentrer trop tard.
a notte inoltrata : tard dans la nuit.
abbiamo fatto una capatina da Stefano e poi abbiamo fatto baldoria fino a tardi : nous avons fait un saut chez Stefano et ensuite nous avons fait la bringue (la fête) jusque tard dans la nuit.
riservare una buona accoglienza a qualcuno : bien recevoir quelqu'un.
dare il benvenuto a qualcuno : souhaiter la bienvenue à quelqu'un.
abbiamo mangiato alla buona : nous avons mangé à la bonne franquette.

andiamo a bere qualcosa : allons boire quelque chose.
volentieri ! volontiers !
questo locale va di moda : cet endroit est à la mode.
si paga alla cassa, si consuma al banco o al tavolo : on paie à la caisse, on consomme au comptoir ou en salle.
cosa prende da bere ? que prenez-vous à boire ?
cameriere, un'aranciata grande per favore ! garçon, un grand verre d'orangeade s'il vous plaît !
vogliamo mangiare fuori ? on va manger dehors ?
prenota un tavolo da quattro, viene anche Mirella ! réserve une table pour quatre, Mirella vient aussi !
qui trattano bene i clienti : ici les clients sont bien servis.
si fanno in quattro per accontentare i loro clienti : ils se mettent en quatre pour satisfaire leurs clients.
servizio accurato per matrimoni, banchetti, comitive : service soigné pour mariages, banquets, groupes.
da portar via o da consumare ? à emporter ou à consommer sur place ?
sedere a capotavola : occuper la place d'honneur, présider.
mangiare alla carta : manger à la carte.
ho scelto il menù (a prezzo fisso) : j'ai choisi le menu.
cucina casalinga : cuisine maison.

pasta alla nostrana : pâtes selon l'usage de la région.
la lista (la carta) dei vini : la carte des vins.
fare un brindisi (brindare) in onore di qualcuno : porter un toast (boire) à la santé de quelqu'un.
prosit !, cincin ! : (à votre) santé !, tchin-tchin !
ci siamo fatti una bella bevuta : nous avons bien bu.
offro io (pago io) ! c'est moi qui paie !

il settore non fumatori : le coin non-fumeurs.
ti dà fastidio il fumo ? la fumée te dérange ?
mi fai accendere ? tu peux me passer du feu ?
ha da accendere per favore ? avez-vous du feu s'il vous plaît ?
pestare un mozzicone : écraser (du pied) un mégot.
un fumatore incallito : un fumeur invétéré.
la disintossicazione da nicotina : la cure anti-tabac.
ho smesso di fumare un mese fa, fumavo da un anno : j'ai cessé de fumer il y a un mois, je fumais depuis un an.

A 3 REGISTRES DE LANGUE

1. Proverbes.
chi va via perde il posto all'osteria : qui va à la chasse, perd sa place.
Ce à quoi il est répondu : **ma il padrone è ritornato e il posto va ridato** (le maître est revenu, la place doit être rendue).
quando si è in ballo si deve ballare : quand le vin est tiré, il faut le boire.

2. Familier.
hanno tagliato la corda : ils se sont débinés.
fare un bidone a qualcuno : poser un lapin à quelqu'un.
far bisboccia : faire la java (la bombe, la noce).
ho fatto l'alba : j'ai passé une nuit blanche (**fare una notte in bianco** s'emploie plutôt lorsque l'on n'arrive pas à dormir).
andiamo a farci un caffè e un grappino : nous allons nous boire un café et un petit verre (de **grappa**).
uno scocciatore, un rompiscatole, un rompitasche : un casse-pieds. **Un rompipalle, un cagacazzo** sont des termes plus vulgaires (un emmerdeur).
fammi fare un tiro (una tirata) : donne-moi une taffe.

3. Littéraire ou recherché.

il convivio : le banquet, **il commensale** : le commensal.

frequentare le conversazioni mondane : fréquenter les cercles (salons) mondains.

si fece crocchio intorno alla padrona di casa : on fit cercle autour de la maîtresse de maison.

gli ossequi : les civilités, les hommages.

ex. **gradisca i miei ossequi** : acceptez mes hommages.

il lacchè : le laquais, **il servitore (il servo)** : le serviteur, **il domestico** : le valet, **la livrea** : la livrée.

4. Néologismes.

- sur le modèle **un punto vendita** (un point de vente), le jargon économique s'est enrichi de **un punto ballo** : un « point-danse ».

  ex. **con 6000 punti ballo, l'Italia è la patria delle discoteche.**
- **la spaghetteria** offre une restauration rapide en pâtes ou autres **primi** (voir p. 216). On peut aussi lire sur des enseignes **hamburgheria** ou **fast food, paninoteca** ou **panineria** (sandwicherie).
- le mot **il paninaro** vient de **il panino** : le sandwich. Il désigne un jeune reconnaissable à ses vêtements de marque, à son langage « branché », et qui fréquente sandwicheries et fast food. Ce mot, milanais d'origine, a pour équivalent romain **il tozzo**.

B 1 REMARQUES LEXICALES

Où manger ?

- **la trattoria** est en général un petit restaurant familial qui propose des plats régionaux.
- **il ristorante** est un terme générique que l'on emploie pour des restaurants plus luxueux ou plus chers.
- dans une **tavola calda** on consomme, souvent debout, des plats cuisinés que l'on va prendre soi-même au comptoir.

Établissements qui tendent à disparaître :
- **l'osteria** sert des vins. On y mange simplement (**alla buona**), on pouvait autrefois y dormir.
- **una mescita** (du verbe **mescere** : verser à boire) est un débit de vin. On peut aussi consommer debout.
- **una balera**, mot originaire du nord de l'Italie, désigne une salle de bal, avec orchestre (**l'orchestrina**).

Remarques sur quelques mots :
- selon le contexte et les nuances, on traduira différemment le verbe **accomodarsi**.
  ex. **accomodatevi** ! installez-vous !
  accomodatevi al bar, arrivo subito : allez (vous installer) au bar, j'arrive tout de suite.
  si accomodi alla cassa, faccio il Suo caffè : veuillez aller payer à la caisse, je fais votre café.
- **un rinfresco** est une réception (avec buffet). On y offre **i rinfreschi** : les rafraîchissements.
- **la portata** est le plat que l'on amène à table.
  ex. **l'ultima portata era un dolce al caffè** : le dernier plat était un gâteau au café.

Attention en traduisant :
- la terrasse :
  la terrazza (la terrasse d'un immeuble) et **il terrazzo** (le balcon d'un appartement) ne peuvent pas être employés pour la terrasse d'un bar. Dans ce cas, on dira :
  ex. **mi aspettava fuori, a un tavolino del bar** : il m'attendait à la terrasse du bar.
- la consommation :
  la consumazione (la boisson) ne doit pas être confondue avec il **consumo** (terme économique, voir p. 368).
- le rendez-vous :
  la rencontre prévue est **l'appuntamento.**
  ex. **gli ho dato appuntamento alle otto** : je lui ai donné rendez-vous à huit heures.
  Pour le lieu de rendez-vous on emploie **il ritrovo.**
  ex. **questo locale è il ritrovo degli artisti** : cet établissement est le rendez-vous des artistes.

- le verbe sortir :
  il ne faut pas le traduire systématiquement par **uscire.** On l'emploie lorsqu'il est intransitif.
  ex. ce soir on sort : **stasera si esce.**
  Lorsqu'il est transitif, on devra choisir un autre verbe comme **tirare fuori** ou **portare fuori.**
  ex. il sort son portefeuille : **tira fuori il portafoglio.**
  ce soir je sors ma petite sœur, on va au cinéma : **stasera porto fuori la sorellina, si va al cinema.**

Quelques termes étrangers :
- **un buffet freddo (caldo), il flûte da champagne.**
- **il party, il disc jockey** (l'italien **il manovratore di dischi** est peu employé), **il cocktail, il jukebox.**

Pour fumeurs ou non fumeurs :
- on parle de **sigarette leggere** (ou **americane**), pour les blondes et de **tabacco scuro** (tabac brun) pour les brunes.
- les allumettes : **i fiammiferi, i cerini.** Ces dernières sont de petites allumettes imprégnées de cire (**la cera**), d'où leur nom.

B 2 REMARQUES GRAMMATICALES

1. Pronoms.
Un emploi particulier du pronom personnel **la** :
comme en français dans l'expression « se la couler douce », il apparaît dans certaines constructions : **se la spassano** (ils se paient du bon temps), **se la sono svignata** (ils ont filé en douce), **se la sono data a gambe** (ils ont déguerpi), **non me l'aspettavo** (je ne m'y attendais pas), **la sa lunga** (il en sait long), **non ce la fa** (il n'y arrive pas), **non ce la faccio più** (je n'en peux plus), **smettila** ! (arrête !).

2. Verbes irréguliers :
- dans **accogliere,** il y a le verbe **cogliere** qui fait au présent : **colgo, cogli, coglie, cogliamo, cogliete, colgono** et au participe passé : **colto.**
- **scegliere** fait : **scelgo, scegli, sceglie, scegliamo, scegliete, scelgono** et au participe passé : **scelto.**

B 3 REMARQUES PARTICULIÈRES

Accentuation.

À l'impératif, l'accent des verbes pronominaux occupe la même place que dans la forme sans pronom.

ex. **andate** (allez), **andatevene** (allez-vous-en).

Dans ce chapitre, **accomodati** et **accomodatevi** sont formés sur les impératifs **accomoda** et **accomodate.**

C 1 EXERCICES

A Compléter la phrase (un seul choix possible) :

1. Il cameriere riceve …
   a. la cicca b. la cannuccia c. la mancia

2. … lavora dietro il banco.
   a. l'avventore b. il barista c. lo sbafatore

3. Lo scocciatore…
   a. fu mandato al diavolo b. ci servì il vino c. cambiò il disco

4. Facciamo una partita di …
   a. calcetto b. bocchino c. premura

B Grammaire : choisir la préposition qui convient :

1. Andiamo … discoteca.
   a. a b. in c. da

2. Prendete i pasti … trattoria ?
   a. in b. da c. a

3. Cosa desidera … bere ? E … mangiare ?
   a. a, a b. di, di c. da, da

4. È una donna … mondo.
   a. di b. del c. da

C Traduire en italien :

1. Il les accueille en souriant, les invite à se rafraîchir. Ils choisissent de s'installer au bar.
2. Je voudrais réserver une table pour un groupe.
3. Assis à une table, dans un coin, deux vieux messieurs lisaient la carte des vins.
4. Pouvez-vous me donner du feu s'il vous plaît ?
5. Il sort de sa poche un briquet.
6. Monsieur, la fumée du cigare me dérange… de plus, il est interdit de fumer dans cet établissement.

D Mission impossible : essayons de traduire en français ce jargon journalistique :

A dare l'alt alle notti trasgressive di una ventina di tiratardi che sogliono aspettare l'alba nei locali « in » del divertimentificio *made in* Romagna, sono stati i carabinieri di Rimini.

C 2 CORRIGÉS

A 1.c 2.b 3.a 4.a.

B 1.b 2.a 3.c 4.a.

C
1. Li accoglie sorridendo, li invita a bere qualcosa. Scelgono di accomodarsi al bar.
2. Vorrei prenotare un tavolo per una comitiva.
3. Seduti a un tavolo d'angolo, due signori anziani leggevano la lista dei vini.
4. Mi può fare accendere per favore ?
5. Tira fuori dalla tasca un accendino.
6. Signore, il fumo del sigaro mi dà fastidio… inoltre, è vietato fumare in questo locale.

D Ce sont les carabiniers de Rimini qui ont mis le holà aux nuits de débauche d'une vingtaine de couche-tard qui ont l'habitude d'attendre le lever du jour dans les boîtes « in » de l'usine à loisirs *made in* Romagne.

35 LES JEUX ET LES SPECTACLES

A 1 VOCABULAIRE

A. JEUX, JOUETS ET AMUSEMENTS

adversaire	l'avversario
amusement	il divertimento
balançoire	l'altalena
balle	la palla
ballon	il pallone
belle	la bella
billard	il biliardo
bille de billard	la bilia
billes	le palline
boules	le bocce
casse-tête	il rompicapo
cerceau	il cerchio
cerf-volant	l'aquilone
charade	la sciarada
circuit	l'autopista
cochonnet	il pallino
comptine	la filastrocca
corde	la corda
dames	la dama
damier	la scacchiera
déguisement	il travestimento
devinette	l'indovinello
dominos	il domino
échecs	gli scacchi
échiquier	la scacchiera
énigme	l'enigma (m)
fléchettes	le freccette
gage	il pegno
gagnant	il vincitore
jeu	il gioco
jeu de l'oie	il gioco dell'oca
jeu vidéo	il videogioco
jouet	il giocattolo
joueur	il giocatore
loto	la tombola

mikado	lo sciangai
mots croisés	le parole incrociate
nain jaune	il nano giallo
ours	l'orsacchiotto
pantin	il fantoccio
partenaire	il compagno
partie	la partita
passe-temps	il passatempo
patins à roulettes	i pattini a rotelle
peluche	la « peluche »
pénalité	la penalità
perdant	il perdente
pion	la pedina
poupée	la bambola
puzzle	il puzzle
queue de billard	la stecca
quilles	i birilli
rébus	il rebus
règle	la regola
revanche	la rivincita
score, marque	il punteggio
scrabble	lo scarabeo
skateboard	lo « skateboard »
toboggan	lo scivolo
toupie	la trottola
trottinette	il monopattino
yo-yo	lo iò-iò
amusant	divertente
barbant	barboso
cocasse	buffo
ennuyeux	noioso, seccante
s'amuser	divertirsi
se cacher	nascondersi

35 LES JEUX ET LES SPECTACLES

A. JEUX, JOUETS ET AMUSEMENTS (suite)

se déguiser	**mascherarsi**	jouer	**giocare**
se délasser	**rilassarsi**	se travestir	**travestirsi**
deviner	**indovinare**		

B. LES JEUX DE CARTES

annonce	**l'annuncio**	relance	**il rilancio**
as	**l'asso**	renonce	**il rifiuto**
atout	**l'« atout »**	réussite, patience	**il solitario**
bataille	**la battaglia**		
blind	**il buio**	suite	**la scala**
bluff	**il « bluff »**	talon	**il tallone**
brelan	**il tris**	tarots	**i tarocchi**
brèle	**la scartina**	tricheur	**il baro**
bridge	**il bridge**		
bridgeur	**il bridgista**	battre (les cartes)	**scozzare**
carré	**il poker**		
cartes	**le carte**	bluffer	**bluffare**
couleur	**il colore**	contrer	**scontrare**
défense	**la difesa**	se défausser	**scartare di mano**
distribution	**la distribuzione**		
donneur	**il distributore**	distribuer	**distribuire**
écart	**lo scarto**	gagner	**vincere**
full	**il full**	mélanger	**mescolare**
joker	**il « jolly »**	miser	**puntare**
levée	**la presa**	ouvrir	**aprire**
main	**la mano**	parier	**scommettere**
mise	**la puntata**	passer	**passare**
ouverture	**l'uscita**	perdre	**perdere**
paire	**la coppia**	piocher	**pescare**
paquet de cartes	**il mazzo**	prendre	**prendere**
poker	**il poker**	risquer	**arrischiare**
quinte floche	**la scala reale**	tirer au sort	**sorteggiare**
rami	**il ramino**	tricher	**barare**

C. LES JEUX DE HASARD

baccara	**il baccarà**	chance	**la fortuna**
casino	**il casinò**	croupier	**il « croupier »**

dé	**il dado**
déveine	**la scalogna**
gain	**la vincita**
hasard	**l'azzardo**
jeton	**il cip**
lot	**il premio**
loterie	**il lotto, la lotteria**
malchance	**la sfortuna**
martingale	**la martingala**
mise	**la posta**
mourre	**la morra**
pari	**la scommessa**
parieur, ponte	**il puntatore**
pronostic	**il pronostico**
roulette	**la « roulette »**
tirage	**l'estrazione**
chanceux	**fortunato**
malchanceux	**sfortunato**

D. LES FÊTES ET LE CIRQUE

acrobate	**l'acrobata**
attraction	**l'attrazione**
autos tamponneuses	**l'autoscontro**
cage	**la gabbia**
carnaval	**il carnevale**
castelet	**il teatrino**
cavalcade	**la cavalcata**
chapiteau	**il tendone**
char	**il carro allegorico**
chevaux de bois	**il carosello**
cirque	**il circo**
clown	**il « clown »**
confettis	**i coriandoli**
cortège	**il corteo**
défilé	**la sfilata**
dompteur	**il domatore**
échasses	**i trampoli**
écuyère	**la cavallerizza**
fête	**la festa**
fête foraine	**il luna park**
feu d'artifice	**i fuochi artificiali**
flonflons	**le musichette**
foire	**la fiera**
forain	**il baracconista**
funambule	**il funambolo**
grand huit	**l'otto volante**
guirlande	**la ghirlanda**
jeu de massacre	**il tiro al fantoccio**
jongleur	**il giocoliere**
kermesse	**la sagra**
labyrinthe	**il labirinto**
lampions	**i lampioncini**
liesse	**l'allegria**
loup (demi-masque)	**la mascherina**
majorettes	**le « majorette »**
manège	**la giostra**
marionnette	**il burattino**
marionnettiste	**il burattinaio**
mascarade	**la mascherata**
masque	**la maschera**
mât de cocagne	**l'albero della cuccagna**
ménagerie	**il serraglio**
montagnes russes	**le montagne russe**
parc d'attractions	**il parco divertimenti**
pavoisement	**l'imbandieramento**
pétards	**i mortaretti**
pitre	**il pagliaccio**

D. LES FÊTES ET LE CIRQUE (suite)

pitrerie	**la pagliacciata**	stand	**il baraccone**
retraite aux flambeaux	**la fiaccolata**	tir	**il tiro al bersaglio**
roulotte	**il carrozzone**	train fantôme	**il treno dei fantasmi**
saltimbanque	**il saltimbanco**	trapéziste	**il trapezista**

E. AU THÉÂTRE

applaudissement	**l'applauso**	plateau, scène	**il palcoscenico**
avant-scène	**il proscenio**	poulailler	**il loggione**
balcon, loge	**il palco**	première	**la « première »**
claque	**la « claque »**	rampe	**la ribalta**
coulisses	**le quinte**	resquilleur	**il portoghese**
décor	**lo scenario**	rideau	**il sipario**
entracte	**l'intervallo**	souffleur	**il suggeritore**
foyer	**il ridotto**	spectateur	**lo spettatore**
guichet	**il botteghino**	strapontin	**lo strapuntino**
ouvreuse, ouvreur	**la maschera**	théâtre	**il teatro**
parterre	**la platea**	trou du souffleur	**la buca, la cuffia**

F. JOUER LA COMÉDIE

acte	**l'atto**	intrigue	**l'intreccio (m)**
acteur	**l'attore**	jeune premier	**il primo amoroso**
actrice	**l'attrice**	livret	**il libretto**
bouffon	**il buffone**	metteur en scène	**il regista**
cabotin	**l'istrione**	mise en scène	**la messinscena**
canevas	**il canovaccio**	monologue	**il monologo**
comédie	**la commedia**	pièce	**l'opera**
comédien	**l'attore comico**	prologue	**il prologo**
comique	**il comico**	récitatif	**il recitativo**
dénouement	**l'epilogo, il finale**	régisseur	**il direttore di scena**
dialogue	**il dialogo**		
drame	**il dramma**	répétition	**la prova**
farce	**la farsa**	réplique	**la battuta**
figurant	**la comparsa**	représentation	**la recita**
générale	**la prova generale**	rôle	**la parte**
habilleuse	**la vestiarista**	soliloque	**il soliloquio**
improvisation	**l'improvvisazione**	soubrette	**la servetta**

succès	**il successo**	applaudir	**applaudire**
suivante	**la confidente**	bisser	**chiedere il bis**
tragédie	**la tragedia**	jouer	**recitare**
tragédien	**l'attore tragico**	répéter	**provare**
troupe	**la compagnia,**	siffler	**fischiare**
	la « troupe »	souffler	**suggerire**

G. LE MUSIC-HALL

cabaret	**il « cabaret »**	one-man-show	**lo « show »**
girls	**le ballerine**	pantomime	**la pantomima**
illusionniste	**l'illusionista**	présentateur	**il presentatore**
imprésario	**l'impresario**	prestidigitateur	**il prestigiatore**
intermède	**l'intermezzo**	strip-tease	**lo spogliarello**
mime	**il mimo**	strip-teaseuse	**la spogliarellista**
music-hall	**il varietà**	vedette américaine	**l'invitato**
numéro	**il numero**	ventriloque	**il ventriloquo**

H. LA DANSE (voir aussi p. 484)

ballerine	**la ballerina**	slow	**lo slow**
ballet	**il balletto**	tango	**il tango**
charleston	**il « charleston »**	tarentelle	**la tarantella**
chorégraphe	**il coreografo**	tutu	**il tutù**
chorégraphie	**la coreografia**	twist	**il twist**
claquettes	**il tip tap**	valse	**il valzer**
danseur	**il ballerino**		
entrechat	**lo scambietto**	endiablé	**indiavolato,**
farandole	**la farandola**		**scatenato**
fox-trot	**il fox-trot**	langoureux	**languido**
grand écart	**la spaccata,**	rythmé	**ritmato**
	lo scoscio	survolté	**sovreccitato**
java	**la giava**		
menuet	**il minuetto**	danser	**ballare, danzare**
pointes	**le punte**	sautiller	**saltellare**
polka	**la polca**	tourner	**girare**
quadrille	**la quadriglia**	tournoyer	**volteggiare,**
rap	**il rap**		**roteare**
ronde	**il girotondo**	valser	**ballare il valzer**
sarabande	**la sarabanda**	virevolter	**far giravolte**

A 2 LEXIQUE EN SITUATION

fare scherzi : faire des farces.
un bambino giocherellone : un enfant joueur.
giocare a palla prigioniera (au ballon prisonnier), **a ruba bandiera** (au béret), **a nascondino** (à cache-cache), **ad alto e basso, a rialzo** (à chat perché), **ad acchiapparella** (au loup), **a mosca cieca** (à colin-maillard), **alla corsa dei sacchi** (à la course en sacs), **ai cowboys e indiani** (aux cow-boys et aux Indiens), **a guardie e ladri** (aux gendarmes et aux voleurs), **all'anello** (au jeu du furet), **a botteghina** (à la marchande), **a campana** (à la marelle), **ai mestieri muti** (aux métiers), **al telefono senza fili** (au téléphone arabe), **al posto libero** (au mouchoir), **a « indovina chi è ? »** (au portrait), **ai quattro cantoni** (aux quatre coins), **a salta cavallina** (à saute-mouton), **al tiro alla fune** (au tir à la corde).
facciamo la conta per sapere chi deve stare sotto ! comptons pour savoir qui fait le loup !
il gioco di ruolo : le jeu de rôles.

a chi tocca alzare ? c'est à qui de couper ?
non mi dovevi ammazzare il 7 di cuori : tu ne devais pas couper mon 7 de cœur.
mi resta una quadri : il me reste un carreau.
subire un cappotto : être capot.
fare cappotto : mettre capot.
fare un gioco di prestigio con le carte : faire un tour de cartes.

mi piace giocare a scacchi : j'aime jouer aux échecs.
il bianco sacrifica un Pedone : le blanc sacrifie un Pion.
il nero mette al sicuro il Re arroccando : le noir met son Roi en sûreté en roquant.
la Donna del bianco prende l'Alfiere nero : la Dame du blanc prend le Fou noir.
il Cavallo nero manovra per bloccare la Torre bianca : le Cheval noir manœuvre pour bloquer la Tour blanche.
scacco matto ! échec et mat !
ha fatto dama (è andato a dama) : il a fait dame.
lo giochiamo a testa e croce ? on le joue à pile ou face ?

domani, a teatro, danno l'*Otello* : demain, au théâtre, on joue *Othello*.
oggi, è giorno di riposo (non danno spettacolo) : aujourd'hui, on fait relâche.
non c'era nessuno spettatore, gli attori hanno recitato alle panche : il n'y avait aucun spectateur, les acteurs ont joué devant une salle vide.
in platea, è tutto completo, vi do un palco : il n'y a plus une seule place à l'orchestre (au parterre), je vous mets au balcon.
il ballo in maschera : le bal costumé.
balla bene il charleston : c'est un bon danseur de charleston.
balla bene il valzer : c'est un bon valseur.
lo spettacolo pirotecnico : le spectacle pyrotechnique.

A 3 REGISTRES DE LANGUE

1. Sens figuré.
un colpo di scena : un coup de théâtre.
piantare baracca e burattini : envoyer tout balader.
contare quanto il fante di picche : compter pour des prunes.
fare il doppio gioco : jouer double jeu.
è un asso : c'est un as, un champion.
avere un asso nella manica : avoir un atout dans sa manche.
mettere le carte in tavola : jouer cartes sur table.
si burla delle difficoltà : il se rit des difficultés.

2. Proverbes.
il gioco è bello quando dura poco : les meilleures plaisanteries sont les plus courtes.
il dado è tratto : le sort en est jeté.
ride bene chi ride ultimo : rira bien qui rira le dernier.
scherza con i fanti, non scherzare con i santi : il ne faut pas plaisanter avec les choses sacrées.

3. Familier.
non fare il pagliaccio ! ne fais pas le clown !
fare camiciola (toscanisme) : arnaquer son partenaire en s'accordant avec les adversaires.
qui si fa camiciola ! il y a de la triche dans l'air !
mollare, filare una carta : jeter une carte, se défausser.

4. Termes particuliers.
À tous les jeux de cartes, les joueurs se suivent ainsi : **il primo di mano** (le premier), **il secondo di mano, il terzo di mano o apertore** (l'ouvreur), **il quarto di mano o distributore** (le donneur).
Au bridge, l'annonce s'appelle **la dichiarazione** et le premier annonceur **il dichiarante**. Le contrat se dit : **il contratto**, le contre : **il « contre »**, le mort : **il morto**, le schelem : **lo « slam »**, et le singleton : **il « singleton »**.
À la roulette, on utilise les termes français.

5. Littéraire.
i balocchi : les jouets. **Il paese dei balocchi** est le pays des joujoux dans *Pinocchio* de Collodi.
i 4 semi delle carte : les 4 enseignes (couleurs) des cartes.
il mazziere : le donneur.
la smazzata : la distribution (des cartes).

B 1 REMARQUES LEXICALES

Les jeux de chance :
- les principales loteries italiennes sont **il totocalcio** (le loto sportif), **il totip** (les paris sur les courses hippiques), **il lotto** (le loto).
- au **lotto** on peut gagner en faisant **ambo** (2 nombres sur la même ligne), **terno** (3), **quaterna** (4), **cinquina** (5).

Quelques jeux de cartes italiens :
- l'Italie ne compte pas moins de 16 portraits différents de jeux, répartis sur tout le territoire, et il n'y a pas de portrait officiel national comme en France. En Toscane et en Ligurie, on joue avec des cartes aux couleurs anglo-françaises : **quadri** (carreau), **cuori** (cœur), **fiori** (trèfle), **picche** (pique). **I denari** (les deniers), **le coppe** (les coupes), **i bastoni** (les bâtons), **le spade** (les épées) sont les couleurs correspondantes des cartes napolitaines, vénitiennes, romaines et siciliennes.
- un jeu italien a 40 cartes. On y trouve **il cavaliere** ou **cavallo** (le cavalier), **il fante** (le valet), **il re** (le roi) et les cartes numérales : **il 7, il 6, il 5, il 4, il 3, il 2, l'asso** (la plus faible). En revanche, la reine (**la donna**) est absente.

- **la scopa, lo scopone, la briscola, il tressette, la scala quaranta** (sorte de rami) sont les jeux les plus populaires. Le film de Luigi Comencini, *Lo scopone scientifico* (1972), a rendu célèbre ce jeu national où la carte principale est **il settebello** (le 7 de deniers ou son équivalent de carreau).
- **il mercante in fiera** est un jeu qui se joue en famille, surtout à l'époque de Noël, avec des cartes spéciales. C'est un jeu de hasard au cours duquel les cartes sont vendues aux enchères. Plus les joueurs sont nombreux, plus les parties sont passionnées.
- le bridge, le poker, le rami, la canasta, jeux très populaires en Italie, sont joués avec des cartes anglo-saxonnes.

Les foires et les fêtes :

- **la fiera** (la foire) a encore le double sens de « marché » et de « fête foraine ». L'usage moderne en fait un synonyme de « Salon ».
  ex. **la Fiera degli elettrodomestici** : le Salon de l'électroménager.
- **le sagre** (les fêtes, les kermesses) sont organisées chaque année dans les villages. On leur donne le nom d'un produit local ou d'une spécialité gastronomique : **la sagra della patata, la sagra del pesce, la sagra dei mandorli in fiore** (des amandiers en fleur en Sicile), **la sagra degli gnocchi**, etc.
- des fêtes traditionnelles et folkloriques ont lieu annuellement et à dates fixes. En voici quelques-unes : **il Calcio in costume** de Florence, **la Giostra del Saraceno** d'Arezzo, **la Cavalcata sarda, le Regate storiche** de Venise et de Gênes.
- la manifestation la plus célèbre reste néanmoins **il Palio di Siena,** une course où chaque année, le 2 juillet et le 16 août, 10 chevaux tirés au sort, montés par 10 jockeys (**i fantini**), s'affrontent pour défendre les couleurs de leurs quartiers et conquérir la glorieuse bannière qui s'appelle **il palio.**
  Le contrade (les quartiers) de Sienne sont au nombre de 17. Voici leurs noms : **Aquila** (Aigle), **Bruco** (Chenille), **Chiocciola** (Escargot), **Civetta** (Chouette), **Drago** (Dragon), **Giraffa** (Girafe), **Istrice** (Porc-épic), **Leocorno** (Licorne), **Lupa** (Louve), **Nicchio** (Coquille), **Oca** (Oie), **Onda** (Onde), **Pantera** (Panthère), **Selva** (Sylve), **Tartuca** (Tortue), **Torre** (Tour), **Valdimontone** (Bélier).

- folklore et religion sont souvent étroitement liés : c'est le cas pour **le Infiorate** (les processions fleuries du printemps), **la Processione dei Pugnaloni** (les bannières fleuries du Haut Latium), **i Ceri di Gubbio** (les cierges géants de Gubbio), etc.

Plusieurs traductions pour le même mot :

- la loge des spectateurs se traduit par **il palco.** En revanche, la loge du comédien est **il camerino.**
- le mot « scène », selon le contexte, se traduit par **la scena, il palcoscenico, la scenata.**

  ex. **alla scena I (prima) dell'atto II (secondo)** : à la scène I de l'acte II.

  quando si alza il sipario, il palcoscenico è vuoto : quand le rideau se lève, la scène est vide.

  m'ha fatto una scenata orribile : il m'a fait une scène terrible.

Attention à ne pas confondre :

- **giocare, suonare, recitare** qui traduisent, dans des contextes différents, le français « jouer ».

  ex. **i bambini giocano** : les enfants jouent.

  suona la chitarra : il joue de la guitare.

  recita la parte del padre : il joue le rôle du père.
- **la tombola** (le loto en famille) et **il lotto** (le loto public).

Quelques synonymes :

- **le parole (in)crociate, il cruciverba** : les mots croisés.
- **i burattini, le marionette, i pupazzi** sont des marionnettes. **I pupi siciliani** sont les marionnettes siciliennes.
- **la campana** (la marelle) peut s'appeler parfois **la settimana, il paradiso, il gioco del mondo.**
- **giocare a nascondino** (à cache-cache) se dit aussi **giocare a rimpiattino.**
- **la bautta** est aussi le nom de **la mascherina** à Venise.
- **la recita, la rappresentazione** : la représentation.

B 2 REMARQUES GRAMMATICALES

1. Noms.
Les jouets sont souvent des modèles réduits d'objets du monde réel. Cette miniaturisation est exprimée par le suffixe diminutif **-ino** : **il modellino** (le modèle réduit), **i soldatini** (les soldats de plomb), **il trenino** (le train), **le macchinine** (les petites voitures), etc.

2. Adjectifs.
Remarquons l'usage de nombreux adjectifs avec le suffixe **-istico** : **folcloristico, illusionistico, cabarettistico, fieristico, jazzistico**, etc. Le français utilise plutôt un complément de nom.

ex. **un ritmo jazzistico** : un rythme de jazz.
nel periodo fieristico : au moment de la foire.

3. Verbes.
Applaudire a deux conjugaisons au présent de l'indicatif : **applaudo, applaudisco** (voir **tossire**, p. 181).

4. Prépositions.
Les verbes **vestirsi, mascherarsi, travestirsi** sont suivis de la préposition **da** (on emploie « en » en français).

ex. **come ti travesti, da cinese o da turco ?** comment te déguises-tu, en Chinois ou en Turc ?
era vestita da infermiera : elle était habillée en infirmière.

B 3 REMARQUES PARTICULIÈRES

Origine de mots.

- il ne faut pas confondre **il casinò** (le casino) et **il casino** (le bordel). Ces deux mots proviennent de **il casin**, mot vénitien qui, par euphémisme, désignait à la fois les tripots et les maisons de rendez-vous. Les Français ont appelé ainsi leurs salles de jeux et le mot, anobli en italien par le changement d'accent, a donné **casinò**.

- on aura remarqué que l'ouvreuse se dit **la maschera** (le masque). A l'époque de **la Commedia dell'Arte** (XVIe siècle–XVIIIe siècle), les acteurs déjà masqués plaçaient les spectateurs de qualité avant le spectacle. Tous étaient professionnels et en jouant, ils exerçaient leur « métier ». Le mot **arte** (l'art) a désigné longtemps le métier, la corporation. En français, ce sens est contenu dans la racine du mot « artisan ». Les personnages de la **Commedia dell'Arte** sont : **Arlecchino, Pantalone, Brighella, il Dottor Balanzone, Pulcinella, Scaramuccia, il Capitano Matamoro, Zerbinetta, Colombina** et la troupe des **Zanni.**
- c'est à Rome, au XVIIIe siècle, que le mot **portoghese** a pris le sens particulier de « resquilleur ». L'ambassade du Portugal avait un jour organisé un spectacle où ceux qui se présentèrent en disant : « Je suis Portugais », purent entrer sans carton d'invitation. La plaisanterie resta.

C 1 EXERCICES

A **Les jeux : trouver un ou plusieurs jeux qui utilisent les accessoires suivants :**
1. un sacco 2. un fazzoletto (*un mouchoir*) 3. un pallino 4. una stecca 5. un mazzo 6. una scacchiera.

B **Les artistes : indiquer, par un verbe ou une expression, ce que font les artistes suivants :**
1. l'attrice 2. il ballerino 3. il prestigiatore 4. il giocoliere 5. la domatrice 6. la funambola 7. il regista.

C **À quoi jouent ceux qui prononcent les paroles suivantes ?**
1. Che cosa desidera, Signora ?
2. Porto… porco… sporto… sport… porta… sporta.
3. Esci ! Ti ho visto.
4. Ti mangio l'Alfiere.
5. Quattro e due : sei, scopa !

D Traduire en italien :

1. J'aime jouer aux échecs. 2. Mon frère joue du violon. 3. Cet acteur joue bien. 4. Si nous jouions aux gendarmes et aux voleurs ? 5. Les enfants, allez jouer et amusez-vous gentiment !

C 2 CORRIGÉS

A 1. la corsa dei sacchi 2. il gioco del posto libero 3. le bocce 4. il biliardo 5. le carte 6. la dama, gli scacchi.

B 1. recita 2. balla, danza 3. fa sparire gli oggetti, fa giochi di prestigio 4. fa giochi di destrezza 5. doma 6. cammina sulla fune 7. mette in scena.

C 1. a botteghina 2. al telefono senza fili 3. a nascondino 4. a scacchi 5. a scopa, a scopone.

D 1. Mi piace giocare a scacchi. 2. Mio fratello suona il violino. 3. Quest'attore recita bene. 4. Se giocassimo (se facessimo) a guardia e ladri ? 5. Bambini, andate a giocare, e divertitevi tranquillamente !

36 LE SPORT

A 1 VOCABULAIRE

A. LES DISCIPLINES SPORTIVES

athlétisme	**l'atletica**
aviron	**il canottaggio**
badminton	**il badminton, il volano**
base-ball	**il « baseball »**
basket-ball	**la pallacanestro**
bobsleigh	**il bob**
boxe	**il pugilato**
canoë	**la canoa**
cricket	**il cricket**
culturisme	**il culturismo**
cyclisme	**il ciclismo**
deltaplane	**il deltaplano**
équitation	**l'equitazione**
escrime	**la scherma**
football	**il calcio**
footing	**il « footing »**
formule 1	**la formula 1**
golf	**il golf**
gymnastique	**la ginnastica**
haltérophilie	**la pesistica, i pesi**
hand-ball	**la pallamano**
hockey sur gazon	**l'hockey su prato**
hockey sur glace	**l'hockey su ghiaccio**
jogging	**il « jogging »**
judo	**il « judo »**
karaté	**il karatè**
kayak	**il kayak**
lutte	**la lotta**
marche	**il podismo**
natation	**il nuoto**
nautisme	**la nautica**
parachutisme	**il paracadutismo**
parapente	**il parapendio**
patinage	**il pattinaggio**
pelote basque	**la palla a muro**
planche à voile	**il « windsurf »**
plongeon	**i tuffi**
polo	**il polo**
rafting	**il « rafting »**
rugby	**il « rugby »**
saut	**il salto**
squash	**lo « squash »**
surf	**il « surf »**
tennis	**il tennis**
tennis de table	**il tennis da tavolo**
tir à l'arc	**il tiro con l'arco**
tir à la cible	**il tiro a segno**
tir au vol	**il tiro a volo**
voile	**la vela**
volley-ball	**la pallavolo**
water-polo	**la pallanuoto**

B. LES ATHLÈTES

archer	**l'arciere**
athlète	**l'atleta**
basketteur	**il cestista**
boxeur	**il pugile**
cavalier	**il cavaliere**
cycliste	**il ciclista**
escrimeur	**lo schermitore**
fleurettiste	**il fiorettista**
footballeur	**il calciatore**
golfeur	**il golfista**
gymnaste	**il ginnasta**
haltérophile	**il pesista**

hockeyeur **l'hockeista**
jockey **il fantino**
judoka **il judoista**
karatéka **il karateista**
lutteur **il lottatore**
marathonien **il maratoneta**
marcheur **il marciatore**
nageur **il nuotatore**
navigateur **il velista**
pagayeur **il vogatore**
parachutiste **il paracadutista**
patineur **il pattinatore**
pilote **il pilota**
plongeur **il tuffatore**
rugbyman **il rugbista**
sauteur **il saltatore**
surfiste **il surfista**
tennisman **il tennista**
volleyeur **il pallavolista**

C. LES ÉPREUVES

abandon **il ritiro**
adversaire **l'avversario**
balle de match **la palla partita**
bonification **l'abbuono**
champion **il campione**
championnat **il campionato**
championne **la campionessa**
chronométrage **il cronometraggio**
chronomètre **il cronometro**
classement **la classifica**
compétition **la gara, la competizione**
concurrent **il concorrente**
contrôle anti-dopage **il controllo antidoping**
course **la corsa**
critérium **il criterium, il raduno**
défaite **la disfatta**
départ **il via**
derby **il « derby »**
disqualification **la squalifica**
dopage **il doping**
dossard **il numero di gara**
égalisation **il pareggio**
éliminatoires **le eliminatorie**
entraînement **l'allenamento**
épreuve **la prova**
équipe **la squadra**
faute **il fallo**
faux départ **la falsa partenza**
finale **la finale**
handicap **l'handicap**
homologation **l'omologazione**
imposés **le prove obbligatorie**
insigne **il distintivo**
joueur **il giocatore**
leader **il « leader »**
ligne d'arrivée **il traguardo**
ligne de départ **la linea di partenza**
maillot **la maglia**
match **la partita**
médaille **la medaglia**
prix **il premio**
qualification **la qualificazione**
rallye **il rally**
record **il primato, il « record »**
recordman **il primatista**
remontée **la rimonta**

C. LES ÉPREUVES (suite)

rencontre	l'incontro
repêchage	il recupero, il ripescaggio
revanche	la rivincita
rival	il rivale
score, marque	il punteggio
sélection	la selezione
séries	le batterie
sport	lo sport
supporter	il tifoso
tournoi	il torneo
vainqueur	il vincitore
victoire	la vittoria

D. L'ENCADREMENT SPORTIF ET LES INSTALLATIONS

arbitre	l'arbitro
circuit	il circuito
club	il « club »
complexe sportif	il centro sportivo
court	il campo
entraîneur	l'allenatore
gradins	le gradinate, gli spalti
gymnase	la palestra
hippodrome	l'ippodromo
jury	la giuria
masseur	il massaggiatore
moniteur	l'istruttore
patinoire	il pattinatoio
piste	la pista
podium	il podio
ramasseur de balles	il raccattapalle
raquette	la racchetta
ring	il ring, il quadrato
sponsor	lo « sponsor »
stade	lo stadio
terrain	il campo
terre battue	la terra rossa
tribune	la tribuna
vestiaire	lo spogliatoio

E. L'ACTE SPORTIF

adresse	la destrezza
combativité	la combattività
concentration	la concentrazione
détente	lo scatto
détermination	l'agonismo
échauffement	il riscaldamento
effort	lo sforzo
endurance	la resistenza
fatigue	la fatica
force	la forza
moral	il morale
performance	la prestazione
relaxation	il rilassamento
risque	il rischio
rivalité	la rivalità
souffle	il fiato
sportivité	la sportività
vitesse	la velocità
amateur	dilettante
amical	amichevole
ardu	arduo
combatif	combattivo, agonistico
éliminatoire	eliminatorio

épuisé	spossato, sfinito
essoufflé	trafelato, ansimante
expulsé	espulso
favori	favorito
féminin, Dames	femminile
gagnant	vincente
imbattable	imbattibile
masculin, Messieurs	maschile
outsider	« outsider »
perdant	perdente
préliminaire	preliminare
professionnel	professionistico
sportif	sportivo
abandonner	abbandonare, ritirarsi

s'affronter, rivaliser	gareggiare
conquérir	conquistare
défier	sfidare
disputer	disputare
se doper	doparsi
s'échauffer	riscaldarsi
s'entraîner	allenarsi
gagner	vincere
homologuer	omologare
s'incliner	arrendersi
lutter	lottare
peiner	faticare
perdre	perdere
pulvériser	polverizzare
remonter	risalire
rencontrer	incontrare
sélectionner	selezionare

F. LE FOOTBALL

ailier	l'ala
arrêt	la parata
arrière	il terzino
avant-centre	il centravanti
balle	la palla
ballon	il pallone, la palla
barrage	lo spareggio
but	il gol, la rete
buts	la porta
buteur	il cannoniere
capitaine	il capitano
carton	il cartellino
catenaccio	il catenaccio
centre	il cross
contre-pied	il contropiede
corner	il calcio d'angolo
Coupe	la Coppa

coup franc	la punizione
division	la serie
dribble	il « dribbling »
expulsion	l'espulsione
filet	la rete, la porta
gardien	il portiere
hors-jeu	il fuorigioco
juge de touche	l'arbitro di linea
libero	il libero
ligne médiane	il centrocampo
lob	il pallonetto
meneur de jeu	il regista
mi-temps	l'intervallo, la pausa
milieu de terrain	il centrocampista
mise en jeu	il calcio d'inizio
passe	il passaggio

F. LE FOOTBALL (suite)

pénalty	**il rigore**
prolongations	**i tempi supplementari**
réception	**la ricezione**
remplaçant	**la riserva**
stoppeur	**lo stopper**
tacle	**il « takle »**
tir	**il tiro**
tirs au but	**i calci di rigore**
touche	**il fallo laterale**
transfert	**il trasferimento**
se démarquer	**smarcarsi**
dribbler	**dribblare**
marquer	**segnare, marcare**
passer	**passare**
shooter	**tirare, calciare**
siffler	**fischiare**
tacler	**fare un « takle »**

G. LE RUGBY

ballon ovale	**la palla ovale**
coup de pied à suivre	**il calcio di rimbalzo**
demi de mêlée	**il mediano di apertura**
demi d'ouverture	**il mediano di spinta**
drop	**il drop, il salto volo**
en-avant	**l'avanti**
essai	**la meta**
ligne	**la linea**
mêlée	**la mischia**
pilier	**il pilone**
poteau	**il palo**
talonneur	**il tallonatore**
transformation	**la trasformazione**
trois-quarts	**il trequarti**
marquer un essai	**guadagnare una meta**
tirer en chandelle	**alzare a candela**
transformer	**trasformare**

H. LE CYCLISME (voir aussi p. 48)

ascension	**la scalata**
avance	**l'anticipo**
contre-attaque	**la rincorsa**
coureur	**il corridore**
course individuelle	**l'individuale**
descendeur	**il discesista**
descente	**la discesa, la picchiata**
échappé	**il fuggitore**
échappée	**la fuga**
équipe technique	**l'ammiraglia**
étape	**la tappa**
grimpeur	**lo scalatore**
peloton	**il plotone**
pistard	**il « pistard »**
porteur d'eau	**il gregario**
poursuite	**l'inseguimento**
poussée	**la spinta**
rouleur	**lo stradista**
sprint	**lo sprint, la volata**

sprinter	**il velocista**	aider, épauler	**spalleggiare**
Tour de France	**il « Tour »**	démarrer	**scattare**
Tour d'Italie	**il Giro**	jaillir, sortir	**guizzare**
vélodrome	**il velodromo**	pédaler	**pedalare**
voiture-balai	**la vettura scopa**	rattraper	**raggiungere**
		rouler	**correre**

I. L'ATHLÉTISME ET LA GYMNASTIQUE

agrès	**gli attrezzi**	haltères	**il manubrio**
anneaux	**gli anelli**	heptathlon	**l'eptatlon**
arraché	**lo strappo**	javelot	**il giavellotto**
barres	**le sbarre**	lancer du poids	**il peso**
cheval d'arçons	**il cavallo con maniglie**	marathon	**la maratona**
		marteau	**il martello**
décathlon	**il decatlon**	pentathlon	**il pentatlon**
demi-fond	**il mezzofondo**	poutre	**la trave**
disque	**il disco**	relais	**la staffetta**
épaulé-jeté	**lo slancio**	témoin	**il testimone**
fond	**il fondo**	tremplin	**il trampolino**
haies	**gli ostacoli**		

J. LA NATATION

bassin	**la vasca**	piscine	**la piscina**
brasse	**la rana**	plongeoir	**il trampolino**
couloir	**la corsia**	sautoir	**la pedana**
crawl	**il « crawl »**	virage	**la virata**
dauphin	**il delfino**		
dos crawlé	**il dorso**	nager	**nuotare**
nage libre	**lo stile libero**	plonger	**tuffarsi**
papillon	**la farfalla**		

A 2 LEXIQUE EN SITUATION

la squadra capolista : l'équipe en tête.
la squadra si è ritirata : l'équipe a déclaré forfait.
la nostra squadra è in trasferta : notre équipe est en déplacement.
disputano un incontro a domicilio : ils disputent une rencontre (un match) à domicile.

cento giocatori stranieri militano nel campionato italiano : cent joueurs étrangers participent au championnat d'Italie.
c'era un gran pienone negli spalti : les gradins avaient fait le plein de spectateurs.
alla fine del primo tempo : à la fin de la première mi-temps (de la première période).
l'arbitro ha stimato che il fallo non è stato intenzionale : l'arbitre a estimé que la faute n'a pas été volontaire.
il giocatore scorretto è stato ammonito : le joueur incorrect a reçu un avertissement.
aprire le marcature : ouvrir la marque, le score.
segnare un autogol : marquer contre son camp.

sulla linea di partenza : sur la ligne de départ.
essere al via : être au départ.
ai vostri posti !... pronti ?.. via ! à vos marques !... prêts ? ... partez !
hanno dato il via : on a donné le départ.
da buon tempista, seppe aspettare l'ultima virata per sguizzare e filare verso la vittoria : en coureur opportuniste, il sut attendre le dernier virage pour jaillir et filer vers la victoire
scattare in progressione : creuser l'écart.
pedalare rialzato : pédaler en danseuse.
la corsa a cronometro : la course contre la montre.
tirar la volata : emmener le sprint.

è stato messo K.O. (cappa o) : il a été mis K.O..
il salto con l'asta (le saut à la perche), **il salto in alto** (le saut en hauteur), **il salto in lungo** (le saut en longueur), **il salto triplo** (le triple saut).
la 4 per 100 mista : le 4 fois 100 m. 4 nages.
i 1500 stile libero : le 1500 m. nage libre.
le due squadre partono alla pari : les deux équipes partent à égalité.
andare alla bella : jouer la belle.
la classifica a squadre : le classement par équipe.
il novero olimpico : la sélection olympique.
la fiaccola olimpica : la flamme olympique.
l'olimpionico : le champion olympique.

A 3 REGISTRES DE LANGUE

1. Sens figuré.

c'è da scalare una montagna : c'est une épreuve insurmontable.
una sfida stellare : un match au sommet.
andare a caccia del podio centrale : viser la plus haute marche du podium.
dare l'addio all'oro (all'argento, al bronzo) : dire adieu à la médaille d'or (d'argent, de bronze).
la medaglia di legno : la médaille en chocolat.
correre a perdifiato : courir à perdre haleine.
gettare la spugna : jeter l'éponge (abandonner).
prendere la palla al balzo : saisir la balle au bond.
il fanalino di coda : la lanterne rouge.
la maglia rosa : le maillot rose (le leader du Giro).

2. Proverbe.

tanta discesa, tanta salita : tout finit par se payer.

B 1 REMARQUES LEXICALES

Remarques générales :

- dans chaque discipline sportive, l'équipe nationale italienne porte un maillot bleu. C'est pourquoi elle porte le nom de **Squadra azzurra**. On appelle ses membres : **gli azzurri, le azzurre**.
- la langue italienne a longtemps résisté à l'usage des mots étrangers et les chroniqueurs faisaient l'effort de trouver des équivalents nationaux. Mais, depuis quelques années, on utilise couramment : **il basket (la pallacanestro)**, **la boxe** (**il pugilato**), **il boxeur** (**il pugile**), **il volley** (**la pallavolo**) et au football, **il penalty**, **il corner** sont aussi courants que **il calcio di rigore** et **il calcio d'angolo**. Les sports nouveaux ne sont plus traduits : **il rafting**.
- chaque sport utilise un jargon particulier. Au tennis, par exemple, les termes internationaux sont de rigueur (**il set**, **il break**…). Au judo et à l'escrime, l'italien appelle un tour de championnat **una poule** et une série d'épreuves **una manche**, comme en français.

- le mot **il campo** désigne des terrains aménagés pour différents sports.

  ex. **un campo sportivo comunale** : un terrain de sport municipal.
  un campo da tennis : un court de tennis.
  un campo da pallacanestro : un terrain de basket.
  un campo di bocce : un boulodrome.

Le football :

- **il calcio** signifie à l'origine le « coup de pied ». Par extension de sens, il est devenu le « jeu de balle au pied ». C'est, sans conteste, le sport le plus populaire en Italie. Remplir la fiche du loto sportif (**la schedina del totocalcio**), adhérer aux clubs de supporters, aller aux matchs, sont des actes essentiels pour les millions d'Italiens qui, chaque dimanche, se passionnent pour les journées de championnat : **le giornate di campionato.**
- les divisions sont appelées **le serie** et le championnat de football est organisé en matchs aller et en matchs retour (**in gironi di andata e di ritorno**).

  ex. **il girone B della serie A** : les matchs retour de 1ère division.
- comme pour d'autres sports, les épreuves s'appellent : **i sedicesimi di finale** (les seizièmes de finale), **gli ottavi** (les huitièmes), **i quarti** (les quarts), **la semifinale** (la demi-finale), **la finale** (la finale).
- attention aux deux sens du verbe « marquer » qu'on traduit selon le cas **marcare** ou **segnare** :

  ex. **il numero 2 marca il numero 11 dell'altra squadra** : le numéro 2 marque le numéro 11 de l'autre équipe.
  il libero ha segnato un gol : le libero a marqué un but.

Explication de quelques mots :

- la série des épreuves de sélection olympique porte un nom : **il preolimpico.** En dehors de ce cas particulier, on utilise le mot **la serie** :

  ex. **nella prima serie di prove** : dans la première série d'épreuves.
- **il raduno** a plusieurs traductions : le critérium cycliste, le rassemblement sportif, la rencontre.

- **un amichevole** (sous-entendu : **un incontro**) est une rencontre amicale.
- le joueur de water-polo, sport plus populaire en Italie qu'en France, se dit : **il pallan(u)otista.** Citons également **il giavellottista** (le lanceur de javelot), **il pesista** (le lanceur de poids), **il podista** (le coureur à pied), **il fondista** (le coureur de fond), **il mezzofondista** (le coureur de demi-fond).
- le handballeur, par contre, n'a pas de nom spécifique en italien : on dit **il giocatore di pallamano.** Le pongiste est **il giocatore di tennis da tavolo** et le pelotari, **il giocatore di palla a muro.**

Le commentaire sportif :
- la langue et le style des journalistes sportifs sont riches en images.
  ex. **la sua rabbia agonistica fece sì che alla terza ripresa, il suo avversario, un atleta muro, dovette arenarsi** : sa volonté de vaincre était telle qu'à la troisième reprise son adversaire, un colosse, finit par mordre la poussière.
  la tappa spauracchio di domani dovrebbe essere favorevole agli scalatori : l'étape tant redoutée de demain devrait profiter aux grimpeurs (**lo spauracchio** : l'épouvantail).
- les champions sont appelés **i divi (dello stadio)** : les stars, les dieux (du stade). Dans le domaine du cyclisme, on se souviendra du titre du grand Fausto Coppi : **Il Campionissimo.**

Quelques synonymes courants :
- l'adjectif **amatoriale** remplace parfois **dilettante** et **l'amatorismo, il dilettantismo** (l'amateurisme).
- **il numero di gara** (le dossard), quand il est porté sur la poitrine, s'appelle **il pettorale.**
- le masseur ou le soigneur (**il massaggiatore**) est souvent appelé **il fisioterapista.**
- plusieurs adjectifs sont utilisés comme synonymes de **combattivo** (combatif) : **volitivo** (volontaire), **grintoso** (à poigne), **agonistico.** La combativité se traduit par **la combattività, la grinta** (la poigne, le mordant), **l'agonismo** (de *agon* : combat en grec).

Attention à ne pas confondre :

- **la qualificazione** (la qualification de l'athlète), **la qualifica** (la qualification professionnelle).
- le mot **il manubrio** désigne à la fois les haltères et le guidon du vélo.

B 2 REMARQUES GRAMMATICALES

1. Noms.

- suffixes : les athlètes dont le nom se termine par le suffixe **-tore** font leur féminin en **-trice** : **il saltatore, la saltatrice.** Ceux dont le nom se termine en **-a** sont masculins ou féminins : **il (la) surfista, il (la) maratoneta.**
- nombre : le mot **sport** est invariable comme tous les mots terminés par une consonne. Les mots étrangers, nombreux dans ce chapitre, sont également invariables.

2. Verbes.

- participes passés irréguliers : **conteso (contendere), vinto (vincere), arreso (arrendersi), perso (perdere), raggiunto (raggiungere).**

B 3 REMARQUES PARTICULIÈRES

Origine de mots.

- quand il s'adressait aux soldats italiens, Mussolini les appelait **gregari**, mot d'origine latine qui signifiait « relatifs aux troupeaux » et désignait les simples soldats. Aujourd'hui **il gregario** est le coureur anonyme de l'équipe cycliste dont le rôle consiste à servir le leader en toutes circonstances : le sans-grade, le porteur d'eau.

- **il tifoso** (mot passé dans la langue française sans traduction) est le supporter italien de football, dont la fougue parfois excessive s'apparente à la fièvre contagieuse qui lui a donné son nom : **il tifo** (le typhus). **Tifo** a ainsi pris le sens de « enthousiasme, passion, déchaînement, tohu-bohu » et est utilisé aujourd'hui pour tous les sports.
  ex. **un tifo incredibile scatenava gli azzurri** : un enthousiasme incroyable des supporters déchaînait les bleus.

C 1 EXERCICES

A **Retrouver les sports à travers ces phrases :**

1. L'azzurra vinceva i 100 piani agevolmente. 2. Nuovo record nella 200 dorso. 3. È più facile ottenere punti dal servizio su terreni rapidi che su terra. 4. Nell'inseguimento, la nostra staffetta è in semifinale. 5. Ha realizzato di testa due delle sue tre reti.

B **Donner à chaque athlète son accessoire :**

1. il cestista	a. il remo
2. il tennista	b. il trampolino
3. il vogatore	c. l'asta
4. la tuffatrice	d. il manubrio
5. il podista	e. l'arco
6. il pesista	f. il pallone
7. l'arciere	g. le scarpe
8. il saltatore	h. la racchetta

C **Traduire en italien :**

1. Le court est libre, nous pouvons jouer. 2. C'est un coureur de demi-fond. 3. Leur rage de vaincre les a fait gagner. 4. But à la 10e minute. 5. Le peloton a rejoint le groupe des échappés. 6. L'égalisation s'est faite sur coup franc. 7. Un lob a envoyé le ballon au fond des filets sans que le gardien puisse l'arrêter.

C 2 CORRIGÉS

A 1. la corsa a piedi 2. il nuoto 3. il tennis 4. il ciclismo su pista 5. il calcio.

B 1.f 2.h 3.a 4.b 5.g 6.d 7.e 8.c.

C 1. Il campo è libero, possiamo giocare. 2. È un mezzofondista. 3. La loro grinta agonistica (la loro combattività) li (le) ha fatti (fatte) vincere. 4. Rete al 10' (decimo minuto). 5. Il plotone ha raggiunto il gruppo dei fuggitori. 6. Il pareggio si è fatto su punizione. 7. Un pallonetto ha mandato la palla in fondo alla rete senza che il portiere potesse fermarla.

37 LA LITTÉRATURE ET LES CONTES

A 1 VOCABULAIRE

A. LE LIVRE : L'ÉDITION ET LA LECTURE

album	**l'album, l'albo**	enluminure	**la miniatura**
best-seller	**il « best seller »**	illustration	**l'illustrazione**
bibliographie	**la bibliografia**	lecteur	**il lettore**
bibliophile	**il bibliofilo**	lecture	**la lettura**
bibliothèque	**la biblioteca**	livre	**il libro**
brochure	**l'opuscolo**	livre de poche	**il tascabile**
chef-d'œuvre	**il capolavoro**	manuscrit	**il manoscritto**
censure	**la censura**	plaquette	**il volumetto**
collection	**la collana**	reliure	**la rilegatura**
couverture	**la copertina**	signet	**il segnalibro**
critique	**la critica**	tome	**il tomo**
éditeur	**l'editore**	volume	**il volume**
édition	**l'edizione**		

B. L'ŒUVRE : LA FORME ET LE CONTENU

anthologie	**l'antologia**	humour	**l'umorismo**
chapitre	**il capitolo**	intrigue	**l'intreccio**
commentaire	**il commento**	introduction	**l'introduzione**
conclusion	**la conclusione**	ironie	**l'ironia**
connotation	**la connotazione**	ligne	**la riga, il rigo**
contexte	**il contesto**	marge	**il margine**
début	**l'inizio**	narrateur	**il narratore**
dédicace	**la dedica**	narration	**la narrazione**
dénouement	**lo scioglimento**	note	**la nota**
description	**la descrizione**	œuvre	**l'opera**
dialogue	**il dialogo**	page	**la pagina**
épilogue	**l'epilogo**	paragraphe	**il paragrafo**
exergue	**l'epigrafe**	partie	**la parte**
extrait	**il brano**	passage	**il passo**
fiction	**la finzione**	personnage	**il personaggio**
fin	**la fine**	plagiat	**il plagio**
fragment	**il frammento**	plan	**lo schema**
glose	**la glossa**	postface	**la nota conclusiva**
héroïne	**l'eroina**	préface	**la prefazione**
héros	**l'eroe**	protagoniste	**il protagonista**

recueil	la raccolta	broché	in brossura
résumé	il riassunto	collectif	collettivo
sommaire	il sommario	édité	edito
structure	la struttura	épuisé	esaurito
style	lo stile	inédit	inedito
sujet	l'argomento	posthume	postumo
suspense	la « suspense »		
table des matières	l'indice (m)	censurer	censurare
texte	il testo	feuilleter	sfogliare
thème	il tema	imprimer	stampare
thèse	la tesi	lire	leggere
titre	il titolo	parcourir	scorrere
traducteur	il traduttore	publier, éditer	pubblicare
traduction	la traduzione	rééditer	ristampare
trame	la trama	relier	rilegare
vraisemblance	la verosimiglianza	résumer	riassumere
		traduire	tradurre
anonyme	anonimo		

C. LA LITTÉRATURE, L'ÉCRIVAIN

auteur	l'autore	inspiration	l'ispirazione
auteur de nouvelles	il novellista	littérature	la letteratura
dramaturge	il drammaturgo	nègre	il negro, il « ghostwriter »
écriture	la scrittura	poète	il poeta
écrivain	lo scrittore	romancier	il romanziere
essayiste	il saggista	troubadour	il trovatore
homme de lettres	il letterato	trouvère	il troviero

D. LES GENRES (voir aussi théâtre, p. 436)

apologie	l'apologia	essai	il saggio
autobiographie	l'autobiografia	fable	la favola
bande dessinée	il fumetto	fabliau	il favolello
biographie	la biografia	genre	il genere
chronique	la cronaca	hagiographie	l'agiografia
cycle	il ciclo	journal (intime)	il diario
épopée	l'epopea	mémoires	le memorie

D. LES GENRES (suite)

nouvelle	**la novella, il racconto**	courtois	**cortese**
		didactique	**didascalico**
pamphlet	**il libello**	épique	**epico**
poésie	**la poesia**	épistolaire	**epistolare**
prose	**la prosa**	érudit	**erudito**
récit	**il racconto**	fantastique	**fantastico**
récit de voyage	**la relazione di viaggio**	historique	**storico**
		humoristique	**umoristico**
roman	**il romanzo**	littéraire	**letterario**
roman-photo	**il fotoromanzo**	moderne	**moderno**
satire	**la satira**	narratif	**narrativo**
science-fiction	**la fantascienza**	parodique	**parodico**
traité	**il trattato**	poétique	**poetico**
		policier	**giallo, poliziesco**
ancien	**antico**	réaliste	**realista, realistico**
avant-gardiste	**avanguardista**	romanesque	**romanzesco**
chevaleresque	**cavalleresco**	romantique	**romantico**
classique	**classico**	satirique	**satirico**
contemporain	**contemporaneo**		

E. LA POÉSIE

ballade	**la ballata**	pièce	**il componimento**
chanson	**la canzone**	poésie	**la poesia**
distique	**il distico**	prosodie	**la prosodia**
églogue	**l'egloga**	quatrain	**la quartina**
élégie	**l'elegia**	sizain	**la sestina**
hymne	**l'inno**	sonnet	**il sonetto**
idylle	**l'idillio**	stance	**la stanza**
madrigal	**il madrigale**	strophe	**la strofa, la strofe**
ode	**l'ode**	tercet	**la terzina**

F. LE VERS

alexandrin	**l'alessandrino**	hiatus	**lo iato**
césure	**la cesura**	mètre	**il metro**
décasyllabe	**il decasillabo**	octave	**l'ottava**
enjambement	**l'«enjambement»**	octosyllabe	**l'ottonario**
hémistiche	**l'emistichio**	rime	**la rima**
hendécasyllabe	**l'endecasillabo**	rythme	**il ritmo**

syllabe, pied	**la sillaba**	vers de 7 syllabes	**il settenario**
vers	**il verso**		

G. QUELQUES PROCÉDÉS STYLISTIQUES

allégorie	**l'allegoria**	ampoulé	**ampolloso**
allitération	**l'allitterazione**	anecdotique	**aneddotico**
anaphore	**l'anafora**	emphatique	**enfatico**
antiphrase	**l'antifrasi**	fictif	**fittizio**
assonance	**l'assonanza**	prolixe	**prolisso**
comparaison	**il paragone**	redondant	**ridondante**
ellipse	**l'ellissi**	rhétorique	**retorico**
emphase	**l'enfasi**	symbolique	**simbolico**
énumération	**l'enumerazione**	vraisemblable	**verosimile**
euphémisme	**l'eufemismo**		
hyperbole	**l'iperbole**	citer	**citare**
image	**l'immagine**	comparer	**paragonare**
litote	**la litote**	créer	**creare**
métaphore	**la metafora**	écrire	**scrivere**
métonymie	**la metonimia**	employer	**usare**
oxymoron	**l'ossimoro**	emprunter à	**prendere a prestito da**
pléonasme	**il pleonasmo**		
prosopopée	**la prosopopea**	s'inspirer de	**ispirarsi a**
répétition	**la ripetizione**	intituler	**intitolare**
symbole	**il simbolo**	romancer	**romanzare**
synecdoque	**la sineddoche**	symboliser	**simboleggiare**
synesthésie	**la sinestesia**		

H. LES CONTES ET LES MYTHES

aventure	**l'avventura**	conte de fées	**la fiaba**
baguette	**la bacchetta**	conteur	**il narratore**
breuvage	**il beveraggio**	cyclope	**il ciclope**
carrosse	**la carrozza**	dragon	**il drago**
cauchemar	**l'incubo**	dryade	**la driade**
centaure	**il centauro**	elfe	**l'elfo**
chaudron	**il paiolo**	enchantement	**l'incantesimo**
chevalier	**il cavaliere**	enchanteur	**il mago**
chimère	**la chimera**	fantôme	**il fantasma, lo spettro**
coffre	**la cassa**		

H. LES CONTES ET LES MYTHES (suite)

faune	**il fauno**
fée	**la fata**
géant	**il gigante**
génie	**il genio**
gnome	**lo gnomo**
griffon	**il grifone**
harpie	**l'arpia**
hippogriffe	**l'ippogrifo**
labyrinthe	**il labirinto**
légende	**la leggenda**
licorne	**il liocorno, l'unicorno**
loup-garou	**il lupo mannaro**
lutin	**il folletto**
monstre	**il mostro**
mystère	**il mistero**
mythe	**il mito**
naïade	**la naiade**
nain	**il nano**
nymphe	**la ninfa**
ogre	**l'orco**
phénix	**la fenice**
philtre	**il filtro**

pirate	**il pirata**
potion	**la pozione**
rêve	**il sogno**
satyre	**il satiro**
sirène	**la sirena**
sorcière	**la strega**
sphynx	**la sfinge**
trésor	**il tesoro**
vampire	**il vampiro**
fabuleux	**favoloso**
imaginaire	**immaginario**
légendaire	**leggendario**
merveilleux	**meraviglioso**
mystérieux	**misterioso**
mythique	**mitico**
secret	**segreto**
inventer	**inventare**
raconter	**raccontare, narrare**
transmettre	**tramandare, trasmettere**

I. DES CONTES À LA SUPERSTITION (voir aussi l'astrologie p. 36)

cartomancienne	**la cartomante**
charlatan	**il ciarlatano**
charme	**la malia**
chiromancien	**il chiromante**
devin	**l'indovino**
exorciste	**l'esorcista**
gri-gri	**l'amuleto**
influence	**l'influsso**
initiation	**l'iniziazione**
irrationnel	**l'irrazionale**

magicien	**il mago**
magie	**la magia**
maléfice	**il maleficio**
mauvais œil	**il malocchio**
médium	**il medium, il sensitivo**
nécromancien	**il negromante**
oracle	**l'oracolo**
porte-bonheur	**il portafortuna**
prédiction	**la predizione**

revenant	**lo spirito**	bénéfique	**benefico**
sorcellerie	**la stregoneria**	ésotérique	**esoterico**
sorcier	**lo stregone**	magique	**magico**
sortilège	**il sortilegio**	maléfique	**malefico**
spirite	**lo spiritista**	occulte	**occulto**
spiritisme	**lo spiritismo**	paranormal	**paranormale**
superstition	**la superstizione**	superstitieux	**superstizioso**
talisman	**il talismano**	surnaturel	**soprannaturale**
télépathie	**la telepatia**		
verdict	**il responso**	charmer	**incantare**
voyance	**la veggenza**	conjurer	**scongiurare**
voyante	**la veggente**	envoûter	**stregare**
		prédire	**predire**

A 2 LEXIQUE EN SITUATION

un'edizione tascabile : une édition de poche.
un'edizione a cura di... : une édition présentée par...
edizione riveduta e corretta : édition revue et corrigée.
edizione aggiornata con nuove tavole fuori testo : édition mise à jour avec de nouvelles planches hors-texte.
la terza ristampa di un libro : la troisième édition d'un livre.
in ristampa : en réimpression.
la casa editrice : la maison d'édition.
un libro fresco di stampa : un livre qui vient de sortir.
mandare un libro al macero : envoyer un livre au pilon.
i premi (letterari) Strega, Viareggio : les prix (littéraires) Strega, Viareggio.

***L'Isola del Tesoro* è un romanzo d'avventure** : *L'Île au Trésor* est un roman d'aventures.
di cappa e spada, di spionaggio, di fantascienza, avveniristico : de cape et d'épée, d'espionnage, de science fiction, d'anticipation.
un romanzo fiume : un roman-fleuve.
un romanzo a puntate pubblicato su *Il Manifesto* : un roman-feuilleton publié dans *Il Manifesto*.
continua... : à suivre...

le diverse stesure di un'opera : les différentes rédactions d'une œuvre.
il contenuto e la forma : le fond et la forme.
un racconto ambientato nella Parigi degli anni venti : un récit situé dans le Paris des années vingt.
l'autore si è ispirato a un fatto di cronaca : l'auteur s'est inspiré d'un fait divers.
fa riferimento (si riferisce) a : il fait référence à.
l'azione si svolge su un'isola : l'action se déroule sur une île.
questo brano (passo) è tratto da... : ce passage est extrait (tiré) de...
nell'ultima riga... : à la dernière ligne...
l'uso della metafora... : l'emploi de la métaphore....
rime baciate, alternate, incrociate (chiuse) : des rimes plates, croisées, embrassées.
versi sciolti : des vers blancs (sans rime).
versi liberi : des vers libres.

era immerso nella lettura di un romanzo di Calvino : il était plongé dans la lecture d'un roman de Calvino.
un romanzo avvincente : un roman captivant.
ero un avido (accanito) lettore dei romanzi di Salgari : j'étais un lecteur assidu des romans de Salgari.
il mio libro prediletto : mon livre de chevet.
il protagonista di un romanzo : le héros d'un roman.
un personaggio minore : un personnage secondaire.
una figura rilevante dell'opera : un personnage important de l'œuvre.
Dylan Dog, l'eroe a fumetti ideato da Tiziano Sclavi : Dylan Dog, le héros de bandes dessinées conçu par Tiziano Sclavi.
un albo dei Puffi : un album des Schtroumpfs.

c'era una volta, tanto, tanto tempo fa... : il était une fois, il y a bien longtemps...
un bosco fatato : un bois enchanté.
il principe azzurro : le prince charmant.
i miti di Prometeo, di Sisifo, d'Orfeo : les mythes de Prométhée, de Sisyphe, d'Orphée.

ha gettato il malocchio su di te : il t'a jeté un sort.
la veggente legge la mano, legge le carte e legge nei fondi di caffè : la voyante lit les lignes de la main, elle tire les cartes et elle lit dans le marc de café.
l'indovina conosce il futuro e il passato : la diseuse de bonne aventure connaît le futur et le passé.
la sfera di cristallo : la boule de cristal.
credo nel soprannaturale : je crois au surnaturel.

A 3 REGISTRES DE LANGUE

1. Sens figuré.
parla come un libro stampato : il parle comme un livre.
voglio voltar pagina : je veux tourner la page.
è proprio una fiaba ! c'est un vrai conte de fées !
rompere l'incanto : rompre le charme.
sta d'incanto : il se porte comme un charme.

2. Néologismes.
un librogame (prononcer « game » à l'anglaise) est un de ces livres où le lecteur ne se contente pas de suivre le fil du récit mais intervient dans le déroulement de l'histoire. En français : « le livre dont vous êtes le héros ».

B 1 REMARQUES LEXICALES

Attention à ne pas confondre :
- **il diario** (le journal intime) et **il giornale** (le journal où sont publiées quotidiennement les nouvelles).
  ex. **il diario di Cesare Pavese, *Il Mestiere di Vivere*** : le journal de Cesare Pavese, *Le Métier de Vivre*.
- **la novella** et **la notizia.**
  ex. **le novelle di Pirandello** : les nouvelles de Pirandello.
  sono notizie false : ce sont de fausses nouvelles.
- **la collana** et **la collezione.**
  ex. **quel romanzo fu pubblicato da Einaudi, nella collana dei « Gettoni »** : ce roman fut publié par Einaudi dans la collection des « Gettoni.»
  una collezione di francobolli : une collection de timbres.

Explication de quelques termes :

- dans le domaine de la correspondance littéraire, **l'epistolario** est un recueil, le plus complet possible, de lettres d'un auteur, **il carteggio** est l'ensemble des lettres écrites et reçues.
  ex. **il carteggio D'Annunzio-Duse è molto interessante.**
- **uno zibaldone** est un recueil de notes prises au jour le jour, sans souci d'unité. Celui de Giacomo Leopardi, par exemple, permet de suivre l'évolution de la pensée du poète.
- **un canzoniere** est un recueil de vers.
- les termes **la narrativa, l'epica, la lirica** peuvent désigner le genre (narratif, épique, lyrique) dans son ensemble, ou l'œuvre (narrative, épique, poétique) d'un auteur, d'une époque.
  ex. **la lirica di Michelangelo** : l'œuvre poétique de Michel-Ange.
  la narrativa del Novecento : la littérature romanesque du XXe siècle.
- **un giallo (un romanzo giallo)** : un roman policier. Les « polars » d'une collection de l'éditeur Mondadori avaient une couverture jaune. Cette couleur a donné son nom à tous les romans du genre.

La poésie :

- le mot **il poema** est généralement réservé aux œuvres poétiques longues.
  ex. **L'*Orlando Furioso* dell'Ariosto è un poema epico** : le *Roland Furieux* de l'Arioste est un poème épique.
  il poema di Dante, *la Divina Commedia*, è diviso in tre cantiche e cento canti : le poème de Dante, la *Divine Comédie*, est divisé en trois parties et cent chants.
  Pour un poème court, on préférera **una poesia.**
  ex. **una poesia di Leopardi, di Villon.**
- **una lirica** : une poésie, **un lirico** : un poète.
  ex. **Petrarca, il lirico più rappresentativo del Trecento.**
- **l'endecasillabo** est le vers le plus répandu dans la littérature classique. C'est un vers de onze syllabes.

Les illustrations et la B.D. :

- **la didascalia** est la légende qui accompagne une illustration ou un dessin.

- le mot **il fumetto** signifie « la bulle », ou « la bande dessinée » (**il racconto a fumetti**).
- **la striscia** est une des bandes horizontales de dessins qui constituent une page de B.D.
- **il fumettista** : le dessinateur de B.D.
  ex. **quel fumettista è privo di fantasia** : ce dessinateur est dépourvu d'imagination.

La superstition :

- dans ce domaine, l'italien dispose d'un riche lexique. Voici quelques mots à rajouter à ceux de la liste :
  lo stregone, la stregoneria, stregare : le sorcier, la sorcellerie, ensorceler.
  il fattucchiere, la fattura, affatturare : le jeteur de sort, le maléfice, ensorceler.
  la maliarda, la malia, ammaliare : la sorcière, le charme, envoûter.
- **la malia** s'emploie aussi au sens figuré.
  ex. **uno sguardo pieno di malia** : un regard séduisant.
  Attention à ne pas confondre **la malia** et **il fascino** (le charme d'une personne attirante).
- **lo iettatore** est une personne qui, par sa seule présence, porte malheur (**la iettatura** : le sort, le mauvais œil). Ces termes, originaires du Sud, ont été adoptés dans toute la péninsule.
- **scongiurare** est peu employé aujourd'hui. « Conjurer le mauvais sort » se traduit par **fare gli scongiuri**.
- voici une recette simple pour éloigner tout danger : serrer le poing droit puis déplier l'index et l'auriculaire. Cette pratique, **fare le corna**, est très courante en Italie. La traduction la plus proche est « toucher du bois ».
  Attention, **fare le corna** a un autre sens : cocufier !
- le mot **scaramanzia** désigne toute pratique (geste, formule magique ou simple précaution) liée à la superstition.
  ex. **toccar ferro per scaramanzia** : toucher du bois pour conjurer le sort.
  Il est intéressant de remarquer que, plutôt que du bois, l'italien préfère toucher du fer (**toccar ferro**). Les hommes ont aussi une troisième possibilité : **toccarsi le palle** (vulgaire ; voir p. 163).

B 2 REMARQUES GRAMMATICALES

1. Noms.

- pluriel de quelques mots en **-co**, **-go** (voir p. 295) :
- *parole sdrucciole* : **classici, autobiografici, epici, umoristici, poetici, magici ; gli epiloghi, i dialoghi.**
- *parole piane* : **i drammaturghi, i maghi, i draghi.**
- exemples de formation du féminin à partir du masculin :
- masculin en **-o**, féminin en **-a** : **la maga** (la magicienne).
- masculin en **-e**, féminin en **-a** : **la novelliera** (la nouvelliste), **la romanziera** (la romancière).
- masculin en **-tore**, féminin en **-trice** : **la scrittrice** (l'écrivain), **l'autrice** (l'auteur), **la narratrice** (la narratrice).
- féminin en **-essa** : **la poetessa** (la poétesse), **la gigantessa** (la géante), **l'orchessa** (l'ogresse).

2. Verbes.

- participes passés irréguliers :
  scritto (scrivere), letto (leggere), riassunto (riassumere), tradotto (tradurre), scorso (scorrere), svolto (svolgere), trasmesso (trasmettere), predetto (predire).
- remarques sur deux verbes :
- **predire** est un dérivé du verbe irrégulier **dire** (voir formes p. 407).
- dans la conjugaison de **tradurre** et **predire**, on retrouve des formes archaïques d'infinitifs : **ducere** (mener) et **dicere** (dire). ex. **traduco** : je traduis, **predicevo** : je prédisais.

B 3 REMARQUES PARTICULIÈRES

1. Prononciation.

Lire à haute voix les mots suivants :

- en **-zione** [tsione] : **descrizione, traduzione, finzione, erudizione, ispirazione, illustrazione, pozione.**
- en **-sione** [zione] : **conclusione, allusione, decisione, televisione, occasione.**
- en **-ssione** [ssione] : **espressione, progressione, estensione, riflessione.**

2. D'une langue à l'autre.

Des mouvements littéraires (**movimenti letterari**) ont en commun leur terminaison en **-ismo** (en français *-isme*) : **lo stilnovismo** (ou **dolce stil novo**), **il petrarchismo, l'illuminismo, il neoclassicismo, il realismo, il naturalismo, il verismo, il decadentismo, il futurismo, l'ermetismo, lo sperimentalismo**... Attention aux mots **il romanticismo** (le romantisme) et **l'umanesimo** (l'humanisme).

C 1 EXERCICES

A **Grammaire : mettre au pluriel :**

1. è un romanzo autobiografico 2. l'eroe mitico 3. Mi piace questo poeta greco 4. un poema epico

B **De quel conte s'agit-il ?**

1. Il Brutto Anatroccolo 2. Cenerentola 3. Pollicino 4. Cappuccetto Rosso 5. La Bella Addormentata nel Bosco 6. Il Gatto con gli Stivali 7. Biancaneve e i Sette Nani 8. Barbablù.

C **Traduire en français cette publicité :**

Due motivi per andare dal mago Magus :

– Toglie con il suo benefico fluido ogni tipo di malocchio, malefici, malie, iettature, fatture, invidie, gelosie, contrarietà.

– Prepara potenti talismani ed amuleti portafortuna contro ogni avversità della vita.

D **Traduire en italien :**

1. Cette poésie de Mario Luzi, « Uccelli », extraite du recueil *Onore del Vero*, est composée (***composta***) de vingt hendécasyllabes blancs. Le « **triste volo** » des oiseaux, dont parle l'auteur, est une métaphore de la vie de l'homme.
2. La publication en 1968 de l'œuvre posthume de Beppe Fenoglio, *Le Partisan Johnny*, par Einaudi, a suscité de nombreuses polémiques.

C 2 CORRIGÉS

A 1. sono romanzi autobiografici 2. gli eroi mitici 3. mi piacciono questi poeti greci 4. poemi epici.

B 1. Le Vilain Petit Canard 2. Cendrillon 3. Le Petit Poucet 4. Le Petit Chaperon Rouge 5. La Belle au Bois Dormant 6. Le Chat Botté 7. Blanche Neige et les Sept Nains 8. Barbe-Bleue.

C Deux raisons pour aller chez le mage Magus :
– Il élimine par son fluide bénéfique tout type de mauvais œil, maléfices, charmes, sorts, envoûtements, envies, jalousies, contrariétés.
– Il prépare de puissants talismans et des amulettes porte-bonheur pour chaque épreuve de la vie.

D 1. Questa lirica (poesia) di Mario Luzi, « Uccelli », tratta dalla raccolta *Onore Del Vero*, è composta di venti endecasillabi sciolti. Il « triste volo » degli uccelli, di cui parla l'autore, è una metafora della vita umana.
2. La pubblicazione nel'68 dell'opera postuma di Beppe Fenoglio, *Il Partigiano Johnny*, da Einaudi, ha suscitato numerose polemiche.

38 LES BEAUX-ARTS

A 1 VOCABULAIRE

A. LES COLLECTIONS, L'AMATEUR D'ART

académie	**l'accademia**	inauguration	**l'inaugurazione**
amateur (d'art)	**l'appassionato (d'arte)**	musée	**il museo**
		nature morte	**la natura morta**
art	**l'arte (f)**	nu	**il nudo**
art abstrait	**l'astrattismo**	peinture	**la pittura**
chef-d'œuvre	**il capolavoro**	pinacothèque	**la pinacoteca**
collection	**la collezione**	tableau	**il quadro**
collectionneur	**il collezionista**	vernissage	**il « vernissage »**
conférencier	**il conferenziere**		
connaisseur	**l'intenditore**	estimer	**stimare**
exposition	**la mostra**	exposer	**esporre**
galerie	**la galleria**	restaurer	**restaurare**
guide	**la guida, il cicerone**		

B. L'ARTISTE ET L'ŒUVRE

aquarelle, lavis	**l'acquerello**	graveur	**l'incisore**
artiste	**l'artista**	gravure	**l'incisione**
atelier	**lo studio**	image	**l'immagine**
caricature	**la caricatura**	marine	**la marina**
copie	**la copia**	paysagiste	**il paesista, il paesaggista**
croquis	**lo schizzo**		
dessin	**il disegno**	peintre	**il pittore**
dessinateur	**il disegnatore**	peinture	**il dipinto**
enluminure	**la miniatura**	pochade	**la macchietta**
épreuve	**la prova**	portrait	**il ritratto**
esquisse	**il bozzetto**	portraitiste	**il ritrattista**
estampe	**la stampa**	profil	**il profilo**
étude	**lo studio**	pyrogravure	**la pirografia**
faussaire	**il falsario**	sanguine	**la sanguina**
faux	**il falso**	signature	**la firma**
fresque	**l'affresco**		

C. QUELQUES COULEURS

amarante	**amaranto**	blanc	**bianco**
ambre	**ambra**	bleu ciel	**celeste**
beige	**nocciola, « beige »**	bleu clair	**azzurro**

C. QUELQUES COULEURS (suite)

bleu foncé	blu	marron	marrone
bordeaux	bordò	mauve	malva
brun	bruno	noir	nero
carmin	carminio	ocre	ocra
cramoisi	cremisi	orange	arancione
écarlate	scarlatto	pourpre	porpora
grenat	granata	rose	rosa
gris	grigio	rouge	rosso
incarnat	incarnato	turquoise	turchese
indigo	indaco	vermillon	vermiglione
jaune	giallo	vert	verde
lilas	lilla	violet	viola

D. LA TECHNIQUE DE L'ARTISTE

académisme	l'accademismo	sujet	il soggetto
arabesque	l'arabesco	tache	la macchia
chromo	la cromolitografia	technique	la tecnica
clair-obscur	il chiaroscuro	teinte	la tinta
contour	il contorno	touche	il tocco
contraste	il contrasto	trait	il tratto
coup de pinceau	la pennellata		
dégradé	lo sfumato	abstrait	astratto
délicatesse	la delicatezza	achevé	compiuto
détail	il particolare	admirable	mirabile
détrempe	la tempera	affecté	studiato
dorure	la doratura	affreux	orrendo
eau-forte	l'acquaforte	ancien	antico
ébauche	l'abbozzo	animalier	animalista
finesse	la finezza	artificiel	artificioso
fond	lo sfondo	artistique	artistico
fondu, flou	lo sfumato	baroque	barocco
hachure	il tratteggio	beau	bello
lithographie	la litografia	clair	chiaro
modèle	il modello	classique	classico
nuance	la sfumatura	complémentaire	complementare
perspective	la prospettiva	coté	quotato
retouche	il ritocco	criard	chiassoso
style	lo stile	esthétique	estetico

expressionniste	**espressionista**	original	**originale**
extraordinaire	**straordinario**	pâle, passé	**sbiadito**
figuratif	**figurativo**	pictural	**pittorico**
flou	**sfumato**	pittoresque	**pittoresco**
futuriste	**futurista**	pompier	**pompieristico**
horrible	**orribile**	primitif	**primitivo**
impressionniste	**impressionista**	ressemblant	**somigliante**
inachevé	**incompiuto**	réussi	**riuscito**
laid	**brutto**	sombre	**scuro**
maniéré	**manierato**	superbe	**stupendo**
maniériste	**manierista**	surréaliste	**surrealista**
naïf	**« naïf »**	vif	**vivo, vivace**
naturel	**naturale**		

E. LE MATÉRIEL DE L'ARTISTE

brosse	**il pennello**	plume	**la penna**
cadre	**la cornice**	pochoir	**lo stampino**
carton à dessin	**la cartella da disegno**	pointe	**la punta**
		porte-mine	**il portamina**
chevalet	**il cavalletto**	support	**il supporto**
couleur	**il colore**	toile	**la tela**
couteau	**la spatola**	tube	**il tubo**
crayon	**il lapis, la matita**		
encre	**l'inchiostro**	calquer	**ricalcare**
estompe	**lo sfumo, lo sfumino**	colorer	**colorare**
		colorier	**colorire**
fusain	**il carboncino**	copier	**copiare**
godet	**il piattino**	croquer	**schizzare**
gomme	**la gomma**	délayer	**stemperare**
gouache	**il guazzo**	dessiner	**disegnare**
mine	**la mina**	diluer	**diluire**
palette	**la tavolozza**	ébaucher	**abbozzare**
papier	**la carta**	encadrer	**incorniciare**
papier calque	**la carta da ricalco**	esquisser	**schizzare**
pastel	**il pastello**	faire le portrait	**ritrattare**
pinceau	**il pennello**	graver	**incidere**
planche à dessin	**il tavolo da disegno**	imiter	**imitare**
		nuancer	**sfumare**

E. LE MATÉRIEL DE L'ARTISTE (suite)

peindre	**dipingere**	teindre	**tingere**
retoucher	**ritoccare**	vernir	**verniciare**

F. LA SCULPTURE ET L'ARTISANAT D'ART

(pour les matières employées en sculpture, voir pp. 133 et 134)

artisanat	**l'artigianato**	orfèvre	**l'orefice**
bas-relief	**il bassorilievo**	orfèvrerie	**l'oreficeria**
burin	**il bulino**	pièce	**il pezzo**
buste	**il busto**	piédestal	**il piedistallo**
camée	**il cammeo**	proportion	**la proporzione**
ciseau	**lo scalpello**	relief	**il rilievo**
compression	**la compressione**	ronde-bosse	**il tuttotondo**
coulage	**la fusione**	sculpteur	**lo scultore**
ébénisterie	**l'ebanisteria**	sculpture	**la scultura**
fondeur	**il fonditore**	socle	**lo zoccolo**
forme	**la forma**	statuaire	**la statuaria**
inauguration	**lo scoprimento**	statue	**la statua**
maquette	**il bozzetto**	statuette	**la statuetta**
marqueterie	**l'intarsio**	vase	**il vaso**
marteau	**il mazzuolo**	volume	**il volume**
matériau	**il materiale**		
matière	**la materia**	façonner	**foggiare, modellare**
médaille	**la medaglia**		
médaillon	**il medaglione**	fondre	**fondere**
modelage	**la modellatura**	marqueter	**intarsiare**
modelé	**il modellato**	modeler, mouler	**plasmare, modellare**
monument	**il monumento**		
mosaïque	**il mosaico**	mouler	**prendere la forma**
moulage	**il calco**	sculpter	**scolpire**
moule	**la forma, lo stampo**	tailler	**intagliare**

G. L'ARCHITECTURE CIVILE, MILITAIRE ET RELIGIEUSE

(pour les lieux de culte, voir p. 314)

abside	**l'abside**	arcade	**l'arcata**
arc	**l'arco**	arcades	**i portici**

38 LES BEAUX-ARTS

arc-boutant	**l'arco di sostegno**
architecte	**l'architetto**
architecture	**l'architettura**
architrave	**l'architrave (m)**
autel	**l'altare**
bas-côté	**la navata laterale**
base	**la base**
bastion	**il bastione**
beffroi	**la torre campanaria**
chaire	**il pulpito**
chapiteau	**il capitello**
chemin de ronde	**il camminamento di ronda**
chœur	**il coro**
clef de voûte	**la chiave di volta**
clocher	**il campanile**
colonne	**la colonna**
contrefort	**il contrafforte**
corniche	**il cornicione**
coupole	**la cupola**
créneau	**il merlo**
crénelure	**la merlatura**
croisée	**la crociera**
croisillon	**la crociata**
crypte	**la cripta**
donjon	**il maschio**
emplacement	**il posto**
façade	**la facciata**
flèche	**la guglia**
forteresse	**la rocca**
fouilles	**gli scavi**
frise	**il fregio**
fronton	**il frontone**
gargouille	**il doccione**
mâchicoulis	**il piombatoio**
maître-autel	**l'altare maggiore**
maquette	**il plastico**
merlon	**il merlone**
meurtrière	**la feritoia**
nef	**la navata**
ogive	**l'ogiva**
parvis	**il sagrato**
pilier	**il pilastro**
pinacle	**il pinnacolo**
pont-levis	**il ponte levatoio**
porche	**il portico**
portail	**il portale**
poutre	**la trave**
restauration	**il restauro**
restes	**i resti**
retable	**la pala d'altare**
rosace	**il rosone**
ruines	**le rovine, i ruderi**
soutènement	**il sostegno**
stalle	**lo stallo**
tabernacle	**il tabernacolo**
tour	**la torre**
transept	**il transetto**
travée	**la campata**
tympan	**il timpano**
vitrail	**la vetrata**
voûte	**la volta**
ajouré	**traforato**
architectural	**architettonico**
byzantin	**bizantino**
cintré	**centinato**
corinthien	**corinzio**
creusé, en creux	**incavato**
dorique	**dorico**
flamboyant	**fiammeggiante**
fleuri	**fiorito**
géminé	**geminato**
gothique	**gotico**
incrusté	**tempestato**

G. L'ARCHITECTURE CIVILE, MILITAIRE ET RELIGIEUSE (suite)

ionique	**ionico**	ciseler	**cesellare**
monumental	**monumentale**	construire	**costruire**
plastique	**plastico**	couler	**gettare**
roman	**romanico**	édifier	**edificare**
saillant	**sporgente**	élever, dresser	**innalzare**
sculptural	**sculturale**	ériger	**erigere**
symétrique	**simmetrico**	projeter	**architettare**

A 2 LEXIQUE EN SITUATION

le belle arti : les beaux-arts.
è un amante dell'arte : c'est un passionné d'art.
il nome d'arte di un artista : le pseudonyme d'un artiste.
l'arte rinascimentale : l'art de la Renaissance.
la mostra retrospettiva di un pittore : la rétrospective d'un peintre.
la pittura ad olio : la peinture à l'huile.
dipingere dal vero : peindre d'après nature.
dipingere col pennello : peindre au pinceau.
un quadro d'autore : un tableau de maître.
un quadro di pregio : un tableau de valeur (de prix).
la cornice vale più del quadro : le cadre vaut plus que le tableau.
disegnare a matita : dessiner au crayon.
un disegno a colori : un dessin en couleurs.
un'incisione in bianco e nero : une gravure en noir et blanc.
essere un bravo scultore : être un sculpteur de talent.
una statua giacente, orante : un gisant, un orant.

A 3 REGISTRES DE LANGUE

1. Sens figuré.
fare qualcosa a regola d'arte : faire quelque chose selon les règles de l'art.
è stato ingannato con arte : il s'est fait avoir en beauté.
fare una cosa ad arte : faire quelque chose de propos délibéré.
è la copia della madre : c'est le portrait de sa mère.

non lo posso più vedere nemmeno dipinto : je ne peux plus le voir en peinture.
è il ritratto del dolore : on lit la douleur sur son visage.
me ne ha fatte di tutti i colori : il m'en a fait voir de toutes les couleurs.
un discorso colorito : un discours haut en couleur.
essere come una statua : être immobile comme une statue.

2. Proverbes.
non avere né arte né parte : être un bon à rien (être sans le sou).
l'arte di Michelaccio : l'art de ne rien faire.
impara l'arte e mettila da parte : qui a un métier est sûr du lendemain.

3. Familier.
rimanere (restare) di stucco : en rester baba, ne pas en croire ses yeux.
le contraire d'**un capolavoro**, en langage familier, sera **una crosta** ou **un'oleografia** si les couleurs sont criardes.

4. Littéraire.
L'opposition entre **blu** (bleu foncé) et **azzurro** (bleu clair) s'enrichit de teintes plus rares : **ceruleo** (céruléen), **cilestro** (céleste), **cinereo** (bleu tendant vers le gris, cendre).
Il cultore est une forme plus recherchée pour **l'appassionato, l'amatore** ou **l'amante.**
L'endroit où travaille l'artiste se dit aujourd'hui **lo studio** ou **l'atelier**, en gardant le mot français. Autrefois, on parlait de **la bottega**. Durant la Renaissance, **essere a bottega** signifiait travailler, se former dans l'atelier d'un maître.

5. Néologisme.
Le mot **madonnaro** désigne par tradition le peintre spécialisé dans les Vierges à l'enfant. Aujourd'hui, ce mot s'utilise aussi pour les artistes de rue peignant à même le trottoir pour quelques pièces ou pour l'amour de l'art, comme les **madonnari** qui se retrouvent chaque année à Grazie, petite ville du nord de l'Italie.

B 1 REMARQUES LEXICALES

L'Italie possède une histoire artistique très riche :

- cela se vérifie dans l'étendue de son vocabulaire concernant les beaux-arts, qu'il soit culturel, critique ou plus directement technique. Citons ici la pratique sans laquelle l'art italien n'aurait pas connu sa période de gloire à la Renaissance (**il Rinascimento**) : le mécénat (**il mecenatismo**) possible grâce à un mécène (**un mecenate**). Riches seigneurs, ducs, princes, cardinaux ou papes s'offraient les meilleurs artistes pour soigner leur image ou parfaire leur réputation. Citons Michel-Ange (**Michelangelo**) qui travailla pour la famille des Médicis (**i Medici**) et le pape Jules II (**Giulio II**), ou encore Léonard de Vinci (**Leonardo da Vinci**), artiste officiel de François Ier.
- chaque école artistique, en peinture ou en sculpture, a un nom précis qui recoupe une période historique déterminée. Voici les principaux, suivis à chaque fois du nom d'un artiste représentatif :
  il Medioevo, XIIIe–XIVe siècle (Giotto) ; **il Rinascimento,** XVe–XVIe (Raffaello) ; **il Manierismo,** XVIe (Arcimboldo) ; **il Barocco,** de la fin du XVIe à la fin du XVIIe (Bernini) ; **il Neoclassicismo,** fin XVIIIe (Canova) ou, plus près de nous au XXe, **il Futurismo** (Boccioni), **il Surrealismo** (De Chirico) ou **l'Arte povera** (Anselmo).

- pour préciser l'époque d'une œuvre ou d'un artiste, l'italien peut former un adjectif à partir du nom du siècle (voir p. 16).
  ex. **la pittura quattrocentesca** : la peinture du Quattrocento (du XVe siècle).
  Sur le même principe on trouve les adjectifs **cinquecentesco, seicentesco, settecentesco, ottocentesco, novecentesco.**

- beaucoup de verbes qui se traduisent par « peindre » en français ont une utilisation différente en italien. Attention à ne pas les employer l'un pour l'autre : **dipingere** s'emploie exclusivement pour l'art ou dans un sens figuré, **pitturare** peut se dire pour un artiste ou un peintre en bâtiment. Ce dernier peut aussi **imbiancare, verniciare** ou **tinteggiare.**

Attention à ne pas confondre :

- **romano** (romain), **romeno** ou **rumeno** (roumain), **romanico** (l'art roman), **romanesco** (le dialecte romain) ou **romanzesco** (romanesque, propre à la littérature).
- **il portale** (le portail) et **il portone** (la porte d'entrée). Le premier est un terme architectural qui s'utilise essentiellement pour les églises ou les palais, le second désigne l'entrée d'un immeuble.
- **l'inchiostro di china** (l'encre de Chine) et **la Cina** (la Chine).
- **il pennello** ou **la pennellessa** (la brosse plate) et **la spazzola** (la brosse à cheveux).
- **la modellatura** (l'action de modeler en sculpture) et **il modellato** (le résultat de cette action). Dans les deux cas, le français utilise le mot « modelage ».

Attention au changement de genre des mots suivants :

- **l'arte**, féminin en italien.
  ex. **le belle arti** : les beaux-arts.
- **la guida**, féminin en italien, aussi bien pour la personne que pour le livre.
  ex. **una guida dei musei vaticani** : un guide des musées du Vatican.
  una guida interessante : un guide intéressant.
- **il colore**, masculin en italien.
  ex. **il colore giallo** : la couleur jaune.
- **il mosaico**, masculin en italien.
  ex. **i mosaici di Ravenna** : les mosaïques de Ravenne.

B 2 REMARQUES GRAMMATICALES

1. Suffixes.
Le suffixe **-astro** (*-âtre*), qui a un sens péjoratif, s'applique aux couleurs qui ne sont pas pures : **giallastro, rossastro, verdastro** (jaunâtre, rougeâtre, verdâtre).

2. Adjectifs de couleur.
Lorsque l'adjectif est issu d'un substantif ou lorsqu'il est suivi d'un autre adjectif, il reste invariable. Ainsi l'on dira **rosa, viola, granata, arancione, giallo scuro, verde chiaro** aussi

bien au singulier qu'au pluriel. **Blu** est également invariable, mais en tant qu'adjectif monosyllabique. On rencontre **marrone** ou **marroni** au pluriel.

B 3 REMARQUES PARTICULIÈRES

Origine de mots.
Beaucoup de termes liés à une pratique artistique ont une origine qui est aussi une explication de leur sens :

- **l'acquerello** où l'on retrouve le mot **acqua** (eau).
- **il quadro** qui a pris son nom de sa forme carrée si bien que l'italien possède aussi le mot **il tondo** pour indiquer une œuvre ronde ou ovale comme le **tondo Doni** de Michel-Ange.
- **l'affresco** vient de la technique utilisée consistant à déposer les couleurs sur un mur préalablement enduit d'une couche de mortier frais et humide (**fresco** : frais).
- **barocco** (adjectif ou nom) viendrait d'un mot portugais désignant une perle irrégulière, imparfaitement ronde, d'où, par déplacement de sens, l'idée d'un art bizarre, en dehors des normes habituelles.

C 1 EXERCICES

A Devinette :

1. Léonard de Vinci nous définissait comme « l'arte del porre (*déposer*) e l'arte del levare (*enlever*) ». Qui sommes-nous ?
2. Pour vous aider, lisez ce texte du même Léonard et complétez les blancs :
   « Tra la … e la … non trovo altra differenza, senonché lo … conduce opere con maggior fatica di corpo ed il … conduce le opere sue con maggior fatica di mente ».
3. Quel était selon vous l'art préféré de Léonard de Vinci ?

B Compléter ces phrases en choisissant la bonne réponse :

1. Il marrone e l'arancione sono due … che non mi piacciono.
   a. vernici — c. quadri
   b. schiarite — d. colori

2. Per dipingere, il pittore si serve di …

a. un bulino	c. una spazzola
b. un pennello	d. una penna

3. Per scolpire, lo scultore ha bisogno di …

a. un cavalletto	c. un carboncino
b. un piattino	d. una mazzuola

4. Botticelli è un … del …

a. scultore, Ottocento	c. pittore, Quattrocento
b. architetto, Seicento	d. artista, Trecento

C **Grammaire : transformer au pluriel :**
1. l'abito giallo 2. il quadro rosso e verde 3. la scarpa marrone 4. il disegno bianco e nero 5. il fiore rosa e viola 6. la notte blu.

D **Retrouver les couleurs cachées derrière ces définitions :**
1. Sono fatto con il bianco e il rosso. 2. Sono composto di giallo e di rosso. 3. Mettete verde e blu e mi troverete. 4. Ho bianco e nero. 5. Siamo sulla bandiera italiana.

C 2 CORRIGÉS

A 1. « la pittura » (*l'arte del porre* : l'art de déposer de la peinture sur la toile) et « la scultura » (*l'arte del levare* : l'art d'ôter de la matière au bloc de marbre ou d'argile pour obtenir une figure).
2. dans l'ordre : scultura, pittura, scultore, pittore
3. la peinture.

B 1.d 2.b 3.d 4.c.

C 1. gli abiti gialli 2. i quadri rossi e verdi 3. le scarpe marrone (*ou* marroni) 4. i disegni bianchi e neri 5. i fiori rosa e viola 6. le notti blu.

D 1. il rosa 2. l'arancione 3. il turchese 4. il grigio 5. il verde, il bianco e il rosso.

39 LA MUSIQUE

A 1 VOCABULAIRE

A. LES INSTRUMENTS

accordéon	la fisarmonica
alto	la viola
banjo	il bangio
basse	il basso
basson	il fagotto
batterie	la batteria
bois	i legni
bombarde	la bombarda
bourdon	il bordone
caisse	la cassa
castagnettes	le nacchere
clairon	la tromba
clarinette	il clarinetto
clavecin	il clavicembalo
contrebasse	il contrabbasso
cor	il corno
cordes	gli archi
cornemuse	la cornamusa, la piva
cornet à pistons	la cornetta
crécelle	la raganella
cuivres	gli ottoni
cymbales	i piatti, i cembali
épinette	la spinetta
fifre	il piffero
flûte	il flauto
grosse caisse	la grancassa
guimbarde	lo scacciapensieri
guitare	la chitarra
harmonica	l'armonica
harmonium	l'armonium
harpe	l'arpa
hautbois	l'oboe
hélicon	il bombardone
instrument	lo strumento
luth	il liuto
lyre	la lira
mandoline	il mandolino
musette	la zampogna
orgue	l'organo
orgue de Barbarie	l'organetto
percussions	le percussioni
piano	il pianoforte
pipeau	lo zufolo
saxophone	il sassofono
tambour	il tamburo
tambourin	il tamburello
tam-tam	il tam-tam
timbale	il timpano
triangle	il triangolo
trombone	il trombone
trompette	la tromba
tuba	la tuba
vents	i fiati
viole (de gambe)	la viola (da gamba)
violon	il violino
violoncelle	il violoncello
xylophone	lo xilofono

B. LES PARTIES DE L'INSTRUMENT

âme	**l'anima**	corde	**la corda**
anche	**l'ancia**	éclisse	**la fascia**
archet	**l'archetto**	manche	**il manico**
baguette	**la bacchetta**	médiator, plectre	**il plettro**
bec	**il bocchino**	pavillon	**il padiglione**
caisse	**la cassa**	pédale	**il pedale**
chevalet	**il ponticello**	sillet	**il capotasto**
cheville	**il bischero**	touche	**il tasto**
clavier	**la tastiera**	tuyau d'orgue	**la canna**

C. LES MUSICIENS ET LES CHANTEURS

auteur-interprète	**il cantautore**	orchestre	**l'orchestra (f)**
barde	**il bardo**	pianiste	**il pianista**
baryton	**il baritono**	quatuor	**il quartetto**
basse	**il basso**	quintette	**il quintetto**
cantatrice	**la cantante lirica**	sextuor	**il sestetto**
castrat	**il castrato**	soliste	**il solista**
chanteur	**il cantante**	ténor	**il tenore**
chef de musique	**il capobanda**	trio	**il trio**
chef d'orchestre	**il direttore d'orchestra**	violoniste	**il violinista**
chœur	**il coro**	amateur	**dilettante**
choriste	**il corista**	brillant	**brillante**
clairon	**il trombettiere**	classique	**classico**
compositeur	**il compositore**	moderne	**moderno**
concertiste	**il concertista**		
contralto, alto	**il contralto**	accompagner	**accompagnare**
duo	**il duo, duetto**	accorder	**accordare**
fanfare	**la banda**	diriger	**dirigere**
groupe, ensemble	**il complesso**	exécuter	**eseguire**
instrumentiste	**lo strumentista**	improviser	**improvvisare**
interprète	**l'interprete**	interpréter	**interpretare**
joueur	**il suonatore**	orchestrer	**orchestrare**
mélomane	**il melomane**	répéter	**provare**
musicien	**il musicista**		

D. LES GENRES MUSICAUX

aubade	la mattinata
blues	il « blues »
concerto	il concerto
fugue	la fuga
jazz	il « jazz »
opéra	l'opera lirica (f)
opéra bouffe	l'opera buffa
opérette	l'operetta
prélude	il preludio
rhapsodie	la rapsodia
rock	il rock
sérénade	la serenata
sonate	la sonata
symphonie	la sinfonia
concertant	concertante
polyphonique	polifonico
pop	pop
sériel	seriale
symphonique	sinfonico
tonal	tonale
traditionnel	tradizionale

E. JOUER DE LA MUSIQUE, LIRE UNE PARTITION

accompagnement	l'accompagnamento
accord	l'accordo
air	l'aria (f), il motivo
ariette	l'arietta
arpège	l'arpeggio
arrangement	l'arrangiamento
audition	l'audizione
bécarre	il bequadro
bémol	il bemolle
cadence	la cadenza
clef	la chiave
concert	il concerto
conservatoire	il conservatorio
contrepoint	il contrappunto
couac	la stecca
croche	la croma
diapason	il diapason
dièse	il diesis
dissonance	la dissonanza
dodécaphonisme	la dodecafonia
exécution	l'esecuzione
fausse note	la stonatura
gamme	la scala, la gamma
harmonie	l'armonia
leitmotiv	il leitmotiv
livret	il libretto
mélodie	la melodia
mesure	il tempo, la battuta
métronome	il metronomo
morceau	il pezzo
motif	il motivo
musique	la musica
note	la nota
octave	l'ottava
opus	l'opus
orchestration	l'arrangiamento
partition	la partitura, lo spartito
pause	la pausa
portée	il rigo, il pentagramma
pupitre	il leggio
récital	il recital
reprise	la ripresa
ronde	la semibreve

rythme	**il ritmo**
silence	**la pausa**
solfège	**il solfeggio**
solo	**l'assolo**
soupir	**il sospiro**
sourdine	**la sordina**
tablature	**l'intavolatura**
thème	**il motivo**
trille	**il trillo**
unisson	**l'unisono**
variations	**le variazioni**
endiablé	**indiavolato**
entraînant	**brioso**
lancinant	**ossessionante**
langoureux	**languido**
mélodieux	**melodioso**
répété	**ripetuto**

répétitif	**ripetitivo**
saccadé, haché	**spezzato**
syncopé	**sincopato**
bisser	**bissare**
composer	**comporre**
déchiffrer	**leggere**
jouer	**suonare**
jouer faux, détonner	**stonare**
pianoter	**strimpellare**
pincer	**pizzicare**
transposer	**trasportare**
doucement	**piano**
tout doucement	**piano piano, pianissimo**
lentement	**adagio**

F. CHANTER

berceuse	**la ninnananna**
canon	**il canone**
cantate	**la cantata**
chanson	**la canzone**
chant	**il canto**
couplet	**la strofa**
hit-parade	**la « hit-parade »**
indicatif, intro	**la sigla**
madrigal	**il madrigale**
motet	**il mottetto**
récitatif	**il recitativo**
recueil de chansons	**il canzoniere**
refrain	**il ritornello**
ritournelle	**il ritornello**
succès, tube	**il successo**
tessiture	**la tessitura**
timbre	**il timbro**

ton	**il tono**
tour de chant	**il recital**
vocalise	**il vocalizzo**
voix	**la voce**
agréable	**piacevole**
aigu	**acuto**
faux	**stonato**
grave	**grave**
harmonieux	**armonioso**
juste	**intonato**
léger	**leggero**
lyrique	**lirico**
musical	**musicale**
chanter	**cantare**
chanter faux	**stonare**
chantonner	**canterellare**

G. ÉCOUTER DE LA MUSIQUE

acoustique	**l'acustica**	magnétophone	**il registratore**
album	**l'album**	mange-disques	**il mangiadischi**
amplificateur	**l'amplificatore**	micro	**il microfono**
auditoire	**l'uditorio**	microsillon	**il microsolco**
auditorium	**l'auditorio**	pochette	**la copertina**
baladeur	**il « walkman »**	salle de concert	**la sala da concerti**
boîte à musique	**il « carillon »**	son	**il suono**
casque, écouteurs	**la cuffia**	synthétiseur	**il sintetizzatore**
cassette	**la cassetta**	tourne-disques	**il giradischi**
chaîne hifi	**il complesso hifi**	vidéodisque	**il videodisco**
compact	**il compact**		
disque	**il disco**	baisser	**abbassare**
enceinte, baffle	**la cassa acustica**	écouter	**ascoltare**
enregistrement	**la registrazione**	enregistrer	**registrare**
ensemble stéréo	**lo stereo**	graver	**incidere**
label	**l'etichetta**		

A 2 LEXIQUE EN SITUATION

suonare uno strumento : jouer d'un instrument.
suona il trombone a tiro : il joue du trombone à coulisse.
suonare un brano di Vivaldi : jouer un morceau de Vivaldi.
suonare a orecchio : jouer de mémoire.
quest'allievo suona correttamente : cet élève joue juste.
avere la voce intonata : avoir la voix juste.
la chitarra classica, la chitarra elettrica : la guitare classique (sèche), la guitare électrique.
un pianoforte a coda, verticale : un piano à queue, droit.
avere orecchio : avoir de l'oreille.
un'aria orecchiabile : un air facile à retenir.
essere portato per la musica : être doué pour la musique.
la musica cameristica (da camera) : la musique de chambre.
un concerto in sol maggiore, in si bemolle : un concert en sol majeur, en si bémol.
una sinfonia per archi e strumenti a fiato : une symphonie pour cordes et instruments à vent.
lavorare a suon di musica : travailler en musique.
battere il tempo : battre la mesure.

suonare a tempo : jouer en mesure.
devi rispettare le semicrome, le biscrome e le semibiscrome ! tu dois respecter les doubles, les triples et les quadruples croches !
ascendere una scala : monter une gamme.
la Scala di Milano fa il tutto esaurito : la Scala de Milan joue à guichets fermés.

A 3 REGISTRES DE LANGUE

1. Sens figuré.

adesso cambia musica ! maintenant change de disque !
toccare il tasto buono : toucher la corde sensible.
toccare un tasto delicato : aborder un sujet délicat.
battere sempre sullo stesso tasto : enfoncer le clou.
fare un fiasco (plus familier : **una pizza**) : faire un bide.
essere stonato come una campana : chanter comme une casserole.
lascialo cantare ! laisse-le dire !
un violinista da strapazzo : un violoneux.
tornare colle pive nel sacco : rentrer bredouille.

2. Proverbes.

la musica ingentilisce i costumi : la musique adoucit les mœurs.
il tono fa la musica : c'est le ton qui fait la chanson.

3. Familier.

un cantante che va forte : un chanteur qui marche bien.
essere negato per la musica : être nul en musique.
i fan di un cantante : les fans, les groupies d'un chanteur.

4. Littéraire.

una voce canora : une voix mélodieuse (se dit aussi d'un oiseau).

5. Mots du passé.

- **la lira** (la lyre), **la cetra** (la cithare), **il salterio** (le psaltérion), **il timpano** (le tympanon) ou **la ghironda** (la vielle) sont les noms de quelques instruments qui appartiennent à l'histoire de la musique.

- **il fonografo** ou **il grammofono** (le phonographe) étaient les ancêtres de nos chaînes hifi actuelles.
- **l'ellepì** (L.P.), aujourd'hui supplanté par le disque compact, est un mot créé à partir de l'abréviation de « Long Play » (disque 33 tours). On dit aussi **trentatré giri.**

6. Néologismes.

- **un metallaro** est un joueur ou un amateur de « heavy metal » (« musique métallique », hard rock).
- pour désigner un chanteur ou une chanson souvent écoutés, l'italien a créé l'adjectif **gettonato**, qui vient du mot **il gettone** (le jeton mis dans les juke-box).

B 1 REMARQUES LEXICALES

La musique et l'Italie :
Le vocabulaire musical rappelle l'importance de la musique dans l'histoire de la culture italienne. Ainsi, parmi tant d'autres, ces mots bien connus des mélomanes et gardés en français :

- **da capo** (reprendre au début), **crescendo** (jouer en augmentant l'intensité du son) et son contraire **diminuendo, adagio** (lent), **allegro** (gai, vif), **vivace** (animé), **legato** (lié), **staccato** (détaché), **pizzicato** (en pinçant la corde), **il bel canto, l'opera seria,** chanter **a cappella, il soprano, l'alto, il contralto,** etc.
- le mot « opéra » vient de l'italien et a, en français, le sens d'œuvre et, par extension, de lieu où se joue cette œuvre musicale. Ce sens dérivé se rencontre très peu en italien qui préfère parler de **teatro** ou utiliser directement le nom propre. Qui ne connaît, au moins de nom, la **Scala** de Milan, le **San Carlo** de Naples ou la **Fenice** de Venise ?
- le « bravo ! » qui exprime la satisfaction du public après un concert vient de **bravo** qui, appliqué à une personne, indique qu'elle est douée et possède parfaitement son art. Ce mot est un adjectif en italien et s'accorde : **bravi !** pour les musiciens d'un orchestre ou **brava !** pour une cantatrice.

39 LA MUSIQUE

L'échange entre les deux langues s'est aussi fait dans l'autre sens, car l'italien a adopté les mots **l'ouverture, la suite, il rondeau** ou **la tournée** parfois orthographiée « turnée ». Les notes de musique portent le même nom qu'en français : **do, re, mi, fa, sol, la, si.**

Quelques précisions de sens :

- le mot **strimpellare** donne l'idée d'un jeu musical de mauvaise qualité. Il peut s'appliquer à différents instruments.
  ex. **strimpellare la chitarra** : gratter la guitare.
  strimpellare il violino : racler le violon.
- la flûte est l'instrument le plus joué. Il se présente sous les formes suivantes : **il flauto traverso** (la flûte traversière), **il flauto a becco** ou **dolce** (à bec) ou **il flauto di Pan**... sans oublier ***Il Flauto magico*** de Mozart (*La Flûte enchantée*).
- d'un seul mot, l'italien désigne le chanteur qui est à la fois auteur, compositeur et interprète : **il cantautore** (féminin **la cantautrice**). Ainsi Paolo Conte, Lucio Dalla ou Francesco Guccini sont des **cantautori** célèbres.
- **la ninnananna** (mot issu d'une onomatopée) est le chant monotone par lequel une maman (ou un papa) essaie d'endormir son enfant. Mais l'italien gardera le terme français pour parler d'un morceau de musique plus élaboré : **una berceuse** di Chopin.

Attention à ne pas confondre :

- **il contralto** (le chanteur) et **la viola** (l'instrument de musique), ces deux mots ayant un seul équivalent en français : l'alto.
- **il tamburo** (le tambour, l'instrument) et **il tamburino** (le tambour, l'interprète).
- **un musicista dilettante** (un musicien amateur) et **un appassionato di musica** (un amateur de musique).

Attention au changement de genre des mots suivants : la hit parade (prononcé à l'anglaise et dont l'équivalent italien est **la classifica**), **il flauto, il clarinetto, il mandolino, la tuba, un'aria, un'orchestra.**

B 2 REMARQUES GRAMMATICALES

1. Noms.
Le couple **il cantante, la cantante** est très rare en italien comme équivalent de mots français en *-eur* et *-euse* (le chanteur, la chanteuse). Habituellement, la formation du féminin de mots en **-ore** se fait de deux façons :

- en **-ice** : l'attore, **l'attrice** ; l'educatore, **l'educatrice** ; il direttore, **la direttrice,** etc.
- en **-essa** : il dottore, **la dottoressa** ; il professore, **la professoressa,** etc. (On notera au passage que, sur le plan linguistique, l'italien se montre moins misogyne que le français puisqu'il n'hésite pas à féminiser certains noms de professions.)

2. Adjectifs.
L'italien peut exprimer le superlatif de trois façons :

- par l'adverbe **molto** précédant l'adjectif.
  ex. **delle voci molto belle** : des voix très belles.
- par le suffixe absolu **-issimo** qui s'ajoute à la dernière consonne de l'adjectif ou de l'adverbe auquel il s'applique.
  ex. **è un musicista bravissimo** : c'est un très bon musicien.
- moins fréquemment par la répétition de l'adjectif.
  ex. **canta piano piano** : elle chante tout (très) doucement.

3. Prépositions.
Dans les expressions **una sala da concerti** ou **una musica da film,** la préposition **da** indique une finalité, une fonction, comme dans **una macchina da scrivere** (une machine à écrire), **un ferro da stiro** (un fer à repasser).

B 3 REMARQUES PARTICULIÈRES

1. Origine de mots.

- le mot **il pianoforte,** à l'origine, est l'association des deux adjectifs à valeur adverbiale **piano** (doucement) et **forte** (avec force) transformés en noms dans l'expression **un clavicembalo con il piano e il forte,** c'est-à-dire un clavecin (l'ancêtre du piano) permettant de varier le jeu, du faible au fort.

- les mots **la serenata** (la sérénade) et **la mattinata** (l'aubade) viennent du moment de la journée où ces « concerts de rue » étaient joués en l'honneur d'une belle.
- **la viola da gamba** tire son nom de la façon dont était tenu l'instrument (entre les jambes).

2. Prononciation et sonorités.

La lettre « x » n'existe pratiquement pas en italien. On la trouve parfois en début de mots savants ou d'origine étrangère comme **lo xilofono** ou **lo xilofonista** (la forme italianisée **il silofono** et **il silofonista** peut également se rencontrer). À l'intérieur des mots, le *-x-* français est souvent remplacé par -ss- : **il tassì** (le taxi), **la tassa** (la taxe), **l'assioma** (l'axiome), **Massimo** (Maxime), etc.

3. Accentuation.

Les mots masculins se terminant par **-io** ont deux accentuations possibles :

- sur la voyelle qui précède le **-i** :
  ex. **il complesso americano ha suonato nello stadio di Roma** : le groupe américain a joué dans le stade de Rome.
  l'auditorio era pieno : l'auditorium était plein.
- sur le **-i** :
  ex. **ha posto lo spartito sul leggio** : il a posé la partition sur le pupitre.

Seul l'usage permet de placer correctement l'accent. Au pluriel, les mots accentués sur la voyelle qui précède le **-i** n'ont qu'un **i** : **lo stadio, gli stadi** ; **l'auditorio, gli auditori.** Les mots accentués sur le -i gardent le **-i** du radical : **il leggio, i leggii.**

4. Formation de mots.

- préfixe :
  les mots formés à partir de l'union du préfixe **contra-** et d'un nom doublent la consonne de rencontre.
  ex. **il contrabbasso, il contrappunto, il contrattempo.**
- le nom des instrumentistes :
  il se forme presque toujours en ajoutant le suffixe **-ista** (*-iste* en français) après la dernière consonne du mot désignant

l'instrument : **il pianista, il flautista** ou **il batterista** (le batteur).
Attention aux exceptions suivantes : **il tamburino** (le joueur de tambour), **il trombettiere** (le joueur de clairon à l'armée, à ne pas confondre avec **il trombettista**, le joueur de trompette), **lo zampognaro** (le joueur de cornemuse, souvent ambulant).

C 1 EXERCICES

A Parmi ces mots, indiquer lesquels évoquent un concert de musique classique :
1. il direttore d'orchestra 2. il leggio 3. la banda 4. gli ottoni 5. la fisarmonica 6. l'archetto 7. il cantautore 8. la ninnananna 9. la batteria 10. il giradischi.

B Classer les instruments ci-dessous dans les trois familles suivantes :
1. gli strumenti a fiato 2. gli strumenti a corda (gli archi) 3. gli strumenti a percussione.

a. il pianoforte b. la chitarra c. l'arpa d. il triangolo e. il clarinetto f. i piatti g. il flauto h. la tromba i. la batteria.

C Opéras italiens célèbres : associer le nom des œuvres et de leurs compositeurs :
1. *Tosca* 2. *La Traviata* 3. *Lucia di Lammermoor* 4. *La Gazza ladra*.
a. Donizetti b. Puccini c. Rossini d. Verdi.

D Retrouver le nom de l'instrument ou de l'instrumentiste à partir des mots suivants :
1. il cembalista 2. il contrabbasso 3. la cornetta 4. il flautista 5. l'oboe 6. il violoncello 7. il liutista 8. l'organo 9. il tamburo 10. la tromba.

E Traduire en italien :
1. Un chanteur et une chanteuse d'opérette doivent aussi être un acteur et une actrice.

2. Cette salle de concert est très récente.
3. Je n'aime pas la musique de film.
4. J'aime écouter un disque de jazz en buvant une tasse de thé.

C 2 CORRIGÉS

A 1, 2, 4, 6.

B 1. gli strumenti a fiato : e, g, h. 2. gli strumenti a corda (gli archi) : a, b, c. 3. gli strumenti a percussione : d, f, i.

C 1.b 2.d 3.a 4.c.

D 1. il cembalo 2. il contrabbassista 3. il cornettista 4. il flauto 5. l'oboista 6. il violoncellista 7. il liuto 8. l'organista 9. il tamburino 10. il trombettista *ou* il trombettiere (militaire).

E 1. Un cantante e una cantante d'operetta devono essere anche un attore e un'attrice.
2. Questa sala da concerti è molto recente (recentissima).
3. Non mi piace la musica da film.
4. Mi piace ascoltare un disco di jazz bevendo (mentre bevo) una tazza di tè.

40 LE CINÉMA ET LA PHOTOGRAPHIE

A 1 VOCABULAIRE

A. ALLER AU CINÉMA

affiche	**il manifesto**	hommage	**il « revival »**
avant-garde	**l'avanguardia**	première	**la prima**
avant-première	**l'anteprima**	projecteur	**il proiettore**
bande-annonce	**il prossimamente**	projection	**la proiezione**
censure	**la censura**	projectionniste	**il proiezionista**
ciné-club	**il cineclub**	recettes	**gli incassi**
cinéma	**il cinema**	salle	**la sala**
cinémathèque	**la cineteca**		
cinéphile	**il cinefilo**	censurer	**censurare**
écran	**lo schermo**	critiquer	**criticare**
entrées	**i biglietti venduti**	encenser	**incensare,**
exclusivité	**l'esclusività**		**elogiare**
exploitant	**il gestore**	éreinter	**stroncare**
festival	**il festival,**	programmer	**programmare**
	la mostra	projeter	**proiettare**
grand public	**il vasto pubblico**		

B. LE FILM

acteur	**l'attore**	interprétation	**l'interpretazione**
actrice	**l'attrice**	interprète	**l'interprete**
atmosphère, ambiance	**l'ambiente (m)**	intrigue	**l'intreccio,**
			l'intrigo
chef-d'œuvre	**il capolavoro**	jeu (acteur)	**la recitazione**
clip	**il video(clip)**	leitmotiv	**il leitmotiv,**
course-poursuite	**l'inseguimento**		**il motivo**
court métrage	**il cortome-traggio**	long métrage	**il lungometraggio**
		mélodrame	**il melodramma**
décor	**lo scenario**	navet	**la pizza,**
dialogue	**il dialogo**		**il mattone**
documentaire	**il documentario**	partenaire	**il « partner »**
fiction	**la finzione**	personnage	**il personaggio**
film	**il film**	protagoniste	**il protagonista**
happy end	**il lieto fine**	réalisation	**la realizzazione**

remake	**il rifacimento**
reportage	**il « reportage »**
rôle	**il ruolo**
séquence finale	**il finale**
star	**il divo, la diva**
suspense	**la « suspense »**
thème musical	**il motivo**
vedettariat	**il divismo**
burlesque	**burlesco**
captivant	**avvincente**
cinématographique	**cinematografico**
comique	**comico**

dramatique	**drammatico**
drôle	**divertente**
émouvant	**commovente**
érotique	**erotico**
expérimental	**sperimentale**
fantastique	**fantastico**
loufoque	**bislacco**
pornographique	**pornografico**
réaliste	**realistico**
underground	**« underground »**
incarner	**incarnare**
interpréter	**interpretare**
jouer	**recitare**

C. LA RÉALISATION

accéléré	**l'acceleramento**
accessoires	**gli attrezzi**
adaptation	**la riduzione**
amorce	**la coda**
arrêt sur image	**l'arresto, la sospensione**
arrière-plan	**il background**
balayage	**l'esplorazione**
banc-titre	**lo « stand-animation »**
bobine	**la bobina**
bout-à-bout	**il primo montaggio**
bout d'essai	**il provino**
bruitage	**gli effetti sonori**
cadrage	**l'inquadratura**
caméra	**la macchina da presa**
caméscope	**il videoscopio**
camion-son	**il camion fonico**
cascades	**le acrobazie**

casting	**lo starring, il cast**
cellulos	**le celluloidi**
champ	**il campo**
chariot	**il carrello**
chutes	**i ritagli**
clap	**il ciac**
contrechamp	**il controcampo**
contretype	**il controtipo**
copie	**la copia**
costumes	**i costumi**
découpage	**il « découpage »**
doublage	**il doppiaggio**
éclairage	**le luci**
effets spéciaux	**gli effetti speciali**
ellipse	**l'ellissi**
extérieurs	**gli esterni**
flashback	**il « flashback »**
fondu	**la dissolvenza**
gag	**la gag**
générique	**i titoli**
insert	**il dettaglio**

C. LA RÉALISATION (suite)

intérieurs	gli interni
lointain	lo sfondo
maquette	il plastico
maquillage	il trucco
mise en scène	la regia
mixage	il missaggio
montage	il montaggio
moviola	la moviola
panoramique	la panoramica
piste sonore	la colonna sonora
plan	il campo, il piano
plan de tournage	la scaletta
plateau	il set
postsynchronisation	il doppiaggio
prise de vues	la ripresa
production	la produzione
projecteur	il proiettore, il faro
raccord	il raccordo
ralenti	il rallentamento
réalisation	la realizzazione
reconstitution	l'ambientazione
repérages	i « repérages »
rushes	i giornalieri
scénario	la sceneggiatura
script	il copione
séquence	la scena, la sequenza
sous-titres	le didascalie, i sottotitoli
studio	lo studio
synopsis	la sinopsi, il soggetto
tournage	le riprese
transparence	la trasparenza

travelling	la carrellata
V.O.	la versione originale
zooming	la zumata
alterné	alternato
filmé	preso, ripreso
parallèle	parallelo
rapproché	ravvicinato
balayer	esplorare
cadrer	inquadrare
se dérouler	svolgersi
diriger	dirigere
distribuer	distribuire
doubler	doppiare
filmer	filmare
mixer	missare
monter	montare
postsynchroniser	doppiare
produire	produrre
réaliser	dirigere
tourner	girare
visionner	visionare
action !	azione !
ça tourne !	si gira !
coupez !	stop !
dans le champ	in campo
hors champ	fuoricampo
moteur !	motore !
silence ! on tourne	ciac ! si gira !

D. LES MÉTIERS DU CINÉMA

accessoiriste	l'attrezzista
adaptateur	il riduttore
affichiste	il cartellonista
agence	l'agenzia
assistant	l'aiutoregista
attaché de presse	l'addetto stampa
bruiteur	il rumorista
cadreur	l'operatore
cartooniste	il cartonista
cascadeur	il cascatore
cinéaste	il cineasta
comparse	la comparsa
costumier	il costumista
décorateur	lo scenografo
dialoguiste	il dialoghista
documentariste	il documentarista
doublure	la controfigura
éclairagiste	il tecnico delle luci
ensemblier	l'arredatore
équipe du film	la « troupe »
figurant	il generico
figuration	le comparse, i generici
ingénieur du son	il fonico
machiniste	il macchinista
maquettiste	il bozzettista
maquilleur	il truccatore
monteur	il montatore
perchman	il microfonista
perruquier	il parrucchiere
producteur	il produttore
réalisateur, metteur en scène	il regista
scénariste	lo sceneggiatore
scripte	la segretaria di edizione

E. LA PHOTOGRAPHIE

agrandissement	l'ingrandimento
agrandisseur	l'ingranditore
appareil photographique	la macchina fotografica
boîtier	il corpo
bonnette	la lente addizionale
cache	il mascherino
chambre noire	la camera oscura
chargeur	il caricatore
cliché	il « cliché »
contraste	il contrasto
contre-jour	la controluce
cuve	la bacinella
déclencheur, bouton	lo scatto
définition	la definizione
développement	lo sviluppo
diaphragme	il diaframma
diapositive	la diapositiva
émulsion	l'emulsione
filtre	il filtro
fixage	il fissaggio
fixateur	il fissatore
flash	il flash
flou	lo sfocamento
focale	la focale
format	il formato

E. LA PHOTOGRAPHIE (suite)

grain	**la grana**
grand-angle	**il grandangolo**
hologramme	**l'ologramma**
laboratoire	**il laboratorio**
macro	**la macro**
microfilm	**il microfilm**
négatif	**il negativo**
objectif	**l'obiettivo**
obturateur	**l'otturatore**
ouverture	**l'apertura**
parallaxe	**la parallasse**
pare-soleil	**il paraluce**
pellicule	**la pellicola**
photo	**la foto**
photogénie	**la fotogenia**
photogramme	**il fotogramma**
photographe	**il fotografo**
photographie	**la fotografia**
pied	**il treppiede**
plaque	**la lastra**
positif	**il positivo**
retouche	**il ritocco**
révélateur	**il rivelatore**
rouleau	**il rullino**
sous-exposition	**la sottoesposizione**

surexposition	**la sovresposizione**
surimpression	**la sovrimpressione**
téléobjectif	**il teleobiettivo**
viseur	**il mirino**
zoom	**lo « zoom »**
brillant	**brillante**
flou	**sfocato**
focal	**focale**
inversible	**invertibile**
latéral	**laterale**
mat	**opaco**
numérique	**digitale**
photogénique	**fotogenico**
rasant, frisant	**radente**
braquer	**puntare, dirigere**
charger, armer	**caricare**
contraster	**contrastare**
développer	**sviluppare**
fixer	**fissare**
mitrailler	**mitragliare**
photographier	**fotografare**
rembobiner	**bobinare**

A 2 LEXIQUE EN SITUATION

cosa danno al cinema ? que joue-t-on au cinéma ?
proiettare in prima visione : projeter en première exclusivité.
lo spettacolo continuato : le cinéma permanent.
i titoli di testa, di coda : le générique de début, de fin.
il cinema d'arte (il cinema sperimentale) : le cinéma d'art et d'essai.
il cinema d'animazione : le cinéma d'animation.
i cartoni animati : les dessins animés.

il cinema d'una volta : le cinéma de papa.
il cinema muto, il muto : le cinéma muet, le muet.
il cinema parlato : le parlant.
il cinema per ragazzi : le cinéma pour enfants.
il film a episodi : le film à sketches.
sugli schermi si possono vedere film dell'orrore : dans les salles on peut voir des films d'horreur.
i film di paura mi fanno rabbrividire, preferisco le pellicole sentimentali : les films d'épouvante me donnent des frissons, je préfère les œuvres sentimentales.
hanno appena filmato (portato sullo schermo) un romanzo di Moravia : on vient de porter à l'écran un roman de Moravia.
hanno dato stamattina il ciac al nuovo film : on a donné ce matin le premier tour de manivelle au nouveau film.
è un buon film medio : c'est un bon film de série B.
questo film è stato nominato alla Mostra di Venezia : ce film a été nommé au Festival de Venise.
il Leone d'oro è andato all'opera di un regista affermato : le Lion d'or a été attribué à l'œuvre d'un réalisateur confirmé.
Roberto Rossellini è stato un maestro del cinema neorealistico italiano : Roberto Rossellini a été un maître du cinéma néo-réaliste italien.
una foto fatta in controluce : une photo prise en (à) contre-jour.
una pellicola in bianco e nero : une pellicule en noir et blanc.
un film a colori : un film en couleurs.
ti faccio la foto : je te prends en photo.
prima di scattare la foto, bisogna regolare la messa a fuoco : avant de prendre la photo, il faut régler la mise au point.
l'immagine computerizzata : l'image de synthèse.

A 3 REGISTRES DE LANGUE

1. Sens figuré.

ho fatto solo la comparsa : je n'ai joué qu'un rôle de figurant.
mi ha fatto fare la parte del cattivo : il m'a fait passer pour un méchant.
ci deve essere un trucco ! il doit y avoir un truc !

ho fatto scena muta all'esame : j'ai séché à l'oral de l'examen.
sarebbe stata una scena da filmare : c'est une scène qui aurait mérité d'être filmée.
ha enunciato una serie di cliché (di banalità) : il a dit un tas de banalités.

2. Proverbes.
anche l'occhio vuole la sua parte : regarder ne coûte rien.
via col vento : autant en emporte le vent.

3. Familier.
ci ha fatto tutta una commedia ! il nous a fait tout un cinéma !
quel tipo è un vero cinema : ce type est un vrai rigolo.
la lezione di stamattina è stata tutto un cinema ! ce matin, il y a eu un sacré bazar pendant la leçon !

B 1 REMARQUES LEXICALES

Les genres cinématographiques :

- **un film fantascientifico** est aujourd'hui aussi bien un film fantastique qu'un film de science-fiction.
- **un film romanomitologico, un peplo** : un péplum.
- à partir de **lo spione** (le grand espion) qui désignait Bond 007 et ses imitateurs, s'est créé **il filone spionistico** : le genre des films d'espionnage.
- quand on veut dénigrer le western italien on parle de « western spaghetti ». Quand on en parle simplement et qu'on l'apprécie, on dit : **il western all'italiana.**
- **la commedia all'italiana** (la comédie italienne) et **la commedia musicale all'americana** (la comédie musicale américaine) sont deux genres qui furent très populaires dans les années 45–60.
- **un fumettone** est un film larmoyant.
- particulièrement populaires dans les années 60, **i film-sexy** (les films érotiques) sont les ancêtres timides des films pornographiques des dernières années, **i film a luci rosse**, qu'il ne faut pas confondre avec **i film rosa** (les films à l'eau de rose).

Mots et expressions popularisés par le cinéma :

- **una donna fatale** : une femme fatale.
- **un bel tenebroso** : un beau ténébreux.
- **il divismo** : le vedettariat, le culte des stars.
- **un paparazzo** : un photographe de la presse à scandales. Le nom du photographe d'un journal à sensations, qui accompagnait Marcello Mastroianni dans le film *La dolce vita* (1960) de Fellini, est devenu un nom commun. Le même film a donné l'expression **fare la dolce vita** (mener une vie de patachon).
- **un vitellone** est un jeune adulte immature qui retarde son entrée dans la vie active, du film *I vitelloni* (1963) de Federico Fellini, qui rendit célèbre ce comportement.
- **una maggiorata** est une fille aux appas avantageux, dont la silhouette a été popularisée par le film d'Alberto Lattuada *Gli italiani si voltano* (6e sketch de *Amore in città*, 1953).

Le préfixe cine- :

De nombreux mots ont été créés avec le préfixe **cine-** :

- **Cinecittà** désigne un complexe de studios situés à une vingtaine de kilomètres au sud de Rome, inauguré en 1935 par Mussolini qui voulait créer en Italie une industrie cinématographique qui fasse concurrence à Hollywood. Aujourd'hui les studios sont utilisés surtout par la télévision.
- avec **il cinefilo** on trouve **il cinedilettante, il cineamatore** (le cinéaste amateur), **il cineforum** (synonyme de **il cineclub**), **il cinegiornale** (les actualités cinématographiques aujourd'hui disparues).
- sur le modèle anglais, les Italiens ont inventé le mot **cinelandia** pour désigner le monde du cinéma.

Vocabulaire technique pour analyser les films :

- **l'inquadratura** : le cadrage (synonyme : **l'angolazione**). On distingue **l'angolazione frontale** (de face), **obliqua** (de biais), **semifrontale** (de trois-quarts), **dall'alto, a piombo** (en plongée), **dal basso** (en contre-plongée).
- **il campo** signifie à la fois le champ de prise de vues et le plan de cinéma. On dit aussi : **il piano.**
  Du plus serré au plus large, on trouve : **il primissimo piano**

(le très gros plan), **il primo piano** (le gros plan), **il campo ravvicinato, il mezzo primo piano, la mezza figura** (le plan rapproché, serré), **il piano americano** (le plan américain), **il campo medio, la figura intera, il semitotale** (le plan moyen), **il campo lungo, il totale** (le plan général).

- pour **la panoramica** (le panoramique), les verbes utilisés sont : **cabrare** qui n'a pas de traduction française (on dit : faire un panoramique en contre-plongée), **picchiare** (faire un panoramique en plongée), **seguire** (suivre en panoramique, panoramiquer).
- **Il carrello** (le travelling) peut être **aereo** (aérien), **avanti** (avant), **orizzontale** (horizontal), **in ascensore** (vertical), **laterale, in ferrovia** (latéral d'accompagnement), **indietro** (arrière).

Procédés de liaisons narratives :

- **la dissolvenza** (le fondu) s'oppose au **passaggio per stacco** (le passage immédiat par simple collage de deux séquences). Les différents fondus sont : **la dissolvenza incrociata** (le fondu-enchaîné), **per oscuramento** (au noir), **in luce** (au blanc), **in apertura** (l'ouverture en fondu), **in chiusura** (la fermeture en fondu).

Attention aux nuances de sens :

- le doublage et la postsynchronisation se traduisent par un seul mot : **il doppiaggio**.
- **la comparsa** peut, selon le cas, être un figurant (il a dans ce cas un synonyme, **il generico**), ou désigner le comparse ou le second rôle, c'est-à-dire celui qui donne la réplique au personnage principal.
- bien souvent, le mot **la scena** (qui vient du théâtre) et le mot **la sequenza** (mot spécifique du cinéma), sont utilisés comme synonymes.

Attention à ne pas confondre :

- **la distribuzione** (la commercialisation du film ou distribution) avec **il cast, lo starring** (le casting ou distribution des rôles).

B 2 REMARQUES GRAMMATICALES

1. Articles.

Les actrices sont souvent désignées par leur simple patronyme précédé de l'article défini : **la Magnani, la Lollobrigida, la Cardinale, la Loren.** On notera qu'il s'agit d'une reconnaissance de leur notoriété. Familièrement, on dit **l'Anna, la Gina, la Claudia, la Sophia,** comme si on nommait une amie. Cet usage touche parfois les acteurs ou les réalisateurs. On entend parfois **il Gassman, il Visconti.** Le populaire **Alberto Sordi** est souvent appelé **l'Albertone.**

2. Noms.

- masculin ou féminin :
  Il negativo, il positivo ont aussi une forme féminine : **la negativa, la positiva.**
- singulier et pluriel :
- **il lungometraggio** fait au pluriel : **i lungometraggi.** On dira aussi : **il cortometraggio, i cortometraggi.**
- les mots finissant par une consonne sont invariables.
  ex. **il cineclub, i cineclub ; il film, i film,** etc.
- **il cinema, la foto** sont invariables. Ce sont des mots écourtés, par simplification, dans le langage courant.

B 3 REMARQUES PARTICULIÈRES

1. Origine de mots.

- c'est dans le film *Cabiria* (1914), de Giovanni Pastrone, que fut inventée la technique du chariot sur rails : **la carrellata,** qui permet de rendre mobile une prise de vues. Inventeurs du travelling, les Italiens ont conservé leur mot national.
- avant d'être un film de François Truffaut, **la notte americana** (la nuit américaine) est un procédé qui consiste à sous-exposer la pellicule pour obtenir un effet de nuit. (Synonymes : **l'effetto notte, la sottesposizione**).
- **l'esordio** (l'exorde) et **esordire** (commencer un discours) sont deux mots qui appartiennent au langage de la rhétorique. Ils désignent aujourd'hui un commencement de carrière.

ex. **Luchino Visconti esordì nel 1942 col film *Ossessione*** : Luchino Visconti débuta en 1942 avec le film *Ossessione* ou *Les amants diaboliques.*
gli esordi dell'annata cinematografica 1995 furono... : les premiers films de l'année cinématographique 1995 ont été...
un esordiente promettente : un débutant prometteur. (Mais on dit aussi **un(a) debuttante** et, pour un début de carrière, **un debutto**).

2. Formation de mots.
Les grands créateurs ont leur adjectif formé avec le suffixe **-iano : felliniano, rosselliniano, chapliniano, zavattiniano, viscontiano.** Ce procédé peut s'appliquer à n'importe quel nom propre.

C 1 EXERCICES

A Quels cinéastes ont réalisé les films suivants ?
a. *Il cappotto* (1952) b. *L'Avventura* (1960) c. *Il gobbo* (1961) d. *Morte a Venezia* (1971) e. *Pane e cioccolata* (1974).
1. Michelangelo Antonioni 2. Franco Brusati 3. Luchino Visconti 4. Alberto Lattuada 5. Carlo Lizzani.

B Quel thème est présent dans chacun des films suivants ?
1. *Le mani sulla città* (de Francesco Rosi) 2. *Il conformista* (de Bernardo Bertolucci) 3. *Delitto d'amore* (de Luigi Comencini) 4. *Umberto D.* (de Vittorio De Sica) 5. *Good morning Babilonia* (de Paolo et Vittorio Taviani).
a. la vieillesse b. la spéculation immobilière c. le cinéma d. le fascisme e. la pollution industrielle.

C Traduire en français les bandes-annonces suivantes et reconnaître de quels films il s'agit :
1. Un film de Federico Fellini : « lo stato d'animo di un regista che vorrebbe creare un film chiarificatore a sé stesso e agli altri ».

2. Un film de Pier Paolo Pasolini : « la storia di un padre e di un figlio che non si sa chi siano, che vengono da non si sa dove e vanno chissà dove ».
3. Un film de Nanni Moretti : « un professore paranoide spia i suoi amici e conoscenti e vuole per forza farli felici ».
4. Un film de Gianni Amelio : « al tempo del Fascismo, un giudice onesto riesce a salvare un assassino dalla fucilazione : una riflessione sulla grandezza e gli obblighi del mestiere di giudice ».

C 2 CORRIGÉS

A a.4 b.1 c.5 d.3 e.2

B 1.b 2.d 3.e 4.a 5.c.

C
1. *Otto e mezzo* de Federico Fellini : « les états d'âme d'un metteur en scène qui voudrait réaliser un film clarificateur pour lui-même et pour les autres » (la citation est de Lino Micciché).
2. *Uccellacci e uccellini* de Pier Paolo Pasolini : « l'histoire d'un père et d'un fils dont on ne sait pas qui ils sont, qui viennent d'on ne sait où et qui vont qui sait où » (la citation est d'Alberto Moravia).
3. *Bianca* de Nanni Moretti : « un professeur paranoïaque épie ses amis et connaissances et veut à tout prix les rendre heureux ».
4. *Porte aperte* de Gianni Amelio : « à l'époque du Fascisme, un juge honnête réussit à sauver un assassin de l'exécution : une réflexion sur la grandeur et les devoirs du métier de juge ».

Annexe 1 Index thématique

Annexe 1 Index thématique

Annexe 2 Index grammatical

Points de grammaire évoqués dans cet ouvrage.

Index grammatical

Cet ouvrage a été composé
par Peter Vogelpœl

Imprimé en France par

BRODARD & TAUPIN

à La Flèche (Sarthe)
en septembre 2010

POCKET – 12, avenue d'Italie - 75627 Paris cedex 13

N° d'impression : 59898
Dépôt légal : octobre 1995
Suite du premier tirage : septembre 2010
S18265/02